2017年重点主题出版物

全面推行河长制是落实绿色发展理念、推进生态文明建设的内在要求，是解决我国复杂水问题、维护河湖健康生命的有效举措，是完善水治理体系、保障国家水安全的制度创新。

河长制 河长治

熊文 彭贤则等／编著

长江出版社

《河长制　河长治》编委会

主　　编　熊　文

副 主 编　彭贤则　赵以军

编写人员（按姓氏笔画排序）

王　庆　王才君　王利军　毕　雪　刘　伟

刘祥明　江　波　许志勇　阮　锐　李　健

李红涛　李志军　李鹏飞　杨　倩　杨　龑

吴　比　余　梦　邹　涤　张庭荣　赵培栋

夏　懿　廖明义

前言 PREFACE

水是生态系统的控制要素，江河湖泊是水资源的重要载体和生态空间的重要组成，也是生态系统和国土空间的重要组成部分，是经济社会发展的重要支撑，具有不可替代的资源功能、生态功能和经济功能。我国江河湖泊众多，水系发达，流域面积 50km^2 以上的河流共 45203 条，总长达 150.85 万 km；常年水面面积 1km^2 以上的天然湖泊 2865 个，湖泊水面总面积 7.80 万 km^2。保护江河湖泊，落实绿色发展理念，是生态文明建设的重要内容。河湖管理保护是一项复杂的系统工程，涉及上下游、左右岸、不同行政区域和行业，是解决水环境问题、改善水生态环境质量、保障水安全、维护河湖健康生命的重要抓手和有效举措。党中央、国务院决定在全国全面推行河长制，是推进生态文明建设和水生态环境保护作出的一项重大制度安排，体现了习近平总书记提出的“山水林田湖”系统治理的重要思想，体现了党中央、国务院确定的以提高环境质量为核心的目标导向，体现了落实生态环境保护“党政同责”“一岗双责”的责任担当，是有效解决我国复杂水问题、维护河湖健康生命的治本之策，也保障了水安全制度的创新。河长制的全面推行，将有力地促进我国经济社会可持续发展。

全面推行河长制，要坚持生态优先、绿色发展，坚持党政领导、部门联动，坚持问题导向、因地制宜，坚持强化监督、严格考核。生态优先、绿色发展是全面推行河长制的立足点，核心是把尊重自然、顺应自然、保护自然的理念贯穿到河湖管理保护与开发利用全过程，促进河湖休养生息、维护河湖生态功能。党政领导、部门联动是全面推行河长制的着力点，核心是建立健全以党政领导负责制为核心的责任体系，明确各级河长职责，协调各方力量，形成一级抓一级、层层抓落实的工作格局。问题导向、因地制宜是全面推行河长制的关键点,核心是从不同地区、不同河湖实际出发,统筹上下游、左右岸,实行“一河一策”“一湖一策”,解决好河湖管理保护的突出问题。强化监督、严格考核是全面推行河长制的支撑点,核心是建立健全河湖管理保护的监督考核和责任追究制度,拓展公众参与渠道,让人民群众不断感受到河湖生态环境的改善。

全面推行河长制,一是要建立自上而下各层级、各部门领导负责的“河长制”,破解跨区域跨部门协调难题,落实严格的水生态环境损害责任追究制度;二是着手修订相关的法律法规,破解环境治理体系的权责对等难题,解决“河长治”的法律法规及制度保障问题;三是引入公众参与和第三方服务,破解河湖社会共治难题,不断满足人民群众对良好水域生态环境的需要。落实上述要求需要各级河长及相关部门从生态文明建设的高度、河湖治理长治久安的角度、主要任务实施与保障措施全面落实的深度履行职责,着力推进各项工作。河长制工作的目标与任务主要有六项。一是加强水资源保护。严格水资源开发利用,实行水资源消耗总量和强度双控行动,加大农业、工业和城市节水力度,全面提高用水效率;加强水功能区纳污总量管理,确保水功能区水质达标。二是加强河湖水域岸线管理保护。划定河湖管理范围和水利工程管理与保护范围,加强河湖日常管理,恢复河湖水域岸线生态功能。三是加强水污染防治。针对河湖水污染存在的突出问题,分类施策、分类整治。加强水污染综合防治,改善水环境质量。四是加强水环境治理。按照水环境质量管理目标,保障饮用水水源水质安全,加强河湖水环境综合整治,实现河湖环境整洁优美、水清岸绿。五是加强水生态修复。重点推进地下水超采区、水源涵养区、河流源头区的河湖水生态修复和保护,恢复河湖水系的自然连通,加强水生生物增殖放流及水生生物资源养护,提高水生生物多样性和水体净化调节功能。加强河湖湿地修复与保护,改善河湖生态环境。六是加强执法监管。建立相关部门共同负责的河湖管理与保护联合执法机制,健全行政执法与刑事司法衔接配合机制,实行河湖动态监管。

自河长制提出以来,国家及各省(自治区、直辖市)分别出台相关文件予以落实,取得了一系列的成效。各地完善了河长制有关制度,明确了长效管理措施、经费和管理队伍;对河湖的基本情况进行了摸查,收集和整理了河湖的相关资料,针对每一条河流和每一个湖泊建立了完善的档案管理系统,并结合实际开展"一河一策"管理模式;建立自上而下各层级、各部门领导负责的河长制,明晰了管理职责,各级河长认真履责协调各部门,形成工作合力,实现联防联控,破解"多龙治水,责任不明"的问题;强化了行政考核和社会监督,督促法规的严格执行,发动社会力量参与治理监督河道水环境;有效改善了河湖的水生态环境状况。河长制是新时期的河湖管理新制度,为有效推进河长制实施,长江出版社申请专项基金编撰出版《河长制 河长治》,我们很荣幸接受出版社委托组织编撰。由于时间紧,本书主要通过对国家相关文件的解读及大量文献资料的梳理、分析研究,并结合河长制实施的案例,在对河长制实践总结、对法律研究的基础上,对河长制进行了全面的诠释,同时紧紧围绕河长制提出的水资源保护、河湖水域岸线管理保护、水污染防治、水环境治理、水生态修复和执法监管等六项任务,逐项对基本概念辨析、实施的技术路线进行梳理,对相关的管理制度详细剖析,并在归纳总结管理制度体系设计的基础上提出了落实的具体措施体系;最后总结提出了实现"河长治"的保障措施。

全书共分为8章,第一章概述了中国河湖水系,分析研究了河湖开发保护现状、河湖水系管理现状及存在的问题、河长制与生态文明建设、河长制的法律基础、河长制实践与升华,对河长制进行了全面的诠释;第二章概述水资源管理与保护原则、思路与主要内容,研究解析了最严格水资源管理制度、水功能区划和水域限制纳污总量核定、用水效率与用水总量控制,研究提出了水资源管理与保护的制度设计与措施体系;第三章概述了河湖水域岸线管理,研究总结了河湖水域岸线分区、河湖水生态空间划分与管控的关键技术,研究提出了河湖水域岸线管理的制度设计与措施体系;第四章概述了水污染防治行动计划,研究总结了各类水污染源治理的关键技术、排污管控机制与考核体系，研究提出了水污染防治的制度设计与措施体系；第五章研究总结了水环境质量管理、饮用水水源地安全保障、城市河湖水环境整治、农村水环境综合整治、水环境治理网格化和信息化管理的关键技术，研究提出了水环境风险评估与预警预报响应机制、水环境治理的制度设计与措施体系；第六章研究总结了水生态修复的内涵，研究提出了水生生物多样性保护、河湖水系连通性恢复、重要水生态保护区修复、山水林田湖系统治理的措施体系；第七章研究分析了联合执法机制建设、河湖管理行政许可与审批的现状及存在的问题，剖析了出现问题的原因，提出了完善执法监管体制的对策建议；第八章从组织领导、工作机制、考核问责、社会监督4个方面研究提出了实现“河长治”的保障措施。

本书在编写过程中，承蒙水利部、环境保护部有关专家学者指导与帮助，水利部长江水利委员会相关单位与部门、河湖生态修复及藻类利用湖北省重点实验室、湖北省水生物种保护与修复工程技术研究中心等单位大力支持，湖北工业大学相关学科教授、研究生在本书编撰中牺牲暑假休息的时间付出大量辛勤的劳动，中国国际工程咨询公司、广东省水利水电科学研究院、长江水资源保护科学研究所、湖北省长江水生态保护研究院相关专家和研究人员及武汉大学吴比博士等参与了本书编撰，长江出版社领导和编辑给予悉心指导和认真审核，使本书得以在短时间内顺利出版，在此一并感谢。本书虽经多次修改与完善，文字内容也多次校核，但不足之处在所难免，望读者不吝指正。

编　者

2017年8月

目　录 CONTENTS

第一章 绪 论

第一节 中国河湖水系概述

一、河流水系

中国大陆地区由于地域宽广,气候和地形差异极大,境内河流主要流向太平洋,其次为印度洋,少量流入北冰洋。2011 年国务院《第一次全国水利普查》显示:我国共有流域面积 50km² 以上河流 45203 条,总长 150.85 万 km;流域面积 100km² 以上河流 22909 条,总长 111.46 万 km;流域面积 1000km² 以上河流 2221 条,总长 38.45 万km;流域面积 10000km² 及以上河流 228 条,总长 13.25 万 km。中国境内主要的七大水系均由河流构成,为“江河水系”,均属于太平洋水系。这七大水系分别是长江水系、黄河水系、淮河水系、海河水系、珠江水系、松花江水系和辽河水系。

(一)长江水系

长江发源于青藏高原的唐古拉山主峰各拉丹冬雪山西南侧,干流从西向东,流经青海、西藏、云南、四川、重庆、湖北、湖南、江西、安徽、江苏、上海等 11 个省(自治区、直辖市),于上海市崇明岛入东海。全长 6300 余 km,总落差 5400 余 m。支流流经甘肃、陕西、河南、贵州、广东、广西、福建、浙江等 8 个省(自治区)。流域面积约 180 万km²,占全国国土面积的 18.75%。其中 95%以上的面积在流域范围内的有四川、重庆、湖北、湖南、江西、上海等 6 个省(直辖市),65%的面积在流域范围内的有贵州省，35%~50%的面积在流域范围内的有陕西、安徽、江苏等3个省，其余各省均不足35%。

长江江源为沱沱河，与南支当曲汇合后为通天河，继与北支楚玛尔河相汇，于玉树县接纳巴塘后称金沙江，在四川宜宾附近岷江汇入后始称长江。长江水系庞大，支流湖泊众多，其中流域面积在8万km^2以上的支流有雅砻江、岷江、嘉陵江、乌江、沅江、湘江、汉江、赣江等8条，面积以嘉陵江为最大，流量以岷江最大，长度以汉江最长。拥有洞庭湖、鄱阳湖、巢湖、太湖等4大淡水湖泊，以鄱阳湖面积最大。

长江自江源至宜昌通称上游，长约4500km，流域面积约100万km^2；宜昌至湖口通称中游，长约950km，流域面积约68万km^2；湖口至入海口为下游，长约930km，流域面积约12万km^2。上游干流河段流经高山峡谷区，除河源地区一小段外，坡降陡峻，水流湍急，总落差5100m，占长江干流总落差的95%。巴塘河口至宜宾一段，长约2300km，平均比降为1.37‰，其中金沙江石鼓以下的虎跳峡，长17km，落差170m，山高谷深，高度达2500~3000m，最窄处河宽仅30m，是世界上罕见的大峡谷。宜宾至重庆长约370km，平均比降为0.27‰；重庆至宜昌长约660km，平均比降为0.18‰，其中奉节至宜昌一段，长约192km，流经著名的三峡（瞿塘峡、巫峡、西陵峡）峡谷。宜昌以下，干流进入中下游冲积平原，两岸地势平坦，宜昌至湖口平均比降为0.03‰，湖口至河口平均比降为0.007‰，其中大通以下约600km为感潮河段。

长江流域地势西高东低，呈现三大阶梯状：一级阶梯包括青海南部高原、川西高原和横断山高山峡谷区，一般高程3500~5000m；二级阶梯为秦巴山地、四川盆地、云贵高原和鄂黔山地，一般高程500~2000m；三级阶梯由淮阳山地、江南丘陵和长江中下游平原组成，一般高程均在500m以下。长江流域的地貌类型复杂多样，高原、山地、丘陵和盆地面积占84.7%，平原面积仅占11.3%，河流、湖泊等面积约占4%。

长江流域内大部分地区处于亚热带季风气候区，气候温和，雨量充沛，全流域多年平均降水量约1100mm。水资源总量9960亿m^3，占全国水资源总量的35.1%，其中地表水资源量9857.4亿m^3，占长江水资源总量的99%。水力资源理论蕴藏量平均功率27781万kW，年发电量24336亿kW·h，约占全国年发电总量的40%；技术可开发量25627万kW，年发电量11879亿kW·h，约占全国年发电总量的48%；经济可开发量22832万kW，年发电量10498亿kW·h，约占全国年发电总量的60%。水力资源主要分布在长江上游，约占全流域的90%；可开发量以大型水电站为主，约占其总量的73%，其中有单站装机容量100万kW以上的巨型水电站52座，最大的三峡电站装机容量2240万kW，年发电量近900亿kW·h。长江干支流通航河道3600多条，内河航道里程66386km，占全国内河航道通航总里程的49.1%，主要分布在长江中下游。三峡工程建成后，万吨级船队可从上海直达重庆。

流域内生物多样性丰富，除有中华鲟、白鳍豚、白鲟、胭脂鱼等国家保护水生生物外，初步查明的鱼类有 300 余种，“四大家鱼”（青、草、鲢、鳙）等淡水鱼产量占全国的60%以上。近年来，一些物种濒临灭绝，长江生物多样性呈现下降趋势。

长江流域是我国洪涝灾害最严重的地区之一。汛期暴雨集中，易生洪涝，以长江中下游平原区最为频繁、严重。据历史记载，自西汉到清末（公元前 206 年至公元 1911 年）2000 多年间，发生洪水灾害 214 次，平均 10 年一次。20 世纪以 1931 年、1935 年、1954 年和 1998 年的洪水灾害最为严重。此外，长江上游云贵高原、四川盆地和长江中下游丘陵地区旱灾也很频繁。长江上游地区还是我国水土流失最为严重的区域之一。据全国第二次水土流失遥感调查，长江流域水土流失面积为 63.74 万 km^2，主要分布在长江上中游地区，以上游地区最为严重。

长江流域气候温和，土地肥沃，资源丰富，各类矿产齐全。流域已形成了以上海、南京为中心的长江下游经济区，以武汉为中心的长江中游经济区，以重庆、成都为中心的长江上游经济区。2007 年年底，长江流域总人口 42727 万，占全国总人口的 32.3%；流域国内生产总值 84778 亿元，约占全国国内生产总值的 1/3；流域内有耕地面积 4.62 亿亩（1 亩=0.0667hm^2），其中水田 2.72 亿亩，旱地 1.90 亿亩，人均耕地面积 1.08 亩。但流域内各地区的经济发展不平衡，长江三角洲地区经济发达，而上游地区相对落后。

（二）黄河水系

黄河发源于青藏高原巴颜喀拉山北麓的约古宗列盆地，流经青海、四川、甘肃、宁夏、内蒙古、山西、陕西、河南、山东等 9 个省（自治区），在山东省垦利县注入渤海。干流全长 5464 余 km，总流域面积 79.5 万 km^2（包括鄂尔多斯内流区 4.2 万 km^2）。从河源到内蒙古自治区的河口镇为上游，河口镇到郑州市附近的桃花峪为中游，桃花峪以下为下游。97% 的流域面积集中在上中游地区。

青海省玛多县多石峡以上地区为黄河河源区，面积 2.28 万 km^2，是青海高原的一部分，属于湖盆宽谷带，海拔在 4200m 以上。盆地四周，山势雄浑，西有雅拉达泽山，东有阿尼玛卿山（又称积石山），北有布尔汗布达山，南以巴颜喀拉山与长江流域为界。湖盆西端的约古宗列，是黄河发源地。

黄河水系的特点是干流弯曲多变、支流分布不均、河床纵比降较大，流域面积大于 1000km^2 的一级支流共 76 条，其中流域面积大于 1 万 km^2 或入黄泥沙大于 0.5 亿 t 的一级支流有 13 条，上游有 5 条，其中湟水、洮河天然来水量分别为 48.76 亿 m^3、48.25 亿 m^3，是上游径流的主要来源区；中游有 7 条，其中渭河是黄河最大一条支流，天然径流量、沙量分别为 92.50 亿 m^3、4.43 亿 t，是中游径流、泥沙的主要来源区；下游有 1 条，为大汶河。

黄河流域地势西高东低，大致分为三级阶梯，逐级下降。第一级阶梯为青海高原，海拔在 4000m 以上；第二级阶梯为黄土高原，海拔 1000~2000m；第三级阶梯为华北大平原，海拔在100m以下。黄河上游，干流河道长3472km，流域面积42.8万km^2，汇入的较大支流（流域面积大于1000km^2）有43条。黄河中游，干流河道长1206km，流域面积34.4万km^2，汇入的较大支流有30条。黄河下游，流域面积2.3万km^2，汇入的较大支流只有3条。

黄河流域东临渤海，西居内陆，位于我国北中部，属于大陆性气候，各地气候条件差异明显，东南部基本属于半湿润气候，中部属于半干旱气候，西北部属于干旱气候。

受水沙条件、水体物理化学性质及流域气候、地理条件等因素影响，黄河水生生物种类和数量相对贫乏，生物量较低，鱼类种类相对较少，但许多特有本土鱼类具有重要保护价值。根据原国家水产总局调查，20世纪80年代黄河水系有鱼类191种（亚种），干流鱼类有125种，其中国家保护鱼类、濒危鱼类6种。2002—2007年，干流主要河段调查到鱼类47种，濒危鱼类3种。

洪水是黄河最主要的灾害之一。黄河上游多为强连阴雨，一般以7月、9月出现机会较多，8月出现机会较少。降雨特点是面积大、历时长、强度不大。黄河中游暴雨频繁、强度大、历时短，洪水具有洪峰高、历时短、陡涨陡落的特点。黄河下游的洪水主要来自中游，是下游的主要致灾洪水。每年冬末春初，在内蒙古河段和下游山东河段，凌汛灾害时有发生。

流域内能源资源十分丰富，中游地区的煤炭资源、中下游地区的石油和天然气资源，在全国占有极其重要的地位。流域及相关地区农业资源丰富，小麦、棉花、油料、烟叶、畜牧等农牧业发达，相关农牧产品在全国占有重要地位。2007年年底，黄河流域总人口11368万，占全国总人口的8.6%；流域国内生产总值16527亿元，占全国国内生产总值的8%；流域内有耕地面积2.44亿亩，耕垦率为20.4%；总播种面积2.68亿亩，粮食总产量3958万t，人均粮食产量350kg，为全国平均值的93%。流域大部分位于我国中西部地区，由于历史、自然条件等原因，经济社会发展相对滞后，与东部地区相比存在一定差距。

（三）淮河水系

淮河发源于河南省桐柏山的主峰太白顶，蜿蜒于长江、黄河之间。在广阔的中原大地上，先后将洪汝河、颍河、涡河、中运河、沂河、沭河等诸多支流拥入自己的怀抱。一路缓缓东行，过洪泽湖，分别流入长江或黄海。淮河干流全长1000km，从源头到豫、皖两省交界的洪河口为上游，河长364km，落差178m，占淮河总落差的90%，流域面积3万km^2。洪河口（王家坝）以下到洪泽湖为淮河中游，河长490km，落差16m，流域面积12.8万km^2。洪泽湖以下至三江营为淮河下游，河长146km，落差约6m，流域面积黄河故道以南为3.2万km^2，黄河故道以北为8万km^2。

淮河上中游支流众多，南岸支流多发源于大别山区及江淮丘陵区，源短流急，流域面积在2000km^2以上的有浉河、竹竿河、潢河、白露河、史灌河、淠河、东淝河、池河。北岸支流主要有洪汝河、沙颍河、西淝河、涡河、奎濉河，其中除洪汝河、沙颍河、奎濉河上游有部分山丘区以外，其余都是平原排水河道。沙颍河流域面积约4万km^2，为淮河流域最大支流，其他都在 3000~16000km^2。在淮北平原还开辟有茨淮新河、怀洪新河和新汴河等大型人工河道。淮河下游里运河以东有射阳港、黄沙港、新洋港、斗龙港等独流入海河道，承泄里下河及滨海地区的来水，流域面积为 2.24 万 km^2。

淮河流域西起桐柏山、伏牛山，东临黄海，南以大别山和皖山余脉与长江流域为界，北以黄河南堤和沂蒙山同黄河流域紧邻，流域总面积为 27 万 km^2。流域内大部分属于冲积平原，平原面积约占 2/3；山区和丘陵区分布在流域的西部、南部和东北部，占 1/3。此外还有星罗棋布的湖泊洼地。淮河流域以废黄河为界，分淮河和沂沭泗河两大水系，流域面积分别为 19 万 km^2 和 8 万 km^2，京杭大运河、分淮入沂水道和徐洪河贯通其间，沟通两大水系。

淮河流域地处我国南北气候过渡带，属于暖温带半湿润气候区，地理上淮河与秦岭构成我国南北自然分界线，这里气候温和，无霜期年均 200 天以上，雨量适中，降水量年均 800mm 左右。

淮河流域是我国南北气候、高低纬度和海陆相三种过渡带的重叠区域，气候变化幅度大，灾害性天气发生的频率高。受东亚季风影响，流域的年际降水变化大，年内降水分布也极不均匀，洪、涝、旱及风暴潮灾害频繁发生，经常出现连旱连涝或旱涝急转的情况。且水旱灾害呈现出发生频率高、持续时间长、受灾范围大，灾情惨重等特点。据统计，1194—1948 年的 754 年中，共发生水灾 594 次、旱灾 423 次。

淮河流域包括湖北、河南、安徽、江苏、山东等 5 个省 40 个市 169 个县(市、区)，在我国国民经济中占有十分重要的战略地位，区内矿产资源丰富、品种繁多。流域气候、土地、水资源等条件较优越，适宜发展农业生产，是我国重要的粮、棉、油主产区之一。2007 年年底，淮河流域总人口 1.70 亿，约占全国总人口的 13%；流域国内生产总值 1.73 万亿元；流域内有耕地面积为 1.9 亿亩，约占全国总耕地面积的 11.7%。

(四)海河水系

海河的多数支流发源于太行山，少数发源于燕山，分别穿过华北平原后，汇聚天津，注入渤海。流域包括滦河、海河和徒骇马颊河三个水系。

滦河上源称闪电河，发源于河北省丰宁县西北大滩镇，流经内蒙古自治区又折回河北省，经承德到潘家口穿过长城至滦县进入冀东平原，由乐亭县南入海。主要支流有小滦河、兴州河、伊逊河、武烈河、老牛河、青龙河等。滦河水系包括滦河及冀东沿海诸河，有若干条单独入海的河流，主要有陡河、沙河、洋河、石河等。

海河水系包括北三河(蓟运河、潮白河、北运河)、永定河、大清河、子牙河、黑龙港及运东地区(南排河、北排河)、漳卫河等河系。海河水系形成于东汉建安年间。历史上，海河水系是一个扇形水系，集中于天津市海河干流入海。20 世纪 60—70 年代，为了增加下游河道泄洪入海能力，先后开挖和疏浚潮白新河、独流减河、子牙新河、漳卫新河和永定新河，使各河系单独入海。

徒骇马颊河水系包括徒骇河、马颊河和德惠新河等平原河流。徒骇河、马颊河位于黄河与卫运河及漳卫新河之间,由西南向东北入海,为平原防洪排涝河道。徒骇河发源于河南省清丰县,于山东省沾化县暴风站入海。马颊河发源于河南省濮阳县金堤闸,于山东省无棣县入海。马颊河与徒骇河之间开挖了一条德惠新河，德惠新河于无棣县下泊头村东12km处与马颊河汇合,两河共用一个河口入海。此外,区内沿海一带还有若干条独流入海的小河。

海河流域总的地势是西北高、东南低。流域的西部和北部为山地和高原,西有太行山,北有燕山,海拔高度一般在1000m上下,最高的五台山达3061m,山地和高原面积18.96万km^2,占59%。东部和东南部为广阔平原,平原面积13.10万km^2,占41%。

海河流域主要受切变线、西风槽、西北涡、东蒙低涡、西南涡、台风及台风倒槽等天气系统的影响,洪水(多由暴雨形成)多发,历史上曾遭受多次洪水灾害。根据文献考证、洪水调查和实测资料分析,自17世纪以来,流域比较突出的洪水年份有21年,其中20世纪以来发生比较突出的洪水年份有7年,典型大洪水的年份有1939年、1962年及1963年等,近期发生较大洪水的为1996年。

海河流域地跨北京、天津、河北、山西、河南、山东、内蒙古和辽宁等8个省(自治区、直辖市),属于经济较发达地区之一。流域矿产资源丰富,种类繁多,是我国矿产资源种类较为齐全的地区。流域土地、光热资源丰富,适于农作物生长,是我国粮食主产区之一,为保障我国的粮食安全发挥着重要作用。2007年年底,海河流域总人口1.37亿,占全国总人口的10.4%;流域国内生产总值达到3.56万亿元,占全国国内生产总值的12.9%;流域内有耕地面积1.54亿亩,其中有效灌溉面积1.12亿亩;林果地993万亩。

(五)珠江水系

珠江由西江、北江、东江及珠江三角洲诸河组成,西江、北江、东江汇入珠江三角洲后,经虎门、蕉门、洪奇门、横门、磨刀门、鸡啼门、虎跳门和崖门八大口门注入南海,形成“三江汇流,八口出海”的水系特点。流域涉及云南、贵州、广西、广东、湖南和江西等6个省(自治区)46个地(州)市215个县及香港、澳门特别行政区以及越南东北部,总面积45.37万km^2,其中我国境内面积44.21万km^2。

珠江流域的主流为西江,发源于云南省曲靖市乌蒙山余脉的马雄山东麓,自西向东流经云南、贵州、广西和广东等4个省(自治区),至广东省佛山市三水区的思贤滘与北江汇合后流入珠江三角洲网河区,全长2075km,流域面积35.31万km^2,占珠江流域总面积的77.8%,主要支流有北盘江、柳江、郁江、桂江及贺江等。西江主源为南盘江,至册亨县与来自黔西南的北盘江汇合后称红水河,向东南流至广西石龙镇三江口与柳江汇合后称黔江,到桂平与郁江相会。郁江在南宁一带称邕江,上游为右江和左江,到桂平与郁江汇合处以下又改称浔江，直到广西、广东交界处的梧州汇桂江后始称西江。

珠江流域属于湿热多雨的热带、亚热带气候区，多年平均气温 14~22℃，多年平均降水量 1200~2000mm，多年平均径流量 3381 亿 m^3。流域水量充沛，河流自然落差较大，水力资源较为丰富，理论蕴藏量 3969 万 kW，年发电量 3477 亿 kW·h。单站装机容量 0.01 万 kW 及以上的技术可开发水电站共 9473 座，总装机容量 3837 万 kW，年发电量 1581 亿 kW·h。

流域内的水环境适合鱼类生长，水产资源丰富，有鱼类 450 多种。属于国家一级保护的水生野生动物有中华白鳍豚、中华鲟、鼋 3 种，属于二级保护的有花鳗鲡、大鲵、佛耳丽蚌、三线闭壳龟、黄唇鱼、水獭、山瑞鳖等 7 种，属于地方重点保护和本水系特有的珍贵水生野生动物 40 多种，主要经济鱼类 53 种，名贵食用鱼类 8 种。

洪涝灾害是流域内发生频率最高、危害最大的自然灾害，尤以中下游和珠江三角洲地区为甚。流域洪水出现的时间与暴雨出现的时间一致，主要发生在 4—10 月，根据形成暴雨洪水的天气系统的差异，可将洪水期分为前汛期(4 月至 7 月底)和后汛期(7 月底至 10 月)。前汛期暴雨多为锋面雨，洪水峰高、量大、历时长，流域性洪水及洪水灾害一般发生在前汛期。后汛期暴雨多由热带气旋造成，洪水相对集中，来势迅猛，峰高而量相对较小。

珠江河口地区是我国受热带气旋侵袭最为频繁的地区之一，新中国成立以来，几乎每年都会受到热带气旋及台风(风力 12 级以上的热带气旋)的袭击。据统计，在广东省登陆的台风平均每年达 3.5 次，其中直接在珠江口登陆的台风平均每年近 1 次。

20 世纪 80 年代以来，流域国民经济持续快速增长，但经济发展很不平衡，上游云南、贵州及广西等省(自治区)属于我国西部地区，自然条件较差，经济发展缓慢；下游珠江三角洲地区毗邻港澳地区，区位条件优越，是我国最早实施改革开放的地区，是全国重要的经济中心之一。2008 年年底，珠江流域总人口 11723 万(未计港澳地区，下同)；流域国内生产总值 38954 亿元，占全国国内生产总值的 13%；流域土地资源 66310 万亩，其中耕地 12136 万亩，耕地率 18.3%。

(六)松花江水系

松花江是我国七大江河之一，有南北两源。北源嫩江发源于内蒙古自治区大兴安岭伊勒呼里山，南源第二松花江发源于吉林省长白山天池，两江在三岔河汇合后始称松花江，往东流到黑龙江省同江市注入黑龙江。由三岔河至哈尔滨市为上段，全长 240km；由哈尔滨市至佳木斯市为松花江中段，河道长 432km；由佳木斯至同江为松花江下段，全长 267km。

松花江流域水系发育，支流众多，流域面积大于 1000km^2 的河流有 86 条，大于 10000km^2 的河流有 16 条。河流上游区分别受大兴安岭和长白山山地的控制和影响，水系发育呈树枝状，各支流河道长度较短；在中下游的丘陵和平原区内，河流较顺直，且长度较长。流域西部以大兴安岭为界，东北部以小兴安岭为界，东部与东南部以完达山脉、老爷岭、张广才岭、长白山等为界，西南部的丘陵地带是松花江和辽河两流域的分水岭。

松花江流域地处温带大陆性季风气候区，春季干燥多风，夏秋降雨集中，冬季严寒漫长。

松花江流域内洪涝、干旱灾害严重。春季风大雨少，蒸发量大，常发生春旱；夏秋季雨量集中，常发生洪涝灾害。低平原易涝，高平原易旱。水灾发生次数多，造成的损失大于旱灾，但受灾面积小于旱灾。由于涝灾常与洪灾相伴而生，所以常把洪涝灾害称为水灾，其损失占水旱灾害总损失的70%。在洪水灾害中，以暴雨洪水灾害最为频繁，造成的损失也最大。

松花江流域涉及内蒙古、吉林、黑龙江、辽宁等4个省（自治区）的24个市（地、盟）84个县（市、旗）。2007年年底，全流域总人口5353万，国内生产总值9713亿元。松花江流域是我国石油、煤炭、化工、汽车、铁路客车生产等重工业基地，工业增加值4476亿元。流域农业、林业和畜牧业发达，全流域耕地面积20832万亩，占全国耕地面积的11.4%。流域农田有效灌溉面积4290万亩，粮食总产量5323万t，灌溉林果地面积32.74万亩，灌溉草场面积23.26万亩，大小牲畜5608万头。长白山、大兴安岭、小兴安岭、完达山、张广才岭等地区是我国主要的林区和木材供应基地。

（七）辽河水系

辽河发源于河北省境内七老图山脉的光头山，流经河北、内蒙古、吉林、辽宁等4个省（自治区），全长1345km。东邻第二松花江、鸭绿江流域，西邻内蒙古高原，南邻滦河、大凌河流域及渤海，北邻松花江流域，流域总面积22.11万km^2，其中平原区面积9.45万km^2，山丘区面积12.66万km^2。

辽河流域的东部主要包括东辽河、辽河干流左侧支流、浑太河等上游地区，属哈达岭、龙岗山脉和千山山脉，该区河流发育，山势较缓，森林茂盛，水资源相对丰富；流域的中部主要包括辽河干流和浑太河等辽河中下游平原区，该区地势低平，土壤肥沃，水资源开发利用程度较高，在河口沿岸有大片的沼泽地分布；流域的西部主要包括西辽河流域，该区沙化明显，分布有流动或半流动沙丘，有著名的科尔沁沙地。西部地区水资源总体匮乏，水土流失及土壤沙化现象严重，生态环境较差。

辽河流域地处温带大陆性季风气候区，冬季严寒，夏季湿热。由于受气候影响，辽河流域内洪水频繁，平均每隔7~8年发生一次较大的洪水，一般的洪水平均2~3年即发生一次。辽河流域是中国水资源贫乏的地区之一，特别是中下游地区，水资源短缺更为严重。由于受大量的人为因素影响，辽河已成为中国江河中污染最严重的河流之一，辽河水无法使生物存活，无法用于灌溉，更无法供人畜饮用。

辽河流域是我国重要的工业基地和商品粮基地。行政区划涉及内蒙古、吉林、辽宁和河北等4个省（自治区）的20个市（盟）。流域工业基础雄厚，能源、重工业产品在全国占有重要的地位，石油、化工、煤炭、电力、钢材等工业地位突出。2007年年底，全流域总人口3383万，国内生产总值9172亿元，全流域耕地面积8327万亩，有效灌溉面积3319万亩，主要作物是水稻、玉米、小麦和大豆等，粮食总产量2747万t，灌溉林地面积138万亩，灌溉草场面积204万亩。

二、湖泊

湖泊是由湖盆、湖水、水中所含物质（矿物质、溶解质、有机质以及水生生物等）所组成的自然综合体，并参与自然界的物质和能量循环。湖泊是在自然界的各种内外营力长期相互作用下所形成的。处于不断发展变化过程中的湖泊，或因区域自然地理环境的差异，或因成因和发展阶段的不同，湖泊中的物理、化学和生物过程显示出不同的区域性特点，表现出湖泊空间分布的多样性。在世界上，既有世界上海拔最高的湖泊，也有位于海平面以下的湖泊；既有众多的浅水湖泊，也不乏深水湖泊；既有吞吐湖，也有闭流湖；既有淡水湖，也有咸水湖和盐湖等。但是，湖泊的形成往往具有突变性，如强烈的构造运动或火山活动、间冰期的湿润气候和高海面侵进等，使得湖区内不同湖泊之间表现出明显的相似性。

我国湖泊众多，分布广泛，从东部沿海的坦荡平原到世界屋脊的青藏高原，从西南边陲的云贵高原到广袤无垠的东北三江平原，都有湖泊分布。尤其是长江中下游平原和青藏高原是我国湖泊分布最为集中的区域，形成东西遥遥相对的两大稠密湖群。据科学出版社1998年出版的《中国湖泊志》统计资料，全国面积大于1km^{2}的天然湖泊有2759个，合计面积91019.63km^2；面积大于10km^{2}的656个，合计面积85256.94km^2；面积大于1000km^{2}的14个，合计面积34618.41km^2；面积500~1000km^{2}的17个，合计面积11230.81km^2；面积100~500km^{2}的108个，合计面积22415.33km^2；面积10~100km^{2}的517个，合计面积16992.4km^2；面积1~10km^{2}的2086个，合计面积5762.7km^2。我国湖泊按面积划分，以特大型湖泊（大于1000km^2）、大型湖泊（500~1000km^2）、中型湖泊（100~500km^2）为主体。按个数统计，小型湖泊（小于100km^2）占绝对优势。青海湖、鄱阳湖、洞庭湖、太湖等面积在1000km^{2}以上的特大型湖泊，连同面积在500km^{2}以上的巢湖、高邮湖、鄂陵湖、羊卓雍措、布伦托海等大型湖泊，在全国湖泊总数中所占的比例仅为1.1%。

（一）湖泊自然分区状况

根据自然环境的差异、湖泊资源开发利用和湖泊环境整治的区域特色，将我国湖泊划分为5个自然分布区。

1. 东部平原地区湖泊

东部平原地区湖泊，主要指分布于长江及淮河中下游、黄河及海河下游和大运河沿岸的大小湖泊。面积 1km² 以上的湖泊 696 个，合计面积 21171.6km²，约占全国湖泊总面积的 23.3%；面积在 10km² 以上的湖泊 138 个，合计面积 19587.5km²。我国著名的五大淡水湖——鄱阳湖、洞庭湖、太湖、洪泽湖和巢湖都位于本区，是我国湖泊分布密度最大的地区之一。其中，尤其是长江中下游平原及三角洲地区，水网交织，湖泊星罗棋布，呈现一派"水乡泽国"的自然景观。本区湖泊在成因上多与河流水系的演变有关。例如：通过孢粉、硅藻、环境磁学、地球化学及粒度等环境指标分析，地处长江中游的江汉湖群及洞庭湖，系由长江及其支流汉江、湘江、资水、沅江、澧水等河流共同作用而形成，地处长江中下游间的龙感湖、黄大湖、泊湖等均由长江干流河床的南迁摆动而形成，位于淮河中下游地区的城东湖、瓦埠湖、南四湖、洪泽湖等是黄河南泛夺淮的结果。在长江三角洲及沿海平原地区的一些湖泊，如太湖、淀山湖以及由古射阳湖分化解体出来的蜈蚣湖、大纵湖、得胜湖等，其形成与发展除与河流水系演变有密切关系外，还与海涂的发育及海岸线的变迁有着直接的联系。

濒临海洋，气候温暖湿润，水热条件优越，水系发达，湖泊的水源补给较丰。河湖关系密切，湖泊普遍具有调蓄江河的作用。但在季风气候支配下，降水分配不均，变率大，湖泊水情变化显著，水位的年内与年际间有时相差悬殊。鄱阳湖、洞庭湖水位年变幅一般在 8~12m。长江三角洲地区的湖泊，由于密集的水网调节，水位变化相对平稳，年内变幅一般在 1~2m。为了提高湖泊的调蓄作用，新中国成立后湖泊多已建闸控制，由天然湖泊转变为水库型湖泊，对减轻江河洪水威胁发挥着明显的调蓄功能。

湖泊由于长期泥沙淤积，面积日趋缩小，湖床逐渐被淤高，洲滩广为发育，普遍呈现浅水型湖泊的特点，多数湖泊平均水深只有 2.0m 左右，如太湖平均水深 2.12m、洪泽湖平均水深 1.77m、巢湖平均水深 2.69m。水位稍有升降，湖泊的面积即会相应发生显著变化。湖泊生物种类丰富、分布广，生物生产力相对较高，种群类型和生态结构复杂多样。

资源类型多，蕴藏量丰富，开发利用历史悠久，人类活动影响强烈，是本区湖泊的主要特色。资源开发利用的方式与途径以调蓄滞洪、供水、增殖水产、围垦种植和沟通航运为主。随着泥沙的日渐淤积和围湖造田的过度发展，本区湖泊数量和面积锐减，如洞庭湖，在数十年前还是我国最大的淡水湖，如今已支离破碎，面积只有 2432.5km²，小于鄱阳湖面积。湖泊数量和面积的减少，导致湖泊调蓄功能降低，湖区洪涝灾害日益严重。同时，社会经济的迅速发展和强烈的人类经济活动，还使得湖泊水体富营养化和水质污染有逐渐发展的趋势，也是本区湖泊在资源开发利用上所面临的突出问题之一。

2. 蒙新高原地区湖泊

本区有面积 1km² 以上的湖泊 772 个，合计面积 19700.3km²，约占全国湖泊总面积的

21.5%。面积大于 10km^2 的湖泊 107 个,合计面积 18059.43km^2。

地貌以波状起伏的高原或山地与盆地相间分布的地形结构为特征，河流和潜水向洼地中心汇聚,一些大中型湖泊往往成为内陆盆地水系的尾闾和最后的归宿地,发育成众多的内陆湖,只有个别湖泊如额尔齐斯河上游的喀纳斯湖、黄河河套地区的乌梁素海等为外流湖。

地处内陆,气候干旱,降水稀少,地表径流补给不丰,蒸发强度较大,超过湖水的补给量,湖水因不断被浓缩而发育成闭流类的咸水湖或盐湖。其中,鄂尔多斯高原、准噶尔盆地和塔里木盆地咸水湖和盐湖分布相对集中。但本区也有一些微咸水湖如岱海、呼伦湖等,由于湖水位波动幅度较大,湖形张缩多变。

沙漠广袤,在沙漠区边缘地带多有风成湖分布,是本区湖泊的又一显著特色。这些湖泊多是面积很小的小型湖泊,湖水浅,湖水补给以地下潜水形式为主,一遇沙暴侵袭,湖泊即可迅速被流沙所淹埋。盐湖盛产盐、碱、芒硝、石膏等矿产,且开发历史悠久。一些微咸水湖和淡水湖具有增殖水产和灌溉便利的作用。

3. 云贵高原地区湖泊

本区有面积 1km^2 以上的湖泊 60 个,合计面积 1199.4km^2,约占全国湖泊总面积的 1.3%。面积大于 10km^2 的湖泊 13 个，合计面积 1088.2km^2，占本区湖泊面积的 90.8%。

自新构造运动强烈以来,地貌结构由广泛的夷平面、高山深谷和盆地等交错分布面构成。故湖泊的空间分布格局深受构造与水系的控制。区内一些大的湖泊都分布在断裂带或各大水系的分水岭地带,如滇池位于金沙江支流普渡河的上游和南盘江的源头,抚仙湖和洱海分别位于南盘江的源头及红河与漾濞江的分水岭地带。湖泊水深岸陡,我国的第二深水湖——抚仙湖即位于本区,平均水深 87m,其他如泸沽湖、阳宗海、洱海、程海等的平均水深也都在 10m 以上,滩地发育远不如东部平原湖区的湖泊。入湖支流水系较多,而湖泊的出流水系普遍较少,有的湖泊仅有一条出流河道,湖泊尾闾落差大,水力资源较丰富。湖泊换水周期长,生态系统较脆弱。此外,岩溶地貌分布较广,经溶蚀作用而形成的岩溶湖也甚为典型,草海即是我国最大的岩溶湖。这类湖泊的入流和出流往往与地下暗河直接相关,湖泊水位年变幅较小。腾冲地区的火山湖规模较小,其中的青海是我国唯一的酸性湖。

本区纬度较低,属于印度洋季风气候区,年内干湿季节转换明显,降水主要受夏季风即西南季风控制,5—10 月的降水量占全年降水量的 80%以上,湖泊水位随降水量的季节变化而变化;湖水清澈,矿化度不高,全系吞吐型淡水湖,冬季亦无冰情出现,湖区景色秀丽。湖泊可供灌溉、供水、航运、养殖、发电,滇池和洱海等湖泊还是我国著名的风光旅游胜地。

4. 青藏高原地区湖泊

本区有面积在 1km² 以上的湖泊 1091 个，合计面积 44993.3km²，约占全国湖泊总面积的49.5%，是地球上海拔最高、数量最多、面积最大的高原湖群区，也是我国湖泊分布密度最大的两大稠密湖群区之一。其中，面积大于 10km² 的湖泊有 346 个，合计面积 42816.1km²，占本区湖泊总面积的 95.2%。

湖泊成因类型复杂多样，但大多是发育在一些和山脉平行的山间盆地或巨形谷地之中，其中大中型的湖泊如纳木错、色林错、玛旁雍错等都是由构造作用所形成的，湖盆陡峭，湖水较深，且湖泊的分布与纬向、经向构造带相吻合，只有一些中小型湖泊分布在崇山峻岭的峡谷区，属于冰川湖或堰塞湖类型。湖泊深居高原腹地，以内陆湖为主，湖泊多是内陆河流的尾闾和汇水中心，但在黄河、雅鲁藏布江、长江水系的河源区，由于晚近地质时期河流溯源侵蚀与切割，仍有少数外流淡水湖存在，如黄河上游的扎陵湖、鄂陵湖，即是本区两大著名淡水湖。

气候严寒而干旱，冬季湖泊冰封期较长，降水稀少，冰雪融水是湖泊补给的主要形式，湖泊水情虽有季节性变化，但水位变幅普遍较小，年内变幅一般不超过 50cm；在强烈的蒸发作用下，湖水入不敷出，干化现象显著，湖泊在近期多处于萎缩状态，往往在滨岸区残留有多级古湖岸砂堤。

本区以咸水湖和盐湖为主，盐、碱等矿产资源是本区湖泊资源开发利用的主要对象。

5. 东北平原地区与山区湖泊

本区有面积 1km² 以上的湖泊 140 个，合计面积 3955.3km²，约占全国湖泊总面积的 4.4%。其中面积大于 10km² 的湖泊 52 个，合计面积 3705.7km²，占本区湖泊总面积的 93.7%。

东北地区，两面环山，中间为松嫩平原和三江平原，在平原地区有大片湖沼湿地分布，发育有大小不一的湖泊，当地习称为泡子或咸泡子。这类湖泊的成因多与近期地壳沉陷、地势低洼、排水不畅和河流的摆动等因素有关，湖泊具有面积小、湖盆坡降平缓、现代沉积物深厚、湖水浅、矿化度较高等特点。分布于山区的湖泊，其成因多与火山活动关系密切，是本区湖泊的又一重要特色，如镜泊湖和五大连池均是典型的熔岩堰塞湖；前者是牡丹江上游河谷经熔岩堰塞而形成，为我国面积最大的堰塞湖；后者是 1920—1921 年由老黑山和火烧山喷出的玄武公流堵塞纳漠尔河的支流——白河，并由石龙河连通的 5 个小湖。白头山天池（中朝界湖）是经过数次熔岩喷发而形成的典型火山口湖，也是我国第一深湖，最大水深 373.0m。

本区地处温带湿润、半湿润大陆性季风型气候区。夏短而温凉多雨，6 月的降水量占全年降水量的 70%~80%，汛期入湖水量颇丰，湖泊水位高涨；冬季寒冷多雪，湖泊水位低枯，湖泊封冻期较长。区内湖泊资源开发利用以灌溉、水产为主，有的湖泊兼具航运、发电或观光旅游功能。

(二)重点湖泊

1. 鄱阳湖

鄱阳湖是我国第一大淡水湖,也是中国第二大湖,面积3960km²,1992年7月被《湿地公约》秘书处列为国际重要湿地,是我国首批6个国际重要湿地之一。鄱阳湖地处江西省的北部,长江中下游南岸,位于28°22′~29°45′N、115°47′~116°45′E之间。鄱阳湖以松门山为界,分为南北两部分,北面为入江水道,长40km,宽3~5km,最窄处约2.8km;南面为主湖体,长133km,最宽处达74km。有70%的水域在江西省九江市境内,其余20%的水域在江西省上饶市境内,10%的水域在江西省南昌市境内。汇集赣江、修河、饶河、信江、抚河等水,经九江市湖口县注入长江。鄱阳湖上承赣江、抚河、信江、饶河、修河"五河"之水,下接长江。湖面以松门山为界,南部宽广,为主湖区,湖底高程12~18m,湖水较浅;北部狭长,为入江水道,湖底高程-7.2~12.0m,湖水较深。因此,鄱阳湖年内洪、枯水期间的湖泊形态指标差异悬殊。在洪水位21.69m时,长170.0km,最大宽74.0km,平均宽17.3km,面积2933km²,最大水深29.19m,平均水深5.1m,蓄水量149.6亿m³;而在多年平均最低水位10.20m时,面积仅146.0km²,蓄水量4.5亿m³,此时出露的洲滩湿地面积高达2787km²,呈现"高水为湖、低水似河"和"洪水一片、枯水一线"的景观,为我国湖泊所仅见。湖中有岛屿41个,面积最大的莲湖山有41.6km²。此外,较大的岛屿还有鞋山、长山、棠荫、泗山、三山、南山、矶山和松门山等,类型有岩岛、沙岛。湖区属于北亚热带季风气候,年均气温16.5~17.8℃,7月平均气温28.4~29.8℃,极端最高气温40.3℃;1月平均气温4.2~7.2℃,极端最低气温-10℃。年日照时数1760~2150h,无霜期240~284d。多年平均年降水量1570mm,4—6月降水量占年降水量的48.2%左右。最大年降水量除庐山达3034mm外,湖区为1794.1mm;最小年降水量699.1mm。

湖水主要依赖地表径流和湖面降水补给,集水面积16.2万km²,补给系数55。主要纳赣江、抚河、信江、饶河、修水五大河流各级支流,加上青峰山溪、博阳河、樟田河、潼津河等独流入湖的河流,出流由湖口北注长江。

洪水期一般3月下旬开始至7月结束,最高水位多发生在7月;8—9月台风引起的降水也可产生较大洪水。若尾闾下泄受长江洪水顶托或长江倒灌,湖泊可维持较高水位。枯水期一般在10月至翌年3月的上旬,年最低水位多发生在12月至翌年1月。遇干旱年份,由于大量引水灌溉,10月前后也可出现最低水位。受长江洪水的双重影响,高水位历时较长,4—6月随"五河"洪水入湖而上涨,7—9月因长江涨水引起顶托或倒灌而维持高水位,至10月才稳定退水。

鄱阳湖湿地生态系统结构完整,生物资源丰富。据统计,有鸟类330种、贝类40种、兽类45种、浮游动物46种、爬行类48种、浮游植物50种、鱼类136种、昆虫类227种、高等植物476种。水生植物面积2262m²,占全湖总面积的80.8%。鄱阳湖是长江江豚重要栖息地和种质资源库，江豚数量稳定，种群结构合理，属于长江江豚的优质种群。截至2016年，鄱阳湖现有江豚数量为450头左右，是洞庭湖拥有江豚数量的5倍，约占全中国一半。

鄱阳湖是世界上最大的鸟类保护区。国家一级重点保护鸟类有9种，国家二级重点保护鸟类47种，江西省重点保护鸟类80种，如鸿雁、斑嘴鸭和绿头鸭等；《世界自然保护联盟濒危物种红色名录》(IUCN红色名录)受威胁物种23种，包括极危物种2种，濒危物种5种，易危物种16种等。每年到鄱阳湖越冬的候鸟数量多达60万~70万只。越冬白鹤最高数量达4000余只，占全球98%以上。全世界80%以上的东方白鹳、70%以上的白枕鹤在鄱阳湖保护区内越冬。这里是世界上最大的鸿雁种群越冬地(数量达6万多只)，也是中国最大的小天鹅种群越冬地(最高数量达7万多只)，同时也是大量珍稀候鸟的重要迁徙通道和停歇地。每年秋末冬初，成千上万只候鸟从俄罗斯西伯利亚、蒙古、日本、朝鲜以及中国东北、西北等地来此越冬。鄱阳湖被称为“白鹤世界”“珍禽王国”。

2. 洞庭湖

洞庭湖位于长江中游荆江南岸，跨岳阳、汨罗、湘阴、望城、益阳、沅江、汉寿、常德、津市、安乡和南县等县市，包括荆江河段以南，湘江、资江、沅江、澧水“四水”控制站以下的广大平原、湖泊水网区。洞庭湖南近湘阴县、益阳市，北抵华容县、安乡县、南县，东滨岳阳市、汨罗市，西至澧县，在27°39′~29°51′N、111°19′~113°34′E之间，湖泊面积2432.5km^2，最大水深23.5m，平均水深6.39m，蓄水量155.44×10^{8}m^3。洞庭湖大致可分为东洞庭湖、南洞庭湖和西洞庭湖三部分，还有一部分为大通湖。

东洞庭湖位于华容县墨山铺、注滋口，汨罗市磊石山，益阳市大通湖农场之间。滨湖的有岳阳市区(岳阳楼区、君山区)、华容县、钱粮湖农场、君山农场、建新农场、岳阳县，湖泊面积1327.8km^2。南洞庭湖跨岳阳市境与益阳市之间，指赤山与磊石山以南诸湖泊，岳阳市境滨湖的有湘阴县、屈原管理区，湖泊面积920km^2。西洞庭湖在益阳市、常德市境，指赤山湖以西诸湖泊，到20世纪仅存七里湖和目平湖(有资料显示还有半边湖、大连湖)，湖泊面积443.9km^2。澧水流经西北，沅江流经西南，松滋河、虎渡河及藕池河西支诸水自北注入，现有通外江湖的河湖面积约520km^2，环湖的汉寿县、安乡县、鼎城区、澧县、津市市、桃源县、临澧县、武陵区的平原区称为西洞庭湖区，有吴淞高程51m以下的平原河湖面积6285km^2。西洞庭湖早期系赤沙湖的一部分。大通湖在湖南省南县的青树嘴镇东，接沅江市界，亦洞庭之一隅，是组成洞庭湖的4个较大的湖泊之一，其面积114.2km^2，是湖南省最大的内陆养殖湖泊。

洞庭湖依赖地表径流和湖面降水补给、集水面积25.7×10^{4}km^2，主要入湖河流有西南和南面的湘江、资江、沅江、澧水“四水”，北面有长江的松滋、太平、藕池、调弦(1958年封堵)“四口”分泄长江水，东面有汨罗江和新墙河入湖，经洞庭湖调蓄后由城陵矶注入长江，还有滨湖约5万km^{2}的区间径流来水。

洞庭湖是中国水量最大的通江湖泊，也是长江流域和全国湖泊水位涨落变幅最大的湖泊。每年4月从“四水”桃汛开始，水位逐渐上涨，6—7月水位稍有回落，7月后长江开始洪汛，长江的松滋、太平、藕池、调弦(1958年封堵)“四口”入湖水量增加，8—9月水位达峰值，10月后水位下降，至翌年3—4月达最低值。一般年份水位年内以双峰型为主，个别年份也出现单峰型。

洞庭湖是国际重要湿地、候鸟重要越冬地和生物多样性保护重要区域，为保护生物资源和湿地生态环境，在洞庭湖设有东洞庭、西洞庭国家级自然保护区和南洞庭省级自然保护区。

3. 太湖

太湖位于长江三角洲的南缘，是中国五大淡水湖之一，在30°55′~31°32′N和119°52′~120°36′E之间，横跨江西、浙江两省，北临无锡市，南濒湖州市，西依宜兴市，东近苏州市。太湖湖泊面积2427.8km^2，水域面积为2338.1km^2，湖岸线全长393.2km，平均水深1.89m，最大水深2.60m。其西和西南侧为丘陵山地，东侧以平原及水网为主。太湖地处亚热带，气候温和湿润，属于季风气候。太湖河港纵横，河口众多，出入湖河流228条，环湖河道多年平均入湖水量 80.94 亿m^3，多年平均出湖水量88.97亿m^3，多年平均蓄水量44.28亿m^3。太湖西南部湖岸平滑呈圆弧形，东北部湖岸曲折多湖湾、岬角。

上游水系。太湖上游流域面积1.9万km^2，古有苕溪、荆溪两大水系汇水入湖，至今变化不大。苕溪水系源于浙江省天目山地，以东、西苕溪为大。荆溪水系源于宜溧山地和茅山东麓，可分为南溪水系、洮滆湖水系、江南运河水系，向东注入太湖。各水系间有南北向调度河道。江苏省境内湖西地区在江南运河以北截水入江后，入湖水系流域面积为6081km^2。

南溪水系的主要河道有胥河(原称胥溪河)、南河、南溪河。胥河西通固城湖，连接太湖水系与水阳江水系，明代建有东坝、下坝将其堵断，下坝以东经定埠于河心乡王家渡入溧阳市接南河，全长30km。南河旧称胥溪，民国期间又称宜溧运河，新中国成立后称南河，西起淳溧交界至宜溧交界渡济桥，全长45.5km，沿线汇梅渚河、大溪河、溧戴河(俗称戴埠河)等。南溪河从宜溧交界渡济桥经徐舍入西氿，过宜兴市入东氿，于大浦注入太湖，全长42km，先后有屋溪河、桃溪河、中河、蠡河等汇入。新中国成立后，在大溪河、溧戴河、屋溪河上游兴建4座大、中型水库。大溪河上承大溪水库(库容1.71亿m^3)、前宋水库(库容1596万m^3)。溧戴河上承沙河水库(库容1.09亿m^3)。屋溪河上承横山水库(库容1.02亿m^3)。

洮滆湖水系位于江南运河与南河、南溪河之间，西承茅山东麓来水，经洮湖、滆湖调蓄后东注太湖。洮湖又名长荡湖，跨常州市金坛区和溧阳市，面积90km^2，湖容积1亿m^3。滆湖跨常州市武进区和宜兴市，面积164km^2，湖容积2.1亿m^3。洮湖西部入湖河道，主要有通济河、北河。出洮湖有湟里河、北干河、中干河东流入滆湖。另有夏溪河、扁担河，从西北侧流入滆湖。出滆湖有太滆运河、漕桥河、殷村港、湛渎港等注入太湖。

各水系之间有南北向分洪、引江、通航调度河道，江南运河与南河、南溪河之间有丹金溧漕河、赵村河、孟津河、武宜漕河等，洮滆湖与江南运河之间有新鹤溪河、锡溧漕河等。

下游水系。太湖下游的入江入海通道，古有吴淞江、东江、娄江，统称太湖三江，分别向东、南、北三面排水。8 世纪前后，东江、娄江相继湮灭。从 11 世纪开始，吴淞江也很快淤浅缩狭。上游来水汇入太湖以后，经湖东洼地弥漫盈溢分流各港浦注入长江。明永乐元年(1403 年)，在上海县(今上海市闵行区)东开范家浜，上接黄浦江，下通长江。不到半个世纪，黄浦江冲成深广大河，成为太湖下游排水的主要出路，吴淞江淤塞为黄浦江支流。1958 年，开挖太浦河，上接太湖，下接黄浦江。黄浦江在米市渡以上有三支，北为斜塘、泖河、拦路港，与淀山湖相通；中为园泄泾，上接俞汇塘；南为泖港，承杭嘉湖来水。米市渡以下至吴淞，长 113km。

4. 洪泽湖

洪泽湖在江苏省西部淮河下游，苏北平原中部西侧，淮安、宿迁两市境内，涉及两市四县二区(淮安市的洪泽县、盱眙县、淮阴区，宿迁市的泗洪县、泗阳县、宿城区)，形似一只展翅飞翔的雄鹰，东岸平直，其余岸线曲折多弯。水位 12.37m，长 65.0km，最大宽 55.0km，平均宽 24.26km，面积 1576.9km^2，最大水深 4.37m，平均水深 1.77m，蓄水量 27.9 亿 m^3，在33°06′~33°40′N、118°10′~118°52′E 之间。

上游进入洪泽湖的主要河道有：淮河、漴潼河、濉河、安河和维桥河，这些河流大多分布于湖的西部，还有怀洪新河、池河、新汴河、徐洪河、老汴河、团结河、张福河等，汇水面积为 15.8 万 km^2，其中淮河流入量占流入总量的 70%以上。

下游出湖的主要河道有：淮河入江水道，为淮河、洪泽湖的主要泄洪道，湖水 60%~70%由三河闸下泄，经入江水道流入长江；淮沭新河和苏北灌溉总渠，分别经由二河闸和高良涧进水闸承泄湖水；新建成投入使用的淮河入海水道，以备特大水灾年承泄淮河洪水。

洪泽湖有浮游藻类 8 门 141 属 165 种，其中常见属种或优势种主要有蓝藻门中的微胞藻、色球藻、蓝纤维藻、项圈藻、颤藻；隐藻门中的卵形隐藻、啮蚀隐藻、尖尾蓝隐藻；甲藻门中的裸甲藻、飞燕角藻；硅藻门中的双菱藻、直链藻；绿藻门中的丝藻、双胞藻、小球藻等。其中隐藻门中的卵形隐藻、啮蚀隐藻和尖尾蓝隐藻在 20 世纪 60—70 年代还是稀有种类，目前已发展成为常见种类。有浮游动物 35 科 63 属 91 种，其中原生动物 21 种、轮虫37 种、枝角类 19 种、桡足类 14 种，分别占浮游动物总数的 23.0%、40.7%、20.9%、15.4%。有底栖动物 8纲 39 科 57 属 76 种，其中环节动物 3 纲 6 科 7 属 7 种，软体动物 2 纲 11 科25 属 44 种，节肢动物 3 纲 22 科 25 属 25 种。优势种 3 纲 22 科 25 属 25 种，有环节动物苏氏尾鳃蚓，软体动物河蚬、圆顶鳞皮蚌、背角无齿蚌等，节肢动物中以甲壳纲占绝对优势。有水生植物36 科 61 属 81 种，其中单子叶植物 43 种，双子叶植物 34 种，蕨类植物 4 种。按生态类型分，有沉水植物 13 种，浮叶植物 7 种，漂浮植物 10 种，挺水植物和湿生植物 51 种。

5. 巢湖

巢湖属于长江水系下游湖泊，位于安徽省中部，由合肥、巢湖、肥东、肥西、庐江二市三县环抱，东西长 54.5km，南北平均宽 15.1km，湖岸线最长 181 多 km。最大水域面积约 825km²，最大容积 48.10 亿 m³，最大深度 0.98~7.98m，中心位于 29°47′~31°16′N 和 115°45′~117°44′E 之间。

巢湖主要靠地面径流补给，流域面积为 12938km²，其中巢湖闸以上 9130km²，闸以下 3808km²，集水范围包括合肥、巢湖、肥东、肥西、庐江、舒城、无为等两市五县，灌溉面积达 400 多万亩。沿湖共有河流 35 条。其中较大的河流有杭埠河、白石天河、派河、南淝河、炯炀河、柘皋河、兆河等。入湖河流呈向心状分布，河流源近流短，区内地势起伏不平，表现为山溪性河流的特性。

巢湖水系分布很不对称，杭埠河、白石天河、派河、南淝河、炯炀河，柘皋河等主要河全来自西部及北部的山地，其中以杭埠河、白石天河、南淝河为巢湖水系的主流，约占整个巢湖流域面积的 70%；南部的河流更短，水量也小，有石山河、谷盛河、兆河、十字河、高林河等。巢湖水系之水从南、西、北三面汇入湖内，然后在巢湖市城关出湖，经裕溪河东南流至裕溪口注入长江。

上游河流南淝河，发源于肥西县长岗乡，经董铺水库、合肥市区、肥东县建华、圩埂、唐小郢、杨墩、三汊河、板桥至施口入巢湖，全长 65km，流域面积 1618.5km²。其中合肥市芜湖路桥至施口 30km 可以通航，是合肥市唯一的水运通道。南淝河大小支流有 13 条，主要支流有四里河、上板桥河、店埠河、长乐河等。

派河发源于肥西县中部周公山、李陵山等丘陵地带，河道自西北向东南流经城西桥、上派、中派、下派入巢湖，全长 48.9km，流域面积 584.6km²。河床上游弯窄流急，下游宽直流缓。枯水季节水深 1m，主要支流有苦驴河、梳头河、王老堰河、滚子河、古埂河等，多为季节性河流。上派至河口长年通航。

杭埠河属于天然河流。源于岳西县主簿园，自西南向东北流经舒城县龙河口、马家河口至将军垱，下经庐江县境广寒桥于王四六渡下（左岸为肥西县），在大潭湾与丰乐河合流，汇新河再入巢湖，全长 139km。流域面积 2070km²。

白石天河又名白山河，发源于庐江北部金牛丘陵地带，向东北至三汊河左汇牛首河，再向右拐汇罗埠河，经南灵村注入巢湖，全长 57km，流域面积 843km²。白石天河系天然砂质河流。自高山尖至石头镇 36km 称金牛河。石头镇至河口 21km 称白山河，河道弯曲浅窄，上游泥沙流失严重。

兆河属于人工河流，原名操河，又称皂河、马尾河，全长 13.6km。清李恩绥《巢湖志·河汊》载：皂河在巢县马尾河内，相通可十数里，为曹操所开，水入巢。

柘皋河唐宋时名石梁河，后随柘皋镇兴盛而改称柘皋河。源于浮槎山东麓，流经柘皋镇，至河口村入巢湖，全长37km，属平原河流，沿线有夏阁河、中埠河汇入，流域面积540km²。

丰乐河古称桃溪，清代称后河，又名界河。全长117.5km，流域面积2080km²。有南、北、中三源，均出六安境。原与杭埠河汇合，后向东延伸至大潭湾汇合，注入巢湖。

塘串兆河位于庐江县东北，流向由南向北，是沟通黄陂湖、白湖、巢湖的枢纽水道。河分三段：由缺口大桥下至白湖一段叫塘串河（原名大缺口、麻线河、荒草沟、塘缺河），约5km；塘串河至姥山颈一段叫新河（系白湖垦殖后新开河），纵穿白湖农场，长15km；自姥山颈至马尾河口一段叫兆河（原名皂河，系人工河），长12km，是庐江与巢县的分界线。支流长河（又名盛桥河），源出二蛟子山，由西向东经盛桥镇入兆河，长21.5km，流域面积85km²。顺港河源出东顾山东麓，过蜃山经董湾入新河，长11km。白湖的东环圩河环绕东大圩，南北两端分别与新河相汇，长21.3km；西环圩河环绕西大圩，南北两端分别与新河相汇，长23km。东西环圩河，既是泄洪道、航运线，又是白湖农场与周围县的界河。

谷胜河横穿庐江县许桥乡境，源出牌楼附近的无名山，系一独立小河，由西南向东北流入巢湖，全长8km。

下游河流裕溪河，又名运漕河，古称濡须水。西起巢湖东口门，东南至裕溪口入长江，全长77km，是巢湖唯一的通江河流。沿途有清溪河、西河等较大支流，流域面积3808km²。

巢湖浮游藻类8门71属196种，其中绿藻门81种，硅藻门52种，蓝藻门28种，裸藻门25种，隐藻门4种，金藻门3种，甲藻门2种和黄藻门1种。现有浮游动物35属46种，其中原生动物6属6种，轮虫15属22种，枝角类7属10种，桡足类7属8种。现有底栖动物55种，隶属于软体动物门腹足纲5科10属14种，瓣鳃纲5科12属19种；环节动物门寡毛纲3科5属（种），多毛纲2科2属（种），蛭纲1种；节肢动物门甲壳纲3科4种，昆虫纲4科10种。计有水生植物29科44属54种，其中沉水植物6种，浮叶植物3种，漂浮植物4种，挺水和湿生植物41种。计有鱼类11目20科94种，其中鲤科52种。主要经济鱼类有青、鲢、鳙、鲫、鲶、鲚和银鱼等20余种。

6. 青海湖

青海湖湖面海拔3196m，位于青藏高原东北部、青海省境内，是中国最大的内陆湖、咸水湖。由祁连山脉的大通山、日月山与青海南山之间的断层陷落形成，在36°32′~37°15′N、99°36′~100°47′E之间。

青海湖四周被高山环抱，北面是大通山，东面是日月山，南面是青海南山，西面是橡皮山。这4座大山海拔都在3600~5000m。青海湖面积达4456km²，环湖周长360多km。湖面东西长，南北窄，略呈椭圆形。青海湖平均水深约21m，最大水深为32.8m，蓄水量达1050亿m³，湖面海拔3260m，离西宁约200km。湖区有大小河流近30条。湖东岸有两个子湖：一个是尕海，面积48km²，系咸水；另一个是耳海，面积8km²，为淡水。

湖区属于高寒半干旱气候，年均气温1.2℃，1月平均气温-12.6℃，极端最低气温-

30.0℃,7 月平均气温 5.0℃,极端最高气温 28.0℃。多年平均降水量 336.6mm,5—9 月占年降水量的 85%以上。年蒸发量 950.0mm,6—9 月约占年蒸发量的 60%以上。日照时数 3040.0h,日照百分率 70%~80%。盛行西北风,最大风速 22.0m/s,年平均风速 3.1~4.3m/s;9 月至翌年 4 月为大风期,月最大风速 16.0~22.0m/s,5—8 月风力最小,平均风速 16.0m/s。土壤类型东南往西北依次分布风沙土、栗钙土、山地草甸土、高山草甸土和高山寒漠土等,另有沼泽土广泛分布于低洼积水处及山前泉水溢出带。植被类型主要为荒漠草地、草原、草甸、沼泽草地及灌丛草地等,森林鲜见。

青海湖有浮游藻类 35 属,其中常年出现 9 属,优势种为圆盘硅藻。有浮游动物 17 属,以原生动物为主;有底栖动物 19 属,种类以摇蚊为主,其密度与生物量均占 80%以上,尤其以回转摇蚊种群的幼虫占优势,大多分布在淤泥质浅水区及某些河口地区。水生植物极度贫乏,偶见少量的篦齿眼子菜和一些大型轮藻等沉水植物。鱼类有青海湖裸鲤、硬鳍条鳅、尖头条鳅和背斑条鳅 4 种,其中裸鲤的个体较大,每尾体重 0.5kg 左右,年产量最高达 28523t。裸鲤一般分布在深水区,喜栖底层,仅繁殖季节或索饵时才洄游到入湖河口和岛屿附近,是一种杂食性鱼类,除食圆盘硅藻、新月硅藻、曲壳硅藻等浮游藻类外,还有刚毛藻、植物碎屑、大型浮游动物和甲壳动物的肢体及小条鳅等。

青海湖周围地势平坦,土地肥沃,这里冬季多雪,夏秋多雨,水源充足,雨量充沛,对发展畜牧业和农业有着良好的条件。

第二节 河湖开发保护现状

一、河湖水资源总量

据《2016 年全国水资源公报》,全国水资源总量为 32466.4 亿 m^3。其中,地表水资源量 31273.9 亿 m^3,地下水资源量 8854.8 亿 m^3,地下水资源与地表水资源不重复量为1192.5 亿 m^3。全国水资源总量占降水总量的 47.3%,平均单位面积产水量为 34.3 万 m^3/km^2。2016 年,全国地表水资源量 31273.9 亿 m^3,折合年径流深 330.3mm。2016 年,从国境外流入我国境内的水量 179.9 亿 m^3,从我国流出国境的水量 6083.6 亿 m^3,流入界河的水量 1124.6 亿 m^3;全国入海水量 20825.5 亿 m^3。全国地下水资源量(矿化度≤2g/L)8854.8 亿 m^3。其中,平原区地下水资源量 1928.1 亿 m^3,山丘区地下水资源量 7252.4 亿 m^3,平原区与山丘区之间的重复计算量 325.7 亿 m^3。全国平原浅层地下水总补给量2008.8 亿 m^3(详见表 1-1)。

表 1-1　　2016 年各水资源一级区水资源总量

水资源一级区	降水量(mm)	地表水资源量(亿 m³)	地下水资源量(亿 m³)	地下水资源与地表水资源不重复量(亿 m³)	水资源总量(亿 m³)
全国	730.0	31273.9	8854.8	1192.5	32466.4
北方 6 区	371.1	4577.3	2704.4	1015.4	5592.7
南方 4 区	1353.6	26696.6	6150.4	177.1	26873.7
松花江区	523.7	1278.8	497.0	205.2	1484.0
辽河区	602.9	385.3	212.0	104.4	489.8
海河区	614.2	204.0	259.9	183.9	387.9
黄河区	482.4	481.0	354.9	120.7	601.8
淮河区	893.3	732.6	428.2	277.0	1009.5
长江区	1205.3	11796.7	2706.5	150.3	11947.1
其中：太湖流域	1860.6	404.4	68.0	34.8	439.2
东南诸河区	2249.3	3102.1	636.1	11.3	3113.4
珠江区	1822.2	5913.4	1394.7	15.5	5928.9
西南诸河区	1124.8	5884.3	1413.0	0.0	5884.3
西北诸河区	206.3	1495.6	952.4	124.2	1619.8

注：人工生态环境补水不包括太湖的引江济太调水 1.4 亿 m³，浙江的环建配水 25.6 亿m³ 和新疆的塔里木河向大西海子以下河道输送生态水，向塔里木沿线胡杨林生态供水，阿勒泰地区向乌伦古湖及科克苏湿地补水 17.4 亿m³。

二、河湖(库)蓄水动态

2016 年，对全国 639 座大型水库和 3410 座中型水库进行统计，水库年末蓄水总量 3953.7 亿 m³，比年初蓄水总量减少 40.7 亿 m³。对 29 个水面面积在 100km² 及以上的湖泊进行统计，湖泊年末蓄水总量 1301.1 亿 m³，比年初蓄水总量增加 11.0 亿 m³。其中，青海湖、南四湖、洪泽湖分别增加 14.5 亿 m³、8.0 亿 m³ 和 7.6 亿 m³，鄱阳湖和太湖分别减少 17.3 亿 m³ 和 3.0 亿 m³。北方 16 个省级行政区对 74 万 km² 平原地下水开采区进行了统计分析，年末与年初相比，浅层地下水蓄变量 67.0 亿 m³。

三、河湖水资源利用量

2016 年，全国供水总量 6040.2 亿 m³，占当年水资源总量的 18.6%。其中，地表水源供水量 4912.4 亿 m³，占供水总量的 81.3%；地下水源供水量 1057.0 亿 m³，占供水总量的 17.5%；其他水源供水量 70.8 亿 m³，占供水总量的 1.2%。与 2015 年相比，地表水源供水量减少 57.1 亿 m^3，地下水源供水量减少 12.2 亿 m^3，其他水源供水量增加6.3 亿 m^3。

全国海水直接利用量 887.1 亿 m^3，主要作为火（核）电的冷却用水。海水直接利用量较多的为广东、浙江、福建、辽宁、山东和江苏，分别为 317.0 亿 m^3、189.6 亿 m^3、127.1 亿 m^3、71.7 亿 m^3、59.6 亿 m^3 和 52.2 亿 m^3，其余沿海省份大多也有一定数量的海水直接利用量。

2016 年，全国用水总量 6040.2 亿 m^3。其中，生活用水 821.6 亿 m^3，占用水总量的 13.6%；工业用水 1308.0 亿 m^3，占用水总量的 21.6%；农业用水 3768.0 亿 m^3，占用水总量的 62.4%；人工生态环境补水 142.6 亿 m^3，占用水总量的 2.4%。与 2015 年相比，用水总量减少 63.0 亿 m^3。

2016 年，全国耗水总量 3192.9 亿 m^3，耗水率 52.9%。全国废污水排放总量 765 亿t。全国人均综合用水量 438m^3，万元国内生产总值（当年价）用水量 81m^3。耕地实际灌溉亩均用水量 380m^3，农田灌溉水有效利用系数 0.542，万元工业增加值（当年价）用水量52.8m^3，城镇人均生活用水量（含公共用水）220L/d，农村居民人均生活用水量86L/d。

2016 年各水资源一级区供用水量见表 1–2。

表 1–2　　2016 年各水资源一级区供用水量　　（单位：亿 m^3）

水资源一级区	供水量				用水量					
	地表水	地下水	其他	供水总量	生活	工业	其中：直流火（核）电	农业	人工生态环境补水	用水总量
全国	4912.4	1057.0	70.8	6040.2	821.6	1308.0	480.8	3768.0	142.6	6040.2
北方 6 区	1748.4	947.3	53.2	2748.9	274.8	282.7	24.4	2089.6	101.8	2748.9
南方 4 区	3164.0	109.7	17.6	3291.3	546.8	1025.3	456.4	1678.4	40.8	3291.3
松花江区	282.1	216.9	1.6	500.7	29.0	40.8	12.7	416.0	15.0	500.7
辽河区	90.8	101.8	4.7	197.3	31.2	27.6	0.0	130.8	7.7	197.3
海河区	146.6	195.0	21.5	363.1	63.2	48.0	0.1	226.0	26.0	363.1
黄河区	257.7	121.3	11.5	390.4	46.5	55.6	0.0	272.7	15.6	390.4
淮河区	449.7	159.2	11.5	620.4	87.2	92.1	11.5	424.4	16.7	620.4
长江区	1957.9	68.6	12.2	2038.6	312.0	735.3	394.2	968.3	23.0	2038.6
其中：太湖流域	329.9	0.3	5.6	335.8	55.9	207.7	167.9	70.1	2.2	335.8
东南诸河区	304.2	6.5	1.4	312.2	66.4	101.9	8.8	136.4	7.5	312.2
珠江区	802.7	31.4	3.9	838.1	157.9	179.2	53.4	491.6	9.3	838.1
西南诸河区	99.0	3.2	0.1	102.4	10.5	8.8	0.0	82.0	1.0	102.4
西北诸河区	521.5	153.1	2.4	677.0	17.7	18.7	0.2	619.7	20.9	677.0

四、河湖水质状况

(一)河流水系水质状况

据环境保护部《2016年中国环境状况公报》,全国地表水1940个国家水质考核断面(以下简称国考断面)中,Ⅰ类47个,占2.4%;Ⅱ类728个,占37.5%;Ⅲ类541个,占27.9%;Ⅳ类325个,占16.8%;Ⅴ类133个,占6.9%;劣Ⅴ类166个,占8.5%。与2015年相比,Ⅰ类水质断面比例上升0.4个百分点,Ⅱ类上升4.1个百分点,Ⅲ类下降2.7个百分点,Ⅳ类下降1.7个百分点,Ⅴ类上升1.1个百分点,劣Ⅴ类下降1.1个百分点。

长江、黄河、淮河、海河、珠江、松花江、辽河等七大流域和浙闽片河流、西北诸河、西南诸河的1617个国考断面中,Ⅰ类34个,占2.1%;Ⅱ类676个,占41.8%;Ⅲ类441个,占27.3%;Ⅳ类217个,占13.4%;Ⅴ类102个,占6.3%;劣Ⅴ类147个,占9.1%。与2015年相比,Ⅰ类水质断面比例上升0.2个百分点,Ⅱ类上升5.5个百分点,Ⅲ类下降3.5个百分点,Ⅳ类下降1.9个百分点,Ⅴ类上升0.5个百分点,劣Ⅴ类下降0.8个百分点。主要污染指标为化学需氧量、总磷和五日生化需氧量,断面超标率分别为17.6%、15.1%和14.2%。其中,浙闽片河流、西北诸河和西南诸河水质为优,长江和珠江流域水质良好,黄河、松花江、淮河和辽河流域为轻度污染,海河流域为重度污染。

1. 长江流域水质总体良好

长江流域510个国考断面中, Ⅰ类占2.8%, Ⅱ类占53.5%, Ⅲ类占26.1%, Ⅳ类占9.6%,Ⅴ类占4.5%,劣Ⅴ类占3.5%。与2015年相比,Ⅰ类上升0.5个百分点,Ⅱ类上升7.0个百分点,Ⅲ类下降7.0个百分点,Ⅳ类上升0.2个百分点,Ⅴ类上升1.8个百分点,劣Ⅴ类下降2.6个百分点。

长江干流水质为优。59个国考断面中,Ⅰ类占6.8%,Ⅱ类占50.8%,Ⅲ类占37.3%,Ⅳ类占5.1%,无Ⅴ类和劣Ⅴ类。与2015年相比,Ⅱ类上升18.6个百分点,Ⅲ类下降22.0个百分点,Ⅳ类上升5.1个百分点,Ⅴ类下降1.7个百分点,Ⅰ类和劣Ⅴ类均持平。

长江主要支流水质良好。451个国考断面中, Ⅰ类占2.2%, Ⅱ类占53.9%, Ⅲ类占24.6%,Ⅳ类占10.2%,Ⅴ类占5.1%,劣Ⅴ类占4.0%。与2015年相比,Ⅰ类上升0.6个百分点,Ⅱ类上升5.6个百分点,Ⅲ类下降5.1个百分点,Ⅳ类下降0.4个百分点,Ⅴ类上升2.2个百分点,劣Ⅴ类下降2.9个百分点。

2. 黄河流域总体轻度污染

黄河流域主要污染指标为化学需氧量、氨氮和五日生化需氧量。137个国考断面中,Ⅰ类占2.2%,Ⅱ类占32.1%,Ⅲ类占24.8%,Ⅳ类占20.4%,Ⅴ类占6.6%,劣Ⅴ类占13.9%。与2015年相比,Ⅰ类持平,Ⅱ类上升3.6个百分点,Ⅲ类下降0.7个百分点,Ⅳ类上升2.2个百分点,Ⅴ类下降2.2个百分点,劣Ⅴ类下降2.9个百分点。

黄河干流水质为优。31 个国考断面中，Ⅰ类占 6.5%，Ⅱ类占 64.5%，Ⅲ类占 22.6%，Ⅳ类占 6.4%，无Ⅴ类和劣Ⅴ类。与2015 年相比，Ⅱ类上升 19.4 个百分点，Ⅲ类下降 16.1 个百分点，Ⅳ类下降 3.2 个百分点，Ⅰ类、Ⅴ类和劣Ⅴ类均持平。

黄河主要支流为轻度污染。106 个国考断面中，Ⅰ类占 0.9%，Ⅱ类占 22.6%，Ⅲ类占 25.6%，Ⅳ类占 24.5%，Ⅴ类占 8.5%，劣Ⅴ类占 17.9%。与 2015 年相比，Ⅰ类持平，Ⅱ类下降 0.9 个百分点，Ⅲ类上升 3.8 个百分点，Ⅳ类上升 3.8 个百分点，Ⅴ类下降 2.8 个百分点，劣Ⅴ类下降 3.8 个百分点。

3. 淮河流域总体轻度污染

淮河流域主要污染指标为化学需氧量、五日生化需氧量和高锰酸盐指数。180 个国考断面中，无Ⅰ类，Ⅱ类占 7.2%，Ⅲ类占 46.1%，Ⅳ类占 23.9%，Ⅴ类占 15.6%，劣Ⅴ类占 7.2%。与 2015 年相比，Ⅰ类持平，Ⅱ类下降 2.8 个百分点，Ⅲ类上升 3.3 个百分点，Ⅳ类上升 0.6 个百分点，Ⅴ类上升 2.2 个百分点，劣Ⅴ类下降 3.3 个百分点。

淮河干流水质为优。10 个国考断面中，Ⅲ类占 90.0%，Ⅳ类占 10.0%，无Ⅰ类、Ⅱ类、Ⅴ类和劣Ⅴ类。与 2015 年相比，Ⅱ类下降 30.0 个百分点，Ⅲ类上升 30.0 个百分点，其他类均持平。

淮河主要支流为轻度污染。101 个国考断面中，无Ⅰ类，Ⅱ类占 9.9%，Ⅲ类占 35.7%，Ⅳ类占 28.7%，Ⅴ类占18.8%，劣Ⅴ类占 6.9%。与 2015 年相比，Ⅱ类下降1.0 个百分点，Ⅳ类上升 2.0 个百分点，Ⅴ类上升 4.9 个百分点，劣Ⅴ类下降 6.0 个百分点，Ⅰ类和Ⅲ类均持平。

沂沭泗水系为轻度污染。48 个国考断面中，无Ⅰ类和Ⅱ类，Ⅲ类占 72.9%，Ⅳ类占 18.8%，Ⅴ类占 2.1%，劣Ⅴ类占 6.3%。与 2015 年相比，Ⅲ类上升 6.2 个百分点，Ⅳ类下降 6.3 个百分点，Ⅴ类下降 4.1 个百分点，劣Ⅴ类上升 4.2 个百分点，Ⅰ类和Ⅱ类均持平。

山东半岛独流入海河流为轻度污染。21 个国考断面中，无Ⅰ类，Ⅱ类占 14.3%，Ⅲ类占 14.3%，Ⅳ类占 19.0%，Ⅴ类占38.1%，劣Ⅴ类占 14.3%。与 2015 年相比，Ⅱ类下降 4.8 个百分点，Ⅳ类上升 9.5 个百分点，Ⅴ类上升 4.8 个百分点，劣Ⅴ类下降 9.5 个百分点，Ⅰ类和Ⅲ类均持平。

4. 海河流域重度污染

海河流域主要污染指标为化学需氧量、五日生化需氧量和氨氮。161 个国考断面中，Ⅰ类占 1.9%，Ⅱ类占 19.3%，Ⅲ类占 16.1%，Ⅳ类占 13.0%，Ⅴ类占 8.7%，劣Ⅴ类占 41.0%。与 2015 年相比，Ⅰ类下降 0.6 个百分点，Ⅱ类上升 3.2 个百分点，Ⅲ类下降 1.3 个百分点，Ⅳ类上升 1.2 个百分点，Ⅴ类下降 5.6 个百分点，劣Ⅴ类上升 3.1 个百分点。

海河水系干流为重度污染。2 个国考断面中，三岔口为Ⅳ类，与 2015 相比有所好转；海河大闸为劣Ⅴ类，与 2015 相比无明显变化。

海河水系主要支流为重度污染，125 个国考断面中，Ⅰ类占2.4%，Ⅱ类占 18.4%，Ⅲ类占 12.0%，Ⅳ类占 10.4%，Ⅴ类占 7.2%，劣Ⅴ类占49.6%。与 2015 年相比，Ⅰ类下降 0.8 个百分点，Ⅱ类上升 3.2 个百分点，Ⅲ类下降 1.6 个百分点，Ⅳ类持平，Ⅴ类下降 4.0 个百分点，劣Ⅴ类上升 3.2 个百分点。

滦河水系水质良好。17 个国考断面中，Ⅱ类占 41.2%，Ⅲ类占 47.1%，Ⅳ类占 11.7%，无Ⅰ类、Ⅴ类和劣Ⅴ类。与 2015 年相比，Ⅱ类上升 23.6 个百分点，Ⅲ类下降 23.5 个百分点，Ⅰ类、Ⅳ类、Ⅴ类和劣Ⅴ类均持平。

徒骇马颊河水系为中度污染。11 个国考断面中，无Ⅰ类，Ⅱ类占 9.1%，Ⅲ类占 18.2%，Ⅳ类占 9.1%，Ⅴ类占 36.4%，劣Ⅴ类占 27.2%。与 2015 年相比，Ⅱ类上升 9.1 个百分点，Ⅴ类下降 18.1 个百分点，劣Ⅴ类上升 9.1 个百分点，Ⅰ类、Ⅲ类和Ⅳ类均持平。

冀东沿海诸河水系为轻度污染。6 个国考断面中，Ⅲ类占 16.7%，Ⅳ类占 66.6%，劣Ⅴ类占 16.7%，无Ⅰ类、Ⅱ类和Ⅴ类。与 2015 年相比，Ⅲ类上升 16.7 个百分点，Ⅴ类下降 16.7 个百分点，Ⅰ类、Ⅱ类、Ⅳ类和劣Ⅴ类均持平。

5. 珠江流域水质总体良好

珠江流域 165 个国考断面中， Ⅰ类占 2.4%， Ⅱ类占 62.5%， Ⅲ类占 24.8%， Ⅳ类占 4.8%，Ⅴ类占 1.9%，劣Ⅴ类占 3.6%。与 2015 年相比，Ⅰ类上升 0.6 个百分点，Ⅱ类上升 1.2 个百分点，Ⅲ类上升 1.2 个百分点，Ⅳ类下降 3.6 个百分点，Ⅴ类上升 0.6 个百分点，劣Ⅴ类持平。

珠江干流水质良好。50 个国考断面中，Ⅰ类占 4.0%，Ⅱ类占 72.0%，Ⅲ类占 12.0%，Ⅳ类占 10.0%，Ⅴ类占 2.0%，无劣Ⅴ类。与 2015 年相比，Ⅰ类上升 2.0 个百分点，Ⅲ类下降 2.0 个百分点，Ⅳ类上升 2.0 个百分点，劣Ⅴ类下降 2.0 个百分点，Ⅱ类和Ⅴ类均持平。

珠江主要支流水质良好。101 个国考断面中， Ⅰ类占 2.0%， Ⅱ类占 56.4%， Ⅲ类占 30.7%，Ⅳ类占 3.0%，Ⅴ类占 2.0%，劣Ⅴ类占 5.9%。与 2015 年相比，Ⅰ类持平，Ⅱ类上升 2.0 个百分点，Ⅲ类上升 3.0 个百分点，Ⅳ类下降 6.9 个百分点，Ⅴ类上升 1.0 个百分点，劣Ⅴ类上升 0.9 个百分点。

海南岛内河流水质为优。14 个国考断面中，Ⅱ类占 71.4%，Ⅲ类占 28.6%，无Ⅰ类、Ⅳ类、Ⅴ类和劣Ⅴ类。与 2015 年相比，各类水质断面比例均持平。

6. 松花江流域总体轻度污染

松花江流域主要污染指标为化学需氧量、高锰酸盐指数和氨氮。108 个国考断面中，无Ⅰ类，Ⅱ类占 13.9%，Ⅲ类占 46.3%，Ⅳ类占 29.6%，Ⅴ类占 3.7%，劣Ⅴ类占 6.5%。与 2015 年相比，Ⅱ类上升 3.7 个百分点，Ⅲ类下降 7.4 个百分点，Ⅴ类上升 0.9 个百分点，劣Ⅴ类上升 2.8 个百分点，Ⅰ类和Ⅳ类均持平。

松花江干流水质为优。17 个国考断面中，Ⅱ类占 23.5%，Ⅲ类占 70.6%，Ⅳ类占 5.9%，无Ⅰ类、Ⅴ类和劣Ⅴ类。与2015年相比，Ⅱ类下降5.9个百分点，Ⅲ类上升17.6个百分点，Ⅳ类下降11.7个百分点，Ⅰ类、Ⅴ类和劣Ⅴ类均持平。

松花江主要支流为轻度污染。56个国考断面中，无Ⅰ类，Ⅱ类占14.3%，Ⅲ类占39.3%，Ⅳ类占32.1%，Ⅴ类占5.4%，劣Ⅴ类占8.9%。与2015年相比，Ⅰ类持平，Ⅱ类上升3.6个百分点，Ⅲ类下降17.9个百分点，Ⅳ类上升8.9个百分点，Ⅴ类上升3.6个百分点，劣Ⅴ类上升1.8个百分点。

黑龙江水系为轻度污染。18个国考断面中，Ⅱ类占5.6%，Ⅲ类占38.9%，Ⅳ类占50.0%，Ⅴ类占5.5%，无Ⅰ类和劣Ⅴ类。与2015年相比，Ⅱ类上升1.9个百分点，Ⅲ类下降9.3个百分点，Ⅳ类上升5.6个百分点，Ⅴ类上升1.9个百分点，Ⅰ类和劣Ⅴ类均持平。

图们江为轻度污染。7个国考断面中，无Ⅰ类和Ⅱ类，Ⅲ类占57.1%，Ⅳ类、Ⅴ类和劣Ⅴ类各占14.3%。与2015年相比，Ⅳ类下降14.3个百分点，劣Ⅴ类上升14.3个百分点，Ⅰ类、Ⅱ类、Ⅲ类和Ⅴ类均持平。

绥芬河水质良好。1个国考断面为Ⅲ类水质，与2015年相比有所好转。

7. 辽河流域总体轻度污染

辽河流域主要污染指标为化学需氧量、五日生化需氧量和氨氮。106个国考断面中，Ⅰ类占1.9%，Ⅱ类占31.1%，Ⅲ类占12.3%，Ⅳ类占22.6%，Ⅴ类占17.0%，劣Ⅴ类占15.1%。与2015年相比，Ⅰ类下降0.9个百分点，Ⅱ类上升8.5个百分点，Ⅲ类持平，Ⅳ类下降22.7个百分点，Ⅴ类上升10.4个百分点，劣Ⅴ类上升4.7个百分点。

辽河干流为轻度污染。15个国考断面中，Ⅲ类占13.3%，Ⅳ类占46.7%，Ⅴ类占33.3%，劣Ⅴ类占6.7%，无Ⅰ类和Ⅱ类。与2015年相比，Ⅲ类上升6.6个百分点，Ⅳ类下降26.6个百分点，Ⅴ类上升13.3个百分点，劣Ⅴ类上升6.7个百分点，Ⅰ类和Ⅱ类均持平。

辽河主要支流为中度污染。21个国考断面中，无Ⅰ类，Ⅱ类占9.5%，Ⅲ类占23.8%，Ⅳ类占14.3%，Ⅴ类占23.8%，劣Ⅴ类占28.6%。与2015年相比，Ⅰ类持平，Ⅱ类上升4.7个百分点，Ⅲ类上升23.8个百分点，Ⅳ类下降47.6个百分点，Ⅴ类上升14.3个百分点，劣Ⅴ类上升4.8个百分点。

大辽河水系为轻度污染。28个国考断面中，Ⅱ类占35.6%，Ⅳ类占28.6%，Ⅴ类占17.9%，劣Ⅴ类占17.9%，无Ⅰ类和Ⅲ类。与2015年相比，Ⅰ类下降7.2个百分点，Ⅱ类上升21.4个百分点，Ⅲ类下降10.7个百分点，Ⅳ类下降10.7个百分点，Ⅴ类上升10.8个百分点，劣Ⅴ类下降3.5个百分点。

大凌河水系为轻度污染。11个国考断面中，无Ⅰ类，Ⅱ类占45.5%，Ⅲ类9.1%，Ⅳ类占9.1%，Ⅴ类占27.2%，劣Ⅴ类占9.1%。与2015年相比，Ⅰ类持平，Ⅱ类上升9.1个百分点，Ⅲ类下降18.1个百分点，Ⅳ类下降27.3个百分点，Ⅴ类上升27.3个百分点，劣Ⅴ类上升9.1个百分点。

鸭绿江水系水质为优。13个国考断面中，Ⅰ类占7.7%，Ⅱ类占84.6%，Ⅲ类占7.7%，无Ⅳ类、Ⅴ类和劣Ⅴ类。与2015年相比，Ⅱ类上升7.7个百分点，Ⅳ类下降7.7个百分点，其他类均持平。

8. 其他流域水质

浙闽片河流水质为优。125个国考断面中，Ⅰ类占3.2%，Ⅱ类占53.6%，Ⅲ类占37.6%，Ⅳ类占3.2%，Ⅴ类占2.4%，无劣Ⅴ类。与2015年相比，Ⅰ类上升0.8个百分点，Ⅱ类上升12.8个百分点，Ⅲ类下降6.4个百分点，Ⅳ类下降2.4个百分点，Ⅴ类下降2.4个百分点，劣Ⅴ类下降2.4个百分点。

西北诸河水质为优。62个国考断面中，Ⅰ类占4.9%，Ⅱ类占75.8%，Ⅲ类占12.9%，Ⅳ类占4.8%，Ⅴ类占1.6%，无劣Ⅴ类。与2015年相比，Ⅰ类下降1.7个百分点，Ⅱ类上升1.6个百分点，Ⅲ类上升1.6个百分点，Ⅴ类下降1.6个百分点，Ⅳ类和劣Ⅴ类均持平。

西南诸河水质为优。63个国考断面中，Ⅰ类占1.6%，Ⅱ类占79.4%，Ⅲ类占9.5%，Ⅳ类占7.9%，劣Ⅴ类占1.6%，无Ⅴ类。与2015年相比，Ⅰ类上升1.6百分点，Ⅱ类上升25.4个百分点，Ⅲ类下降17.5个百分点，Ⅳ类下降7.9个百分点，Ⅴ类下降1.6个百分点，劣Ⅴ类持平。

(二)主要湖泊(水库)水质状况

2016年，112个重要湖泊(水库)中，Ⅰ类水质的湖泊(水库)8个，占7.2%；Ⅱ类28个，占25.0%；Ⅲ类38个，占33.9%；Ⅳ类23个，占20.5%；Ⅴ类6个，占5.4%；劣Ⅴ类9个，占8.0%。主要污染指标为总磷、化学需氧量和高锰酸盐指数。108个监测营养状态的湖泊(水库)中，贫营养的10个，中营养的73个，轻度富营养的20个，中度富营养的5个。

太湖湖体为轻度污染，主要污染指标为总磷。17个国家水质考核点位(以下简称国考点位)中，Ⅲ类4个，占23.5%；Ⅳ类12个，占70.6%；Ⅴ类1个，占5.9%；无Ⅰ类、Ⅱ类和劣Ⅴ类。与2015年相比，各类水质点位比例均持平。全湖平均为轻度富营养状态。环湖河流为轻度污染，主要污染指标为氨氮、总磷和化学需氧量。55个国考断面中，Ⅱ类12个，占21.8%；Ⅲ类26个，占47.3%；Ⅳ类14个，占25.5%；Ⅴ类3个，占5.4%；无Ⅰ类和劣Ⅴ类。与2015年相比，Ⅰ类水质断面比例持平，Ⅱ类上升3.6个百分点，Ⅲ类上升9.1个百分点，Ⅳ类下降12.8个百分点，Ⅴ类上升3.6个百分点，劣Ⅴ类下降3.6个百分点。

巢湖湖体为轻度污染，主要污染指标为总磷。8个国考点位中，Ⅳ类5个，占62.5%；Ⅴ类3个，占37.5%；无Ⅰ类、Ⅱ类、Ⅲ类和劣Ⅴ类。与2015年相比，各类水质点位比例均持平。全湖平均为轻度富营养状态。环湖河流为中度污染，主要污染指标为氨氮、总磷和五日生化需氧量。14个国考断面中，Ⅱ类1个，占7.1%；Ⅲ类9个，占64.3%；劣Ⅴ类4个，占

28.6%;无Ⅰ类、Ⅳ类和Ⅴ类。与2015年相比,各类水质断面比例均持平。

滇池湖体为中度污染,主要污染指标为总磷、化学需氧量和五日生化需氧量。10个国考点位均为Ⅴ类。草海和外海均为中度污染。与2015年相比,Ⅴ类水质点位比例上升90.0个百分点,劣Ⅴ类下降90.0个百分点,其他类均持平。全湖平均为中度富营养状态。环湖河流为轻度污染,主要污染指标为化学需氧量、五日生化需氧量和总磷。12个国考断面中,Ⅱ类1个,占8.3%;Ⅲ类2个,占16.7%;Ⅳ类7个,占58.3%;劣Ⅴ类2个,占16.7%;无Ⅰ类和Ⅴ类。与2015年相比,Ⅳ类水质断面比例下降8.4个百分点,Ⅴ类下降8.3个百分点,劣Ⅴ类上升16.7个百分点,Ⅰ类、Ⅱ类和Ⅲ类均持平。

2016年重要湖泊(水库)水质状况见表1–3。

表1–3 2016年重要湖泊(水库)水质状况

水质类别	三湖	重要湖泊	重要水库
Ⅰ类、Ⅱ类	—	梁子湖、香山湖、班公错、花亭湖、邛海、柘林湖、赛里木湖、抚仙湖、泸沽湖	崂山水库、瀛湖、解放村水库、云蒙湖、山美水库、龟山水库、大伙房水库、白莲河水库、党河水库、密云水库、双塔水库、石门水库、里石门水库、大隆水库、怀柔水库、丹江口水库、隔河岩水库、黄龙滩水库、太平湖、大广坝水库、松涛水库、长潭水库、千岛湖、湖南镇水库、漳河水库、东江水库、新丰江水库
Ⅲ类	—	南漪湖、小兴凯湖、高邮湖、兴凯湖、焦岗湖、西湖、南四湖、升金湖、色林错、东平湖、瓦埠湖、骆马湖、斧头湖、衡水湖、菜子湖、武昌湖、镜泊湖、洱海、万峰湖、阳宗湖、羊卓雍措	鹤地水库、玉滩水库、董铺水库、尔王庄水库、峡山水库、红崖山水库、磨盘山水库、小浪底水库、昭平台水库、王瑶水库、富水水库、南湾水库、高州水库、龙羊峡水库、鲇鱼山水库、铜山源水库、鸭子荡水库
Ⅳ类	太湖、巢湖	白马湖、龙感湖、阳澄湖、东钱湖、洞庭湖、鄱阳湖、黄大湖、百花湖、红枫湖、仙女湖、洪湖、博斯腾湖、高唐湖	于桥水库、三门峡水库、松花湖、鲁班水库、莲花水库、察尔森水库、龙岩滩水库、水丰湖
Ⅴ类	滇池	杞麓湖、淀山湖、白洋淀、洪泽湖、乌梁素海	—
劣Ⅴ类	—	异龙湖、呼伦湖、星云湖、沙湖、大通湖,程海、乌伦古湖、纳木错、艾比湖(此4个湖泊为天然背景值较高所致)	—

五、河流水电开发状况

根据2003年水力资源普查，中国河流水力资源技术可开发装机容量5.42亿kW,年发电量24740亿kW·h,居世界首位。随着经济社会的发展、技术的进步和勘察规划工作的不断深入,水力资源技术可开发量有了增加。根据西藏、四川、云南省的新水电复查成果以及水利部2009年发布中国农村水利资源调查评价结果,我国河流水力资源技术可开发装机容量66062万kW,技术可开发年发电量29882亿kW·h。1980年完成了对全国主要流域的水力资源普查,提出了集中建设10个大型水电基地的设想;1989年增加了东北及黄河北干流两个水电基地,提出了十二大水电基地;2003年怒江水电规划提交审查后,提出了包含怒江水电基地在内的十三大水电基地，规划装机容量约2.89亿kW、年发电量11106亿kW·h,分别占全国水电技术可开发量的53.32%和44.89%。十三大水电基地分别是金沙江、长江上游、澜沧江干流、雅砻江、大渡河、怒江、黄河上游、红水河、东北三省、湘西、乌江、闽浙赣和黄河北干流。截至2011年底,十三大水电基地建成投产机组1.08亿kW,占全国水电投产装机容量（2.31亿kW）的46.75%，开发程度(以装机容量计）约为38.61%。在建水电工程规模5260余万kW,主要集中在雅砻江干流、金沙江下游、大渡河干流、澜沧江干流。十三大水电基地开发程度最高的是乌江、红水河和长江上游,其次是闽浙赣、湘西,而后是黄河上游。开发程度较低的是雅砻江、金沙江和怒江,雅砻江开发程度低于15%,金沙江开发程度低于5%,怒江尚未开发。截至2013年,全国发电容量达到124738万kW,较2012年装机容量增长8.77%。其中,水电装机容量从21606万kW增长到28002万kW,传统水电装机容量已建25849万kW,在建约3500万kW,已建和在建合计29349万kW，占全国水电技术可开发量的44.43%；抽水蓄能电站已建装机容量2153万kW,在建装机容量1484万kW。

六、河湖水域岸线利用

河湖水域岸线是指河湖水域水陆边界线一定范围的带状区域,受岸线所处河湖位置、岸线开发利用情况的影响而大小不同。目前,我国河湖水域岸线管理尚无明确的管理部门及专门法规,呈现出水利、国土、交通、海洋、渔政等多部门管理的状态。各部门依据各自行业法规管理岸线,但由于岸线范围界定不明确、岸线管理专门法规缺失、已有的部门法规缺乏协调、对有关法规认知理解不同、缺乏有效的经济调控手段等原因,岸线管理呈现出复杂局面,岸线管理不到位、越权审批、越权执法及部门之间矛盾纠纷日益突出。除部门之间缺乏协调外,岸线管理还常受到行业和地方政府的行政干预。受地方保护主义影响,地方政府和地方业务主管部门,常从区域战略定位与经济发展的角度考虑,而忽视全盘全流域的统筹。

随着经济社会的不断发展和城市化进程的加快，河湖水域岸线开发利用的要求越来越高。特别是在经济发展水平高、河湖水域岸线资源开发利用条件较好的地区，岸线开发利用程度普遍较高，港口码头、桥梁、取排水口、房地产、临河城市景观等开发利用项目密集。如长江中下游地区、淮河中下游地区、珠江三角洲地区和城市河段区等，经济发达，人口稠密，土地资源紧缺，河道两侧和湖泊周边岸线的利用程度较高。由于目前岸线开发利用尚未形成较完善的管理体系，岸线开发利用和治理保护缺乏有效的控制措施，占用河滩、随意围垦、违规建设码头港口等与水争地的现象日益增多，岸线呈现出无序开发局面，削弱了岸线资源的潜在利用价值。为了适应新时期经济社会发展的要求、规范岸线利用与保护管理，水利部组织全国各相关单位编制完成了《全国重点河段（湖泊）岸线利用管理规划》。

七、河湖航运开发

中国有大小天然河流5800多条，总长40多万km，现已辟为航道的里程10万多km。长江干支流通航里程约7.1万km，占全国内河通航总里程的56%。长江干流自四川宜宾水富至入海口，全长约2837.6km，可全年通航，是中国全年昼夜通航最长的深水干线内河航道；长江口至武汉航道可通5000吨级的船舶；汉口至重庆间航道可通3000吨级船舶，在枯水期千吨级船舶亦可上溯到重庆；宜宾至重庆间航道可通航千吨级以下船舶。长江干流、支流、湖泊与人工运河相互贯通连接，组成了中国最大的水运网；黄河航运价值远不如长江、珠江等河流，贵德以上基本不能通航，贵德至中卫只通皮筏，中卫至银川、西小召至河口、龙门至孟津及孟津至陶城铺可通木船，陶城铺至垦利可通小轮，垦利以下航道水浅则不通航；珠江是华南地区以广州为中心的最大水系、水运大动脉，通航价值仅次于长江。目前，通航里程只及河长的1/3，其中通航机动船只的仅占1/6，尚有很大发展潜力。西江是珠江水系主要的内河航运干线，梧州至广州段可长年通航轮船，百色以下可通小型轮驳船，木帆船可上溯至云南境内。北江韶关以下可通轮船，韶关以上及各支流多可通航木帆船。东江除龙川以上至合河口只能通航木船外，龙川以下400多km均可通航轮船；淮河自古即为重要的通航河流，后因12世纪末黄河夺淮，又遭历代人为破坏，淮河遂成害河。中华人民共和国成立后，干支流航运量增长较快，淮河水运潜力目前尚未得到充分利用；松花江是黑龙江最大的支流，可通航里程达1500km，航运价值较大。松花江全年有冰封期5~6个月，冰封期间虽不能通航船只，但可发展东北地区特有的运输方式——冰上运输；跨流域的京杭运河是世界上开凿最早、路线最长的一条人工运河，它的修通在一定程度上弥补了中国缺少南北纵向天然航道的不足，对沟通中国南北物资交流有重要作用。京杭运河自兴修以来几经变动，20世纪50年代以来不断整治，季节性通航里程已可达1100km，自邳县以南660km则终年通航。

第三节 河湖水系面临的形势与管理存在的问题

一、河湖水系面临的形势与挑战

(一)长江水系

1. 防洪减灾体系仍不完善,存在薄弱环节

长江流域洪灾分布范围广、类型多,以长江中下游平原区洪灾最为频繁、严重,历来是中华民族的心腹之患。受堤防保护的中下游防洪保护区面积约11.85万km^2,仅占全流域的6.6%,但区内人口9710万,占全流域的22.7%,内有上海、南京、武汉等数十座大中城市,是长江流域乃至全国的精华地区,是长江防洪的重点。尽管三峡工程建成后长江中下游防洪形势得到改善,但流域防洪减灾体系仍不完善,还存在薄弱环节。而且随着经济社会的发展、城市化水平的提高、人口的持续增长、财富的更加积聚,对防洪减灾提出了更高的要求。同时受全球气候变化影响,流域内极端天气出现的频次增加,大洪水发生的概率可能增大,一旦遭遇特大洪水袭击,灾害损失将更大。

2. 水资源优化配置与节约仍需进一步完善

长江流域水资源不仅承载流域内经济社会发展的用水需求,同时也是南水北调等引(调)水工程的重要水源地。由于水资源时空分布不均、水资源利用设施不足、水污染加重和用水管理粗放等,流域内局部地区水资源供需矛盾日趋突出,进一步合理开发、优化配置和节约使用流域水资源仍是亟待解决的突出问题。必须贯彻开源与节流并举的方针,优化配置、高效利用水资源,兼顾好生活、生产和生态用水,协调好流域上中下游地区用水,统筹好流域内和流域外用水。上游地区重点解决工程型缺水问题,中游地区着重提高水资源利用效率,下游地区主要是解决水质型缺水问题。

3. 合理有序开发水能资源需进一步加强

随着经济社会的发展对能源要求的日益增加,能源供需矛盾逐渐凸显。为了保障能源供应、改善能源结构,我国能源发展战略将可再生能源作为中远期发展的主要新增能源,长江流域水电开发仍是今后能源开发的重点之一。长江流域化石能源资源有限,开发潜力不大,同时为保护生态环境、减少二氧化碳排放,从资源可靠性和技术经济性来看,开发水电也是必然选择。长江流域目前已建、正建水电站年发电量约5700亿kW·h,约占理论蕴藏量的21%,尚有较大的开发潜力,须在保护生态和移民利益的前提下,合理、有序开发水能资源。

4. 航运优势及潜力有待进一步发挥

长江航道横贯东西、联系南北、通江达海，是长江经济带形成与发展的纽带，是区域综合运输体系的重要组成部分，对长江流域经济发展具有重要的作用和影响。长江水运由于具有运量大、能耗低、投资省、占地少、污染小、运价便宜等巨大优势，已得到长足发展，但还存在航道等级偏低、航道等级结构不合理、港口基础设施薄弱等问题，航运发展尚不能满足经济社会发展需要，航运优势及潜力有待进一步发挥。

5. 水资源与水生态环境保护需进一步加强

长江流域水资源质量总体良好，大部分能满足所属水域功能的要求，但部分城市江段岸边水域水质较差，部分支流河段水质污染严重。同时，由于不合理的开发和其他人类活动，部分河流河段和地区的水生生境萎缩、生境条件改变、生物资源衰退，生态环境问题较突出，已影响经济社会的可持续发展。为了维护河流健康、促进人水和谐、持续利用水资源，应加强重要生态保护区、水源涵养区、江河源头区、湿地的保护。严格控制入河排污量，保护水资源。同时应按照生态系统完整性的要求，在治理与开发中，从流域、河流廊道、河段等不同层次，落实生态环境保护及水生生物资源养护措施，并对现状生态环境已破坏的水域积极修复，以实现河流生态系统服务功能的可持续发挥。

6. 流域管理需进一步增强

随着长江流域经济社会的发展，流域管理面临新的任务和挑战。为了实现长江水资源的可持续利用，需要实行最严格的水资源管理制度；为了缓解长江干支流水利水电工程的叠加累积影响，需要加强控制性水利水电工程的统一调度管理；为了减轻南水北调等跨流域调水工程对调水区产生的影响，需要加强跨流域调水工程统一调度管理；为了保障长江下游干流及河口地区用水安全，需要加强流域水资源统一调度管理；为了应对全球气候变化引发洪涝和干旱等极端气候现象的增加以及突发水污染事件，需要加强应急管理。因此，必须综合运用法律、行政、市场和技术等手段，强化水文气象和水利科技支撑，建立用水总量、用水效率控制制度和水功能区限制纳污制度，提高依法行政能力和社会服务水平，完善流域与区域相结合的管理。

（二）黄河水系

1. 黄河防洪防凌形势依然严峻

一是下游洪水泥沙威胁依然存在。在小浪底水库拦沙库容淤满后，若无后续控制性骨干工程，黄河下游河道复将严重淤积抬高，已形成的中水河槽将难以维持，河防工程的防洪能力将随之降低；目前下游标准化堤防建设尚未全部完成，河道整治工程尚不完善，“二级悬河”态势十分严峻，东平湖滞洪区安全建设等遗留问题较多，下游滩区滞洪沉沙与群众生活生产、经济社会发展矛盾突出，已成为黄河下游治理的瓶颈。二是宁蒙河段防凌问题突出。1986 年以来，由于水沙关系恶化导致河道主槽严重淤积，再加上河防工程不完善，宁蒙河段防凌防洪形势十分严峻，已先后发生了6次凌汛堤防决口。三是中游干流河道治理及主要支流防洪工程仍不完善，病险水库除险加固任务尚未完成，城市防洪设施薄弱，中小河流治理和山洪灾害防治工作亟待加强。

2. 水资源供需矛盾十分尖锐

1995—2007年河川径流年平均消耗量约300亿 m^3，消耗率超过70%，已超过了黄河水资源的承载能力，生产用水大量挤占河道内生态环境用水，严重威胁河流健康。现状浅层地下水超采量及深层地下水开采量约22亿 m^3，太原、西安等地区形成降落漏斗，引起一系列环境地质问题。缺水严重制约着经济社会的持续发展。

3. 水土流失防治任务依然艰巨

黄河流域尚有一半以上的水土流失面积没有治理，且未治理部分水土流失强度大、自然条件恶劣，治理难度更大，尤其是中游多沙粗沙区治理进展缓慢，生态环境改善和减沙效果不明显；已初步治理的水土流失区侵蚀模数仍普遍高于轻度侵蚀标准，有待进一步完善、配套和提高。同时，资源开发与环境保护的矛盾尖锐，预防保护监督的任务十分繁重。

4. 水污染防治和水生态环境保护任重道远

2007年，黄河流域废污水入河量33.76亿 m^3，黄河以其占全国2%的水资源，承纳了全国约6%的废污水和7%的化学需氧量排放量，干流及主要支流的功能区水质达标率仅有48.6%，流域水污染形势严峻；随着流域用水需求的不断增长，水环境压力将越来越大；流域水功能区监管薄弱，水质监测能力不足，存在“违法成本低，守法成本高”的现象；流域经济社会发展同生态保护的矛盾日渐突出，河流生态用水不足、水污染、河流阻隔等消极因素造成湿地萎缩、水生生境破坏，水源涵养、生物多样性等生态功能下降。

5. 水沙调控体系不完善

目前，龙羊峡、刘家峡水库汛期大量蓄水，造成宁蒙河段淤积加重、主槽严重萎缩，对中下游水沙关系也造成不利影响；小浪底水库调水调沙后续动力不足，不能充分发挥水流的输沙功能，影响水库拦沙库容的使用寿命，在小浪底水库拦沙库容淤满后，高含沙小洪水出现的概率将大幅度增加，下游河道主槽仍会严重淤积，水库拦沙期塑造的中水河槽将难以长期维持。

6. 流域综合管理相对薄弱

流域管理与区域管理相结合的管理体制及运行机制还不完善，政策、法规还不健全，执法能力、监督监测能力和科技支撑能力需要进一步提升。

（三）淮河水系

1. 流域防洪安全要求不断提高，防洪能力相对不足

淮河上游拦蓄能力不足；中游行洪不畅，行蓄洪区问题突出；下游出路不足。沂沭泗河水系的防洪体系仍需进一步巩固和完善，南四湖和新沂河等重要防洪保护区的防洪标准

与其重要性也还不相适应。

2. 经济社会快速发展,水资源供需矛盾仍非常突出

淮河流域现状多年平均缺水量达51亿m^3,缺水率达8.6%,若遇干旱年份,缺水形势更加严峻。水资源配置体系尚不完善,水资源配置能力不足,缺乏有效的水资源调度手段,难以实施水资源的合理配置。用水效率和效益不高,节水型社会建设的任务很艰巨。

3. 水污染形势依然严峻,水资源保护还需加大力度

淮河流域经过多年治理,河湖水质总体上呈好转趋势,但水污染形势依然严峻,部分河流的水质尚未达到功能区水质管理目标要求,主要污染物入河量仍超过水功能区纳污能力,河湖生态用水难以保障。

4. 生态建设重视不够,水土流失威胁不可低估

水土保持投入不足,综合治理进展缓慢,水土流失问题依然严重。不合理的资源开发现象较为普遍,坡耕地水土流失远未得到有效控制,坡式经济林不合理经营带来的水土流失问题尚未得到重视。

5. 农村水利基础设施薄弱,亟须加大投入加快发展

农村水利发展水平与农业和农村经济发展很不适应,与新农村建设的要求相比差距更大;饮水安全问题突出;农田灌排设施薄弱,农业综合生产保障能力不足,制约农业综合生产能力提高,影响国家粮食安全;农村水环境亟待改善。

6. 社会管理与公共服务要求不断提高,流域综合管理有待加强

流域水行政管理体制尚未完全理顺;支撑流域防洪除涝、水资源管理与保护、水土保持的监测监控站网体系尚不完备,流域水利信息化水平还不高,管理基础设施及能力建设亟须加强。

(四)海河水系

1. 经济社会的快速发展对水资源保障能力提出新的要求

海河流域是我国经济社会较发达地区,与全国其他地区相比,具有地理区位优越、自然资源丰富、交通便捷、工业和科技基础雄厚以及拥有骨干城市群等五大优势,未来经济社会仍将迅速发展,同时对流域生态环境的压力仍将持续增加。

2. 自然状况的深刻变化对水资源开发利用保护提出新的要求

自20世纪50年代,海河流域降水量和水资源量总体上处于逐步减少的趋势。受气候变化影响,流域平均降水量从1956—1979年平均560mm下降到2001—2007年平均478mm。受降水和下垫面变化的双重影响,流域平均地表水资源量从1956—1979年平均288亿m^3下降到2001—2007年平均106亿m^3,流域平均水资源总量从421亿m^3下降到245亿m^3。

未来气候和下垫面的变化可能造成海河流域降水和产流能力进一步减少,以及建设

用地增加造成洪水通道减少,人与水的矛盾将更加突出。随着气候变暖,未来海河流域极端高(低)温、洪水、强降雨、干旱等极端天气气候事件的发生频率可能会有所增加,造成洪、涝、旱灾等自然灾害发生的可能性增大。如何正视并解决这些问题,对水资源开发利用保护提出新的要求。

3. 政策法制环境的深刻变化对水资源管理与保护提出新的要求

在经济社会发展中,要坚持人与自然和谐,统筹兼顾区域发展,使经济社会发展规模与水资源承载能力相适应,实现流域水资源的可持续利用,维系和修复生态环境。因此,对流域的治理、开发和保护提出了新的更高要求。

(五)珠江水系

1. 经济总量不断增加,防洪保安日显重要

西江中下游和西北江三角洲地区仍主要依靠堤防防御洪水,洪灾损失风险极大。到2020年、2030年流域国内生产总值将分别增至6万亿、11万亿元,按现状防洪能力,如重现1915年洪水,造成的洪灾损失将达千亿元以上。

2. 供水安全面临挑战

如果不节水,未来20年流域城镇生活及生产需水量将增加215亿 m^3,在强化节水条件下仍需增加56亿 m^3 用水。一方面会加重流域内南盘江、右江盆地、左江盆地、黔中、桂中旱片的干旱缺水,另一方面也使珠江流域水资源调配能力低的问题更加突出。

3. 水资源保护与生态环境修复任重道远

上中游地区已步入前工业化发展阶段进入高污染风险的时期,如果不注意产业结构的调整,流域的供水布局将受到严重的威胁;如果不加强节水型社会建设、提高污水处理水平,城镇化发展对水体污染的潜在威胁将不容小觑。流域上游山高坡陡,地表破碎,喀斯特地貌发育,土地“石漠化”形势严峻;中下游局部水污染严重,对水生态环境造成很大危害,生态多样性下降。

4. 流域管理体制、模式、协调机制有待进一步完善

为了满足珠江流域可持续发展的需要,推动流域建设向“维护河流健康,建设绿色珠江”目标迈进,完善流域管理与行政区域管理相结合的管理体制,探索建立具有珠江特色的流域综合管理模式和执行机制,是流域水管理需要解决的重要问题。

(六)松花江水系

1. 防洪减灾体系亟须进一步完善

松花江流域防洪工程基础设施仍然薄弱,与规划目标相比还有较大差距;流域防洪骨干工程月亮泡、胖头泡蓄滞洪区虽已开始应急度汛建设,但与设计蓄洪要求还有很大差距,严重影响哈尔滨市的防洪安全;干支流主要防洪保护区防洪标准偏低,大部分河段未达到规划标准;防洪非工程措施尚不完善。随着经济社会的快速发展,受洪水威胁地区的

经济存量、人口密度、人民财产都有较大增长，洪灾损失越来越大，防洪减灾体系亟须进一步完善。

2. 水资源供需矛盾日益突出

流域水资源分布东多西少、北多南少、边缘多腹地少，与生产力布局不协调。在不考虑水质型缺水情况下，现状多年平均缺水接近 50 亿 m^3，主要表现在农业灌溉供水不足，流域内供水保障程度低，缺乏调蓄工程，现状蓄水工程供水能力仅占地表水供水能力的 21%。同时，人们的节水意识不强，用水效率偏低，用水浪费情况严重。

3. 水环境恶化尚未根本扭转

目前，流域城镇污水处理率仍然较低。地表水污染程度没有明显改善；随着经济社会的发展，流域水环境恶化及河湖纵横向连通受阻，导致河湖水生态功能退化，湖泊、湿地萎缩；部分大中城市地下水严重超采，形成大面积地下水漏斗；经过多年治理，水土流失取得了一定成效，但由于水土流失综合治理机制尚不配套，水土保持投入严重不足，水土流失治理任务依然艰巨。

4. 农村水利基础设施相对薄弱

流域内农村饮水安全问题没有得到根本解决，尚有 1215 万饮水困难人口，存在饮用水水质超标、水源保证率低、用水方便程度低等问题；许多地区农田灌溉和排涝等水利工程设施不完善，用水保证率普遍不高。

5. 流域综合管理能力亟待提高

流域管理与行政区域管理相结合的水资源管理体制需要进一步完善，由控制洪水向洪水管理转变的新思路在实际工作中落实不够，高效节水管理体制尚未形成，流域排污总量控制制度尚未建立，水土保持有效管理机制仍未形成，河道管理范围内无序开发、违规建设、挤占河道等现象依然存在。

（七）辽河水系

1. 水资源承载能力不足，供需矛盾加剧

辽河流域属于资源型缺水地区。目前，全流域水资源开发利用程度已达 77%，其中浑太河已达 89%，水资源开发利用已接近或超过水资源承载能力。随着振兴东北老工业基地、保证国家粮食安全战略及辽宁省沿海经济带发展战略的实施，经济社会发展对水资源将提出更高要求，水资源供需矛盾将更加突出。

2. 水污染防治任务重，生态环境脆弱

辽河流域水资源开发利用程度高，废污水排放量大，是国家“三河三湖”重点治理区。目前，城市废污水处理率较低，水污染问题突出。经济社会用水挤占了生态环境用水，部分河流出现断流，河流下泄水量减少，湖泊、湿地及河口萎缩，部分城市地下水超采，水土流失依然十分严重。

3. 局部地区用水效率偏低，节水工作亟待加强

现有灌区渠道多数没有衬砌，输水损失严重，水田灌溉水利用系数为0.53，水浇地灌溉水利用系数为0.60，与先进地区相比，仍有差距；节水意识不强，部分灌区还存在大水漫灌现象，用水定额偏高；城镇供水管网综合漏失率高达16%，个别城镇甚至超过30%。

4. 防洪工程达标率低，防洪形势依然严峻

流域内部分堤防建设标准偏低，未达到规划防洪标准；部分建筑物阻洪严重，对地区防洪构成严重威胁；山洪灾害防治、中小河流治理工作滞后。随着经济社会的快速发展、城市化进程加快，受洪水威胁地区的经济存量、人口密度、人民财产都将有较大增加，防洪风险越来越大，对防洪安全保障提出更高要求。

（八）太湖水系

1. 保障流域供水安全压力大

经济持续稳定增长，城市人口持续聚集，居民生活水平不断提高，是太湖流域经济社会未来发展的主要趋势，这对流域供水安全提出了更高的要求，需要更清洁的水源和更充足的水量。预计到2030年流域需水量超过350亿m^3，接近流域多年平均本地水资源量的2倍，流域遇特枯水年水资源供给不足。为了缓解水资源供需矛盾，必须加快完善流域水资源调控手段，实行最严格的水资源管理制度，合理配置水资源，加强水资源保护，为人民群众提供水质合格的生活用水，并满足流域经济快速增长对供水总量、供水质量、供水结构和供水保证率的需求。

2. 保障流域防洪安全要求高

流域的可持续发展需要更高标准、更加有效的防洪安全保障。目前流域防洪保护区面积约为23660km^2，保护区内人口超过3500万，国内生产总值超过25000亿元，包括了上海、杭州、苏州、无锡、嘉兴、湖州等多座主要城市，是流域经济社会的精华所在，保障防洪安全对于保障经济社会发展意义重大。经过多年综合治理，尤其是治太骨干工程的实施，流域防洪减灾能力已有较大提高，但防洪任务依然艰巨，流域人口和财富的不断聚集使得防洪风险增大，全球变暖、下垫面变化等又对流域防洪提出了新的挑战。

3. 保障流域水生态安全任务重

流域的可持续发展需要健康、稳定的水生态环境。太湖流域正面临着河网水质污染、湖泊富营养化、生物多样性减少、生态系统功能退化等问题，修复受损水体功能、维护河湖健康是流域生态文明建设的迫切需求。因此，必须在全流域内实施控源减污措施，改善河湖水质，满足河湖生态系统、林草植被建设、湖泊沼泽湿地补水和城市生态系统等方面用水需求，积极促进生态系统修复和重建，保护和恢复水生生物资源，实现生态系统良性循环。同时，经济快速增长时期也是经济社会发展与资源、环境之间矛盾交织、激烈冲突的时期，统筹流域经济社会发展不断扩大的需求与有限的水资源、水环境承载能力的关系，要

求切实转变发展模式,协调流域内各类涉水开发行为与河湖健康的关系,防止经济社会活动对水的侵害,促进经济增长方式的转变,支持流域经济社会可持续发展。

二、河湖水系管理存在的问题

(一)河湖水域岸线开发乱象丛生

近年来,河湖水域岸线管理范围内建设项目不断增加,在一些河道管理范围内存在侵占河道、堤防以及河滩地的违规建设现象。河道管理范围内乱搭乱建、堆放杂物、倾倒垃圾等水事违法案件时有发生,给河湖管理提出了新的挑战。

目前,我国河道水域岸线确权划界工作较为滞后,根据相关法律法规相关规定,“有堤防的河道、湖泊,其管理范围为两岸堤防之间的水域、沙洲、滩地、行洪区和堤防及护堤地;无堤防的河道、湖泊,其管理范围为历史最高洪水位或设计洪水位之间的水域、沙洲、滩地和行洪区”。长期以来,河湖水域岸线界定没有统一的规范和标准,岸线范围界定不明确,难以确定岸线利用项目涉及的区域是否侵占河道,是否影响河流防洪、供水、航运安全以及水生态环境等。相关业务部门虽开展了一系列综合规划和专业规划的编制工作,但这些规划多从宏观层面进行约束。部分地区也编制了岸线利用规划,但在具体实施中也面临着法律效力不足的问题,难以从根本上有效规范和调节岸线利用行为。

受经济利益驱使,在岸线开发利用中常单纯注重局部效益,而忽视防洪、供水安全和生态环境功能,使得水功能交叉、工程相互干扰、抢占岸线等矛盾日益突出。在日益剧增的岸线开发利用压力下,岸线管理制度不完善、管理依据不足更加剧了岸线的无序与过度开发局面。例如:河道管理范围内建设项目审查无规划依据;一些建设项目重前期工程审批而轻后期建设补偿,不按防洪评价报告要求进行影响补偿;岸线申请使用无其他附加条件,缺少有效的经济调控手段。

岸线的开发利用管理涉及水利、国土、交通、海洋等部门,部门间、行业间、流域管理和行政区域管理之间缺乏有效的沟通、协调机制,对岸线的防洪、供水、航运、生态环境保护以及开发利用功能缺乏统筹,导致出现政出不一、职责不清、多头管理等现象,给河湖水域岸线资源的利用管理带来困难。

(二)河湖水生态环境持续恶化

由于一度过度地开发利用河湖资源,围湖造田、填河开发、网箱养殖,导致越来越严重的河湖生态环境问题。

1. 水域面积锐减

在经济社会发展的进程中,许多开发性的活动都是以侵占水域为代价的,由于非法圈圩、过度开发和淤积严重等人为因素和自然因素的影响,水域面积逐步萎缩。以湖泊大省江苏为例,太湖水域已由新中国成立初期的 2500km^2 缩小到现在的2338km^2;洪泽湖从新中国成立初期的 2684km² 也萎缩到现在的 2465km²；里下河地区最为典型，湖荡面积从新中国成立初期 1000 多 km² 萎缩到现在不到 60km²。

2. 河网水体水质严重超标

以经济大省江苏为例，现在全省有 2/3 以上的河湖水质超过Ⅲ类，全省重点水功能区的达标率不到 40%。大量河湖水体被污染，不仅直接导致大量的水资源失去使用价值，而且带来严重的生态环境问题，影响到人民群众的生活环境和饮水安全。

3. 内源污染严重

大量污染物排入河湖，在河湖内部沉淀，日积月累，形成严重内源污染。据有关研究成果，湖泊底泥中氮磷的释放对水体污染的贡献率高达 20%左右。太湖每年暴发蓝藻生态危害，内源污染就是一个重要原因。

4. 沼泽化趋势明显

由于长期围垦、淤积和养殖，大部分湖泊都存在沼泽化现象，生态环境功能也日趋退化。

5. 河湖淤积严重

由于多年未系统组织河湖疏浚整治，全国大部分城乡河流淤积严重，水系受阻，引排不畅，不仅大大削弱了河湖防洪排涝能力，也直接影响河湖水资源调蓄，也加剧了农村水环境的恶化。

（三）水资源开发利用无序

由于人口的快速增长和经济发展速度的不断加快以及对水资源的过度开发利用，河流断流现象日趋严重。目前，河流断流已不仅仅出现在干旱少雨的西北部地区，而且频繁发生在水资源相对充裕的西南地区。据初步统计，在流域一、二、三级支流的近 10000km 河长中，已有约 4000km 河道长年干涸。一些河道虽然有水，但主要是由城市废污水和灌溉退水组成，基本没有天然径流，"有河皆干，有水皆污"已成为海河流域的一个突出问题。部分湖泊因水资源开发，湖水水位持续下降，超采地下水引起地下水位大幅度下降后，能使泉群消失，湖泊、沼泽干涸，一些湖泊不得不依赖地面水库为主要补给水源。

（四）河湖管理执法监督与考核问责不严格

长期以来我国对河湖管理实行的是统一管理与分级、分部门管理相结合的"多龙管水"模式，形成了流域上"条块分割"、地域上"城乡分割"、职能上"部门分割"、制度上"政出多门"的局面。长期的河湖管理实践表明，水的分割管理，造成河湖管理执法监督与考核问责不严格，管理"内耗"和办事效率低，加剧了水资源浪费和水环境污染，导致经济快速发展以牺牲河湖资源和水环境为代价，产生了一系列严峻的问题。

三、河湖水系管理存在问题的原因分析

河湖管理面临的上述问题,既有主观方面的原因,又有客观方面的不利因素;既有法律法规不完善带来的难以依法行政的问题,又有由执法环境因素复杂引起的管理单位的畏难情绪;既有外部各种干扰带来的管理压力,又有自身执法力量严重不足的困扰。归纳起来主要原因有法规体系不够健全完善,流域与行政区域事权划分上有些地方不够明确,河湖管理单位水政执法缺乏必要的强制措施,社会的水法规意识仍然比较淡薄以及违法问题仍没有较好的解决办法等。

(一)水资源保护意识薄弱

片面追求经济效益增长而忽视水资源与水环境承载能力的粗放式开发利用是水问题产生并恶化的主要原因。按国际通行标准,河流的开发利用率不应超过40%,但在部分中小河流开发利用活动中并未达标。

由于节水意识淡薄,浪费现象严重,农业用水与工业用水设备落后导致用水效率低下,环境污染以及地下水超采等现象使我国水资源短缺形势极为严重。长期以来,农业灌溉主要以漫灌为主,节水灌溉新技术推广缓慢,水消耗大,用水效率低。农业生产中有机肥料施用大幅度减少,化肥大量使用和氮、磷、钾肥的不合理使用以及治理植物病虫害大量使用农药,经雨水冲刷后进入水体,污染了水域环境。在农村,由于长期生活习惯的影响和环保意识不强,往往是污水随地倒、垃圾随手丢,村前屋后的河塘成了垃圾塘、臭水沟,加剧农村生态环境的恶化,加之工业生产设备陈旧,工艺落后,单位产品耗水量高,水重复利用率低,且污水处理能力不足,导致严重的水污染。一些重污染的造纸厂、电镀厂、农药厂等,由于城市环境污染控制的加强和严厉制裁,纷纷向农村地区转移,更进一步加剧了农村水环境的污染。

(二)管理体制条块分割

我国河湖管理存在诸多问题,河流多、水系杂,一条河又分上游下游、水里岸上、水质水量,管理部门职能交叉、权责不一,使防洪减灾、城乡供水、防治水污染和保护生态环境等工作存在许多矛盾。城市供水、城区水环境及部分防洪设施建设归属建设部门,环境保护的职能归属环保部门,城乡水利工程管理与建设、防汛抗旱、水行政执法、水资源管理利用归属水利部门,多龙管水、多头管水,容易造成"管理混乱"或"管理真空"现象。分割型的管理体制严重地违背了水的自然循环规律。责、权、利不明确造成资源互相争、问题互相推诿,对水资源保护十分不利。

水作为一种自然资源和环境要素,以流域或水文地质单元构成一个统一体。地表水和地下水之间相互转化,上下游、左右岸、干支流之间的开发利用相互影响,灌溉、供水、发电、航运等功能之间相互联系,这就要求对水的问题必须统筹考虑、全面安排,不能单打

一,不能只顾一点不及其余,不能各自为政、自行其是,必须以流域为单元,进行统一规划、统一调度、统一管理,建立权威、高效、协调的流域管理体制。

(三)有法不依,执法不严

自 2002 年 8 月 29 日第九届全国人民代表大会常务委员会第二十九次会议通过的《中华人民共和国水法》颁布以来,相继出台了一系列水资源管理与保护的法规和政策。目前有法不依、执法不严、违法不究、滥用职权、人治大于法治的现象仍严重存在。

部分地方环境违法现象比较严重, 但当地的环保部门都未能依法及时查处或者查处不力,致使水环境问题突出;多头管理的体制也导致管理工作各自为政,各自为本部门利益着想,造成行政管理上的混乱,甚至难以执行依法治水,导致人力、财力的浪费,政府管理效率低下;基层管理队伍的人力、物力不足,无法完整、准确、直观地完成水资源监管工作。

第四节　河长制与生态文明建设

一、生态文明的内涵

生态环境是人类赖以生存和发展的基础,统筹好人与自然关系,坚持绿色发展,营造良好生态环境,是生态文明的主要内容。深入理解和准确把握生态文明的内涵,是推进生态文明建设的重要前提。

生态文明的核心问题是正确处理人与自然的关系。人与自然的关系是人类社会最基本的关系。大自然本身是极其富有和慷慨的,但同时又是脆弱和需要平衡的;人口数量的增长和人类生活质量的提高不可阻挡,但人类归根结底也是自然的一部分,人类活动不能超过自然界容许的限度,即不能使大自然不可逆转地丧失自我修复的能力,否则必将危及人类自身的生存和发展。生态文明所强调的就是要处理好人与自然的关系,获取有度,既要利用又要保护,促进经济发展、人口、资源、环境的动态平衡,不断提升人与自然和谐相处的文明程度。

生态文明的本质要求是尊重自然、顺应自然和保护自然。尊重自然,就是要承认人是自然之子而非自然之主宰,对自然怀有敬畏之心、感恩之情、报恩之意,决不能有凌驾于自然之上的狂妄想法。顺应自然,就是要使人类的活动符合而不是违背自然界的客观规律。当然,顺应自然不是任由自然驱使、停止发展甚至重返原始状态,而是在按客观规律办事的前提下,充分发挥人的能动性和创造性,科学合理地开发利用自然。保护自然,就是要求人类在向自然界获取生存和发展之需的同时,要呵护自然、回报自然,把人类活动控制在自然能够承载的限度之内,给自然留下恢复元气、休养生息、资源再生的空间,实现人类对自然获取和给予的平衡,多还旧账,不欠新账,防止出现生态赤字和人为造成的不可逆的生态灾难。

生态文明的特征包括两个方面。在空间维度上,生态文明是全人类的共同课题。人类只有一个地球,生态危机是对全人类的威胁和挑战,生态问题具有世界整体性,任何国家都不可能独善其身,必须从全球范围考虑人与自然的平衡。在时间维度上,生态文明是一个动态的历史过程。人类发展的各个阶段始终面临人与自然的关系这一永恒难题,生态文明建设永无止境。人类处理人与自然的关系就是一个不断实践、不断认识的解决矛盾的过程,旧的矛盾解决了,新的矛盾又会产生,循环往复,促进生态文明不断从低级向高级阶段进步,从而推动人类社会持续向前发展。建设生态文明,就是要求人们要自觉地与自然界和谐相处,形成人类社会可持续的生存和发展方式。

推进生态文明建设,就是要按照科学发展观的要求,走出一条低投入、低消耗、少排放、高产出、能循环、可持续的新型工业化道路,形成节约资源和保护环境的空间格局、产业结构、生产方式和生活方式;生态文明是人类社会与自然界和谐共处、良性互动、持续发展的一种高级形态的文明境界,其实质是要“建设以资源环境承载力为基础、以自然规律为准则、以可持续发展为目标的资源节约型、环境友好型社会”。

二、生态文明建设的制度安排

党的十八大将生态文明建设纳入“五位一体”总体布局和“四个全面”战略布局,并对生态文明建设进行制度安排,主要包括以下 5 个方面的内容。

1. 要把资源消耗、环境损害、生态效益纳入经济社会发展评价体系,建立体现生态文明要求的目标体系、考核办法、奖惩机制

2015 年 4 月,中共中央、国务院印发《关于加快推进生态文明建设的意见》,明确生态文明建设的总体要求、目标愿景、重点任务、制度体系。2016 年 12 月,中共中央办公厅、国务院办公室厅印发《生态文明建设目标评价考核办法》,确定对各省(自治区、直辖市)实行年度评价、5 年考核机制,以考核结果作为党政领导综合考核评价、干部奖惩任免的重要依据。

2. 建立国土空间开发保护制度,完善最严格的耕地保护制度、水资源管理制度、环境保护制度

2015 年 9 月,中共中央、国务院出台《生态文明体制改革总体方案》,提出健全自然资源资产产权制度、建立国土空间开发保护制度、建立空间规划体系、完善资源总量管理和全面节约制度、健全资源有偿使用和生态补偿制度、建立健全环境治理体系、健全环境治

理和生态保护市场体系、完善生态文明绩效评价考核和责任追究制度等八项要求。

3. 深化资源性产品价格和税费改革，建立反映市场供求和资源稀缺程度、体现生态价值和代际补偿的资源有偿使用制度和生态补偿制度

2016 年，财政部和国家税务总局联合发布《关于全面推进资源税改革的通知》，矿产资源税从价计征改革、水资源税改革试点等自 2016 年 7 月 1 日起施行。发挥资源税的调节作用，抑制资源开发利用中的浪费行为，促进资源合理开发利用，保护非再生、不可替代资源及环境，促进生态文明建设。

4. 积极开展节能量、碳排放权、排污权、水权交易试点，建立资源环境领域的市场化机制

2014 年 7 月，水利部印发了《水利部关于开展水权试点工作的通知》，提出在宁夏、江西、湖北、内蒙古、河南、甘肃和广东等 7 个省(自治区)开展水权试点。试点内容包括水资源使用权确权登记、水权交易流转和开展水权制度建设三项内容。2014 年 8 月，国务院办公厅发布了《关于进一步推进排污权有偿使用和交易试点工作的指导意见》。该意见提出，到 2017 年试点地区排污权有偿使用和交易制度基本建立。2014 年，国家发展和改革委员会下发了《关于组织开展重点企(事)业单位温室气体排放报告工作的通知》。2014 年 12 月，国家发展和改革委员会发布了《碳排放权交易管理暂行办法》。

5. 加强环境监管，健全生态环境保护责任追究制度和环境损害赔偿制度

《大气污染防治行动计划》《水污染防治行动计划》《土壤污染防治行动计划》相继出台，新修订的《中华人民共和国环境保护法》从 2015 年开始实施，在打击环境违法犯罪方面力度进一步加大。2015 年 12 月，中共中央办公厅、国务院办公厅印发了《生态环境损害赔偿制度改革试点方案》。

随着生态文明建设的不断推进，生态文明制度不断完善。2016 年 12 月，中共中央办公厅、国务院办公厅印发了《关于全面推行河长制的意见》。该意见提出：全面推行河长制是落实绿色发展理念、推进生态文明建设的内在要求，是解决我国复杂水问题、维护河湖健康生命的有效举措，是完善水治理体系、保障国家水安全的制度创新。

三、河长制与生态文明建设的关系

水是生态系统的控制要素，河湖是生态空间的重要组成部分，河湖管理是生态文明建设的核心内容。近年来，全国各地、各部门按照生态文明建设的要求，全面落实最严格的水资源管理制度，大力实施《水污染防治行动计划》，积极开展水生态治理修复，加快完善现代河湖管理基础设施网络，推动治水兴水管水迈入新阶段。全面推行河长制，是推进生态文明建设的必然要求，是解决我国复杂水问题的有效举措，是维护河湖健康生命的治本之策，是保障国家水安全的制度创新，是中央作出的重大改革举措。中共中央办公厅、国务院

办公厅印发《关于全面推行河长制的意见》后，水利部会同有关部门联合制定印发《关于全面推行河长制的意见》实施方案，各省（自治区、直辖市）和新疆生产建设兵团完成工作方案编制，明确全面建立河长制目标。

（一）河长制是生态文明建设的必然要求

江河湖泊是地球的血脉、生命的源泉、文明的摇篮，也是经济社会发展的基础支撑。我国江河湖泊众多，水系发达，是赖以生存发展的珍贵资源。保护江河湖泊，事关人民群众福祉，事关中华民族长远发展。《中共中央　国务院关于加快推进生态文明建设的意见》把江河湖泊保护摆在重要位置，提出明确要求。江河湖泊具有重要的资源功能、生态功能和经济功能，是生态系统和国土空间的重要组成部分。

当前我国水安全呈现出新老问题相互交织的严峻形势，特别是水资源短缺、水生态损害、水环境污染等新问题愈加突出。河湖水系是水资源的重要载体，也是新老水问题体现最为集中的区域。近年来各地积极采取措施加强河湖治理、管理和保护，取得了显著的综合效益，但河湖管理保护仍然面临严峻挑战。一些河流特别是北方河流开发利用已接近甚至超出水环境承载能力，导致河道干涸、湖泊萎缩，生态功能明显下降；一些地区废污水排放量居高不下，超出水功能区纳污能力，水环境状况堪忧；一些地方侵占河道、围垦湖泊、超标排污、非法采砂等现象时有发生，严重影响河湖防洪、供水、航运、生态等功能发挥。

河湖水安全事关可持续发展，必须加强河湖管理。河湖管理是水治理体系的重要组成部分。落实绿色发展理念，必须把河湖管理保护纳入生态文明建设的重要内容，作为加快转变发展方式的重要抓手，全面推行河长制，促进经济社会可持续发展。

（二）河长制是生态文明建设的重要支撑

河长制构建了责任明确、协调有序、严格监管、保护有力的河湖管理保护机制，为实现河湖功能的有序利用、践行绿色发展理念、推进生态文明建设，提供制度的保障。

河长制将各级党委政府以及党委政府领导班子成员的主体责任落到实处，促使各方把环境保护、治水任务和各自分工有机结合起来，使制度优势在治水方面充分体现，形成合力攻坚克难，更好地落实了党中央、国务院生态文明建设和环境保护的总体要求，落实水污染防治行动计划。把地方政府对环境质量负责的法定要求落实到具体行政负责人，实行党政主导、高位推动、部门联动、责任追究，整合资源、集中力量，解难题、办好事的高效联动机制。全面推行河长制，是满足人民群众对良好环境的需要，保障民生、改善民生的重要举措。实践证明，维护河湖生命健康、保障国家水安全，需要大力推行河长制，积极发挥地方党委政府的主体作用，明确责任分工，强化统筹协调。

河长制实施方案指导各地编制工作方案，细化、实化工作任务，建立督导检查和评估制度以抓好督促、检查，并将全面推行河长制纳入到最严格的水资源管理制度的考核。环境保护部按照中央关于全面建立省、市、县、乡四级河长体系的要求，将河长制的建立和落实情况纳入中央环保督察。同时将《水污染防治行动计划》实施情况的考核工作，与依法治污、科学治污、深化控制污染物排放许可制和严格水资源管理等改革有机结合，强化信息公开、行政约谈和区域限批，切实推动各地切实落实环境保护的责任，全面落实河长制。

从中央《关于全面推行河长制的意见》到省、市的《贯彻落实河长制的实施意见》都明确了要加强对河长的绩效考核和责任追究，对造成生态环境损害的，严格按照有关规定追究责任。中共中央办公厅、国务院办公厅印发的《党政领导干部生态环境损害责任追究办法(试行)》更促进了各级领导干部牢固树立生态文明理念，增强保护环境的责任意识和担当意识。全面推行河长制，让各级党政领导干部切实增强生态文明建设责任感，进一步聚焦了辖区内河湖管理工作重点。

第五节　河长制法律基础

河长制是由各级党政主要负责人担任河长、负责辖区内河湖的全面管理，基本做法就是由各级党政主要负责人分级担任各自辖区内河流的河长，以河湖涉水法律法规为依据，对各项涉水事务管理通过目标分解、分级传递，并通过严格的评价考核机制予以奖惩。

一、河长制的法律现状

根据各地河长制公布的规章、规范性文件，其内容主要包括以下 5 个方面。

(一)进一步明确河湖管理机构

河长制最大程度整合了各级党委政府及有关部门的执行力，从组织构架上，纵向从省级行政长官(党委或政府主要负责同志)担任总河长开始，下一级市(区)委书记、市(区)长，再下一级县委书记、县长，直至镇(乡)党委书记、镇(乡)长；横向从政府各级部门开始，发改、环保、水利、规划、建设、国土、城管、工商、公安等各部门都各有分工、各司其职，河长制办公室设在各级水利(水务)部门。

(二)明确部门职责分工

河道的整治、管理和保护需要各部门的相互配合，齐心协力。水利(水务)部门牵头负责河湖日常管理工作，做好水功能区监测。发改、环保、公安、国土、规划、交通、农业(林业、渔业)等部门要按照职责分工，密切配合，形成合力，定期通报河道管理与保护工作情况，及时协调解决矛盾和问题，有效整合各部门河湖管理职能和执法资源，共同加强河湖管理与保护。

(三)明确河湖治理目标和措施

河长制提出了河道治理的总体目标和基本措施,因地制宜实施“一河一策”,有针对性地确定治水方案;树立了上下游共同治理、标本兼治的联动机制;有效地推进和实现目标和措施。

(四)加强监测预警工作

加快建立河湖健康评价体系,开展重点河湖水质监测、河势监测、水文监测和遥感监测,定期对河湖健康状况进行评价,发布重要河湖健康公报,加大社会公众对重要河湖管护的关注度。

(五)强化绩效考核评价与监测

建立健全河湖管理河长制绩效考核评价体系,制定河长制考核办法,规范河湖管理行为,量化河长管理绩效,对成绩突出的予以表彰奖励,对因失职、渎职导致河湖资源环境遭受严重破坏,甚至造成严重灾害事故的,要依照有关规定调查处理,追究相关人员责任。

二、河长制的法律依据

1.《中华人民共和国水污染防治法》

第四条规定:“县级以上地方人民政府应当采取防治水污染的对策和措施, 对本行政区域的水环境质量负责。”

第五条规定:“省、市、县、乡建立河长制,分级分段组织领导本行政区域内江河、湖泊的水资源保护、水域岸线管理、水污染防治、水环境治理等工作。首次正式将河长制作为法律条款,并明确河长的具体工作任务。”

2.《中华人民共和国水法》

本法规定,水资源实行“统一管理与分级、分部门管理相结合”的管理模式。根据规定,应该以统一的流域管理为主,辅以部门管理和行政区域管理。但是,实践中却逐渐形成了国家与地方的条块分割,各有关管理部门各自为政,“多龙管水、多龙治水”的管理状态,必然致使“群龙无首”的局面随之出现,河长制正是在以河流流经的各行政区域管理为主的背景下应运而生。

3.《中华人民共和国环境保护法》

第十六条规定:“地方各级人民政府,应当对本辖区的环境质量负责,采取措施改善环境质量。”

4. 其他法规

《中华人民共和国渔业法》《中华人民共和国防洪法》《中华人民共和国河道管理条例》《中华人民共和国水污染防治法实施细则》等均规定了各级人民政府在河湖管理方面的职责,不过这些规定都没有具体的措施,难以实施。在一定程度上地方各级人民政府要履责实现途径和方式必须具体化，具有一定的可操作性，这些法规为各级党政主要负责人担任河长的河长制模式的管理制度提供了法律依据。

三、河长制的法律制度适度构建

河长制的主体即担任河长的地方各级党政负责人。河长制具有问责性、协调性和高效性的特点，是河长制的一大创新，它将河湖的环境改善与地方领导人的政绩挂钩，如果没有达到计划的治理目标，就要承担相应的责任，甚至是“一票否决”。在这种压力下，党政主要领导人不得不重视河湖水资源保护、水污染防治、水环境综合治理、水生态修复等工作，水生态环境质量也得到了明显的改善。但仔细思考，不难发现这种制度在本质上是一种行政权力的整合。由地方党政负责人兼任河长容易造成权力自我决策、自我执行、自我监督的状况，需要通过立法的形式对河长制进一步法律制度化。

适度追求河长制的法律制度构建。用法律制度取代权力制度应是历史规律与历史进步的重要表现，虽然新修订的《中华人民共和国水污染防治法》对河长制已有法律规定，但具体实施细则和相关法律法规未同步修订，在目前河长制的创新与完善中，河长的权力与责任界限、权力运行和问责程序设计以及相关的下属职能部门的权力与责任、企业和社会的权利与责任等界定都需进一步制度化。而作为法律制度的河长制，可以凭借更加规范性和稳定性的法律规定来规避权力制度中人治带来的各种随意性和偶然性，可以利用法律形式更加清晰地界定和明确河长以及相关各类河流治理主体的权利与责任之间的关系，从而可以规避河长的权力滥用与保护各类利益相关者的权利，可以在“法律面前人人平等”的原则下实现更多的社会平等与社会公正。

目前，河长制已具有一定的现实法律依据，其自身也存在不断被法律制度化的趋势，然而，河流治理中存在的大量高度复杂性和不确定性问题又使法律制度存在历史局限性。因此，在河长制的进一步创新中，客观上不可能用立法的形式规定河长以及相关主体的全部行为，特别是在处置各种高度复杂性和不确定性问题中的随机行为和特殊行为时，在主观上也不应该无限地追求河长制的法律制度建设。因为，如果法律硬性规定了河长及其相关主体在河流治理上的全部行为内容和行为程序，而法律无明确规定则不可行，那么河长则必然受制于各种烦琐的法律条文的刚性约束，反而会导致目前河长制的权力制度特征所带来的灵活性和高效性优势大打折扣或完全丧失，甚至，它作为一项特殊的制度安排也可能失去其持续存在的价值。因此，应当综合地考虑法律制度的内在利弊以及河长制的建设现状，有条件、有限度地追求河长制的法律制度构建。

第六节 河长制实践与升华

一、试水河长制

2007年初夏,无锡因蓝藻暴发引发了水污染,造成的供水危机引起了全国乃至全世界关注。江苏省委省政府痛定思痛、痛下决心,要根治顽疾,确立了治湖先治河的思路,无锡率先创立了河长制。2007年,《无锡市河(湖、库、荡、氿)断面水质控制目标及考核办法(试行)》明确要求,将79个河流断面水质的监测结果纳入各市(县)、区党政主要负责人(即河长)政绩考核。2008年,《中共无锡市委、无锡市人民政府关于全面建立"河(湖、库、荡、氿)长制",全面加强河(湖、库、荡、氿)综合整治和管理的决定》,明确了组织原则、工作措施、责任体系和考核办法,要求在全市范围推行河长制管理模式。2010年,无锡市实行河长制管理的河道(含湖、荡、氿、塘)就达到6000多条(段),覆盖到村级河道。苏州、常州等地也迅速跟进。苏州市委办公室、市政府办公室于2007年12月印发《苏州市河(湖)水质断面控制目标责任制及考核办法(试行)》,全面实施"河(湖)长制",实行党政一把手和行政主管部门主要领导责任制。张家港、常熟等地区还建立健全了联席会议制度、情况反馈制度、进展督察制度等。常州延伸建立了断面长制,由市委书记、市长等16名市领导分别担任区域补偿、国控、太湖考核等30个重要水质断面的"断面长"和24条相关河道的"督察河长",各市辖区有关部门、乡镇、街道主要领导分别担任117条主要河道的河长及断面长。建立了通报点评制度,以月报和季报形式发各位河长。常州市武进区率先为每位河长制定了《督察手册》,包括河道概况、水质情况、存在问题、水质目标及主要工作措施,供河长们参考。

2008年,江苏省政府办公厅下发《关于在太湖主要入湖河流实行"双河长制"的通知》,15条主要入湖河流由省、市两级领导共同担任河长,江苏"双河长制"工作机制正式启动。随后,江苏省不断完善河长制相关管理制度。建立了断面达标整治地方首长负责制,将河长制实施情况纳入流域治理考核,印发《河长工作意见》,定期向河长通报水质情况及存在问题。2012年,江苏省政府办公厅印发了《关于加强全省河道管理"河长制"工作意见的通知》,在全省推广河长制。截至2015年,全省727条省骨干河道1212个河段绝大部分落实了河长、具体管护单位和人员,基本实现了组织、机构、人员、经费的"四落实"。

无锡市率先创立、江苏省大力推行的河长制试水在5个方面取得了成效。

(一)弄清了河湖基本情况

建立河长制以后,为了帮助河长进一步弄清情况、研究对策,各地都组织开展了较大规模的河道状况调查研究,很多河长亲临一线了解情况。在此基础上,形成了“一河一档”,包括河道的基本状况、水质情况、水环境与水生态情况等,分别以文字、表格、图片等形式建立档案;制定了“一河一策”,包括如何开展综合整治、如何实施长效管理、河道水质与水环境改善的时序进度等要求。无锡市滨湖区不仅查清了每条河道的起始点、长度、宽度、水深、水质等自然状况,还重点调查了 4 个方面的情况:①排污口情况,共查出全区河道排污口 1442 个,其中 77 条重点河道的排污口 788 个。②河岸情况,共查出沿河岸的养殖场 16 家、食品加工作坊 21 家、废品收购站 51 家、违章搭建 125 处、乱堆放280 处、杂物垃圾 388 处、乱垦种 82 处、鸡鸭棚 202 处、露天粪坑 40 处。③水面情况,查出渔网渔簖 234 处,住家船 58 条,弃船、沉船 86 条;处理漂浮物 282.8t、水葫芦 55t,易滞留死树枯枝河汊 197 处,已存在坝基坝埂 103 条。④淤积情况,查明共有 80 条河道存有淤积约 180 万m^3。这些基本情况的掌握为下一步制定对策、综合治理、强化管理提供了依据。

(二)加大了整治力度

通过发挥河长的协调和督促作用,对河湖的综合整治力度得到了进一步加大。建立河长制以来,各地都形成了河道综合整治的高潮,取得了比较明显的成效。无锡市直湖港是省市“双河长制”单位,经过省市两级河长的共同努力,已全部完成主河道及支浜共计 168 万 m^3 的清淤任务,并彻底封堵排污口 43 个。该市新区积极开展农业面源污染治理,对沿太湖的新安街道及沿望虞河的鸿山、硕放街道实施河湖管理。全面取缔全区范围内的畜禽规模养殖,近两年共取缔猪场 549 家、牛场51 家、禽场 70 家。淮安市楚州区一年共疏浚整治区级河道5 条、乡级河道 23 条、沟塘 208 个,完成土方 437.35 万 m^3。同时加大河道保洁硬件设施投入,目前,全区农村共设有垃圾池 627 个、垃圾桶 3926 个、垃圾填埋场 26 个、垃圾中转站 6 个,基本达到了垃圾组收集、村运转、乡填埋以及日产日清的要求。涟水县共疏浚河道 25 条,整治河塘 532 个,封堵入河排污口 42 个,累计打捞漂浮物 2400t,清除渔网渔簖 52 条、地笼 128 条,拆除坝基坝埂22 条,清理河道沿岸垃圾 90t、乱堆放 112 处、乱搭建 562m^2,清理沿河废品收购点 25 处。

(三)落实了长效管理

对河道实施长效管理,是建立河长制的一项重要目标任务。推行河长制以来,无锡、淮安两市各地在全面加强综合整治的同时,积极明确长效管理措施。首先落实了长效管理经费。无锡市所属市、区把河道长效管理的经费列入公共财政来安排,明确由市、区财政或镇村集体负责提供河道长效管理所需经费。即使经济还不很发达的淮安市,各县(市、区)也在积极筹措河道长效管理经费,楚州区已经落实了河道保洁员的工资。其次落实了长效管理队伍和职责。在河道长效管理的方式上,各地做法多种多样,有的专门组建管理队伍,有的实行市场化管理。无论采取哪种方式,河道长效管理的队伍和职责得到了较好落实。无锡市滨湖区在落实长效管理经费的基础上,组建了 346 人组成的保洁员队伍,配备了287

条打捞船只,并且与沿河的 568 个单位、19903 户居民签订了卫生自律书,把长效管理真正落到实处。最后强化了行政督察与社会监督。凡是推行河长制的地方,不仅建立了相关的行政督察机制,而且形成了社会监督机制,每一条河道的长效管理措施是否落实、管理得如何,不仅政府知道,社会知道,老百姓也要知道。

(四)形成了工作合力

河道的综合整治和管理涉及多个部门,需要多部门的配合与合作,才能真正取得实效。推行河长制以后,由党政领导出面协调,可以较好地解决部门之间的合作问题,在加强河道的整治与管理上形成强有力的工作合力。无锡市在建立河长制之始,就对各个部门的工作职责做出了具体明确的规定。在推行河长制的实践中,从全面综合整治到落实长效管理,各部门、各地区、各单位都能做到通力合作,全力以赴,协调一致。无锡市在河道整治中对住家船、沉弃船的整治,就是多部门、多单位合力治理的一个典型。住家船与沉弃船的整治是河道整治中的一个难点,尤其是地区与部门之间的职责难以认定。在整治过程中,锡山区充分发挥了河长与河长办的中枢协调功能,把地方与部门的力量整合起来,协调城管、水上公安、水利、海事等部门与街道、社区密切合作,明确由相关行政主管部门负责执法和查处,由社区负责与船主协商付给经济补偿,由街道负责出资销毁沉弃船只。经过多方合作,共销毁住家船 64 条、沉弃船 12 条,使这一难题得到了较好解决。

(五)改善了水质水环境

推行河长制以来,全面加大了河道整治与管理的力度,使河道的水质水环境得到了较为显著的改变。无锡市列入河长制管理的重点河道断面的水质达标率总体不断上升。淮安市盱眙县实施河长制以来,一些多年未能整治且影响群众生产生活的河、塘、库得到了整治,全县河道整体水质得到明显改善,众多河流生态得到恢复,城乡人居环境显著改进。

二、中央推广河长制

无锡市的创新河湖管护理念河长制,在江苏省得到推广,被其他地区效仿和借鉴,效果显著。《关于全面推行河长制的意见》要求各地区各部门结合当地实际认真贯彻落实,两年之内全面建立河长制。由此河长制上升到国家层面,在全国各地全面推广。

自河长制提出以来,各省(自治区、直辖市)分别出台相关文件落实,取得了一系列的成效。各地完善了河长制有关制度,明确了长效管理措施、经费和管理队伍;对河湖的基本情况进行了摸查,收集和整理了河湖的相关资料,针对每一条河流和湖泊建立了完善的档案管理系统,并结合实际开展“一河一策”管理模式;建立自上而下各层级、各部门领导负责的河长制,明晰了管理职责,各级河长利用职权协调各部门,形成工作合力,实现联防联控,破解“多龙治水”责任不明的问题;强化了行政考核和社会监督,督促法律的严格执行,发动社会力量参与治理监督河道水环境;有效改善了河湖的水生态环境状况,缓解了水危机。

三、地方全面实施河长制

全面推行河长制是全国各地的一项硬性制度约束。要贯彻落实好《关于全面推行河长制的意见》部署，必须正确理解全面推行河长制的深刻内涵。各地在实施河长制的过程中，结合各地实际情况，形成了特色鲜明的河长制做法，主要有4个方面。

（一）"最早河长制"法规

《昆明市河道管理条例》于2010年5月1日起施行，将河长制、各级河长和相关职能部门的职责纳入地方法规，使得河长制的推行有法可依，形成长效机制。在推动全市河道管理的规划与治理、保护与管理等方面发挥了积极作用。

（二）"最强河长制"阵容

2014年，浙江省委、省政府全面铺开"五水共治"（即治污水、防洪水、排涝水、保供水、抓节水），河长制被称为"五水共治"的制度创新和关键之举。据统计，到目前浙江省已形成最强大河长阵容，全省共有约4万条河流及湖泊设立57533名河长，其中6名省级河长、260名市级河长、2772名县级河长、19358名乡镇级河长、35137名村级河长。2017年7月28日，浙江省十二届人大常委会第四十三次会议表决通过全国首个省级河长制专项法规《浙江省河长制规定》，实施五级体系监护。

（三）"最高河长制"规格

在江西省实施生态文明先行示范区建设的背景下，2015年11月1日，省委办公厅、省政府办公厅印发《江西省实施"河长制"工作方案》，按照《江西省生态文明先行示范区建设实施方案》和《关于建设生态文明先行示范区的实施意见》的要求，建立健全河湖保护管理体制机制，并在全省范围内实施河长制。根据江西省河长制实施方案，成立省河长制办公室，由省、市、县（市、区）党委和政府主要领导分别担任行政区域"总河长""副总河长"，省、市、县（市、区）党政四套班子相关领导担任河流河长，要求构建省、市、县（市、区）、乡（镇、街道）、村五级河长组织，并明确河湖水域面积保有率、自然岸线保有率、重要水功能区水质达标率、地表水达标率和集中式饮用水水源地水质达标率等考核指标。在制定河长制实施方案的基础上，江西省河长制办公室出台了《2016年"河长制"工作要点及考核方案的通知》，提出2016年河长制工作要点和具体工作考核方案。同时，为了保障河长制的顺利实施，出台《江西省"河长制"省级会议制度（试行）》《江西省"河长制"信息通报制度（试行）》《江西省"河长制"工作督办制度（试行）》《江西省"河长制"工作考核办法（试行）》等，推动各级党委、政府以及村级组织全面履行河湖保护管理责任。

（四）"最全河长制"标准

作为浙江省钱塘江源头的开化县，"将一江清水送出开化"一直是开化县的政治任务。自2014年开化县全面实施河长制以来，按照"一河一长""条块结合""属地管理"原则，设立了县、乡(镇)、村三级河长,层层包干,并针对环保志愿者、中小学生、妇女团体、青年团体等,新创建了10余支民间河长队伍,实现了全县大小河流全覆盖。同时将河长制升级为水长制,明确规定河长管辖包干河道流域内的一切水体,形成县级河长半月一督察、乡镇河长一周一检查、村级河长一天一巡查的河长巡查机制,实现"有水的地方就有人管,有污染的地方就有人治"。开化县将河长制工作落实情况纳入"五水共治"月度及年终考核,每月对河长履职情况、河道保洁情况、河长牌设置情况进行明察暗访,并根据督察结果,对工作不到位、处置不及时、整改不到位的乡镇、村予以通报。此外,提前将县级河长的巡河日程安排通过开化县"河长制"微信公众号等形式向社会发布,引导群众参与巡河,实时接受群众监督。自"五水共治"工作开展以来,开化县通过治水造景,建成了20多个水景公园,是全省首个"清三河"达标县,被评为"浙江省最具魅力新水乡",农村、集镇污水处理设施实现全覆盖,连续五年出境水Ⅰ、Ⅱ类水占比都超过了95%。

四、河长制实践总结与升华

河长制历经近10年的逐步建立和推行发展,给河湖管理工作注入了新的活力,在体制机制上取得了一些突破,积累了不少经验,但仍然面临着一些难题需要破解。要紧紧盯住维护河湖健康生命这一目标,抓住党政领导负责制这个关键,突出以问题为导向这个根本,着眼于树立整体性政府理念,实现各部门间的职能、结构和功能的转化、整合,搭建公众参与的多种渠道,推动社会共治。

(一)需要进一步破解的难题

1. 河长制法律制度需适度构建

目前,只有少数地区如浙江省、云南省昆明市以地方法规、无锡市以政府令的形式赋予河长职责,但具体到落实,依然存在法律手段缺位问题。大多数地区还是以行政命令、外力强迫为主推动,使得这项工作具有临时性、突击性的特点,不少河长缺乏内在持久动力。

2. 基层河长权责不对等

县级以下河长承担的责任大,大多数河长是副职领导,或部门、街道和乡镇领导,甚至是村委会干部,缺乏必要的工作手段和协调推进能力,尤其在人事管理、资金调配等关键环节协调管理难度大,履职力不从心。

3. 协同机制持久性不够

尽管有联席会议制度,但部门之间条块割据、边界模糊,通常是由水利(水务)部门牵头负责河湖日常管理工作,发改、环保、公安、国土、规划、交通、农业(林业、渔业)等部门要按照职责分工,密切配合,形成合力的机制难以持久。

4. 考核体系有待完善

地方河长考核主要以结果为导向,以水质改善目标为主,但水质改善是一个长期的过程,必须细化和分阶段选取合适的考核指标,既要考虑各地区的自然禀赋,也要考虑经济社会条件。

(二)推进和发展河长制

1. 落实领导责任,切实发挥河长职责

全面推行河长制,核心是实行党政领导特别是主要领导负责制。山水林田湖是一个生命共同体,江河湖泊是流动的生命系统,河湖之病表现在水里,根子在岸上。要解决河湖管理保护这个难题,必须实行"一把手"工程。要尽快明确省、市、县、乡四级河长,建立党政主要领导挂帅的河长制责任体系。担任河长一定做到重要情况亲自调研、重点工作亲自部署、重大方案亲自把关、关键环节亲自协调、落实情况亲自督导,真正做到守河有责、守河担责、守河尽责。

2. 坚持问题导向,切实抓好河湖保护

河长制明确了保护水资源、防治水污染、改善水环境、修复水生态、水域岸线管理保护以及执法监督管理等6项主要任务。各地河湖自然禀赋不同,面临的主要问题各异,必须坚持问题导向,从当地实际出发,因地制宜,因河施策,系统治理,统筹保护与发展、水上与岸上,着力解决河湖管理保护的突出问题。对生态良好的河湖,要突出预防和保护措施,强化水功能区管理,维护河湖生态功能;对生态恶化的河湖,要健全完善源头控制、水陆统筹、联防联控机制,加大治理和修复力度,尽快恢复河湖生态;对城市河湖,要划定管理保护范围,全面消除黑臭水体,连通城市水系,实现水清岸绿、环境优美;对农村河湖,要加强清淤疏浚、环境整治和清洁小流域建设,狠抓生活污水和生活垃圾处理,着力打造美丽乡村。

3. 强化监督检查,切实严格考核问责

强化监督检查,严格责任追究,确保全面推行河长制工作落到实处、取得实效。要建立河长制工作台账,明确每项任务的办理时限、质量要求、考核指标,加大督办力度,强化跟踪问效,确保各项工作有序推进、按时保质完成。要把全面推行河长制工作考核与最严格水资源管理制度考核有机结合起来,与领导干部自然资源资产离任审计有机结合起来,把考核结果作为地方党政领导干部综合考核评价的重要依据,倒逼责任落实。人民群众对河湖保护与改善情况最有发言权,要通过河湖管理保护信息发布平台、河长公示牌、社会媒体、社会监督员等多种方式,主动接受社会和公众监督。

4. 加强协调配合,凝聚工作合力

河湖管理保护涉及上下游、左右岸、干支流,涉及不同行业、不同领域、不同部门。各地要从全流域出发,既要一河一策、一段一长、分段负责,又要通盘考虑、主动衔接、整体联动。各部门要树立"全河(湖)一盘棋"观念,各司其职,各负其责,密切配合,协同推进。充分发挥河长制统筹协调、组织实施、督促检查、推动落实等重要作用,着力形成齐抓共管、群策群力的工作格局。要加大新闻宣传和舆论引导力度，增强社会公众对河湖保护管理工作的责任意识和参与意识，凝聚起全社会珍爱河湖、保护河湖的强大合力，以推行河长制，促进河长治。

第七节 河长制的诠释

一、河长制的历史渊源

治水是治国安邦之大事，责任之重，重于泰山。自古以来，我国对治水活动就有严厉的责任考核制度，其中以行政责任人为主体的河长制即为强有力的措施保障之一。河长制的起源和印记可追溯到远古的尧、舜时期，传说中的鲧、禹治水便是范例。

（一）鲧：中华第一位河长

据《史记·夏本纪》载："当帝尧之时，鸿水滔天，浩浩怀山襄陵，下民其忧。尧求能治水者，群臣四岳皆曰鲧可。尧曰：'鲧为人负命毁族，不可。'四岳曰：'等之未有贤于鲧者，愿帝试之。'于是尧听四岳，用鲧治水。九年而水不息，功用不成。于是帝尧乃求人，更得舜。舜登用，摄行天子之政。巡狩，行视鲧之治水无状，乃殛鲧于羽山以死。"以上记载说明，当天下洪水滔滔，水灾为民众大害之时，最高统治者把选取治水首领当作头等要事。最后在有争议之中选定了鲧为治水责任人，并严明责任要求。当时洪水滔天，水环境十分险恶，这河长治的是普天之下的大洪水，任务极其繁重。鲧是治水能人，治水不可谓不尽力，他埋头苦干，勤劳敬业，在艰难困苦中度过了九年的治水岁月。《山海经·海内经》载，治水中鲧还不顾自身安危"窃帝之息壤以堙洪水，不待帝命"，也可谓是舍生忘死之举。然即使如此，水患还未治平。历史时期的特大洪水原因众多，控制殊非易事：在滨海地区，海侵引起沧桑变幻，海水倒灌平原；在江河上中游，可能有极端气候作怪，或者地震形成巨大堰塞湖，山崩地裂造成水道变迁、洪水泛滥，非人力所可抗拒。鲧治水的做法是继承前人经验"障"和"堙"，也就是用堤防把聚落和农田保护起来。但面对滔天洪水，低标准的堤防一冲即溃。虽然鲧治水无功是事出有因，尚可谅解，但舜为了严明治水责任，还是采用了极其严厉的措施——殛之于羽山。

鲧是上古时期部族领袖尧选拔任命的第一个治水河长，虽治水失败，为悲剧人物，但鲧也是民族治水英雄，他的治水精神一直为人民所追念，传说夏代人们把鲧当作光荣的先祖，每年都要祭祀。没有鲧的失败经验教训，也就不会有之后禹治水的成功。"于是舜举鲧子禹，而使续鲧之业。"禹被推上了政治舞台，开始承担第二天下大河长之重任。舜推举大禹治水，既是对禹肯定，又是对禹能力的考验，风险极大。禹的伟大之处是不计个人的恩仇,而以天下、民族的利益为重,肩负起了治水的重任。

(二)封建时期的河长制

北宋元祐五年(1090年),苏东坡任杭州刺史时,就做了河长的工作。当时西湖长期没有疏浚,淤塞过半、湖水干涸,严重影响了农业生产。于是苏轼在任职的第二年便动用民工20余万疏浚西湖,并在西湖建造了三塔作为标志,成就了今天的"三潭印月"。疏浚挖出的淤泥集中起来,筑成了一条纵贯西湖的长堤,堤上建了六座桥,方便交通,后人称之为"苏公堤",也就是今天我们到杭州旅游必去的景点——"苏堤"。

清朝黑河流域管理其实也是河长制的早期实践。康熙时期定西将军年羹尧于1723年授抚远大将军,率军去今天的甘肃、内蒙古和青海平叛,为了保黑河(又称弱水)下游阿拉善王的领地额济纳旗和大军用水,对黑河流域实行了"下管一级"的政策。所谓"下管一级"即上中游的张掖县令为七品,中游的酒泉县令为六品,额济纳旗县令为五品,该县令实际是河的首长。从而保证水量很小而年际变化很大的黑河水可以保质、保量地到达下游额济纳旗,入尾闾东、西居延海。

清代林则徐任江苏按察使(相当于省长)时,江苏的吴淞江、黄浦江和娄江(浏河)总称三江,经常淤塞成灾。1824年,为了彻底解决水患问题,林则徐向地方督抚提出疏浚三江水道的意见,以解决太湖泄水问题,并向皇帝写了报告。皇帝任命他来负责此事。后接任江苏巡抚,制定了"以疏为主"的治水方针,先疏浚浏河和白茆河及其支流,再整治江南镇江段的运河,修建练湖,改建闸坝等。

(三)现代河长制的提出

我国现代的河长制是推进生态文明建设的必然要求,一般认为是由2007年江苏省无锡市处理太湖蓝藻污染事件开始起步的。当时无锡市党政主要负责人分别担任了64条河流的河长。2008年,河长制在太湖流域推广。后来,云南、河南、河北等省在河湖治理过程中也纷纷效仿。

十八大以来,随着生态文明建设纳入国家"五位一体"总体战略的确定,中国环境治理体系面临再次改革。改革实质就是利益的调整。目前,改革已进入深水区,既需要顶层设计,更需要实践突破。河长制正好是环境治理领域改革的突破口,联动中央和地方政府乃至全社会治理体系改革的对接口,有助于地方率先转变政府职能、打破部门壁垒,树立样本。在此背景下,2016年年底,中共中央办公厅和国务院办公厅印发了《关于全面推行河长制的意见》,标志着河长制已从当年应对水危机的应急之策,上升为国家意志。新一轮河长制的推进,需要总结剖析上一轮工作历程,分析其演变特点,揭示其待解难题,从深化环境治理体系改革的角度出发,提出对策建议。而如今,河长制经过各地探索完善,已成为法律制度,在全国执行。

二、河长制的特征与本质

所谓河长制，即由各级党政主要领导人担任河长（亦称湖长、库长等），负责辖区内河流（湖泊、水库等）的管理与保护，是一项衍生于水污染防治首长负责制、生态问责制的河湖治理与管理新模式。它旨在通过整合各级党委政府的执行力及严格的考核问责机制，提高河湖治理与管理的效率与水平，改变无人愿管、被肆意污染的河流现状，从而达到河长制的目的。河长作为河长制的首要责任人，对所负责河流的污染治理与保护负首要责任。其主要职责是：牵头河道综合整治方案的编制，按照尊重规律、科学治水、远近结合、标本兼治、因地制宜、一河一策的原则确定综合整治方案；组织推进河道综合整治工作，围绕水质改善的目标，切实推进各项整治工程，强化横向协调，确保河道综合整治方案顺利实施；定期检查河道水质情况，及时发现并协调解决各类问题，确保河道长效管理工作到位。河长制本质可从两个方面解读。

1. 体现的是河湖治理与管理领域的“首长承包制”

在河长制的制度设计中，党政主要负责人被推到了第一责任人的位置，河长由各级党政主要负责人亲自担任。作为河长的各级党政主要负责人是本行政系统内的最高权限资源的掌握者，最大限度地集中行政权力调动与整合水资源治理与保护，有效弥补早前“九龙治水、多头管理”的不足，更易在短期内催生河清水绿的良好生态环境。

2. 河长制又是河湖治理与管理领域的“行政问责制”

综合各地关于河长制的具体实施办法，最突出的特点就是把河流水质状况与当地党政主要领导的政绩相结合，河长若治理不力就要面临问责甚至“一票否决”。在这种责任追究机制的刚性约束下，地方政府治污与保护的自觉性与行政效能无疑得到了极大提升。可见，“首长负责制”与“行政问责制”这两大本质不仅是河长制区别于其他河湖治理与管理制度的重要标志，还是其在短时间内取得显著成效的关键。

三、河长制的管理职责

实施河长制是由多头管水的“部门负责”向“首长负责、部门共治”迈进，借助领导干部的“包干制”来破解“九龙治水”的顽疾。河湖管护是一项极为复杂的系统工程，关系到环保、水利、农业、住建、国土、规划、发改等部门共治和社会的参与监督，由各级党政主要负责人担任河长，能够充分利用其行政权力，实现决策权和决策责任相统一，调动各方资源统筹治水。

（一）河长的确立及其职责

各级党委和政府主要负责人担任总河长，同级党委、政府领导担任一级河长，依次类推。河长的确立过程中应当根据河湖存在问题的分析报告，关注河道治理难度和河长资源协调能力匹配对应,其中,重要领导担任问题河、难题河的河长,其他领导以及与治水契合度不高的职能部门领导可担任处于维护期(主要进行清淤、活水、河堤加固和维护等)的河长。各级政府通过发布规章明确河长职权。一级河长为河湖水生态环境质量和治水决策的直接责任人,负责制定河道水环境综合治理方案和年度计划;二级河道中,由二级河长具体领办,负责协调责任部门实施上级河长下达的各项治理任务及重点工程项目;三级河长重点做好河道巡查和维护工作,对巡查过程中发现的维护问题和环境风险隐患及时妥善处理,对在职责范围内无法解决的问题,及时向上级河长报告。在赋责的过程中,应当注意界定各级河长以及相关各类河流治理主体的权利与责任之间的关系,控制行政过程中的自由裁量权与各类利益相关者的不当权利保护,强化决策与执行程序意识,河长要组织对河道治理方案、治理项目与工程进行可行性分析,先公开后作出决定,先预算后拨款,先评估后反馈,先实施后督察。

(二)河长制办公室职责

河长制办公室职责为承担河长制组织实施具体工作,落实河长确定的事项。各有关部门和单位按照职责分工,协同推进各项工作。①协助河长对河湖进行分类指导,对处于不同生态环境状况的河湖提出不同的管理目标。②具体负责组织实施河长制方案,组织执行河长调度,督导工作任务的落实。③根据河长的要求,配合检查考核。④建立动态管理制度,制定河长培训与经验交流制度、河长重要决策备案制度等。

四、河长制的制度安排

(一)科学的河湖治理决策制度

河长制管理的河湖实行“一河一策”制度。根据河湖水环境综合整治规划方案,对各级领导担任河长的河道制定“一河一策”。重要河流的“一河一策”进一步细化,形成分年度实施方案。根据最新整治结果,实行动态更新。

(二)河湖保护联席会议制度

统筹协调河湖保护工作,对河湖保护进行宏观指导,研究促进河湖保护的方针政策,指导、督促、检查有关政策措施的落实,协调解决河湖保护中的重大问题,完成上级交办的其他事项。联席会议办公室设在河长制办公室,联席会议由发改、水务、环境、财政、国土、住建、交通、农业、卫生计生、林业等部门以及各地方人民政府及有关单位组成,河长担任联席会议召集人。同时,建立联席会议河长制联络员制度。

(三)公众参与制度

1. 召开“政企民”联动大会

广泛动员政府、企业、公众、社会组织等参与,推广民间河长治水保水护水。

2. 建立完善企业参与制度

鼓励引导沿河湖企业加快调整产业结构,改变传统落后的生产方式,寻求清洁生产方式,促进循环经济发展。

3. 借助民间力量参与监管

政府尝试向环保社会组织购买服务,公开遴选出环保社会组织,对河道环境综合整治工作进行全过程监督。环保社会组织在政府相关措施项目实施前给予合理化建议,独立行使监督权,及时发现问题并报告当地政府,同时,引导第三方监测机构积极参与河湖监测,政府购买服务,引入社会专业企业人员对河湖或水污染治理实施进行管护。

4. 联合执法制度

理顺治水联合执法的合法性和合理性,并对各部门职能权限做出规定,同时设立相应的技术保障机制,促进联合执法工作常态化。建立智慧河长制联合执法保障技术平台。

5. 监督考核奖惩制度

将河长制责任落实、河湖管理与保护纳入党政领导干部生态环境损害责任追究、自然资源资产离任审计,由组织部门负责考核,审计部门负责离任审计。将治水一线作为干部考核的主战场,不仅作为领导班子和领导干部选拔任用、评先评优等考核考评的重要依据,也将作为基层党建工作责任制考核的重要依据。建立与不断优化差异化绩效评价考核标准和验收机制,河长治理成效直接与河长的奖励收入挂钩,对失职渎职、懒政拖延的河长追责。

五、河长制的运行机制

(一)经费投入机制

河长制将推动各级财政不断加大对河湖治理与维护的投入,同时引导社会资金参与治水,通过市场运作,引入社会资本,采取 PPP 或 BOT 等模式让技术可靠、诚信度高、运行稳定的水环境治理机构和更多社会资本参与到河湖污染治理与生态保护,维护河湖健康。

(二)问题诊断机制

河长制全面建立和完善了"一河一档"和"一河一策"制。"一河一档"就是全面记录每条河道的原始状况、整治方案、动态、成效等情况。要求每级河长在初任河长时摸清河道的现状,包括河底淤泥情况、河坡河岸垃圾和绿化情况、排污口情况,以及周边企业及污水管网建设情况等,每年年初还要进行一次河道整治后的现状调查。"一河一策"就是针对每条河流的实际状况,制定整治方案,据此建立起河流治理的诊断机制,提高河流问题诊断的准确性和及时性。

(三)运行管理机制

建立以河长制为引擎的河道长效管理体制和运行机制。第一,长效化监管机制。针对原来河湖管护体制不顺、权责不清的情况，按照统一管理和属地管理相结合的原则，明确河道管理范围、机构、职责、经费和标准，统一归口管理河湖。第二，市场机制。坚持政府购买服务，把适合市场经济运营的部分全部交由市场参与竞争，招标选择优质企业实施专业化运作。第三，标准化管护机制。实行分等级、标准化养护。按照河湖不同等级和区域位置分别确定养护方案。第四，考核评比机制。根据河长制考核办法，分级建立考核制度，并按照考核结果奖惩。

（四）协调协作机制

构建协调协作机制，将提高部门之间的协作效率纳入河长制改革的目标。建立水利、财政、环保、公安、国土、交通、农业、住建、城管等部门负责人为成员的河湖管理联席会议，实现了“一龙管水，多龙参与，各司其职、相互配合”的格局。建立部门间高效协作协调机制，形成协调互动、反应快速、运行高效、统筹推进、合作治水的联动机制。

第二章　水资源管理与保护

全面推行河长制是解决我国复杂水问题、维护河湖健康生命的有效举措。加强水资源管理和保护是解决复杂水问题最根本的措施，落实最严格水资源管理制度，严守水资源开发利用控制、用水效率控制、水功能区限制纳污三条红线，是水资源管理和保护的主要抓手，也是河长制实施的首要任务。要强化水资源管理和保护要求，实行水资源消耗总量和强度双控行动，防止不合理新增取水，切实做到以水定需、量水而行、因水制宜，严控水资源总量，管住水资源增量，优化水资源存量；同时要坚持节水优先，全面提高用水效率，强化用水定额管理，实施计划用水、节约用水，建设节水型社会；要严格水功能区水质管理目标，核定水域纳污容量和限制排污总量，严格监管入河湖排污口，以水资源可持续利用保障经济社会可持续发展。

第一节　水资源管理与保护概述

水资源是基础自然资源，水资源为人类社会进步和社会经济的发展提供了基本的物质保障。由于水资源的固有属性(有限性、时空分布不均等)、气候条件变化和人类不合理的开发利用，产生了很多水问题，水资源短缺、水污染严重、洪涝灾害频发、地下水过度开发、水资源开发管理不善、水资源浪费严重和水资源开发利用不合理，限制了水资源可持续利用，阻碍了经济社会的可持续发展和人民生活水平的不断提高，水资源保护和管理是人类社会可持续发展的重要保障。

一、基本概念辨析

(一)可持续水资源综合管理与水资源保护

水资源管理是指人类社会及其政府对适应、利用、开发保护水资源与防治水害活动的动态管理以及对水资源的权属管理,包括政府与水、社会与水、政府与人以及人与人之间的水事关系。对国际河流,水管理还包括与邻国之间的水事关系。在管理过程中,需要对水资源开发、利用和保护等进行组织、协调、监督和调度等方面工作,包括运用行政、法律、经济、技术和教育等手段,组织开发利用水资源和防治水害;协调水资源的开发利用与治理和经济社会发展之间的关系,处理各地区、各部门间的用水矛盾;监督并限制各种不合理开发利用水资源和危害水源的行为;制定水资源的合理分配方案,处理好防洪和兴利的调度原则,提出并执行对供水系统及水源工程的优化调度方案;对来水量变化及水质情况进行监测与相应措施的管理等。

随着经济社会的发展,为了探求水资源开发利用和管理的良性循环,提出了可持续水资源综合管理概念,1977 年在阿根廷马德普拉塔召开的联合国水会议在全面和综合的基础上考虑水管理,强调部门间的协调。1992 年 1 月召开的都柏林水与环境国际会议明确倡导采取综合管理水资源的新方法,强调把水资源作为经济社会发展的有机组成部分,加强需求管理,会议发表的《都柏林宣言》确立了至今普遍认同的水资源综合管理应遵循的四项指导原则。1992 年 6 月召开的里约联合国环境与发展大会(UNCED)通过的《21 世纪议程》第 18 章对水资源综合管理的依据、实施单元、主要目标等做了专门阐述。在联合国等国际组织和有关国家的推动下, 可持续水资源综合管理概念在理论和实践方面不断丰富发展。

可持续水资源综合管理与现行的水资源管理相比,特别强调了未来变化,社会福利,水文循环,生态系统保护完整性、系统性、全过程的水管理。可持续水资源综合管理的基本特点可概括为以下 4 个方面。

1. 面向可持续发展

在可持续水资源综合管理中,考虑可持续发展是首要的,其中不仅指水资源在代际公平分配,社会经济的协调发展,还有当代人群之间,流域的上、中、下游之间和跨越流域的水资源合理分配及区域经济社会的协调发展问题。由于人类的水资源有限,当人类活动与开发利用超过水资源的承载能力时, 与自然界的水循环系统相联系的生态系统就会遭到破坏,并且恢复十分困难。所以,在水资源开发规划和管理中,必须考虑水资源的承载能力和水资源系统本身对自然界生态与环境系统的影响。

2. 考虑环境的变化与影响

现代水科学要求从跨地区、跨流域或大陆尺度甚至全球气候变化影响考虑水资源问题，实行水资源综合管理，通过纳入到一种能比较客观反映实际的综合分析体系中，识别各种河流生态系统要素间的相互作用，预测未来的变化。在较长的时间范围内河流和流域的系统特征稳定是不太可能的，随着社会的发展，都市化的土地利用在发生变化，生态系统也在发生变化，农业开发以及经济社会条件在变化，社会价值系统也在发生变化，水资源规划与管理必须要考虑上述这些因素在未来可能发生变化时对水资源的影响。预测这些变化显得十分重要，要求在可持续水资源综合管理中，将生态系统及经济社会发展问题纳入到设计和决策中。因此，可持续水资源综合管理问题的重要性正在逐步被认识，可持续水资源综合管理中的科学准则与方法论正在发生变化，逐渐被世人所接受。

3. 注重系统性与多目标统筹

不仅强调水资源自身的系统性，注重水土等相关资源的交互作用，强调水土资源统筹管理，而且把水作为自然、经济社会和生态系统的有机构成，强调在自然、人类大系统中审视水资源，把水资源开发利用与经济社会发展、生态环境保护有机结合起来。根据水的多形态、多用途、多功能和多属性等特征，统筹地表水和地下水、水量和水质，统筹生活、生产、生态等竞争性用水，统筹防洪、灌溉、供水、发电以及生态等多种功能，统筹水的经济、社会和生态属性，追求经济高效、社会公平、生态可持续的综合效益最大化。

4. 强调全过程管理与多手段运用

遵循水文循环的完整性，将水的储存、分配、净化、回收和污水处理等作为整个循环的一部分，充分认识各环节之间的关系，有针对性地进行管理控制，提高整体效能；主张综合运用指令、标准、水价、水费、税收等行政和经济手段，以及鼓励自主管理；强化科学技术支撑，倡导水文、经济、环境、社会等多学科结合，信息、评估、分配等多技术集成，解决复杂的水问题。

水资源保护是指为了满足水资源可持续利用的需要，采取的法律、行政、经济、技术、教育等措施合理安排水资源的开发利用，并对影响水资源的经济属性和生态属性的各种行为进行干预的活动，以维持水资源的正常经济使用功能和生态功能。水资源保护的核心是根据水资源时空分布、演化规律，调整和控制人类的各种取、用、耗、排水行为，使水资源系统维持一种良性循环的状态，以达到水资源的可持续利用。

根据水的资源要素，可将水资源保护分为水量的保护和水质的保护。根据水的储存形态，可将水资源保护分为地表水资源保护和地下水资源保护。地表水资源保护又根据水体的不同，可分为江河水资源的保护、海洋水资源的保护和湖泊、水库水资源的保护等。通常意义所说的水资源保护有广义、狭义的概念，其内涵应该是一致的，不同的是其外延有延伸和收缩。如有的将广义的水资源保护理解为包括水量、水质的保护，而相对的狭义理解则为仅包括水量或水质的一个方面。也有的将广义的水资源保护理解为包括水资源的经济功能和生态与环境功能的保护，而相对的狭义理解则为仅包括水资源经济功能的保护。本书中水资源保护主要是指地表水、地下水(不含海洋水资源)水质保护和生态需水量保障。

随着经济社会的发展，提出了现代水资源保护概念，现代水资源保护是在水资源与水环境承载能力理论指导下，保持和维护资源与环境的承载能力，以资源的合理利用和系统的保护建设为核心，以水资源的可持续利用保障可持续发展。现代水资源保护包括以下5个方面内容：一是防治水污染。水污染防治包括预防与治理两个方面。现代水资源保护应突出预防，其主要措施是产业结构调整和清洁生产；治理措施分为分散治理和集中治理两种形式。传统的“谁污染，谁治理”的分散治污模式已经不适应污染发展形势，在有条件的地区和行业部门应逐步转变到集中治理上来。二是节水。节水是从源头上减少污水的排放，是最有成效的防污措施。从某种意义上讲，提高水资源利用效率是对水资源最大的保护。促进资源循环利用，实现生态生产，是水资源保护的最高境界。三是保护和利用水生态系统的自净能力。主要内容包括保护和适当恢复湿地，保障地球强大的肾功能作用；对污染物排放实行总量控制；合理设置排污口。四是植被保护和水土保持。植被保护和水土保持是恢复水生态系统和控制面源污染的重要措施。五是水生生物、水自然景观和涉水自然保护区的保护。

水资源保护与可持续水资源综合管理目标是一致的。水资源保护的目的就是保障水资源的可持续利用，支持经济社会的可持续发展，对影响水资源的行为无论是现在还是未来，无论是社会领域还是经济领域，无论是自然水文循环还是生态系统的完整性保护，都须进行干预和控制，达到水资源开发利用与保护相协调，保障水资源的可持续利用。

(二)可持续水资源综合管理与最严格水资源管理制度

可持续水资源综合管理是在保证人类对水资源基本需求的前提下，通过政策、法规、经济等手段合理配置、高效利用水资源，发挥其最大效用。

最严格水资源管理制度是以水循环规律为基础的科学管理制度，是在遵守水循环规律的基础上面向水循环全过程、全要素的管理制度；最严格水资源管理制度是对水资源的依法管理、可持续管理，其最终目标是实现有限水资源的可持续利用；最严格水资源管理制度旨在提高水资源配置效率的管理，水功能区达标率的提高是水资源优化配置的必要条件，而用水效率的提高是水资源配置效率提高的外在体现。

1. 可持续水资源综合管理与最严格水资源管理制度的共同点

(1)管理目标一致

可持续水资源综合管理以可持续发展为目标，最严格水资源管理制度是为了解决水资源短缺、水污染严重、水生态环境恶化、用水方式粗放、无序和过度开发等水问题，推动经济社会发展与水资源水环境承载能力相协调，以实现水资源的可持续利用、保障经济社会可持续发展做出的制度安排。

(2)都强调全过程管理与多手段运用

与可持续水资源综合管理按照水文循环的完整性,主张有针对性地加强取水、用水、排水各环节管理一样,最严格水资源管理制度贯穿全过程管理理念,开发利用控制红线、用水效率控制红线、水功能区限制纳污红线等“三条红线”互为支撑,分别涵盖了取水、用水、排水的过程,在水资源监控方面也强调加强取水、排水、入河湖排污口计量监控。二者都采用多手段运用管理。与可持续水资源综合管理主张通过多措并举来实现有效管理一样,最严格水资源管理制度倡导综合运用行政、经济、科技、宣传、教育等手段,明确要建立健全水权制度,严格实施取水许可,制定用水定额标准,强化用水定额管理,严格水资源有偿使用,推进水价改革,严格水资源论证,推进节水技术改造等。

(3)都注重跨部门协调和公众参与

与可持续水资源综合管理把公众参与作为基本原则、把建立有效协调机制作为关键内容一样,最严格水资源管理制度明确要求加强部门之间的沟通协调,强调推进水资源管理科学决策和民主决策,完善公众参与机制。

(4)都兼顾政府与市场

与可持续水资源综合管理一样,最严格水资源管理制度既强调政府及其水行政主管部门的主导作用,也要求积极培育水市场,鼓励开展水权交易,运用市场机制合理配置水资源。

(5)都注重法制和体制的作用

与水资源综合管理强调制度保障一样,最严格水资源管理制度把“健全政策法规,抓紧完善水资源配置、节约、保护和管理等方面的政策法规体系;完善水资源管理体制,进一步完善流域管理与行政区域管理相结合的水资源管理体制”等作为推动制度落实的重要保障。

2. 可持续水资源综合管理与最严格水资源管理制度的不同点

二者也存在一些不同点,主要表现在:

(1)管理重点不同

可持续水资源综合管理作为一种理念和方法,具有开放性,可被广泛借鉴并结合实际加以应用,内容上更强调“综合”;最严格水资源管理制度是立足中国实际、吸收包括可持续水资源综合管理在内的有关先进理念基础上形成的,更具针对性和可操作性,内容上更强调“严格”,目标更明确,措施更具体。

(2)公众参与决策要求不同

可持续水资源综合管理将“综合决策”中公众参与作为其理论体系的重要组成,强调公众在决策层面的真正参与,明确了公众参与的基本原则、参与方式及决策内容;最严格水资源管理制度同样强调公众参与、提高决策透明度,但在具体实施操作上细化不够。

(3)内容有一定差异

可持续水资源综合管理从系统的观点出发,强调防洪、供水、生态等多目标统筹,以及水土等相关资源的综合管理;最严格水资源管理制度重点解决水少、水脏、用水浪费的问题,对水土资源统筹管理强调不够。

(4)对风险管理关注度不同

根据水资源领域不确定性增加、各类风险增大的趋势,可持续水资源综合管理把加强风险管理摆上重要位置,强调加强风险评估、制定管理措施、提出防范对策;最严格水资源管理制度对风险管理强调不够。

在深入落实最严格水资源管理制度的过程中,可进一步研究借鉴可持续水资源综合管理的先进理念,更加注重加强公众参与、水土资源统筹管理、风险管理等;同时,最严格水资源管理制度的实践可进一步丰富发展可持续水资源综合管理理念,为水资源可持续利用提供宝贵经验。

(三)水污染防治与水资源保护

水污染又称水体污染,是指当污染物进入河流、湖泊或者地下水体之后,使水体的水质和水体底泥的物理、化学性质或者生物群落组成成分发生变化,从而降低了水体的使用价值和使用功能的现象。水污染按水体类型可划分为河流污染、湖泊污染、地下水污染等。水污染防治的主要目的是为了尽量阻止污染物过量进入水体,治理和恢复现有的水污染和受损的自然生态,对已经发生的水污染通过各种净化和治理措施,保护水质,以满足水的资源属性。水污染的主要特点是污染范围大、作用时间长、污染物种类繁多且原因复杂,一旦产生往往难以消除和恢复,甚至某些个别污染具有不可逆转性,污染治理十分困难而且成本很高。因此,水污染防治应当根据水污染特点,坚持预防为主、防治结合、综合治理的原则,优先保障关系到人类生存的饮用水,并针对不同污染源建立不同的管理制度、采取不同的措施,达到预防、控制和减少水环境污染和生态破坏的目的。预防为主、防治结合和综合治理是水污染防治的重要原则。所谓预防为主是指在国家的水污染防治工作中,通过计划、规划及各种管理手段,采取防范性措施,防止发生或可能发生人为活动对水生态环境的损害。所谓防治结合是指在事前预防的基础上积极治理和恢复现有的水污染和受损的自然生态,对已经发生的水污染通过各种净化和治理措施,达到水环境保护的要求。水资源保护与水污染防治的管理目标是一致的,水污染防治是水资源保护的手段之一,是水资源保护的一个环节,不能代替水资源保护。水资源保护除包括水污染防治之外,还包括保障生态蓄水、需水,节约用水等方面,是对水量、水质以及水生态环境的全面保护。本书第四章对水污染防治内容有详细阐述。

(四)水资源保护与水环境综合治理

水环境综合治理，又称水环境综合整治，是指根据水污染或自然生态受损的具体情况,对治理进行统筹安排,综合运用各种生态与环境保护管理手段,通过加强环境法制、管理、宣传、教育、科学技术等各项工作,来保护和改善水生态环境。水环境综合治理在具体实施中要根据水域功能区划和确定的水质保护目标，结合水环境改善的要求和经济社会发展水平实际,提出水环境质量的约束性和预期性指标,通过采取有效的城市河湖水环境整治、农村水环境综合整治、饮用水水源地安全保障措施,强化水环境治理网格化和信息化管理,建立水环境风险评估与预警预报响应机制,达到或优于水环境质量改善目标。水资源保护与水环境治理的管理目标是一致的,水环境治理是水资源保护的有效手段,是提升水环境质量的有效措施。本书第五章对水环境综合治理的内容有详细阐述。

(五)水资源保护与水生态修复

水生态修复是指利用生态工程学或生态平衡、物质循环的原理和技术方法或手段,对受污染或受破坏、受胁迫环境下的生物(包括生物群落)及其生存和发展生境的改善、改良或恢复。水生态修复理论复杂、因素众多、操作困难,既要因地制宜,又要符合科学,更要讲究实效。水生态修复的对象是水生生物群落及其生存和发展的生境,包括水量、水质、水位、流速、水深、水温、水面宽度、涨落水时间,以及产卵场、越冬场、育肥场、洄游通道的修复或恢复等。水生态修复的目标是为水生生物或特有的生物种群提供良好的生存和发展环境。

水资源保护包括保护和利用水生态系统的自净能力。主要内容包括保护和适当恢复湿地,保障地球强大的肾功能;保护植被,采取水土保持恢复水生态系统以及保护水生生物、水自然景观和涉水自然保护区。水资源保护与水生态修复从目的和内容上都是一致的，但水生态修复的主要对象针对水生生物群落和生境。本书第六章将针对水生态修复中水生生物多样性保护、河湖水系连通及主要涉水生态保护区修复进行详细阐述。

《关于全面推行河长制的意见》明确将水资源保护、河湖水域岸线管理、水污染防治、水环境治理和水生态修复作为河长制的主要任务,特别强调要加强水资源保护,落实最严格水资源管理制度,严守水资源开发利用控制、用水效率控制、水功能区限制纳污“三条红线”,强化地方各级政府责任,严格考核评估和监督。要强化水功能区的监督管理,明确要根据水功能区的功能要求,对河湖水域空间确定纳污容量,提出限排要求,把限排要求作为陆地上污染排放的重要依据,强化水功能区的管理,强化入河湖排污口的监管。这些要求与最严格水资源管理制度、“三条红线”、用水总量控制、用水效率控制,特别是水功能区限制纳污控制的要求,以及入河湖排污口管理、饮用水水源地管理、取水管理等要求充分对接。河长制的制度要求从体制机制上更好地保障最严格水资源管理制度各项措施落实到位,同时要把河长制落实情况纳入到最严格水资源管理制度的考核中。本章水资源管理与保护内容主要针对最严格水资源管理制度落实和严守水资源开发利用控制、用水效率控制、水功能区限制纳污“三条红线”措施落实。水资源管理与保护涉及水污染防治、河湖水域岸线管理、水环境治理、水生态修复及执法监管相关内容均纳入相应章节,在此不再赘述。

二、水资源管理与保护的总体思路

水资源管理与保护必须适应水资源和经济社会发展形势的变化,总体思路要实现6个转变。

(一)在水资源配置上,要从供水管理向需水管理转变,严格用水总量控制

供水管理和需水管理是实现水资源供需平衡的两条途径。供水管理,是通过对水资源供给方的管理,提高供水能力,满足水资源需求;需水管理,是通过对水资源需求方的管理,提高用水效率和效益,抑制不合理用水需求,实现水资源的供需平衡。对于稀缺资源,采取需求管理来实现供需平衡,是国际通行的做法。我国水资源短缺、开发潜力有限,用水效率不高,环境问题突出,不能走传统的以需定供的老路,必须加快推进供水管理向需水管理转变,在水资源规划、配置、节约和保护等各个环节都要体现需水管理的理念,实施用水总量、用水效率控制,遏制不合理用水需求,提高用水效率和效益。

(二)在制定规划思路上,要从水资源开发利用优先转变为节约保护优先,保障可持续利用

水资源综合规划是开发、利用、节约、保护水资源和防治水害的基础性、法规性依据。无论是综合规划还是专业规划,无论是流域规划还是区域规划,都要坚持节约资源、保护环境的基本国策,切实转变规划编制思路,把节约保护放在首要位置,在保护生态环境和水资源可持续利用的前提下,根据各地水资源承载能力和经济社会发展的用水需求,统筹安排生活、生产和生态用水,形成新型的、现代的、高效的用水格局。

(三)在管理与保护措施上,要从事后修复治理向事前预警预防转变,防患于未然

水资源过度开发和水环境污染后被迫治理、水生态破坏后被动修复所付出的代价是极其沉重的。决不能走先破坏后修复、先污染后治理的发展道路。要采取积极有效的保护举措,健全预防水污染和防止水生态破坏的监管制度,加强水资源管理与保护监控预警体系建设,防患于未然。

(四)在开发方式上,要从过度、无序开发向合理、有序开发转变,舒缓负面影响

在水资源开发利用中,要正确处理好保护与开发的关系,妥善处理好不同利益群体的关系,统筹规划,科学论证,优化配置,慎重决策,科学确定开发目标和开发规模,优化功能布局,高度重视和妥善处理水资源开发中移民安置、土地占用、生态环境保护和管理体制机制等问题，充分发挥水资源的综合效益，把水资源开发利用对生态与环境的负面影响降低到最低程度。

（五）在用水模式上，要从粗放利用向高效利用转变，严格用水效率管理

大力推进节水型社会建设，树立节约用水观念，倡导文明用水方式，坚持节水优先、治污为本、合理开源的用水模式，增强全社会用水、节水自律意识，采取更加有力的措施，全面提高用水效率与效益，转变用水方式，促进经济发展方式转变和产业结构调整。

（六）在水资源管理与保护手段上，要从单一行政管理向综合管理转变，提升管理效率

要把水资源保护管理目标与经济社会发展目标有机结合起来，纳入经济、社会、资源与环境管理的统一体系。综合运用法律、行政、经济、科技和宣传教育等手段和方式，统筹处理好水资源开发、利用、配置、节约和保护之间的关系，强化政府的公共管理职能，发挥市场的调节作用，广泛吸纳公众参与水资源保护管理工作。

三、水资源管理与保护原则

（一）水资源开发利用与保护并重的原则

在人类社会不发达的时候，人类对水的利用停留在较低的水平，这个时候主要是水的开发利用问题，也即是如何改善利用条件，通常以兴修水利工程的方式来实现的。由于开发利用程度低，人类对水的不利影响尚在容许的范围内，还不至于对水资源造成破坏。随着社会经济的高速发展，水资源开发利用程度不断提高，水少、水脏等问题相继显露出来，用水矛盾已日渐突出，水资源保护与开发利用的矛盾逐步显现，人们才认识到了水资源保护的重要性。随着经济的进一步发展、人口的增长，其他资源的开发利用对水产生了更大的需求，不仅存在水的饮用功能与其他功能的矛盾，而且存在着水的总量不足以及水污染加剧等问题，水资源保护与水资源的开发利用之间的矛盾日益尖锐，更由于水资源的不可替代性，国家从法律层面上升为对水资源进行全面保护的主体，包括对权属的调整，水量的控制，以及水功能的限制等。

在市场经济体制下，水资源的开发利用一般按市场机制进行运作，但国家可以作为投资主体，在一定的时候还表现出一定的垄断性。国家涉水的相关法律表明，水资源保护必须是政府的职能，水资源开发利用行为是水资源保护调整的对象，要协调好水资源保护与水资源开发利用的关系，对水资源开发利用行为进行科学、合理的控制。人类在开发利用水资源的同时，必须重视对水资源的保护，在高层次地制定国家或流域水资源综合规划阶段，必须将水资源保护规划目标纳入规划的总体目标，协调好水资源开发与生态环境保护之间的关系，按照水资源保护目标的要求，在相关开发活动中具体实施水资源保护策略与措施，使水资源开发利用与水资源保护相互协调、相互促进，实现水资源的可持续利用。

（二）取、用、退水全过程水资源管理原则

一个完整的用水过程包括取水、用水和退水，它是一个循环的相互制约的过程。取水对水量、水质会产生影响；用水过程中是否落实了污水处理、中水回用、节约用水措施，势必与退水量、退水水质等也有很大的关系；而退水水量多少、水质好坏又对水体功能形成影响，从而进一步影响到取水的质与量。不论取水、用水、退水都与水体有关，都应服从水体水功能区水质管理目标的要求。从水资源保护的需要出发，应考虑对取水、用水、退水实施全过程管理，取水要考虑取水对水域水文情势影响、引起水量水质变化乃至引起相关生态环境问题，用水过程要考虑耗水指标、排污水平、循环利用及污染物达标排放量问题，退水则要考虑水域纳污能力、退水所在水功能区及相关区域水质及水生态影响。水资源保护在用水全过程管理中应贯穿始终。

（三）维护水资源多功能性的原则

水资源的多功能性要求在水资源开发利用中考虑综合利用，以充分发挥水资源的最大使用价值。水资源的多功能性体现在水体对满足人类生存和社会发展需求所具有的不同属性的价值与作用。比如工业用水、农业用水、饮用水、景观娱乐用水、渔业用水、交通用水、发电用水等。利用水的一种功能，并不必然也不必要损害水的其他功能，如利用水发电后，还可以继续利用水航运和将水用于工农业生产。但有些水资源功能的开发利用会影响到水的其他功能，如取水会降低水位，从而影响到航运或发电，渔业养殖不当会影响到生活用水和水体的其他功能，不当的工业用水也会影响到水的饮用功能等，以上的用水都可能影响到水生生物的保护。水资源的多功能性还体现在不同的水功能区的水质管理目标不一样，可以针对不同的水功能区，按照不同水的级、质分别利用，还可按照一定的顺序多次重复使用。从理论和实践上分析，开发利用水的一种功能，应注意对水资源其他功能的保护，这一原则可以指导确定水资源开发利用顺序和功能优先保护对象，并在现有水法中有所体现。

（四）流域管理与行政区域管理相结合的原则

水的流动性决定了水是以流域为单元进行汇集、排泄。整个流域水资源是一个完整的系统，上下游、左右岸、干支流相互影响，这就从客观上需要对水资源实行流域层次上的统一管理和保护，不仅在水量分配上应在流域内统筹考虑科学合理配置，同时在水质保护方面，上游排污应考虑对下游的影响，支流水质保护目标应符合干流的需要。不同水功能区均要达到相应水质管理目标，协调好地区间和部门间取水、用水、退水矛盾。

水资源管理与保护的理论与实践都需要流域管理，但流域管理也需要地方部门来组织实施。流域管理与区域管理相结合既有理论上的客观性，同时又有现实中的必然性。这是构建水资源管理与保护体制的根本原则，同时又将指导水资源管理与保护的具体制度设置。

(五)水资源管理与保护的经济原则

水资源管理与保护是一项公益事业，在考虑水资源管理与保护经济负担合理性时贯彻经济性原则，分清水资源管理与保护中不同主体承担的不同责任。我国水法规定水资源的权属界定为国家所有，也就是说水资源是一种公共资源，国家作为全体公民的代表，不管是从当代人的利益出发，还是考虑国家的可持续发展，都负有保护水资源的义务。但这种义务并不是一定说明国家应包办水资源保护的一切事务。水资源开发利用产生的损害是水资源和其他相关资源的开发利用者的行为，开发利用者已在开发利用水资源中受益。由国家承担所有水资源保护的费用缺乏合理性。如目前在水电开发中对鱼类影响采取保护措施所需投资均由水电开发企业承担。“谁开发，谁保护”“谁利用，谁补偿”以及“污染者付费”的原则是公平原则的体现，可指导国家在水资源保护上的税费政策。

四、水资源管理与保护的主要任务

为了保障水资源的可持续利用，支撑经济社会的可持续发展，必须提高水资源利用效率和效益，提高水资源管理能力和水平，实行最严格的水资源管理制度，紧紧围绕服务经济社会发展的大局和着力改善民生，以水资源配置、节约和保护为重点。水资源管理与保护主要任务有以下 4 个方面。

(一)在水资源开发利用方面，实行节约优先，高效利用，合理配置

1. 建立科学用水模式

(1)转变用水方式，控制用水总量

按照强化节水的用水模式，控制用水总量的过度增长。转变经济增长方式和用水方式，促进产业结构的调整和城镇、工业布局的优化，降低经济社会发展对水资源的消耗。按照提高水资源利用效率的要求，严格用水定额，控制不合理的需求。通过节水减少排污量，保护水环境。各行政区域以及用水行业均要核定用水定额和用水总量，严格控制用水量的增长速度。

(2)提高水资源利用效率和效益

加大对现有水资源利用设施的配套与节水改造，推广使用高效用水设施和高效用水技术，逐步建立设施齐备、配套完善、调控自如、用水高效的水资源高效利用工程保障和技术保障体系，提高水资源的利用效率和效益。实行经济合理的节水定额，用水水平达到同类地区国际较先进水平。

(3)大力推进节水型社会建设

巩固现有节水型社会建设试点成果，扩大试点范围，深入探索不同水资源条件、不同发展水平地区建设节水型社会的模式与途径；制定用水定额标准，明确用水定额红线；强化节水“三同时”管理，建立健全节水产品市场准入制度；健全节水责任制和绩效考核制；

加大节水技术研发推广力度;完善公众参与机制,要充分利用各种媒体,引导和动员社会各界积极参与节水型社会建设。

2. 合理配置水资源

完善水资源配置格局。根据各地的水资源承载能力,合理规划,加强水资源调蓄和配置工程建设,通过跨流域、跨区域的水资源配置,增加水资源的时空调控能力,提高流域及我国水资源整体承载能力,缓解重点缺水地区的水资源供需矛盾。要优化供水结构,合理调配水资源,形成地表水与地下水、本地水与外调水、新鲜水与再生水联合调配,蓄引提、大中小相结合的水资源供水网络,完善流域和区域水资源配置格局,建立水源配置合理、调度运行自如、安全保障程度高、抗御干旱能力强、生态环境友好的水资源合理配置格局和城乡安全供水保障体系,保障经济社会可持续发展对水资源的合理需求。

3. 保障重点领域和区域供水安全

在节约用水的前提下,合理调配水源,改造和扩建现有水源地,科学规划新建水源地,提高供水能力,保障城乡饮水安全;在已有灌区大力加强节水配套改造、提高农业用水效率和效益的基础上,在水土资源较匹配的地区适度发展灌溉面积,为粮食安全提供水资源保障;在流域和区域水资源合理配置的基础上,合理调配区域水资源和城市供水水源,重点保障城市供水安全,缓解水资源供需矛盾突出地区的缺水状况。

4. 提高水资源应急调配能力

加强对水源的涵养,加快应急备用水源建设,推进城市和重要经济区双水源、多水源建设,加强水源地之间和供水系统之间的联网、联合调配。制定特枯水年和连续枯水年等紧急情况下供水量分配方案和水量调度预案以及重要水库与供水工程应急供水调度预案等,建立健全从水源地到供水末端全过程的供水安全监测体系,制定和完善应急供水预案,提高特枯水年、连续枯水年以及突发事件的应对能力,保障正常社会秩序。

(二)在水生态环境保护方面,实行入河总量控制,完善监控体系,保障生态用水

1. 控制污染物入河总量

以保障饮用水安全、恢复和保护水体功能、改善水环境为前提,根据各水功能区的保护目标要求核定水域纳污能力,提出污染物入河限制排放总量意见,对超过入河总量控制目标的地区要限期削减,取缔饮用水水源保护区内的排污口,综合整治入江河排污口,逐步建立以水源地保护为重点、以水功能区为基础的水资源保护制度,形成水资源消耗少、废污水排放量少、污染物入河总量控制、入河排污口有效监管、水质动态监测、跨省界河流断面水质考核、超标预警预报的水资源保护体系。

加强点污染源和非点污染源的治理与控制,通过多部门协作,加大水污染治理力度。工业企业废污水全部实现达标排放,加快城镇污水管网和处理设施建设,提高污水处理程度和处理水平,减少废污水和污染物的排放量;加强对重要水源地、调水工程沿线水污染防治和水资源保护的力度。同时,要通过提高城镇垃圾和畜禽养殖污染物的收集处理水平与程度,采取有利于生态环境保护的土地利用方式和农业耕作方式,大力推广生态农业,科学使用化肥、农药,加强农村生态环境综合整治、封山育林、涵养水源、水土流失防治等流域综合治理措施,逐步控制非点源污染负荷,减少非点源污染物入河量。

2. 完善水功能区监控体系

完善城乡饮用水水源地水质监测和安全评价体系,逐步增加常规监测项目和开展有毒有机污染物定期监测;完善突发性饮用水安全事件的预警预报体系和应急预案;加强省界断面、重点控制断面和重点排污口的水质监测设施和监测网络建设,逐步完善水功能区监控监测体系,全面提高水污染突发事件应急能力。

3. 合理安排生态用水

根据流域内河流的水资源条件和生态保护的要求,确定维护河流健康和改善人居环境的生态需水量,合理配置河道内生态用水,保障河道内基本的生态用水要求。对生态环境脆弱地区和水资源开发利用程度已接近或超过可利用量的地区要按照“保护优先、有限开发、有序开发”的原则,严格以水资源可利用量控制水资源开发利用程度;要在积极调整产业结构,充分挖掘本地水资源潜力的基础上,实施必要的调水工程,统筹配置区域水资源,在保障供水安全的同时,逐步退还挤占的生态环境用水,逐步修复河湖湿地水生态;要建立河湖生态环境用水保障和补偿机制,维护河流健康;水资源丰沛地区和水资源利用程度较低的地区,要按照节水减排的要求控制河道外用水需求,发挥水资源的多种功能,兼顾河道内航运、发电以及河口压咸等用水要求;通过水资源调控措施,优化流域控制性工程调度运行模式,改善河湖枯水年和枯水季节的生态用水状况。

(三)在地下水管理与保护方面,完善功能区划,制定并实施保护规划,建立健全动态监测和监督管理体系

加快地下水超采区划定工作,逐步削减开采量,遏制地下水过度开发和超采。做好地下水涵养与保护,建立地下水应急战略储备制度。

保护和提高地下水补给区的动态更新能力,保障地下水的可持续利用。从源头上控制污染物的排放,严格控制地面上污染物随补给地下水的水分进入地下含水层。针对地下水发生问题加大地下水治理与修复力度,以地下水超采区治理为重点,修复地下水生态系统的功能区;在受地表污水渗漏影响的地下水污染地区,对受污染的地表水体进行达标治理,逐步修复污染的地下水。

建立健全地下水管理法规体系;完善地下水管理体制和地下水管理制度。制定并实施地下水保护规划,划定地下水保护区,根据区域地下水开发利用和保护的目标要求,针对当前地下水开发利用中存在的问题,因地制宜地提出加强地下水管理的措施。包括总量控制制度、地下水控制水位管理、取水许可等;从地下水资源费、水源涵养、治理修复、生态补偿、污染控制等方面完善地下水调控的政策措施。

(四)在水资源管理与保护体制机制方面,建立健全管理体制与机制,规范管理行为,提高管理水平

1. 建立健全流域管理与区域管理相结合的水资源管理与保护体制

健全区域水资源可持续利用的协调机制,合理划分流域管理与区域管理的职责范围和事权,建立适应社会主义市场经济要求的集中统一、依法行政、具有权威的流域管理体制,探索建立流域科学决策民主管理机制,加强对流域水资源保护统一规划、统一调配和综合管理。

2. 建立以水功能区为基础的水资源保护制度

制定水功能区管理条例,以主要江河水功能区为单元,根据水功能区纳污能力控制污染物入河总量;加强对入河排污口的登记、审批和监督管理,实行入河排污总量控制;制定重大水污染事件应急预案;合理划定城市饮用水水源地的保护范围,加强对饮用水水源地的保护和安全监督管理。

3. 逐步建立水生态保护制度

根据水资源承载能力,合理确定主要河流生态用水标准、控制指标及地下水系统的生态控制指标,在水资源配置中统筹协调人与自然用水,建立生态用水保障机制和生态补偿机制,发挥水资源的多种功能,维护河流健康。

4. 加强立法和执法监督为保障,规范水资源保护管理行为

一要加强水资源保护管理法规标准体系建设。要抓紧开展水资源保护立法工作,建立适合我国国情和水情、较为完备的水资源保护管理法规体系。尽快制定当前亟须的水资源保护、地下水保护管理等标准,进一步完善水资源保护管理技术标准体系。二要强化监督管理,严格执行已有的水资源保护法规,规范行政行为,做到有法必依、执法必严和违法必究。

5. 强化水资源保护基础工作,提高水资源保护管理水平

一要定期开展水资源科学考察和调查评价,及时准确掌握水资源及其开发利用状况,摸清水资源变化规律,分析用水变化趋势,为水资源保护管理决策提供科学依据。二要加快水资源保护监控体系建设。抓紧建立与水功能区管理和水源地保护要求相适应的监控体系,全面提高水资源保护监管能力。三要加强水资源保护统计及信息发布工作。紧密结合国家需求和经济社会热点问题,发挥主动性和适应性,建立水资源保护统计指标体系,加强水资源保护信息发布制度建设,及时向社会发布科学、准确和权威的水资源保护信息,增强信息透明度,正确引导社会舆论和公众行为。

第二节　最严格水资源管理制度

一、最严格水资源管理制度的提出背景

水是生命之源、生产之要、生态之基。新中国成立以来特别是改革开放以来，水资源开发、利用、配置、节约、保护和管理工作取得显著成效，为经济社会发展、人民安居乐业做出了突出贡献。但必须清醒地看到，人多水少、水资源时空分布不均是我国的基本国情和水情，水资源短缺、水污染严重、水生态恶化等问题十分突出，已成为制约经济社会可持续发展的主要瓶颈。具体表现在5个方面：一是我国人均水资源量只有2100m^3，仅为世界人均水平的28%，比人均耕地占比还要低12个百分点；二是水资源供需矛盾突出，全国年平均缺水量500多亿m^3，2/3的城市缺水，农村有近3亿人口饮水不安全；三是水资源利用方式比较粗放，农田灌溉水有效利用系数仅为0.50，与世界先进水平0.7~0.8有较大差距；四是不少地方水资源过度开发，像黄河流域开发利用程度已经达到76%，淮河流域也达到了53%，海河流域更是超过了100%，已经超过承载能力，引发一系列生态环境问题；五是水体污染严重，水功能区水质达标率仅为46%。2010年38.6%的河长劣于Ⅲ类水，2/3的湖泊富营养化。

随着工业化、城镇化深入发展，水资源需求将在较长一段时期内持续增长，水资源供需矛盾将更加尖锐，我国水资源面临的形势将更为严峻。解决我国日益复杂的水资源问题，实现水资源高效利用和有效保护，根本上要靠制度、靠政策、靠改革。根据水利改革发展的新形势新要求，在系统总结我国水资源管理实践经验的基础上，2011年“中央1号文件”和中央水利工作会议明确要求实行最严格水资源管理制度，确立水资源开发利用控制、用水效率控制和水功能区限制纳污“三条红线”，从制度上推动经济社会发展与水资源水环境承载能力相适应。水资源管理进入了以人为本的民生水利阶段。最严格水资源管理制度就是以人民群众的利益作为根本出发点和落脚点，从“供水管理”“水资源开发利用优先”“事后治理”“水资源粗放利用”“注重行政管理”逐步向“需水管理”“水资源节约保护优先”“事前预防”“水资源高效利用”“综合管理”的思想转变，把水资源配置、节约与保护作为水资源管理的重心，严格控制用水总量、水功能区入河排污总量、用水效率，统筹协调社会、经济、水安全、水生态与环境的可持续发展。针对中央关于水资源管理的战略决策，国务院发布了《关于实行最严格水资源管理制度的意见》，对实行最严格水资源管理制度工作进行全面部署和具体安排，进一步明确水资源管理“三条红线”的主要目标，提出具体管理措施，全面部署工作任务，落实有关责任，全面推动最严格水资源管理制度贯彻落实，促

进水资源合理开发利用和节约保护,保障经济社会可持续发展。

二、最严格水资源管理制度的理论基础

最严格水资源管理制度的理论基础包括水资源可持续利用理论、水循环理论、水量平衡原理、水资源优化配置理论、水资源高效利用理论和水域纳污总量控制理论。最严格水资源管理制度的理论基础是最严格水资源管理制度实施的基本支撑。

(一)水资源可持续利用理论

水资源可持续利用是指在维持水的持续性和生态系统整体性的条件下,支持人口、资源、环境与经济协调发展和满足代内和代际人用水需要。水资源可持续利用是一种在不超过水资源再生能力、社会经济持续发展或者保持以前的发展速度的前提下,水资源开发利用的模式。地球上的水资源量是有限的,并不是取之不尽用之不竭的,但是由于水循环的存在,使得水资源的可持续利用成为可能。由于经济社会的飞速发展,水资源紧缺已经成为不争的事实。基于水资源可持续利用的理论,实现最严格水资源制度本质上就是要在取水、用水、排水三个方面严格控制,减少水资源开发量、提高用水效率、减少水体排污总量,以实现水资源与经济、社会、生态环境协调的可承载、有效益、可持续的发展。

(二)水循环理论

水循环是使大气圈、水圈、岩石圈和生物圈联系起来并相互作用的纽带,是水资源形成的基础。也正是由于水循环的作用,使水处在永无止境的循环之中,也使得水资源成为一种可再生资源。因此,水循环的存在是水资源可再生性的基础,也是水资源可持续利用的前提。水循环理论的研究是开展最严格水资源管理制度理论研究的基础。水循环的机理和特点决定了水循环是永无止境的,但是可再生并不意味着无限可取。因此,开发利用水资源过程中,一定要转变观念,实施最严格的管理,以保证水资源的可再生性,实现水资源的可持续利用。

(三)水量平衡原理

水量平衡原理是研究一切水文现象和水资源转化关系的基本原理。水量平衡原理的提出从根本上说明了水资源是有限的,不是无限可取的。水量平衡原理是最严格水资源管理制度实施的基础理论,从本质上表明了确立水资源开发利用总量控制红线的根本意义以及确立用水效率控制红线和水功能区限制纳污控制红线的必要性和重要性。水量平衡原理的存在,决定了宏观和微观上的“开源”措施均不是解决水资源严重短缺的根本措施,只有严格的“节流”措施才是解决问题的关键。

(四)水资源优化配置理论

水资源优化配置是指通过工程措施和非工程措施,改变水资源的天然时空分布;开源与节流并重,兼顾当前利益和长远利益;利用系统科学方法、决策理论和先进的计算机技

术,统一调配水资源;注重兴利与除弊相结合,协调好各地区以及各用水部门之间的利益和矛盾,尽可能地提高区域整体的用水效率,以促进水资源的可持续开发利用和区域的可持续发展。水资源优化配置的实质就是提高水资源的配置效率,一方面提高水的分配效率,合理解决各部门和各行业(包括环境和生态用水)之间的竞争用水问题;另一方面提高水的利用效率,促使各部门或各行业内部节约、高效用水。

(五)水资源高效利用理论

水资源高效利用的目的就是为了满足经济社会发展和生态环境维系的需水要求,以提高水资源的单位经济效益和生态效益,以水资源的可持续利用支撑经济社会的可持续发展,促进人水和谐相处。经济社会可持续发展理论和流域或区域内的水循环转化机理是水资源高效利用的理论基础。加大推进工农业节水技术和居民生活节水器具,合理有效的水价体系,流域或区域内水资源的合理配置和水资源的统一管理,都是实现水资源高效利用的重要手段。水资源高效利用的直接效用就是提高用水效率,杜绝各种用水浪费,更进一步地减少取用水总量,实现水资源开发利用总量控制,最终实现水资源的可持续利用。

(六)水域纳污总量控制理论

水域纳污总量控制是指根据一个流域、地区或区域的自然环境及其自净能力,根据水功能区水环境质量标准,通过控制污染源的排污总量和相应的污染物处理措施,把污染物负荷总量控制在自然水体环境承载能力范围之内。水域纳污总量控制的基本思路是根据流域或区域的社会经济发展状况,通过行政与经济干预以及各种技术措施,逐步将污染物排放总量控制在水域纳污能力范围之内的过程。

三、最严格水资源管理制度的概念与内涵

(一)最严格水资源管理制度概念

最严格水资源管理制度是一种行政管理制度。它是指根据区域水资源潜力,按照水资源利用的底限,制定水资源开发、利用、排放标准,并用最严格的行政行为进行管理的制度。最严格水资源管理制度的核心是由开发、利用、保护、监管四项制度来构成,包括整个水资源工作领域的评价、论证、取水管理、计划用水、保护治理、规划配置、监测、绩效考核等若干小制度。

(二)最严格水资源管理制度内涵

最严格水资源管理制度是以水循环规律为基础的科学管理制度,是在遵守水循环规律的基础上面向水循环全过程、全要素的管理制度。最严格水资源管理制度是对水资源的依法管理、可持续管理,其最终目标是实现有限水资源的可持续利用。最严格水资源管理制度旨在提高水资源配置效率的管理,水功能区达标率的提高是水资源优化配置的必要条件,而用水效率的提高是水资源配置效率提高的外在体现。最严格水资源管理的内涵有

以下两个方面。

1. “三条红线”的内涵

最严格水资源管理“三条红线”，即水资源开发利用控制红线，严格实行用水总量控制；用水效率控制红线，坚决遏制用水浪费；水功能区限制纳污红线，严格控制入河排污总量。“三条红线”从不同角度、不同层面对水资源的利用和保护进行管理，相互联系、相互制约，共同构成一个完整的水资源管理体系。“红线”意即不可逾越的边界或禁止超过、进入的范围，具有一定的法律约束力，其管理的关键在于“红线落地”，而“红线落地”的关键在于合理分解目标任务并量化到各地。“三条红线”围绕水资源配置、节约和保护三个核心领域，详细分类见图 2-1。

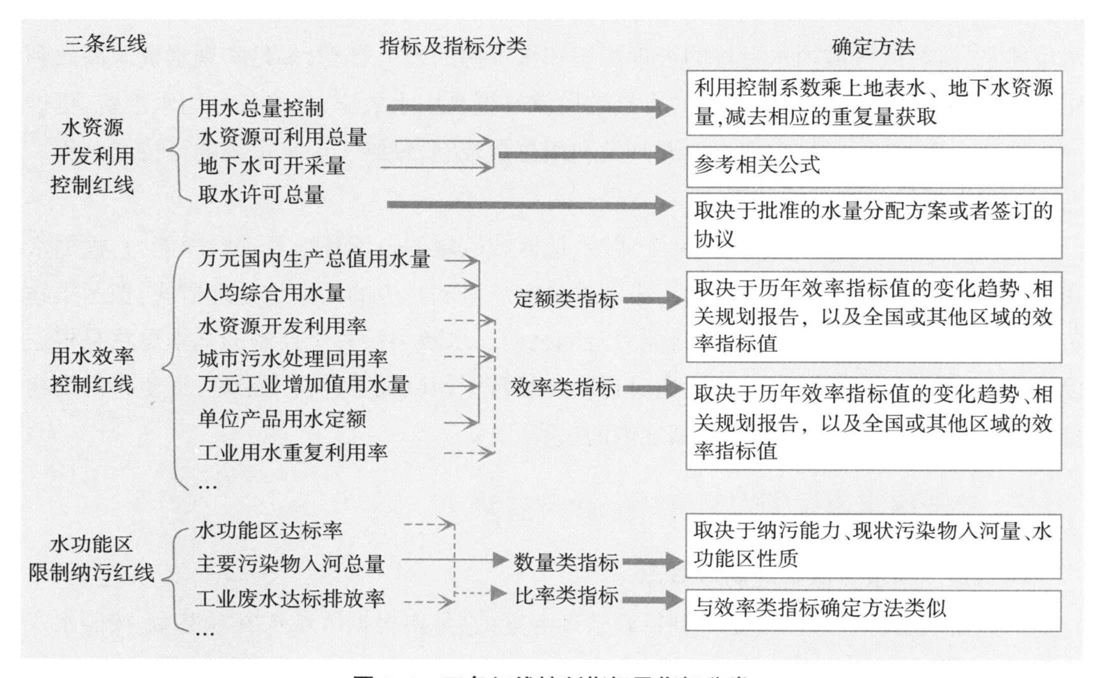

图 2-1　三条红线控制指标及指标分类

水资源开发利用红线就是在节约高效用水前提下各地允许的用水总量，是对用水定量化的宏观管理，通过核算河流水资源开发利用率来控制河道外总的取水和用水规模，它反映了我国水资源管理将从供水向需水进行转变。水资源开发利用红线主要考虑水量，没有考虑水质问题。用水效率红线是一个综合性指标，可以包括用水定额（如农田灌溉用水定额），也可以包括用水效率（如工业用水重复利用率）；可以宏观，也可以微观。不仅可以直接控制用水量，也可以间接考虑到水质，因为用水效率高意味着重复利用率高和废污水排放少，有利于改善水质。水功能区限制纳污红线就是水域纳污能力，是水污染物排放许可证发放的依据，也是比较综合的指标，可以作为宏观指标，通过水功能区一级区管理考核跨行政区之间水资源保护效果;也可以作为微观指标,通过水功能区二级区管理考核同一水域的水质状况,考核同一地区不同用水部门减排情况。该红线主要可用来对水质、生态环境进行保护。

"三条红线"从水资源的源头配置、过程节约及结果保护三个关键环节共同为最严格水资源管理制度的有效实施提供保障。"三条红线"对水循环过程中出现的种种问题进行疏导,各司其职,功能相连,统一联动,相互关联,互为支撑。从实现目标上反映,"三条红线"是具有强制性的水资源管理目标。

2. "四项制度"的内涵

"四项制度"是最严格水资源管理制度的主体。它具体是指:一是用水总量控制,即要加强水资源开发利用管理,严格控制用水总量,包括严格实施水资源论证和取水许可、强化水资源统一调度、严格地下水管理及保护等内容;二是用水效率控制,即要加强用水效率控制,包括全面加强用水定额和计划管理、完善节水强制标准、加快节水技术改造等内容;三是水功能区限制纳污,即要严格控制水功能区入河湖排污总量,主要包括严格水源地监督管理、加强水质监测、推进水生态系统保护与修复等内容;四是水资源管理责任和考核,主要用来保障以上三项制度的落实,并通过严格、科学的考核,明晰各级政府责任,将水资源管理与政府绩效考核挂钩,从而发挥"三条红线"的约束作用,强化各级政府的责任意识。"四项制度"是严格水资源管理的关键措施和制度保障。用水总量控制制度、用水效率控制制度和水功能区限制纳污制度分别对"三条红线"进行控制和约束,三者之间互相影响、相互补充,并具有联动效应。水资源管理责任和考核制度有效保障上述三项制度的实施。实行用水总量控制制度,贯穿取水过程,有助于维系水的自然循环和水资源承载力;实行用水效率控制制度,融入用水全过程,有助于加强对整个社会水循环过程的管控,促进全面节水,提高用水整体收益,使水资源承载力与经济社会发展需求间的矛盾得以妥善协调;实行水功能区限制纳污制度,可以全面落实到排水过程的各个环节,加强对水污染源的防控,从严核定水域纳污能力,严格控制入河湖排污总量。以上三项制度的结合有利于生产工艺的改善、节水器具的推广以及节水技术的改造,有助于进一步促进水资源循环利用水平提高,改善水体功能。作为前三项制度的保障,水资源管理责任和考核制度是促使最严格水资源管理制度有效落实的长效机制。通过考核水资源管理情况,有助于及时发现水资源管理过程中存在的问题,尽快因地制宜地采取相应举动,提出相应举措,从而妥善处理取水、用水和排水之间的关系。

四、最严格水资源管理制度体系构成

最严格水资源管理制度的具体工作内容包括三个方面:通过调查、统计、评价水资源,分解水资源指标,量化"三条红线";构建并完善"三条红线"指标体系,建立地下水水位动态、取水计量、水质等监测体系，建立针对不同水资源类型、用水模式、河流断面等的评估体系和形成自上而下的政府考核体系，构建最严格水资源管理制度体系，如图 2-2 所示。

图 2-2 最严格水资源管理制度体系框架图

五、践行最严格水资源管理制度主要内容

实行最严格水资源管理制度是经济社会发展的迫切需要和必然要求，是有效保障水安全、促进人水和谐的重要途径，是建设生态文明的有力保障。践行最严格水资源管理制度，要使管理的目标更加清晰、管理的制度体系更加严密、管理措施更加严格、分工更加明确、责任落实到位。将最严格水资源管理制度的管理理念、方法、手段、体制和机制等多方面因素融入水资源管理多个进程中，紧密结合“三条红线”和我国经济社会发展的急切需求，全面推进最严格水资源管理制度实施。

(一)"三条红线"指标科学选择和控制指标合理分解

"三条红线"是从不同角度、不同层面对水资源的利用和保护进行管理的一个明确的界限。同时,"三条红线"彼此之间相互联系、相互制约,共同构成一个完整的水资源管理体系。当前反映取水、用水、排水过程的指标很多,但是缺乏将其作为统一整体考虑的指标体系。因此,要加快完整控制指标体系的研究,构建更加科学合理的考核指标体系,并从国家层面的宏观控制指标开始逐级分解指标,建立完整的省、市、县三级行政区域水资源管理红线指标体系。

(二)水资源管理责任和考核制度的建立与完善

建立与完善水资源管理责任和考核制度是落实"三条红线"控制指标的关键。最严格水资源管理制度重在落实,水资源管理责任考核制度是其各项措施和最终目标得以实现的重要保障。绩效评估是成功落实最严格水资源管理制度的重要组成,是水资源管理科学决策的前提,也是合理科学制定水资源管理战略的基础,具有重要意义。但由于最严格水资源管理的含义比较宽泛,是一个多维概念,涉及经济、政治、自然环境、文化、科技等,并且涵盖多个层次水平和不同的分析单元,包括国家、区域、流域、地方、城市,很难建立全面、统一的绩效评估指标体系。因此,针对当前最严格水资源管理,实施绩效评估仍然是实践工作中的薄弱环节,也是最严格水资源管理工作的实践重点。目前,针对最严格水资源管理制度的考核,多是对管理能力的评价,或者是针对"三条红线"目标完成情况的考核,并没有完全考虑到水资源管理绩效。当然,"三条红线"是最严格水资源管理制度的核心内容,在最严格水资源绩效考核时占据着重要的地位。然而,反映"三条红线"的指标繁多,如何确定一套既能紧密结合"三条红线"内容、突出反映最严格水资源管理内涵,又能体现水资源管理绩效的考核指标,是全面贯彻最严格水资源管理制度的重点。

(三)水资源监控体系的建设与完善

全面提高水资源监管能力,是实施最严格水资源管理的必要手段。建立与用水总量控制、用水效率管理、水功能区管理要求相适应的监控体系是实施最严格水资源管理制度的迫切需要。要强化省界等重要控制断面、水功能区和地下水的水质水量监测能力建设;加强对重点取用水户取水、主要入河排污口等的适时监控;全面建成水资源信息化系统,实现水资源管理向动态、精细、定量和科学管理转变。

(四)水资源管理体制和投入机制的完善

进一步完善流域管理与行政区域管理相结合的水资源管理和保护体制,切实加强流域水资源的统一规划、统一管理和统一调度。强化城乡水资源统一管理,对城乡供水、水资源综合利用、水环境治理和防洪排涝等实行统筹规划、协调实施,促进水资源优化配置。拓宽投资渠道,建立长效、稳定的水资源管理投入机制,保障水资源节约、保护和管理工作经费,对水资源管理系统建设、节水技术推广与应用、地下水超采区治理、水生态系统保护与修复等给予重点支持。

(五)政策法规和社会监督机制的健全

抓紧完善水资源配置、节约、保护和管理等方面的政策法规体系。广泛深入开展基本水情宣传教育，强化社会舆论监督，进一步增强全社会水忧患意识和水资源节约保护意识。大力推进水资源管理科学决策和民主决策,完善公众参与机制,采取多种方式听取各方面意见,进一步提高决策透明度。最严格水资源管理制度是一个新生事物,对我国水资源管理工作提出了更高的目标和要求。就目前的现状来看,虽然最严格水资源管理制度在我国日趋成熟,从国家层面看来也已经取得了不错的成效,但目前的研究多为宏观层面及思想意识形态上的探讨,在微观层面,涉及最严格水资源管理制度的大量技术问题仍需进一步解决,最严格水资源管理制度仍未得到有效的全面落实。目前,我国水资源管理还存在很多问题,主要包括监测手段比较落后,相应的配套设施建设滞后,监管工作不到位;考核指标体系仍未完全确立,且多是针对"三条红线"进行考核,考核内容不完善,相应的制度体系还没有完全形成,水资源管理体制不顺等。这些问题都是当前紧迫的工作任务,也是亟待解决的现实难题。因此,应将最严格水资源管理绩效评估及其相关保障机制的构建作为当前践行最严格水资源管理制度的要点。

(六)构建完善的科技支撑保障措施体系

1. 完善水文工作基础

水文工作在实行最严格水资源管理制度工作中占据着重要的地位，对实行最严格水资源管理制度具有重要的科技支撑作用。其主要表现为:最严格水资源管理制度主要目标的考核需要依靠水文行业扎实的基础工作;地表水、地下水的水量、水质监测,是实行最严格水资源管理制度"三条红线"的重要基础工作;突发水污染、水生态事件水文应急监测,是健全水资源监控体系,全面提高监控、预警和管理能力的重要组成部分;防汛抗旱的水文及相关信息监视与预警，是提高防汛抗旱应急能力的重要基础；水文及水利信息化建设,是现代水利信息化建设的重要部分,是实行最严格水资源管理制度的重要基础;同时,最严格水资源管理制度关键科学问题的解决,需要水文科学的支持和广泛参与。

2. 高效的水资源调度管理能力

最严格水资源管理制度的核心之一是建立水资源开发利用控制红线，严格实行用水总量控制。这意味着最严格水资源管理要从取水源头出发，从取水总量上进行第一步的"最严格"控制。而我国国情和水情共同决定了水资源的时空分布不均,严重影响了水资源的开发利用以及居民的生产生活，这也是出现地下水超采以及局部水资源供应紧缺的根本原因。水资源调度作为改变水资源天然时空分布不均的有效途径,能够起到实现流域水资源合理配置的作用,是落实用水总量控制方案的重要抓手,也是实行最严格水资源管理制度的基础性工作。因此,提升水资源调度管理能力是实施最严格水资源管理制度的必然要求,是最严格水资源管理制度快速和有效实施的重要支撑。

3. 准确的用水总量控制模型

最严格水资源管理制度提出用水总量控制和定额管理相结合的制度，但是总量控制与定额管理的研究还未形成体系，不同层次总量控制与定额管理在具体指标的编制、实施、核算、优化、调控等过程缺乏科学依据,所以难以保证制度实施的科学性和合理性。目前水资源用水总量控制指标的确定方法存在大量主观因素的干扰,缺乏系统性、科学性。不过实践证明,基于“自然—社会”二元水循环理论的用水总量模型能很好地协调各方面的限制因素,达到科学控制用水问题的目的。它在科学评价流域(区域)水资源量、水资源可利用量的基础上,综合考虑经济、社会、生态、环境的用水需求以及公平、高效与可持续原则,通过多目标决策分析将水资源合理分配到经济社会的各个部门,确定流域(区域)各发展阶段的用水总量控制指标,从而为取用水总量控制和定额管理、为最严格水资源管理的高效实施提供了强有力的支持和促进。

4. 精确的用水效率指标控制

最严格水资源管理制度“三条红线”分别控制的是取水、用水和排水环节。用水环节作为中间过程,用水效率控制目标的实现直接关系到用水总量控制目标的实现,并且与废污水排放量、水功能区水质达标情况有很大的相关性。用水效率控制是与具体用水行为关系最紧密、效果最直接的管理手段。因此,严格控制用水效率是实施最严格水资源管理制度的关键环节。基于分级控制的用水效率控制能够更精细化地管理水资源,在用水效率控制红线的基础上进一步细化为“红”“黄”“蓝”三条线,加强对用水效率的控制力度。对用水效率进行“红”“黄”“蓝”三条线的分级控制,可以将原有的单一控制指标进一步细化,一方面为用水效率的监控提供明确的划分标准，另一方面也增加了用水单位提高用水效率的积极性,还能促进最严格水资源管理制度的有效实施。

5. 科学的水功能区限制纳污指标

水功能区限制纳污红线是以与水体功能相适应的保护目标为依据，根据水功能区水环境容量,严格控制水功能区受纳污染物总量,并以此作为水资源管理及水污染防治管理不可逾越的限制。红线要求按照水功能区对水质的要求和水体的自净能力,核定水域纳污能力,提出限制排污总量。合理科学的水功能区限制纳污总量确定,首先需要对水功能区纳污能力与限制排污总量进行准确核算，其次需要对水功能区限制排污总量时空分配确定。科学的水功能区限制纳污指标能为水功能区限制纳污红线的落实提供前期的基础,也为最严格水资源管理制度的有效实施提供必要的科技支持。

6. 先进的数字流域建设

数字流域是对流域的数字化表述,是在现有的流域数字化体现形式的基础上,运用数字化的手段来处理、分析和管理整个流域,实现流域的再现、优化和预测,对宏观与微观信息都能够比较全面、系统地掌握,从而有效弥补现有流域的运行缺陷,帮助解决流域现有问题,优化流域的建设、管理和运行,促进流域的健康可持续发展。数字流域不仅能在计算机上建立虚拟流域,再现流域水资源的分布状态,更为重要的是,它可以通过各种信息的交流、融合和挖掘,综合气象、水文、国土、交通等信息,通过数字化模拟现代化手段,提高流域水资源综合管理水平,同时也为最严格水资源制度的有效落实和可持续发展战略的实施提供有力的科学依据。

第三节 水功能区划和水域限制纳污总量核定

一、水环境功能区划与水功能区划

(一)基本概念

1. 水环境功能区划

为了执行《中华人民共和国水污染防治法》和《地表水环境质量标准》(GB 3838—2002),针对水域使用功能、经济发展以及污染源总量控制的要求划定的水域分类管理功能区(主要包括自然保护区、饮用水水源保护区、渔业用水区、工农业用水区、景观娱乐用水区等),以及混合区、过渡区等管理区,统称为水环境功能区。

(1)自然保护区

为了保护自然环境和自然资源,促进国民经济的持续发展,对有代表性的自然生态系统、珍稀濒危动植物物种的天然集中分布区、有特殊意义的自然遗迹等保护对象所在区域,由县级以上人民政府依法划出一定面积的陆地和水体予以特殊保护和管理,执行《地表水环境质量》(GB 3838—2002)Ⅰ类标准的区域,称为自然保护区。

(2)饮用水水源保护区

由省级以上人民政府依法划定的城镇饮用水集中式取水构筑物所在地表水域及其地下水补给水域、地下含水层的某一指定范围称为饮用水水源保护区。在饮用水水源地取水口附近划定的、执行《地表水环境质量》(GB 3838—2002)Ⅱ类标准的水域和陆域为一级保护区;在一级保护区外划定的、执行《地表水环境质量标准》(GB 3838—2002)Ⅲ类标准的水域和陆域为二级保护区。

(3)渔业用水区

鱼、虾、蟹、贝类的产卵场、索饵场、越冬场、洄游通道和养殖鱼、虾、蟹、贝类、藻类等水生动植物的水域,称为渔业用水区。其中,通常按水质要求不同划分为珍贵鱼类保护区和一般鱼类用水区,珍贵鱼类保护区主要包括珍稀水生生物栖息地、鱼虾类产卵场、仔稚幼鱼的索饵场,执行《地表水环境质量标准》(GB 3838—2002)Ⅱ类标准;一般鱼类用水区包括鱼虾类越冬场、洄游通道、水产养殖区等渔业水域,执行《地表水环境质量》(GB 3838—2002)Ⅲ类标准。

(4)工业用水区

各工矿企业生产用水的集中取水点所在水域的指定范围称为工业用水区。工业用水区的水质应满足地表水的生态保护要求、下游水环境功能区高功能用水的水质要求,执行《地表水环境质量》(GB 3838—2002)Ⅳ类标准。

(5)农业用水区

灌溉农田、森林、草地的农用集中提水站所在水域的指定范围称为农业用水区。农业用水区的水质以满足地表水的生态保护要求、下游水环境功能区高功能用水的水质要求为依据,严于农业灌溉用水标准,执行《地表水环境质量》(GB 3838—2002)Ⅴ类标准。

(6)景观娱乐用水区

具有保护水生生态的基本条件、供人们观赏娱乐、人体非直接接触的水域称为景观娱乐用水区,景观娱乐用水区水质最低要求达到《地表水环境质量》(GB 3838—2002)V 类标准。

(7)混合区

混合区是不执行《地表水环境质量标准》(GB 3838—2002)的特殊水域(排放口所在水域),是污水与清水逐步混合、逐步稀释、逐步达到水环境功能区水质要求的水域,是位于排放口与水环境功能区之间的劣 V 类水质水域。

(8)过渡区

过渡区指水质功能相差较大（两个或两个以上水质类别）的水环境功能区之间划定的、使相邻水域管理目标顺畅衔接的过渡水质类别区域。过渡区执行相邻水环境功能区对应高低水质类别之间的中间类别水质标准,体现水域水质的递变特征。下游用水要求高于上游水质状况、有双向水流且水质要求不同的相邻功能区之间可划定过渡区。

(二)水功能区划

水功能区划的目的是依据国民经济发展规划和水资源综合利用规划，结合区域水资源开发利用现状和社会需求,科学合理地在相应水域划定具有特定功能、满足水资源合理开发利用和保护要求并能够发挥最佳效益的区域,即水功能区;确定各水域的主导功能及功能顺序，确定水域功能不遭受破坏的水资源保护目标；为水资源保护监督管理提供依据,保障各功能区水资源保护目标的实现,实现水资源的可持续利用。

水功能区划采用两级分区,即一级区划和二级区划。一级区划是宏观上解决水资源开发利用与保护的问题,主要协调地区间用水关系,长远上考虑可持续发展的需求;二级区划主要协调用水部门之间的关系。一级功能区分为4类,即保护区、保留区、开发利用区、缓冲区;二级功能区分为7类,即饮用水源区、工业用水区、农业用水区、渔业用水区、景观娱乐用水区、过渡区、排污控制区。

1. 一级区划

(1)保护区

保护区指对水资源保护、自然生态系统及珍稀濒危物种的保护有重要意义的水域。

(2)缓冲区

缓冲区指为了协调省际间以及水污染矛盾突出的地区间用水关系,为了满足功能区水质要求而划定的水域。

(3)开发利用区

开发利用区主要指能够满足工农业生产、城镇生活、渔业和游乐等多种需水要求的水域。

(4)保留区

保留区指目前开发利用程度不高,为今后开发利用预留的水域。该区内应维持现状不受破坏。

2. 二级区划

(1)饮用水源区

饮用水源区指为城镇生活集中供水提供水源的水域。

(2)工业用水区

工业用水区指满足城镇工业用水需要的水域。

(3)农业用水区

农业用水区指满足农业灌溉用水需要的水域。

(4)渔业用水区

渔业用水区指具有鱼、虾、蟹、贝类产卵场、索饵场、越冬场及洄游通道功能的水域,养殖鱼、虾、蟹、贝、藻类等水生动植物的水域。

(5)景观娱乐用水区

景观娱乐用水区指以满足景观、疗养、度假和娱乐需要为目的的江河湖库等水域。

(6)过渡区

过渡区指为使水质要求有差异的相邻功能区顺利衔接而划定的区域。

(7)排污控制区

排污控制区指生活、生产废污水排污口比较集中的水域,所接纳的废污水应对水环境无重大不利影响。

(三)水环境功能区划与水功能区划辨析

在实际工作中水环境功能区划与水功能区划经常容易混淆，部分地区将二者结合为水(环境)功能区划,只有正确辨析水环境功能区划与水功能区划,才能科学合理地确定水环境容量和核定水域纳污能力。2011年12月31日,国务院批复了《全国重要江河湖泊水功能区划(2011—2030)》(国函〔2011〕167号),批复明确水功能区划是水资源开发利用与保护、水污染防治和水环境综合治理的重要依据。下面从两区划目的意义、定义、区划原则、区划的分级分类系统、区划技术要求、区划程序、区划管理、区划实际应用等方面进行辨析。

目的意义

水环境功能区划	水功能区划
水环境功能区划是水环境保护的基础性工作,是水环境分级管理工作和环境管理目标责任制的基石,是科学确定和实施水污染物排放总量控制的基本单元,是正确实施《地表水环境质量标准》(GB 3838—2002)、进行水质评价的基础。通过这项基础性工作,可以进一步使水环境功能区划与水质监测、水环境管理等结合起来,形成水环境功能区划系统	水功能区划从合理开发和有效保护水资源的角度,依据国民经济发展规划和水资源综合利用规划,全面收集并深入分析区域水资源开发利用现状和经济社会发展需求，科学合理地在相应水域划定具有特定功能、满足水资源开发、利用和保护要求并能够发挥最佳效益的区域(即水功能区);确定各水域的主导功能及功能顺序，确定水域功能不遭受破坏的水资源保护目标。在水功能区划的基础上,可提出近期和远期不同水功能区的污染物控制总量及排污削减量,为水资源保护提供制定措施的基础,为水资源管理与保护提供依据
辨析	水环境功能区划针对水环境分级管理工作和环境管理目标责任制和水污染物排放总量控制的基本单元(含陆域范围);水功能区划针对水资源合理开发和有效保护,提出水域限制排放总量意见

区划定义

水环境功能区划	水功能区划
水环境功能区划是指根据《中华人民共和国水污染防治法》和《地表水环境质量标准》(GB 3838—2002)等法律法规的要求,综合考虑环境容量、社会经济发展需要和污染物排放总量控制的要求,将水域划分为自然保护区、饮用水水源保护区、渔业用水区、工农业用水区、景观娱乐用水区,以及混合区、过渡区等不同功能的管理区域,统称为水环境功能区	水功能区划是指为了满足水资源合理开发和有效保护的需求,根据水资源的自然条件、功能要求、开发利用现状,按照流域综合规划、水资源保护规划和经济社会发展要求，在相应水域按其主导功能划定并执行相应质量标准的特定区域
辨析	水环境功能区划考虑环境容量、社会经济发展需要和污染物排放总量控制的要求;水功能区划考虑水资源合理开发和有效保护的需求

区划原则

水环境功能区划	水功能区划
1.可持续发展的原则； 2.集中式生活饮用水源地优先保护的原则； 3.地下饮用水水源地污染预防为主的原则； 4.不得降低现状使用功能的原则； 5.水域兼有多种功能时按高功能保护的原则； 6.对专业用水区及跨界管理水域统筹考虑的原则； 7.与调整产业布局、陆上污染源管理紧密结合的原则； 8.实用可行、便于管理的原则	1.全流域上下游、干支流可持续发展原则； 2.统筹兼顾，突出重点的原则； 3.前瞻性原则； 4.便于管理，实用可行的原则； 5.水质水量并重原则
辨析	基本一致，水环境功能区划考虑与调整产业布局、陆上污染源管理紧密结合

区划的分级分类系统

水环境功能区划	水功能区划
水环境功能区划包括分类管理功能区（主要有自然保护区、饮用水水源保护区、渔业用水区、工农业用水区、景观娱乐用水区等）以及混合区、过渡区	水功能区划分两级区划，一级区划主要解决地区之间的用水矛盾，二级区划主要解决部门之间的用水矛盾。一级区划分保护区、缓冲区、开发利用区和保留区。二级区划仅在一级区划中的开发利用区进行，二级功能区包括饮用水源区、工业用水区、农业用水区、渔业用水区、景观娱乐用水区、过渡区和排污控制区
辨析	水环境功能区划不分级，只实行分类管理。仅考虑本地区水域的水环境功能，尚未考虑干支流之间、上下游水域之间的影响。 水功能区划分两级区划，划分了两个层级，解决了流域内地区之间、部门之间在用水和水保护方面的协调：一级区划主要解决地区之间的用水矛盾，二级区划主要解决部门之间的用水矛盾，并分别实行分类管理

区划技术要求

水环境功能区划	水功能区划
1.饮用水水源保护区优先划分； 2.混合区范围从严控制； 3.明确水质控制断面考核目标； 4.综合考虑陆上污染源控制方案	1.一级区划是先易后难，首先划定保护区，然后划定缓冲区和开发利用区，最后划定保留区。 2.二级功能区划： (1)饮用水源区的划分； (2)工业用水区的划分； (3)农业用水区的划分； (4)景观娱乐用水区的划分； (5)渔业用水区的划分； (6)排污控制区的划分； (7)过渡区的划分。
辨析	水环境功能区划强调饮用水水源保护区优先、混合区范围从严以及陆域污染控制。水功能区考虑上下游.和左右岸关系以及区划衔接。

区划程序

水环境功能区划	水功能区划
1.汇集水域使用功能、确定水质控制断面。 2.水质评价与输入响应分析。 3.水环境功能区划分为以下两种类型： (1)当水质控制断面水质达到相应功能要求，无超标水环境问题，除有降低现状使用功能要求的需要做可行性分析论证之外，均可以直接按照水质评价结果划分相应的水环境功能区类别，并规定水污染控制区内污染源按排放标准进行管理。 (2)当水质控制断面水质不能满足规划功能要求，有超标水环境问题，必须撰写超标原因分析报告，论述污染类型(超标指标、超标频率、超标倍数)、超标水期(丰、平、枯水期)、超标水域，并按照工业污染源、生活污染源、面源三类判别超标原因，制定污染物排放总量分期削减方案。有条件的，可以对污染物排放总量控制实施方案和水环境功能区划方案进行综合技术经济分析，确定适宜的水环境功能区划方案和保护目标。 4.水环境功能区范围大小依实际情况而定。 5.协调水环境功能区保护目标	1.一级区划 一级区划按照如下方法进行：保护区—缓冲区—开发利用区—保留区。 由于保护区对象明确，首先划分保护区，凡干流及主要支流源头区、重要的调水水源区，以及对自然生态与珍稀濒危物种的保护有重要意义的水域划为保护区。 将省际水域、矛盾突出的地区水域划为缓冲区。 划定保护区和缓冲区后，即可划分开发利用区，将目前开发利用程度较高的水体划为开发利用区。 划定保护区、缓冲区和开发利用区后，余下的水体划为保留区。 2.二级区划 二级区划按照如下方法进行： (1)确定区划具体范围； (2)收集划分功能区的资料； (3)各区协调平衡工作，尽量避免出现低功能到高功能跃变情况等； (4)考虑与规划衔接，进行合理性检查，对不合理的区划进行调整
辨析	水环境功能区划要考虑相对应的水污染控制单元划分及与污染输入、水质响应的关系。水功能区划主要考虑水域保护目标高低和地区与部门之间的用水矛盾

区划管理

水环境功能区划	水功能区划
1. 水环境功能区由县级以上人民政府环境保护行政主管部门提出和组织划定，报同级人民政府批准(其中生活饮用水地表水源保护区由省级人民政府批准)，报上一级环境保护行政主管部门备案。 2. 水环境功能区的水质控制断面在水环境功能区划分技术报告获得批准后即行生效，作为考核水环境功能区水质的监测断面。 3.水环境功能区的水质由县级以上(含县级)环境保护行政主管部门负责监督管理。 4.水环境功能区划分方案批准后，各有关部门应努力确保功能区水质目标的实现。可以在此基础上，对重点水域有针对性地编制污染控制规划，采用水质模型建立源(污染源)与目标(水质目标)间的输入响应关系，模拟和预测不同排污情况下的水质状况，推求实现水环境功能区水质目标的水域允许纳污量，并将排污总量削减、工程项目投资落实到各类污染源有效控制上，并根据地方环境保护规划、总量控制规划、地方排放标准、经济发展规划等约束条件，对污染源控制规划中提出的各种工程措施和管理措施进行技术经济综合评估，提出合理可行的污染源控制规划。	国务院水行政主管部门会同国务院环境保护行政主管部门、有关部门和有关省(自治区、直辖市)人民政府，按照流域综合规划、水资源保护规划和经济社会发展要求，拟定国家确定的重要江河、湖泊的水功能区划，报国务院批准。跨省(自治区、直辖市)的其他江河、湖泊的水功能区划，由有关流域管理机构会同江河、湖泊所在地的省(自治区、直辖市)人民政府水行政主管部门、环境保护行政主管部门和其他有关部门拟定，分别经有关省、自治区、直辖市人民政府审查提出意见后，由国务院水行政主管部门会同国务院环境保护行政主管部门审核，报国务院或者其授权的部门批准。 前款规定以外的其他江河、湖泊的水功能区划，由县级以上地方人民政府水行政主管部门会同同级人民政府环境保护行政主管部门和有关部门拟定，报同级人民政府或者其授权的部门批准，并报上一级水行政主管部门和环境保护行政主管部门备案。

水环境功能区划	水功能区划
5. 对于因污染控制投资力度等原因无法实现水环境功能区目标时，可以制定分期实施方案，也可以由原水环境功能区划分组织部门对水环境功能区范围和类别予以调整。 6. 水环境功能区水质目标的实现应以一定的保证流量为基础，可向水资源管理部门提出生态流量或最低保证流量要求	县级以上人民政府水行政主管部门或者流域管理机构应当按照水功能区对水质的要求和水体的自然净化能力，核定该水域的纳污能力，向环境保护行政主管部门提出该水域的限制排污总量意见。 县级以上地方人民政府水行政主管部门和流域管理机构应当对水功能区的水质状况进行监测，发现重点污染物排放总量超过控制指标的，或者水功能区的水质未达到水域使用功能对水质的要求的，应当及时报告有关人民政府采取治理措施，并向环境保护行政主管部门通报。
辨析	水环境功能区划是环境保护行政主管部门为控制水污染，实施水环境分级管理工作和环境管理目标责任制，有利于水污染物排放总量控制而提出的，是实施水污染控制技术的管理手段。水功能区划是按《中华人民共和国水法》规定划定并批准，是水资源开发利用与保障、水污染防治和水环境综合治理的依据

区划实际应用

水环境功能区划	水功能区划
确定区域水环境容量，并将区域水污染控制、环境目标管理责任制、环境综合整治定量考核指标分解落实到各水污染控制单元、各具体水污染源	根据各水功能区的水质管理目标；分析计算水域使用功能不受破坏条件下的水域纳污能力，并据此提出近期和远期不同水功能区的污染物控制总量及排污削减量，拟定水资源保护对策措施
辨析	根据水环境功能区划和水功能区划分别确定水环境容量和水域纳污能力，计算技术方法不一样，前者计算水环境容量与水污染控制单元相结合，后者主要是提出限制排放总量意见

二、水域限制纳污总量核定

水域纳污能力是水功能区管理的一个基本理论问题，也是环境管理中的一个重要实际应用问题。在实践中，水域纳污能力是水功能区水质目标管理的基本依据，也是水资源保护规划的主要约束条件，更是污染物总量控制的关键技术支持。水域纳污能力是指在设计水文条件下，某种污染物满足水功能区水质目标要求所能容纳的该污染物的最大数量。即一定区域的水体在规定的水功能和环境目标要求下，对排放于其中的污染物所具有的容纳能力，也就是水体对污染物的最大容许负荷量。水域纳污能力通常以单位时间内区域水体所能承受的污染物总量表示。

（一）水域纳污能力基本特征

1. 资源性

在满足人们正常生产和生活需求的情况下，由于水体中的物理、化学和生物等多种作用，水体有容纳一定水平污染物的能力，因此应视为一种自然资源。

2. 条件性

纳污能力的大小与给定水域的水文、水动力学条件、水体稀释自净能力、排污点的位置与方式、水环境功能需求和水体自然背景值等因素有关。

3. 动态性

污染物进入水体后，在水体中的平流输移、纵向离散和横向混合作用下，发生物理、化学和生物作用，使水体中污染物浓度逐渐降低，这是一个动态过程。水域的纳污能力是动态的，不同的水平年、不同的保证率有不同的纳污量。例如：枯水季节，河道里的水很少，其纳污能力就弱；洪水季节相对来讲纳污能力就强。因此，对纳污能力的分析一定要是动态的而不能是静态的。

4. 地区性

由于受到各类区域的水文、地理、气象条件等因素的影响，不同水域对污染物的物理、化学和生物净化能力存在明显的差异，从而导致水体纳污能力具有明显的地区性。

（二）水域纳污能力确定原则

由于不同的水环境功能区对水质功能要求不同，不同的水环境功能区，其水域纳污能力也不同。所以在确定水域纳污能力时，按照以下原则确定。

1）对于现状水质优于水质目标要求的保护区与保留区，以维持现状水质不变为原则，即将所在水功能区现状污染物的入水域污染负荷总量作为该水功能区的纳污能力。保护区和保留区水域纳污能力主要采用污染负荷计算。

2）对于开发利用区和水质现状劣于水质目标要求，需要采取措施改善水质的保护区、保留区，则根据水功能区水质目标要求，以设计水文条件为基础，利用相应的水质数学模型计算所在水功能区的纳污能力。开发利用区和缓冲区水域纳污能力主要采用数学模型计算法。

（三）水域纳污能力设计水文条件

水功能区纳污能力计算的设计水文条件，以计算断面的设计量或水量表示。河流可以用设计流量，湖泊水库采用设计水位或设计蓄水量。

1. 河流设计水文条件

现状条件下，一般河流采用 90%保证率最枯月平均流量或近 10 年最枯月平均流量作为计算纳污能力的设计流量。季节性河流、冰封河流宜选取不为零的最小月平均流量作为设计流量，也可选取平偏枯典型年的枯水期流量作为设计流量。流向不定的水网地区和潮汐河流，宜采用 90%保证率流速为零时的低水位相应水量作为设计水量。有水利工程控制的河流，可采用最小下泄流量或河道内生态基流作为设计流量。大中型河流，水功能区按左右岸划分的，可根据岸边污染带影响范围，确定岸边水域的计算宽度，分别计算设计流量和流速。

2. 湖(库)设计水文条件

对于湖泊，可采用近10年最低月平均水位或90%保证率最枯月平均水位相应的蓄水量作为设计水量。对于水库,可采用死库容相应的蓄水量作为设计水量,也可采用近10年最枯月平均库水位相应的蓄水量作为设计水量。

(四)水域纳污能力计算方法

1. 污染负荷计算法

根据影响水功能区水质的陆域范围内入河排污口、污染源和经济社会状况,计算污染物入河量,确定水域纳污能力的方法。

2. 数学模型计算法

根据水域特性、水质状况、设计水文条件和水功能区水质目标值,应用数学模型计算水域纳污能力的方法。《水域纳污能力计算规程》(GB/T 25173—2010)明确规定的数学模型计算法,适用于所有水功能区的水域纳污能力计算,也适用于未划分水功能区的水域纳污能力计算。考虑到水功能区管理的现状,在实际工作中,水质较好、用水矛盾不突出的缓冲区,可采用污染负荷法确定水域纳污能力;需要改善水质的保护区,可采用数学模型法计算水域纳污能力。

(五)水域纳污能力污染负荷计算方法

1. 一般规定

应用污染负荷法计算水域纳污能力，应确定计算水域涉及的陆域区域作为调查和估算范围,采用调查统计法、实测法和估算法计算纳污能力,对调查和实测资料进行合理性分析。

2. 资料要求

(1)调查统计法所需资料及要求

对于生产企业,调查其地理位置、生产工艺流程、废水和污染物产生量、排放量及排放方式、排放去向和排放规律等。对于城市综合污水处理厂,调查其污水处理设施运行资料,确定废污水排放量和污染物浓度。有排水计量设施的污染源，调查排水计量设施运行情况,确定废污水排放量和污染物浓度。

(2)实测计算法所需资料及要求

包括入河排污口的位置、分布、排放量、污染物浓度、排放方式、排放规律及入河排污口所对应的污染源等。

(3)估算法所需资料及要求

主要生产企业的产品、产量,单位产品取水量、耗水量、排水量资料,用水定额及其污染物种类和污染物浓度;城镇人口数量、人均生活用水量、污染物种类及污染物浓度;第三产业产值、万元产值废污水排放量等。根据取水量、耗水量、排水量、污染物浓度等指标估算污染负荷。

3. 调查统计法

1)调查统计法应通过调查统计影响水功能区水质的陆域范围内的工矿企业、城镇废污水排放量,分析确定污染物入河系数,计算污染物入河量,确定水域纳污能力。

2)污染物排放量应根据工矿企业及城镇废污水排放量分析计算。

3)污染物入河系数可通过对不同地区典型污染源的污染物排放量和入河量的监测、调查资料,按下式计算:

$$\text{入河系数}=\frac{\text{污染物入河量}}{\text{污染物排放量}} \tag{2-1}$$

当调查范围内的不同区域经济社会发展、自然地理条件、污染源特征等差异不大,可采用平均入河系数;差异较大的,可分别采用不同的入河系数。

4)根据水域的现状污染物排放量和入河系数,按下式计算现状污染物入河量:

$$\text{现状污染物入河量}=\text{入河系数}\times\text{现状污染物排放量} \tag{2-2}$$

5)计算的现状污染物入河量为该水功能区的纳污能力。

4. 实测法

对水功能区入河排污口进行水量、水质同步监测,各入河排污口污染物入河量之和为该水功能区的纳污能力。

5. 估算法

1)估算法应根据影响水功能区水质的陆域范围内的工矿企业和第三产业产值、城镇人口,分析拟定万元产值和人口的废污水排放系数,计算污染物排放量,再根据入河系数估算污染物入河量,确定水域纳污能力。

2)调查估算范围内生产企业的单位产品用水量、耗水量、年产量和排放污染物的平均浓度,按下式估算污染物的年排放量:

$$\text{污染物年排放量}=(\text{单位产品用水量}-\text{单位产品耗水量})\times\text{年产量}\times\text{污染物平均浓度} \tag{2-3}$$

3)调查估算范围内人口、生活用水量及污染物平均浓度,按下式计算污染物的年排放量:

$$\text{污染物排放量}=\text{服务人口}\times\text{人均日污水量}\times\text{污染物平均浓度}\times 365 \tag{2-4}$$

4)调查估算范围内第三产业的产值、万元产值废污水排放量和污染物平均浓度,按下式计算污染物的年排放量:

$$\text{污染物排放量}=\text{第三产业年产值}\times\text{万元产值废污水排放量}\times\text{污染物平均浓度} \tag{2-5}$$

5)估算范围内的污染物排放量为生产、生活和第三产业的污染物排放量之和,可参照调查统计法的入河系数计算污染物入河量,该入河量为该水域的纳污能力。

(六)河湖纳污能力数学模型计算方法

根据《水域纳污能力计算规程》(GB/T 25173—2010)中河流纳污能力数学模型计算法、湖(库)纳污能力数学模型计算法及水域纳污能力污染负荷计算法规定的方法计算。

(七)合理性分析与检验

为了保证纳污能力成果的科学合理、符合实际,具有可操作性,能作为水域水质保护与管理的依据,就必须对纳污能力成果进行合理性检验。

水域纳污能力计算的合理性分析与检验包括基本资料的合理性分析、计算条件简化和假定的合理性分析、数字模型选择与参数确定的合理性分析与检验,以及水域纳污能力计算成果的合理性分析与检验。

1. 基本资料的合理性分析

基本资料的合理性分析应符合以下要求:

(1)水文资料合理性分析应对河流、湖(库)的流(水)量、流速、水位等进行代表性、一致性和可靠性分析,分析方法可参照 SL278-2002 的规定执行。

(2)水质资料合理性分析应结合地区污染源及排污情况,对水质监测断面、监测频次、时段、污染因子、水质状况等进行代表性、可靠性和合理性分析。

(3)入河排污口资料合理性分析应根据入河排污口实测或调查资料,对入河排污口的废污水排放量、排放规律、污染物浓度等资料用类比法进行合理性分析。

(4)陆域污染源资料合理性分析应根据当地经济社会发展水平、产业结构、GDP、取水量、工农业用水量、生活用水量、废污水处理水平等资料,按照供、用、耗、排水的关系对废污水排放量、污染物及其排放量等进行合理性分析。

(5)河流、湖(库)特征资料合理性分析中,对调查收集到的河流和湖(库)河道断面、水下地形、比降等资料,可采用不同方法获得的资料进行对比,分析其可靠性和合理性。

2. 计算条件简化和假定的合理性分析

应通过对比,分析河流、湖(库)边界条件、水力特性、入河排污口等的简化是否合理、能否满足所选模型的假定条件,确定的代表断面是否能够反映水功能区的整体水质状况。

3. 数学模型选择与参数确定的合理性分析与检验

数学模型选择与参数确定的合理性分析与检验应符合以下要求:

(1)根据计算水域的水力特性、边界条件、污染物特性等,分析所选数学模型、参数以及适用范围的合理性。

(2)与已有的实验结果和研究成果比较,分析模型参数的合理性,也可以通过实测资料,对模型参数及模型计算结果进行验证。

4. 水域纳污能力计算成果的合理性分析与检验

水域纳污能力计算成果的合理性分析与检验应符合以下要求:

(1)可根据河段现状污染物排放量,结合水质现状,分析计算成果的合理性。

(2)与上下游或条件相近的水功能区水域纳污能力比较,分析计算成果的合理性。

(3)采用不同的模型计算水域纳污能力,通过比较,分析成果的合理性。

(4)根据当地自然环境、水文特点、污染物排放及水质状况等,分析判断一条河流、一个水系或整个流域的水域纳污能力计算成果的合理性。

第四节 用水总量与用水效率控制

一、用水总量控制

用水总量控制是取用水量的总量控制,是水资源配置管理的宏观控制指标,通过核算河流水资源开发利用率来控制河道外总的取水和用水规模。区域总缺水量大小或缺水程度会直接影响到社会的稳定和经济发展,是社会效益的一个侧面反映,所以要根据总量控制制度设定社会效益目标。全国水资源综合规划提出确保 2030 年全国用水总量控制在 7000 亿 m^3 以内的总体目标。用水总量控制指标是水资源管控目标管理的关键指标,是从取水水源总量上对水资源开发利用进行宏观调控。制定全国用水总量控制指标是建立我国最严格水资源管理制度、落实水资源"三条红线"管理的基础性工作,是实行最严格水资源管理制度的基本前提和必然要求。用水总量控制制度的建设主要包括三个方面:一是要制定用水总量控制指标,用水总量控制指标是用水总量控制制度的基础,是实施用水总量红线管理的前提保障。二是要重点推进水资源论证和取水许可两大制度建设,水资源论证制度要推向国民经济与社会发展整个领域,同时严格执行建设项目的水资源论证制度,严格规范取水许可审批管理, 水资源论证与取水许可制度要与流域或区域用水总量控制指标相结合,实现三者统一管理。三是加强地下水资源管理与保护、水资源统一调度与国家水权制度建设,促进和保障用水总量控制目标的实现。用水总量控制制度实施首先要对现状用水总量进行统计,在此基础上确定用水总量控制指标,再将控制指标分解细化,并据此进行考核,明确管理责任。

(一)用水总量统计

用水总量统计工作是落实最严格水资源管理制度的重要任务。用水总量统计工作,及时准确地统计各流域、各区域和各行业用水量,是用水总量分配、指标控制考核的基础工作，也是评估用水总量控制制度实施效果的重要内容。用水总量统计的科学性、准确性和时效性是提升水资源公报质量和支撑最严格水资源管理制度考核工作的基础。及时统计全国、各流域、各区域和各行业用水量情况，反映用水情况历年变化趋势，是水资源管理一项十分重要的基础性工作，可为水资源规划、管理、节约与保护等日常工作提供必要的基础支撑，为我国宏观水资源战略提供决策依据。

用水总量指各类用水户取用的包括输水损失在内的毛水量之和，包括农业用水、工业用水、生活用水、生态环境补水四类。其中：农业用水指农田灌溉用水、林果地灌溉用水、草地灌溉用水、鱼塘补水和畜禽用水。工业用水指工矿企业在生产过程中用于制造、加工、冷却、空调、净化、洗涤等方面的用水，按新水取水量计，不包括企业内部的重复利用水量，水力发电等河道内用水不计入用水量。生活用水指城镇生活用水和农村生活用水，城镇生活用水包括居民用水和公共用水（含第三产业及建筑业等用水）；农村生活用水指农村居民家庭生活用水（包括零散养殖畜禽用水）。生态环境补水包括人工措施供给的城镇环境用水和部分河湖、湿地补水，不包括降水、径流自然满足的水量。对于直接从江河、水库、湖泊、地下水等水源提引水量的用水户，从水源取水口计算用水量；对于从公共供水管网取水的用水户，按入户水量量测，并在区域用水总量汇总时统一考虑输水损失的分摊。用水总量统计主要步骤如下：

1. 基础资料收集整理

结合取水许可管理、计划用水管理，收集取用水户许可水量、实际用水量等信息；收集与用水量相关的经济社会信息，包括人口、灌溉面积、地区生产总值、工业总产值和工业增加值等；收集经济普查、水利普查各行业用水户信息；建立用水户名录库；结合水利统计，收集地表水和地下水供水信息。综合分析各种信息的关联性，为确定统计分析方案奠定基础。

2. 统计调查对象确定

确定农业、工业、生活、生态等行业的重点取用水户、非重点样本用水户，建立和完善统计调查对象名录；对列入名录的统计调查对象进行计量监测。

3. 行业用水量统计汇总

行业用水量应按重点、非重点取用水户分别统计。重点取用水户分自备水源取水户和公共供水户逐一统计，自备水源取水户按照所属行业、公共供水户按照供水对象所属行业分别统计重点取用水户分行业用水量；非重点用水户采用抽样（典型）调查方法，获得非重点样本用水户用水指标，结合区域经济社会指标等基础资料，推算非重点取用水户分行业用水量。重点、非重点取用水户分行业用水量之和即为区域用水总量。

4. 合理性分析与复核

采取多种方法分析与复核用水总量统计的合理性与准确性。通过检查统计工作的过程,分析数据来源和推算结果的可靠性;通过历史信息对比,分析用水总量变化趋势的合理性;通过供用水量平衡分析,复核用水总量的完整性;通过区域水量平衡分析,复核用水总量的准确性。

鉴于各地区计量监测水平和水资源管理水平的差异,对短时间内难以按照取用水户统计用水量的地区,可在原有水资源公报编制体系的基础上,充分利用现有手段、灌溉水有效利用系数测算样点灌区、水利普查用水大户调查信息等,提高各行业单位用水量指标的准确性,推算各行业用水量。分析与复核的主要内容如下:

(1)数据来源与过程

主要从基础数据、季度用水量、年度用水量和用水指标等4个方面对调查对象进行审核;主要从基础数据、用水量计算过程合理性、区域用水指标的合理性以及与其他部门统计数据的衔接性等4个方面对区域用水量进行合理性分析。

(2)历史资料对比

分析用水量指标和单位用水指标的基本特征和变化趋势,从历年用水量变化趋势、用水指标的变化趋势和区域用水存量与增量分析评判用水总量的合理性。

(3)供用水量平衡

在同一区域内,供水总量与用水总量应平衡。若二者差异较大,应分别从供水量和用水量两个方面查找原因,复核数据的合理性。

(4)区域水量平衡

根据其他途径获取的区域水资源量、出入境水量及调入调出量、耗水量、蓄变量等信息进行区域水量平衡分析,检查用水量统计结果的准确性。

复核工作要充分利用国家水资源监控系统对取用水大户的在线监测数据、取水许可和计划用水管理信息、水利普查数据、年度供水统计数据、灌溉水利用系数测算样点数据、公共供水企业的供水信息、历年水资源公报信息等。

(二)用水总量控制指标确定

用水总量控制是对用水定量化的宏观管理,目的是根据流域或区域经济社会发展和水资源利用特点,确定流域或区域用水总量控制指标,实现经济社会发展与水资源、水环境承载能力相适应。

1. 用水总量控制指标制定原则与思路

用水总量控制指标的制定,应当遵循公平公正、统筹规划、科学配置、节约保护和水资源有偿使用的原则,推行需水管理,协调好生活、生产和生态用水,维持地下水采补平衡,保障生态环境基本用水,促进人水和谐和水资源可持续利用。用水总量控制指标的制定,应按照实行最严格水资源管理制度的要求,以促进水资源节约保护和合理配置为目标,统筹协调流域和区域间的利益关系、现状用水状况和未来需求关系、水资源开发利用和生态环境保护关系等。用水总量控制指标的制定，需要考虑已有国民经济和社会发展及其他规划对水资源的需求情况，同时需要对已有规划修编和重大建设项目布局进行科学论证，确保相关规划与当地的水资源条件相适应。从经济社会发展对水资源的需求和水资源条件对经济发展的制约双向考虑，综合确定流域或区域用水总量控制指标，注重水资源开发利用对引导推动经济结构调整和促进发展方式转变、促进水资源可持续利用的积极作用。

2. 用水总量控制指标制定依据

在用水总量控制指标制定过程中，要妥善处理上下游、左右岸的用水关系，协调河道内与河道外用水，统筹安排生产、生活和生态环境用水，协调地表水、地下水和其他水源开发利用量。国务院批复的《全国水资源综合规划(2010—2030 年)》涵盖了全国 10 个一级区和 31 个省(自治区、直辖市)规划水平年的水资源配置、节约、保护以及工程安排等内容，是综合考虑不同区域水资源承载能力的水资源开发利用的战略规划，是制定全国用水总量控制指标的基础与重要依据，在此基础上确定省级、地市级、县级等各级用水总量控制指标。

3. 用水总量控制指标确定方法

用水总量控制指标的确定应取决于两个方面：一是当地水资源（包含可用的客水资源，以下同)的特性，反映当地自然因素，即客观条件；二是当地社会经济及生态环境对水的需求，反映当地人为因素，即主观条件。用水总量控制指标的确定应是主观与客观相协调的结果，其技术路线见图 2–3。

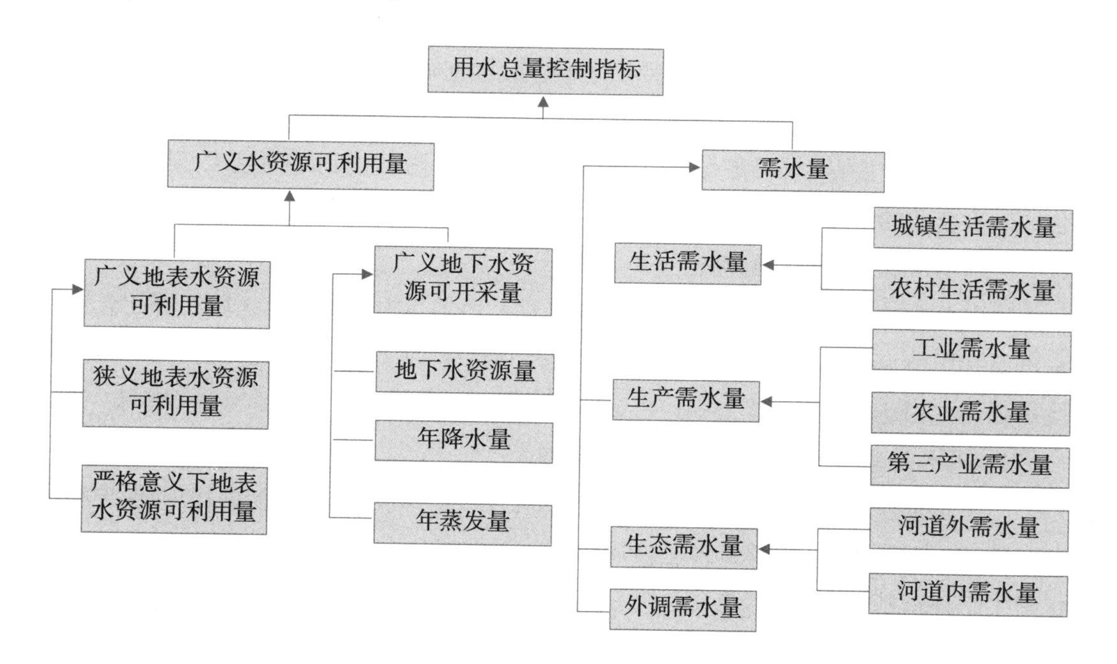

图 2–3 用水总量控制指标确定技术路线

图 2–3 的基本含义简要说明如下：

第一层为区域用水总量控制指标，由当地广义水资源可利用量和当地社会经济及生态环境需水量综合确定。

第二层为可利用量和需水量。可利用量包括广义地表水资源可利用量和广义地下水资源可利用量;需水量包括生活、生产、生态和外调水量 4 个方面。

第三层分为可利用量和需水量两大分支。以广义地表水资源可利用量为例,它由狭义地表水资源可利用量(指通常意义下的地表水资源可利用量)和严格意义下的地表水资源可利用量综合确定。严格意义下地表水资源可利用量的影响因素包括河川年径流量、年降水量和年蒸发量。

(三)用水总量控制指标分解细化

1. 分解细化工作的主要任务

我国实行行政分区管理与流域机构管理相结合的水资源管理体制，用水总量控制指标分解存在流域层面的分解细化与行政分区层面的分解细化。流域层面的用水总量控制指标的分解细化任务主要包括纵横两个方面。纵向上:一是将全国分配至流域层面的用水总量控制指标分解细化至流域内的省级行政区，二是在流域总量控制指标框架内确定主要跨省河流的用水总量控制指标及其省际分配；横向是确定各省级行政区分行业及分水源的分项指标。行政分区层面的指标分解细化,在纵向上是将省级行政区用水总量控制指标层层分解细化至地市级、县级行政,如有必要还可进一步细化分级;横向分解任务与流域层面一致。

2. 分解细化工作的主要技术要点

(1)现状数据的获取及其可靠性分析

由于未来的不确定性，现状已经发生的并有记载的有关资料是开展用水总量控制指标分解细化工作的重要参考。现状数据质量的好坏,将直接影响分解细化成果的优劣,进而影响后期有关技术及行政层面的协调。因此,对现状数据的来源及其可靠性分析必须引起相关技术人员的重视。一般来说,现状数据的收集应从权威部门获取为主,比如社会经济发展指标宜从省级统计部门发布的统计年鉴中获取,供水、用水量数据应从流域管理机构或省级水行政主管部门编制的水资源公报中获取,降雨量、蒸发量、径流量等水文资料应从水文部门编制的水文年鉴中获取等。

获取现状数据后,还应对其可靠性进行必要的分析。可靠性分析可主要从两个方面展开:一是对同一类数据进行不同年份之间的一致性分析,分析各年数据间的变化趋势是否符合经验规律,如有突变数据,应分析突变的合理性;二是将通过不同渠道收集的同一类数据进行横向对比,分析其中的差异,确定最终需要采用的数据。经济指标的对比分析,应注意可比价格水平的换算。

(2)地区差异分析

地区差异主要是指相邻地区间的产业结构、用水水平差异等。地区差异是客观存在的,也是影响用水总量控制指标分解细化成果协调的主要因素之一。地区差异问题若处理不好,可能会导致后期技术协调工作难度加大,严重的甚至会导致整个分解细化方案推倒重来。地区差异分析主要是分析由地区产业结构、用水习惯、用水效率导致的各地区主要用水户用水定额之间的差异是否合理。用水定额是反映现状用水水平的重要指标,同时也是制定用水总量控制指标分解细化方案的重要基础。为了避免后期协调难度增加,在制定用水总量控制指标各行业分解细化方案时,一定要注意将相邻区域的同行业用水定额控制在合理的差异范围之内。

(3)与上一级用水总量控制指标的衔接

对于流域管理机构而言,分解细化的流域套行政区用水总量控制指标之和应与流域层面用水总量控制指标一致,包括分行业及分水源的分解细化指标;分解细化的流域内河流套行政区用水总量控制指标应与相关省相应分区的用水总量控制指标相协调,同时,还要注意各河流用水总量控制指标之和与流域用水总量控制指标之间的大小关系,还要与其所在的水资源分区规划可供水量进行对比分析。对行政分区而言,分解细化的地市级行政区用水总量控制指标之和应与国务院批复的相应省级行政区用水总量控制指标一致,分解细化的县级行政区用水总量控制指标之和应与相应的地市级行政区用水总量控制指标一致,包括分行业及分水源的分解细化指标。

(4)与有关规划成果的协调

2010 年 10 月国务院批复的《全国水资源综合规划 (2010—2030)》(国函〔2010〕118 号)及其附件(各流域水资源综合规划报告)是制定全国及各流域用水总量控制指标的基础。水资源综合规划,是以水资源三级区套地级行政区为基本单元进行需水量预测、供水量预测及水资源配置的,其成果包含行政分区及水资源分区可供水量。在开展用水总量控制指标分解细化工作时应以水资源综合规划相应区域成果为基础,并相互协调。在进行用水总量控制指标分解细化特别是进行分行业指标分解细化工作时应注意与相应区域各行业总用水量的协调,分行业指标应考虑现状变化情况后与分行业用水量成果相协调。

(5)成果的合理性分析

成果的合理性分析宜从水资源开发利用程度、水资源开发利用水平、水量分配份额的匹配性、生态环境用水等方面着手开展。

水资源开发利用程度宜重点分析地表水资源开发利用率和地表水资源利用消耗率两个指标,分别用分配水量与相应区域水资源量比值及分配水量对应的耗水量与相应区域水资源可利用量比值进行测算。同时,还应结合流域或区域的水资源开发利用目标分析相应区域的水资源开发利用程度的合理性。

水资源开发利用水平应以分配的水量为基础，结合规划水平年人口及国内生产总值指标预测成果，测算人均用水量及单位国内生产总值用水量指标，分析相应区域水资源开发利用水平，并结合水量分配有关各方在与水有关的指标方面的协调性与合理性，分析区域平衡性。

水量分配份额的匹配性主要是分析参与水量分配各方分配的水量比例是否合适。宜从现状数据中选择主要指标进行分析，主要通过测算参与各方现状用水量、水资源量、人口、耕地面积、国内生产总值等指标占分配区域的比重，结合经济社会发展趋势等分析各方水量分配份额是否合理。

生态环境用水分析的目的是控制水资源开发利用程度，保障河湖生态健康。主要通过分配后的河流主要控制断面下泄水量进行分析。

二、用水效率控制

用水效率控制的目的是为了提高水资源的用水效率，减少水资源浪费，加快各行业用水效率控制指标体系的制定，严格用水定额管理。水资源配置的经济效益目标是将节水工作贯穿于经济社会发展和群众生产生活的全过程。用水效率控制指标是一个综合性指标，包括各种用水定额和用水效率。行业用水效率以用水产生的直接经济效益最大来表示，农业用水效率通常用农田灌溉水有效利用系数表示。根据用水效率控制红线，到2020年农田灌溉水有效利用系数提高到0.55以上，万元国内生产总值和万元工业增加值用水量明显降低。用水效率红线控制管理是以“自然—社会”二元水循环作用机制为基础，针对社会水循环中间过程系统调控所开展的制度设计，提高水资源利用效率，从而实现经济社会发展和水资源管理和保护的协调发展。用水效率控制制度的实施，就是力图通过全过程的节水、综合节水和广义节水，从而“把节约用水贯穿于经济社会发展和群众生活生产全过程”，实现水资源利用效率和效益的整体提高，建设节水型社会。

（一）用水效率控制指标

用水效率控制指标分为监督考核指标和监测评价指标。监督考核指标用以考核各地节水管理工作，监测评价指标用以及时监测了解各地用水效率变化情况，督促各地加强节水管理工作。

监督考核指标有万元工业增加值用水量、农业灌溉水有效利用系数两项指标，是实行最严格水资源管理制度的核心指标。这两项核心指标的近期控制目标为：到2020年，全国万元工业增加值用水量比2015年下降20%以上，农业灌溉水有效利用系数提高到0.55以上。

监测评价指标有综合用水评价指标、农业用水评价指标、工业用水评价指标和生活用水评价指标4类。综合用水评价指标有万元国内生产总值用水量，农业用水评价指标有农田亩均灌溉用水量，工业用水评价指标有工业用水重复利用率，生活用水评价指标有城市污水处理回用率、城市供水管网漏损率和城镇节水器具普及率。

（二）用水效率控制指标分解

用水效率控制指标要科学分解，逐级落实到各级行政区。对于万元工业增加值用水量指标，综合考虑各区域工业节水潜力、工业节水目标实现可能性以及中央关于加快转变经济发展方式的要求，按照有利于发达地区产业结构升级、有利于中西部地区发挥资源优势的原则，对各地进行区别对待，万元工业增加值用水量不同程度大幅下降，2020 年万元国内生产总值用水量、万元工业增加值用水量分别比 2015 年降低 25%和 20%；农业亩均灌溉用水量显著下降，农田灌溉水有效利用系数提高到 0.55 以上。根据各地降水条件、现状灌溉用水效率、节水灌溉投入、粮食增产规划等因素，对农业灌溉水有效利用系数按区别对待的原则分解。

（三）用水效率控制指标落实

完善节水管理制度体系，严格节水监督管理，切实提高区域用水效率和用水户用水水平。一是完善用水定额管理制度。组织开展现状用水水平分析和重点行业水平衡测试，对用水定额进行评估，完成用水定额制修订工作，建立用水定额动态管理体系，加强对建设项目水资源论证、取水许可审批、用水计划下达、节水水平评价等工作环节的用水定额管理。二是健全计划用水管理制度。建立健全用水指标管理、考核和调整机制，完善计划用水管理制度，规范各地计划用水管理。三是健全建设项目节水设施“三同时”管理制度。新建、改建、扩建的建设项目制定节水措施方案，进行节水评估，配套建设节水设施。四是建立用水效率标识管理制度。制定使用面广、影响力大的一系列用水产品用水效率限定值及用水效率等级强制性国家标准，推动实行用水效率标识管理。五是强化重点用水户节水监督管理。实施重点用水户监控管理，定期考核重点用水户用水水平，加大重点用水户节水投入，加强取用水管理，推动重点用水户提高用水效率。六是完善节水经济调节机制，促进用水效率控制指标实施。进一步完善水资源有偿使用制度。要求“合理调整水资源费征收标准，扩大征收范围，严格水资源费征收、使用和管理”；稳步推进水价改革，合理的价格杠杆是优化水资源配置、提高用水效率的重要手段，建立科学的价格构成体系、合理的供水价格标准、利于节水的水费计收系统以及与价格相适应的供水社会化服务机制；积极探索并不断规范水权有偿转让。

（四）用水效率控制指标考核

用水效率控制指标要得到各地区、各用水户有效执行，关键是建立考核机制，对工作突出的予以奖励，对工作不力的限期整改。用水效率控制指标考核实行地方行政首长负责制，纳入国家考核体系。各省级人民政府要将各项监督考核指标逐年分解，确定年度目标和任务。建立相应的奖惩机制，对完成和超额完成年度考核指标的省级行政区予以奖励，在安排该地区年度取水、建设项目审查、项目投资和落实“以奖代补”政策时优先考虑。对未完成年度考核指标的省级行政区,在建设项目新增取水、新增建设项目水资源论证等环节予以限制,并要求在评价考核结果公告后限期整改。

第五节 水资源管理与保护的制度设计与措施体系

一、水资源管理与保护制度设计

(一)制度设计原则

水资源管理和保护是一项艰巨而复杂的系统工程,必须有严格的管理制度保障。管理制度设计上必须坚持绿色发展理念,树立底线思维,以水资源节约、保护和配置为重点,加强用水需求管理,以水定产、以水定城,建设节水型社会,促进水资源节约集约循环利用,保障经济社会可持续发展。制度设计要坚持以下原则:一是尊重自然、人水和谐,促进人口经济与资源环境相均衡;二是以人为本、改善民生,着力解决直接关系人民群众生命安全、生活保障、生产发展、人居环境等方面的问题;三是统筹兼顾、系统治理,立足山水林田湖是一个生命共同体,系统解决水资源、水环境、水生态、水灾害问题;四是深化改革、创新驱动,健全水生态文明建设体制机制,增强水资源管理内生动力;五是依法治水、依法管水,完善适合我国国情和水情的水法治体系,把水资源管理和保护全面纳入法治轨道。

1. 树立底线思维,强化约束性指标管理

解决复杂的水资源问题,必须牢固树立底线思维,实行水资源消耗总量和强度双控行动,强化水资源管理“三条红线”刚性约束。一是严控用水总量。加快推进江河水量分配,把相关控制指标落实到相应河段、湖泊、水库和地下水源,到2020年,全国年用水总量控制在6700亿m^3以内。建立水资源承载能力监测预警机制,切实把水资源承载能力作为区域发展、城市建设和产业布局的重要条件,对超出红线指标的地区实行区域限批。二是严管用水强度。加强用水定额和计划管理,明确各行业节水要求,健全取水计量、水质监测和供用耗排监控体系, 到2020年, 万元国内生产总值用水量、万元工业增加值用水量较2015年分别降低25%、20%,农田灌溉水有效利用系数提高到0.55以上。三是严格节水标准。健全节水技术标准体系,制定用水产品、重点用水行业、城市节水等方面的指标。

2. 落实节水优先,推进节水型社会建设

在观念、意识、措施等各方面都把节水放在优先位置,切实把节约用水贯穿于经济社会发展和生活生产全过程。一是突出节水强农,积极发展东北节水增粮、西北节水增效、华北节水压采、南方节水减排等区域规模化高效节水灌溉，加快大中型灌区续建配套和节水改造。二是突出节水降耗，大力推广工业水循环利用，普及节水工艺和技术，重点实施高耗水工业行业节水技术改造。三是突出节水控需，加强城镇公共供水管网改造，加快淘汰不符合节水标准的生活用水器具，大力发展低耗水、低排放现代服务业，推进高耗水服务业节水技术改造，全面开展节水型单位和居民小区建设。四是突出节流补源，把非常规水源纳入区域水资源统一配置，加大雨洪资源以及海水、中水、矿井水、微咸水等非常规水源开发利用力度。五是突出节奖超罚，统筹考虑市场供求关系、资源稀缺程度、环境保护要求、社会可承受能力等因素，加快推进农业水价综合改革，全面实行非居民用水超计划、超定额累进加价制度，全面推行城镇居民用水阶梯水价制度，充分发挥水价在节水中的杠杆作用。

3. 坚持人水和谐，加强水生态保护

牢固树立尊重自然、顺应自然、保护自然的生态文明理念，统筹好水资源开发与保护关系，更加注重水生态保护。一是加强重要生态保护区、水源涵养区、江河源头区保护，推进生态脆弱河流生态修复，加强水土流失防治，建设生态清洁小流域。二是开展退耕还湿、退养还滩，严格禁止擅自围垦占用湖泊湿地、在河口和滨海湿地开展人工养殖，限期恢复已经侵占的自然湿地等水源涵养空间，维护湿地生物多样性。三是落实水域岸线用途管制制度，编制水域岸线利用与保护规划，按照岸线功能属性实行分区管理，严格限制建设项目占用自然岸线，构建合理的自然岸线格局。四是实施水污染防治行动计划，全面落实全国重要江河湖泊水功能区划，建立联合防污控污治污机制，强化从水源地到水龙头的全过程监管。五是严格地下水开发利用总量和水位双控制，加强华北等地下水严重超采区综合治理，逐步实现采补平衡，建设国家地下水监测系统。六是综合运用“渗、滞、蓄、净、用、排”等工程措施和非工程措施，建设自然积存、自然渗透、自然净化的“海绵城市”；通过清淤疏浚、河塘整治等措施，打造河畅水清、岸绿景美的“美丽乡村”。七是按照确有需要、生态安全、可以持续的原则，集中力量加快建设一批全局性、战略性节水供水重大水利工程，为经济社会持续健康发展提供坚实的水利支撑。

4. 科学谋划布局，着力连通江河湖库水系

实施江河湖库水系连通，是优化国土空间格局、增加水环境容量、改善水安全状况的战略举措。一是在国家层面，系统整治江河流域，同时以重要江河湖泊为基础、重要控制性水库为中枢、南水北调等重大跨流域调水工程为依托，逐步形成“四横三纵、南北调配、东西互济”的河湖水系连通总体格局。二是在区域层面，因地制宜建设必要的引调水工程和区域水网工程，加快构建布局合理、生态良好、引排得当、循环通畅、蓄泄兼筹、丰枯调剂、多源互补、调控自如的江河湖库水系连通体系。三是在工程层面，深化河湖水系连通运行管理和优化调度研究，协调好上下游、左右岸、干支流关系，科学实施调度，充分发挥江河

湖库水系连通工程的综合效益。

5. 注重改革创新,着力构建水权制度体系

实行最严格水资源管理制度,必须坚持政府和市场两手发力,发挥市场在资源配置中的决定性作用和政府的引导、监管作用,加快建立水权制度体系。一是搞好用水权初始分配。开展河湖水域岸线等水生态空间确权试点,分清水资源所有权、使用权及使用量,探索建立分级行使所有权的体制。推进水资源使用权确权登记,将水资源占有、使用、收益的权利落实到取用水户。二是培育水权交易市场。鼓励和引导地区间、流域间、流域上下游间、行业间、用水户间开展水权交易,探索多种形式的水权流转方式。研究制定水权交易管理办法,明确可交易水权的范围和类型、交易主体和期限、交易价格形成机制、交易平台运作规则等。逐步建立健全国家、流域、区域层面水权交易平台体系,以及水权利益诉求、纠纷调处和损害赔偿机制,维护水市场良好秩序。三是推行合同节水管理。培育一批专业化节水管理服务企业,推动企业与用户以契约形式约定节水、治污、非常规水源利用等目标,并向用户提供节水技术改造、节水产品和项目融资、运营管理维护等专业化服务,实现利益共享,促进节水减排,提高水资源利用效率和效益。

(二)制度设计主要内容

水资源管理与保护重点是解决水资源短缺、水污染严重、水生态环境恶化等存在的问题,其核心是建立最严格水资源管理制度。最严格水资源管理制度就是实施"红线管理、制度保障"的一种制度设计和水资源管理与保护模式,是从制度上推动经济社会发展与水资源水环境承载能力相适应。核心内容是建立水资源管理和保护"三条红线",实施"四项制度"。

1. 建立用水总量控制制度,促进水资源合理利用

建立覆盖流域和省、市、县三级行政区域的取用水总量控制指标体系,制定主要江河流域水量分配方案,严格控制流域与区域取用水总量;严格规划管理和水资源论证,国民经济和社会发展规划以及城市总体规划的编制、重大建设项目的布局,应当与当地水资源条件和防洪要求相适应;严格实施取水许可,对取用水总量已达到或超过控制指标的地区,暂停审批建设项目新增取水,对取用水总量接近控制指标的地区,限制审批新增取水;严格地下水管理和保护,实行地下水取水总量控制和水位控制,以防地下水超采;强化水资源统一调度,协调好生活用水、生产用水和生态用水。

2. 建立用水效率控制制度,全面建设节水型社会

全面加强节约用水管理,把节约用水贯穿于经济社会发展和群众生活生产全过程;严格用水定额管理,制定实施节水强制性标准;大力发展农业节水灌溉,不断提高农业节水水平;强化工业企业和城市生活节水技术改造,淘汰落后工艺、设备和产品,大力推进污水处理回用;积极发展海水淡化和综合利用,充分利用雨水和微咸水。

3. 建立水功能区限制纳污制度,加快治理水污染

严格水功能区监督管理,从严核定水域纳污容量;强化入河湖排污口监督管理,严格控制入河湖排污总量;加快污染严重的江河湖泊水环境治理,改善重点流域水环境质量;严格饮用水水源地保护,确保供水安全;维持河流的合理流量和地下水的合理水位,确保基本生态用水需求。

4. 建立水资源管理责任与考核制度,强化水资源监督管理

将水资源开发、利用、节约和保护的主要指标纳入地方经济社会发展综合评价体系,县级以上地方人民政府主要负责人对本行政区域水资源管理和保护工作负总责;严格考核管理,考核结果作为地方人民政府相关领导干部和相关企业负责人综合考核评价的重要依据;强化水资源监督管理,有法必依、执法必严、违法必究。

(三)制度体系构建

1. 用水总量控制制度

(1)核心内容

严控水资源总量,管住水资源增量,优化水资源存量。

(2)配套政策制度体系

1)严格规划管理,如《水利规划管理办法(试行)》(水规计〔2010〕143),《水工程建设规划同意书制度管理办法》(水利部令第 31 号)等。

2)严格控制流域和区域取用水总量,如《全国水资源综合规划(2010—2030)》,《水量分配暂行办法》(水利部令第 32 号),《关于做好水量分配工作的通知》(水利部水资源〔2011〕368 号),《关于印发水权制度建设框架的通知》(水政法〔2005〕12 号),《关于水权转让的若干意见》(水政法〔2004〕11 号)等。

3)严格水资源论证,如《建设项目水资源论证管理办法》(水利部令第 15 号),《关于开展规划水资源论证试点工作的通知》(水资源〔2010〕483 号)等。

4)严格实施取水许可,如《取水许可和水资源费征收管理条例》(国务院令第 460 号),《取水许可管理办法》(水利部令第 34 号)等。

5)严格水资源有偿使用,如《水资源费征收使用管理办法》(财综〔2008〕79 号),《中央分成水资源费使用管理暂行办法》(财农〔2011〕24 号)等。

6)强化水资源统一调度,如编制水资源调度方案、应急调度预案和调度计划、建立水资源调度管理责任制等。

2. 用水效率控制制度

(1)核心内容

用水定额管理,实施计划用水,推进节约用水。

(2)配套政策制度体系

1)节水型社会建设,如《节约用水条例》出台,编制节水型社会建设规划,构建节水标准体系,出台节水强制性标准,开展节水型社会建设试点示范,引水、调水、取水、供用水工程的取水规模论证与许可管理,制定水价政策。

2)用水定额管理。

3)计划用水管理,如《计划用水管理办法》、节水“三同时”管理政策、重点用水单位节水监督管理等。

4)推进节水技术改造,如农业节水工程建设管理、工业节水技术改造和生活节水管理、非常规水源开发利用管理等。

3. 水功能区限制纳污制度

(1)核心内容

严格管理目标、核定控制总量、严格排污口设置。

(2)配套政策制度体系

1)水功能区监督管理,如《关于全国重要江河湖泊水功能区划(2011—2030年)的批复》(国函〔2011〕167号),《水功能区监督管理办法》(水利部水资源〔2017〕101号)等。

2)入河排污口监督管理,如《关于进一步加强入河排污口监督管理工作的通知》(水利部水资源〔2017〕138号)等。

3)限制排污总量控制,如《核定水功能区纳污能力规程》,《水利部定期公布重要江河湖泊水功能区限制排污总量意见》等。

4. 水资源管理责任与考核制度

(1)核心内容

严格监督、强化责任、严肃追究。

(2)配套政策制度体系

最严格的水资源管理制度目标指标体系,考核办法,奖惩机制和督察制度。

二、水资源管理与保护措施体系

(一)加强水资源开发利用控制红线管理,严格实行用水总量控制

根据各流域、各行政区域水资源开发利用控制指标,通过江河流域水量分配工作,明确重要江河和地下水水源地取用水总量控制指标;通过健全规划管理、水资源论证、取水许可、水资源调度等制度,严格监督管理,确保水资源开发利用控制指标的实现。

1. 严格水资源管理与保护规划管理

完善全国、流域和区域水资源规划体系;严格规划管理,各项水资源开发、利用、节约、保护和管理行为必须符合规划要求;落实水工程建设规划同意书制度。

2. 严格控制流域和区域取用水总量

以《全国水资源综合规划(2010—2030)》为主要依据,在明确各省水资源开发利用控制红线指标的基础上,以水资源紧缺、生态环境脆弱、水事矛盾突出、涉及跨流域和跨区域调水等的江河流域为重点,做好全国主要跨省江河流域水量分配工作。各省(自治区、直辖市)按照江河流域水量分配方案或取用水总量控制指标,制订年度用水计划,依法对本行政区域内的年度用水实行总量管理。建立健全水权制度,积极培育水市场和开展水权交易工作,运用市场机制合理配置水资源。

3. 严格执行建设项目水资源论证

严格执行建设项目水资源论证制度,把建设项目水资源论证作为项目审批、核准的刚性前置条件,对不符合国家产业政策和水资源管理要求的建设项目,其水资源论证报告书一律不得批准;对未依法完成水资源论证工作、擅自开工建设和投产使用的建设项目,一律责令停止。加强相关规划和项目建设布局水资源论证工作,国民经济和社会发展规划以及城市总体规划的编制、重大建设项目的布局,应当与当地水资源条件和防洪要求相适应。

4. 严格实施取水许可

严格落实国务院《取水许可和水资源费征收管理条例》和水利部《取水许可管理办法》,将取水许可审批作为控制用水总量过快增长、落实水资源开发利用控制红线的重要抓手。对取用水总量已达到或超过控制指标的地区,暂停审批建设项目新增取水;对取用水总量接近控制指标的地区,限制审批建设项目新增取水。暂停审批建设项目新增取水的地区,新建、改建和扩建建设项目取水只能通过节约用水、利用再生水等非常规水源、水权转让等方式解决。

5. 严格水资源有偿使用

合理调整水资源费征收标准,扩大征收范围,完善水资源费征收、使用和管理的规章制度;落实《水资源费征收使用管理办法》《中央分成水资源费使用管理暂行办法》,严格水资源费征收、使用和管理。

6. 严格地下水管理和保护

健全地下水管理与保护的政策法规与技术标准体系,全面推行地下水取用水总量控制管理和水位控制管理。严控地下水开发利用规模,防止产生新的超采区;积极推进地下水超采治理,逐步削减超采量,实现地下水采补平衡。加强地下水保护,防止污染和破坏地下水。

7. 强化水资源统一调度

加快制定和完善水资源调度方案、应急调度预案和调度计划,全面落实水资源调度管理责任制;加强重要江河、湖泊和水资源配置工程水资源统一调度,为保障防洪安全、供水安全、粮食安全和生态安全奠定科学扎实的基础。

（二）加强用水效率控制红线管理，全面推进节水型社会建设

在建立用水效率控制红线指标体系的基础上，通过严格用水定额管理、强化计划用水管理、建立有利于节水的水价机制等非工程措施，以及大力推进农业节水灌溉、工业和城市生活节水技术改造、开发利用非常规水源等工程措施，不断提高用水效率和效益，确保用水效率控制目标的实现。

1. 加强节水型社会建设组织管理

深入推进节水型社会建设，把节约用水贯穿于经济社会发展和群众生产生活全过程。进一步推动节约用水法规和标准体系建设，推动水价改革，建立有利于节约用水的体制和机制，全面加强节水型社会建设组织管理。

2. 严格用水定额管理

健全用水定额标准，将用水定额作为水资源论证、取水许可、计划用水等水资源管理的重要依据，严格用水定额管理。对不符合用水定额标准的取水申请，审批机关不得批准取水许可；对超定额用水的，严格执行累进水资源费和累进水价制度。

3. 强化计划用水管理

健全计划用水管理制度，对纳入取水许可管理的单位和其他用水大户实行计划用水管理；建立用水单位重点监控名录，强化用水监控管理；保证节水设施与主体工程同时设计、同时施工、同时投产的"三同时"制度，强化重点用水单位节水监督管理。

4. 加快推进节水技术改造

加快大中型灌区续建配套节水改造，全面推进小型农田水利重点县建设，加强灌区田间工程配套，完善农业节水工程体系；加大工业节水技术改造力度，建设节水示范工业园区；加大城市生活节水工作力度，大力推广使用生活节水器具；积极发展非常规水源开发利用，逐步提高城市污水处理回用比例，将非常规水源开发利用纳入水资源统一配置。

（三）加强水功能区限制纳污红线管理，严格控制入河湖排污总量

以国务院批复的《全国重要江河湖泊水功能区划》为依据，以实现各阶段水功能区达标率为主要目标，在核定水功能区纳污能力、提出分阶段限制排污总量意见的基础上，建立和完善水功能区限制纳污管理、入河湖排污口监督管理、全国重要饮用水水源地安全保障、水生态系统保护与修复、河湖健康评估、突发水污染事件应急建设等工作体系，构建水资源保护工作的规划、工程、法规标准和监控能力等基础支撑，初步建成水资源保护和河湖健康保障体系。

1. 强化水功能区监管

健全水功能区限制纳污管理制度，完善水功能区管理体系，完成水功能区纳污能力核定，提出分阶段限制排污总量意见，建立水功能区水质达标评价体系，提高水功能区监测能力和管理水平，强化水功能区基础性和约束性作用。

2. 严格入河湖排污口监督管理

全面及时掌握入河湖排污口分布情况；建立取水许可和排污口设置管理联动机制，对排污量超出水功能区限制排污总量的地区，限制审批新增取水和入河湖排污口；加强对已有入河湖排污口的整治。

有关饮用水水源保护、水生态系统保护与修复措施内容将在后续章节详细介绍，在此不再赘述。

（四）建立水资源管理责任和考核制度，健全水资源监控体系

将水资源开发利用、节约和保护的主要指标纳入地方经济社会发展综合评价体系，落实水资源管理责任制。制定出台实行最严格水资源管理制度考核办法，严格考核管理。健全水资源监控系统，保障“三条红线”指标可监测、可评价、可考核。

1. 建立水资源管理责任和考核制度

建立水资源管理责任与考核制度，将水资源开发利用、节约和保护的主要指标纳入地方经济社会发展综合评价体系，严格考核管理。

2. 健全水资源监控体系

建设完善国家和省级水资源监控管理信息系统，加强取水、排水、入河湖排污口计量监控设施建设，逐步建立中央、流域和地方水资源监控管理平台；进一步优化水文站网布局；建立国家地下水监测站网，加强地下水动态监测；加强取水和入河湖排污口排污量监督监测；完善“三条红线”指标监测与统计方法，及时发布水资源公报等信息。

（五）水资源管理与保护保障措施

1. 加强组织领导

建立最严格水资源管理制度各级政府一把手负责制，形成“一级抓一级，层层抓落实”的工作格局。各级主管部门要切实提高对实行最严格水资源管理制度重要性的认识，把水资源管理和保护工作摆上重要位置，主要领导要亲自抓，负总责，细化工作措施，明确时限要求，落实到工作岗位，明确工作责任；加强水资源管理与保护机构和队伍建设，健全水资源管理与保护机构，确保机构、编制与严格水资源管理的任务相适应；建立健全系统内目标考核、干部问责和监督检查机制，做到工作有布置、有检查、有评估、有奖惩，形成“一级抓一级，层层抓落实”的工作格局。

2. 完善水资源管理与保护政策法规和技术标准体系

完善水资源配置、节约、保护和管理等方面的政策法规体系，细化制度措施要求，不断增强各项制度措施的针对性和可操作性；加快制定完善水资源管理技术标准；严格执法监督管理。

3. 强化水资源管理与保护科技支撑

加强水资源基础性、战略性问题研究,加强水资源管理与保护应用技术研发与推广。最严格水资源管理的技术支撑体系可归并为四大领域,即二元水循环与用水原理、水循环及伴生过程系统模拟、水资源系统综合调配技术体系和节水减排技术与调节机制。在二元水循环与用水原理方面,经济社会和生态环境需水的计算离不开二元水循环通量的科学界定,用水需求和用水过程的分析、管理离不开对社会水循环各行业用水原理的探析;在水循环及伴生过程系统模拟方面,通过流域水循环历史仿真和方案评价模拟能有力支撑水资源的准确评价、合理配置和高效调度,通过对用水过程蒸发的模拟能建立起有效的用水效率评价体系、用水需求和过程管理体制,通过对水循环伴生水化学过程的模拟能提供科学的水域纳污能力计算方法等;水资源系统综合调配技术体系将能有效支撑水资源的合理配置、有序调度,以及用水过程管理和水域调度管理等;通过节水减排技术与调节机制的建立和发展,一方面能界定高效、合理的区域经济社会用水需求,支撑需水管理和过程控制工作的开展,另一方面能有效降低污染物排放量,支撑减排系统分析和陆域减排管理。

4. 完善水资源管理与保护体制

完善流域管理与行政区域管理相结合的水资源管理与保护体制。推进城乡水务管理一体化,稳步推进水务市场化进程,加强政府对水务行业和市场的监督管理;建立实行最严格水资源管理制度部门合作机制。加强与环保、城建、国土等有关部门的沟通协调,研究建立多部门密切合作、共同做好最严格水资源管理制度的合作机制。

5. 完善水资源管理与保护投入机制

推动拓宽水资源管理与保护投资渠道,建立长效、稳定的水资源管理与保护投入机制,保障水资源节约、保护和管理工作经费。

6. 加大宣传和表彰力度

大规模、多角度、深层次宣传水资源管理与保护制度,推动最严格水资源管理制度理念深入人心;大力宣传先进做法和典型经验,加大表彰奖励工作力度,广泛动员社会各界参与和支持水资源管理与保护,为水资源管理与保护营造良好的舆论氛围。

河湖水域岸线管理

《关于全面推行河长制的意见》明确要求：加强河湖水域岸线管理保护。首先要严格水域岸线等水生态空间管控，依法划定河湖管理范围，其次要落实规划岸线分区管理要求，强化岸线利用与保护的规划约束，建立岸线占用补偿制度，强化河湖水域岸线监管联合执法。以河长制推进河湖水域岸线统一管理与保护，维护河湖水域岸线生态功能。

第一节　河湖水域岸线管理概况

一、河湖水域岸线相关概念

(一)河湖水域岸线的概念

从岸线管理的角度出发，河湖水域岸线定义为一定水位下河湖水域水陆边界线一定范围内，岸线向陆向水两个方向延伸占用空间所形成的带状区域。这个范围一般受岸线所处河流湖泊位置、岸线开发利用情况的影响而大小不同。

1. *河流岸线*

河流岸线是河流与陆地的分界线，包括江、河、人工水道、水库、塘坝等岸线，其位置受河流边界影响。高峻的基岩岸，水边陆地就是岸线；低缓的沙泥质岸，岸线则依河流水位的涨落而变动。

2. 湖泊岸线

湖泊岸线是湖泊水体与陆地的分界线,其往水域延伸的区域称为沿岸带,通常是指岸边到水生植物可以生长的最大深度。

在实际工作中,岸线是一个空间概念,包括一定范围内的水域和陆域,是水域和陆域的接合地带。一般认为,这个边界可以根据岸线所属的区域而定。河流岸线和湖泊岸线的边界有着显著区别,河流上、中、下游的岸线范围也各异,城市水域岸线要根据城市的具体条件来定。

(二)河湖水域岸线的类别

按照河湖岸线的自然属性,如岸线位置、岸线地质岩性、岸线稳定性和岸线。前沿水深等,可将岸线分成以下 4 类。

1. 依据岸线所处的水域位置

岸线分为内河岸线和湖岸线。内河岸线又分为上游岸线、中游岸线和下游岸线。

2. 依据岸线的地质岩性

岸线可以分为以下 4 类。

(1)基岩岸

基岩岸由比较坚硬的岩石组成的岸线,通常比较陡峭,与陆地的山脉或丘陵相连。

(2)砾质岸

砾质岸由比较坚硬的砾石组成。

(3)沙质岸

泥沙颗粒的中值粒径大于 0.05mm,颗粒间无黏结力,一般坡面较缓。

(4)粉沙淤泥质岸

泥沙颗粒的中值粒径小于 0.05mm,淤泥颗粒间有黏结力,岸坡平缓,岸滩宽广。

3. 依据岸线的稳定程度

岸线可以分为以下 3 类。

(1)稳定岸线

水动力作用对岸线的冲刷量和淤积量基本平衡,在一定时间内岸线冲淤变化不大,处于相对稳定状态。

(2)冲刷岸线

水动力作用对岸线的冲刷量大于淤积量,岸线的陆域部分受冲刷后退,处于逐渐被侵蚀的状态,一般形成凹岸。

(3)淤积岸线

水动力作用对岸线的淤积量大于冲刷量,岸线的陆域部分淤积并逐渐向水中伸展,一般形成凸岸。

4. 依据岸线前沿的水深

岸线可以分为以下 3 类。

(1)深水岸线

岸线水域范围内水深超过 10m,满足 10000 吨级船舶航行和停靠的要求。

(2)中深水岸线

岸线水域范围内水深 5~10m,满足 2000~10000 吨级船舶航行和停靠的要求。

(3)浅水岸线

岸线水域范围内水深不到 5m,仅满足 2000 吨级以下船舶航行和停靠的要求。

(三)河湖水域岸线功能及利用

1. 河湖水域岸线功能

我国流域面积大于 100km^2 的河流共有 5 万多条,总长 43 万 km,大于 100km^2 的湖泊 130 多个,大于 500km^2 的湖泊 26 个。河流(湖泊)两侧(周边)水陆边界一定范围内的带状区域是滩涂岸线资源。该区域既具有行洪、调节水流和维护河流(湖泊)生态系统健康的自然功能属性,同时又具有一定的开发利用价值,是一种土地资源。

自然岸线作为水域与陆地的交界,承担着水陆物质和能量交换的重任,这一过程具有重要的生态学意义。在生态学领域,这一界面区被称为内陆水/陆地交错带,简称水陆交错带。我国水陆交错带的面积达 10 万 km^2 以上,数量相当可观。水陆交错带按其景观作用可分为湖周(包括水库、沼泽)交错带、河岸边交错带、源头水交错带、地下水/地表水交错带以及海岸交错带等 4 种。作为水体生态系统和陆地生态系统之间的过渡区域,水陆交错带存在着边缘效应,致使其生态环境较为脆弱。

边缘效应是生态过渡带的显著特征之一。其主要表现可归纳为:食物链长,生物多样性增加,种群密度提高;系统内部物种与群落之间竞争激烈,彼此消长的频率高,幅度大;抗干扰能力差,界面易发生变异,且系统恢复的周期长;自然波动与人为干扰若相互叠加,易使系统承载力超越临界阈值,导致系统的紊乱乃至崩溃。

2. 河湖水域岸线利用

岸线是一种资源,岸线资源的合理开发利用与保护,对经济社会可持续发展、保障河道(湖泊)行(蓄)洪能力、维护生态系统良性循环以及河流健康都具有十分重要的作用。

从历史上来看,河流或湖泊岸线,特别是两河交汇区,凭借其资源与区位优势,优先成为人类傍水而居及经济活动的场所。农业社会,人群聚集在江河沿岸开展农业生产以及在部分水陆交会段进行军事或贸易等活动;工业社会尤甚,江河两岸因其快捷而低廉的运输成本、便捷的取水途径优势,成为城镇与工业企业的不二之选。随着社会的发展,人们在江湖沿岸从事经济活动,逐步对河湖岸线形成了不同的利用方式,同时赋予河湖岸线不同的功能。大体上,河湖岸线利用可分为以下 6 种类型。

(1)港口岸线

港口岸线包括交通部、各级地方政府相关部门所属的各类公共码头使用岸线,也包括提供公众交通服务的货主码头,货主自己投资修建的,供本单位使用的码头)。

(2)仓储岸线

仓储岸线指货主建设的临江仓储设施及附属码头占用岸线, 主要从事物资储运和销售,包括石油、天然气仓储码头(也称危险品码头),粮食、成品油仓储码头等。

(3)工业岸线

工业岸线包括各类临水工业占用岸线,主要有火电、钢铁、化工、建材、造纸、修造船等工业。

(4)生活占用

生活占用主要指城市取水口及其水源保护区、濒江风景区使用岸线。

(5)过江通道

过江通道专指已建、在建和基本立项的大桥桥位以及过江汽、轮渡码头占用岸线。

(6)特殊岸线

特殊岸线专指过江电缆保护区和军用岸线。

3. 河湖水域岸线资源

(1)岸线资源的概念

岸线资源是人们在利用岸线的过程中形成的价值认同。岸线不仅有量的反映,而且有质的差别,从而综合影响到人类开发岸线的难易和使用效果的好坏。人类对岸线资源的价值判断,受其主观认识水平和经济技术发展水平等条件的限制。

从岸线利用的角度看,岸线资源即现有的经济、社会及技术水平条件下,满足人类生产、生活需要开发的岸线。

(2)岸线资源的特征

岸线是处于水、陆接合地带的一种特殊资源,除了具有其他自然资源的某些共性特征之外,还具有其独特的性质,这种特殊性主要由水、陆交界地带的特殊性所决定。

岸线是水域、陆域交错的空间,受到两种生态系统的影响,同时又是人类活动集中的地方,受到人文、自然两种环境的制约。由于水、陆相互作用和人为施加影响,岸线显示出脆弱的系统特性,反映在质和量上则表现出变动性特征。由于岸线水陆结合的特点,适宜多种用途的开发利用,因此反映出多宜性特征。由于上述两个特征,岸线在开发、利用、管理上表现出综合性特征。

1)岸线的变动性。

自然岸线在水、沙作用下表现为多变的特征,从而影响到岸线资源的质量变化和分布格局。

河流岸线的变动性，一方面表现为空间的变化。有自然的原因，如河流自身的水、沙以及边界条件的变化；也有人为的原因，如人为的围垦、护岸等工程建设的扰动。另一方面表现为开发条件的变化。随着技术的进步，河湖水域岸线受到越来越多的人类活动的影响，河道的整治，堤坝的维护，水库、桥梁、港口等基础设施的建设，进一步提高了岸线的资源价值。

2)岸线的多宜性。

港口是岸线最主要的利用方式。此外，用岸线特殊的空间区位和丰富的水资源、运输资源进行工业布局，也是岸线的主要利用方式之一。其他的利用方式还有桥梁建设、生产生活取排水、休闲、农业利用等。这些利用方式均表现为对“岸线空间”的占用。

3)岸线的综合性。

岸线空间的水域和陆域交互作用，人文与自然环境共同影响，使得其具有开发、利用、管理上的综合性。

其一，岸线开发具有综合性，在开发的过程中需要遵循开发与保护、利用与治理相结合的原则。如何把握岸线开发和保护的度，是岸线资源开发和利用过程中需要处理好的最重要的问题之一。保护好岸线自然走势，保持其自然演变规律并尽量约束其变动以利持续利用，是开发岸线的基础。合理的岸线占用，能在利用的同时起到保护岸线的作用，使其保持相对稳定性和持续利用性；反之，不合理的岸线使用则会破坏岸线的自然演变趋势，导致岸线质和量的灾难变化，给经济发展带来不可估量的损失。

其二，岸线利用是以水域环境为主体的水、陆和人文环境的综合性利用。有水才有岸，几乎所有岸线资源的开发都和岸线水体有着直接或间接的联系，主要反映在航运上，河湖通航能力的大小直接影响到岸线开发的可能性和必要性，反映了岸线资源的质量，比如京杭运河及太湖对苏浙经济的重要意义。如果失去了“水域特征”，岸线资源只是一般的资源，而失去其特殊性。

其三，岸线管理是水利、国土、环保和交通等多部门的综合管理。水利部门从蓄洪行洪及水资源管理角度出发，管理河道及岸线的保护；交通部门主要从航运及港口利用的角度，管理岸线的开发，二者的协调是岸线管理中的重要一环。而国土部门负责确认岸线资源的权属。

河湖水域岸线的上述特性，必然导致其管理上的一系列问题。随着经济社会的发展，如何更好更科学地对河湖水域岸线进行有效管理，愈显迫切。

(四)河湖水域岸线管理

随着我国经济社会的不断发展和城市化进程的加快，岸线开发利用的需求日益增长，部分地区对河流(湖泊)岸线利用的要求越来越高，沿江河(湖泊)开发活动和临水建筑物日益增多。特别是我国东部的长江中下游地区、淮河中下游地区、珠江三角洲地区和城市河段等经济发达、人口稠密、土地资源紧缺地区，河道两侧和湖泊周边岸线的利用程度较高。合理地规划和开发利用河湖水域岸线,有利于促进经济社会发展,保障蓄洪行洪,保证供水,保护水环境及水生态安全。

但是,长期以来,由于河流(湖泊)岸线范围不明,功能界定不清,管理缺乏依据,部分河湖岸线开发无序和过度开发严重,对河道(湖泊)行(蓄)洪带来不利影响,甚至严重地破坏了河流生态环境。

1. 河湖水域岸线管理现状及问题

(1)体制不顺,协调缺乏

目前,我国河湖岸线管理尚无主管部门,涉及水域岸线管理的部门数量较多,包括水利、环保、国土、住建、林业、公安、渔业、旅游、交通等,呈现"九龙治水"格局。如交通运输部于2012年颁行《港口岸线使用审批管理办法》,对岸线总体规划区内建设码头等港口设施使用港口岸线行使岸线使用审批权;水利部依据《中华人民共和国河道管理条例》《中华人民共和国防洪法》等,行使湖泊岸线整治及河道湖泊岸线开发利用等方面的审批权;而《中华人民共和国土地管理法》从土地利用角度,对河湖岸线开发利用进行了限制。各部门出台的规章,由于视角不同,侧重点各异,在岸线管理上存在主次不分、权限不明、范围不清、权责不一、交叉管理等现象,使得岸线管理不到位,越权审批、越权执法时有发生。地方政府和地方业务主管部门常从区域战略定位与经济发展的角度考虑,而忽视全盘全流域的统筹,也是岸线管理矛盾的焦点之一。

(2)规划混乱,管理低效

在河湖管理方面,既涉及土地、城乡、水利、农业、林业等行业专项规划,也有诸如环保、水利等河湖环境有关规划,而缺乏统一的规划指导,也使得在目前的岸线开发利用中,"重开发利用,轻岸线保护""重部门或地方利益,轻全流域整体利益"的现象时有发生。岸线开发利用多强调局部利益,不能统筹上下游、左右岸之间的关系,缺乏统一规划及有效管理,主管部门各自为政,乱占滥用问题突出;一些建设项目开发利用布局不尽合理,开发利用方式粗放,造成河岸冲刷,或导致局部河势失稳,对防洪安全及河势稳定造成不利影响;有些危化品码头、排污口布局不符合河段水功能区水质保护的要求,甚至布置在水源保护区内,对供水安全造成重大威胁;有些开发项目布置在自然保护区的核心区,可能影响珍稀鱼类的洄游、繁殖等;有些项目布置在风景名胜区的核心景区,对自然景观及其环境造成严重影响。同时,局部地区存在岸线过度开发现象,建设项目的群体累积效应已经显现,对防洪、河势、供水、航运和生态环境造成一定影响。

(3)资源不均,利用低效

一方面,长江中下游地区、淮河中下游地区、珠江三角洲地区和城市河段区域等经济发达、人口稠密、土地资源紧缺地区,岸线资源是流域经济社会发展的重要支撑,具有不可替代性和稀缺性,特别是同时满足河势稳定、水深条件优越、陆域宽阔、对外交通方便的岸线资源更是稀缺。随着流域经济社会的快速发展，一大批重要港口、重要产业园区、过江交通设施、临港产业沿江布局，特别是局部江段岸线开发利用程度高，资源相对紧缺的矛盾正日益成为制约地方经济社会发展的瓶颈。

另一方面，由于受经济发展阶段制约，以及缺乏统一规划、统一管理等原因，部分河湖岸线利用项目存在多占少用和重复建设现象，岸线利用效率低，不能充分发挥岸线资源的综合效能，造成岸线资源浪费。一些企业未能统筹协调岸线资源开发与后方陆域布局的关系，未能充分发挥岸线资源的综合效益。有的开发利用项目存在"占而不用、多占少用、深水浅用"，以及专用码头占用过多岸线、公共码头建设岸线不足等现象，配置不合理，利用效率低，资源浪费严重。

河湖岸线管理涉及行业和部门众多，存在"政出多门""各自为政"等问题；岸线资源开发利用缺乏有效的市场、经济调控等管理手段，制约了岸线资源的有效保护、科学利用和依法管理；由于缺乏岸线功能区划和管理规定，在岸线利用与保护方面缺乏技术依据，也给行政许可和审批带来一定的难度。

2. 河湖岸线利用及规划现状

对于河湖岸线利用而言，随着经济社会的不断发展和城市化进程的加快，岸线开发利用的要求越来越高。特别是在经济发展水平高、岸线资源开发利用条件较好的地区，岸线开发利用程度普遍较高，港口码头、桥梁、取排水口、房地产、临河城市景观等开发利用项目密集。如长江中下游地区、淮河中下游地区、珠江三角洲地区和城市河段区域等，经济发达，人口稠密，土地资源紧缺，河道两侧和湖泊周边岸线的利用程度较高。但由于岸线开发利用尚未形成较完善的管理体系，岸线开发利用和治理保护缺乏有效的控制措施，占用河滩、随意围垦、违规建设码头港口等与水争地的现象日益增多，岸线呈现出无序开发的"公地悲剧"，削弱了岸线资源的潜在利用价值。

为了保障河道（湖泊）行（蓄）洪安全和维护河流湖泊健康，科学合理地利用和保护岸线资源，适应新时期经济社会发展的要求，妥善解决上述矛盾，水利部于 2006 年 12 月启动了全国主要江河流域综合规划修编工作，将全国重点河道（湖泊）岸线利用管理规划作为流域综合规划修编工作的一个重要专题。2007 年水利部下发《关于开展河道（湖泊）岸线利用管理规划工作的通知》（水建管〔2007〕67 号），部署全国主要江河岸线利用管理规划工作，同时下发《全国河道（湖泊）岸线利用管理规划工作大纲》和《全国河道（湖泊）岸线利用管理规划技术细则》，并明确该轮规划基准年为 2005 年，规划水平年为 2020 年。2008 年 9 月，《全国重点河段（湖泊）岸线利用管理规划》顺利完成，各流域机构编制单位严格按照《全国河道（湖泊）岸线利用管理规划技术细则》和流域规划修编的有关要求，合理划定岸线的控制线和功能区，也先后完成了流域岸线利用管理规划的初步成果。

全国河道（湖泊）岸线利用重点规划河段见表 3-1。

表 3-1 全国河道(湖泊)岸线利用重点规划河段

流域名称	重点规划河段	岸线长度(km)
长江	宜宾—河口的干流河段及江心洲(含崇明岛、长兴岛、横沙岛,未计其他江心洲)	6790
黄河	干流(兰州以下)及渭河、沁河、汶河、皇甫川、窟野河的重要城市段和省际边界河段	3477
淮河	淮干(淮滨—三河闸),以及洪泽湖(洪泽湖大堤岸线)、沙颍河、涡河、韩庄运河、中运河、里运河、南四湖、高邮湖、骆马湖的重要河段	2557
海河	漳卫南河重要河段、漳卫新河河口、海河河口、独流减河河口,以及永定河河口、永定河(卢沟桥至屈家店枢纽)、潮白河(苏庄橡胶坝至津蓟铁路桥)	1678
松花江	松干(三岔河口—哈尔滨)、嫩江、二松,以及佳木斯、牡丹江城市河段	2428
辽河	老哈河重要河段,辽河口,以及沈阳城市河段	356
珠江	珠江河口,西江干流广西梧州至磨刀门灯笼山,北江、东江中下游,柳江柳州段、郁江南宁段、桂江桂林段	2710
太湖	环太湖沿线、太浦河、望虞河	749
黑龙江、鸭绿江及图们江	鸭绿江口,黑龙江、图们江中国侧重点城市河段	207
合计		20952

2016 年 9 月,水利部、交通部、国土资源部正式印发《长江岸线保护和开发利用总体规划》。该规划为今后的长江流域岸线保护开发利用工作划定界线,指明方向,为长江流域社会发展提供助力。

该规划全面分析了长江岸线保护和开发利用存在的主要问题及经济社会发展对岸线开发利用的要求;按照岸线保护和开发利用需求,划分了岸线保护区、保留区、控制利用区及开发利用区等四类岸线功能区,并对各功能区提出了相应的管理要求;开展了岸线资源有偿使用专题研究;提出了保障措施。

二、河湖水域岸线管理的目标

河湖水域岸线管理的总体目标是:统筹经济社会发展、防洪、河势、供水、航运及生态环境保护等方面的要求,划定河湖管理范围,明确权属,科学合理制定岸线利用规划;依据规划和蓝线控制,结合水功能区划要求,科学划分岸线功能区,并根据区域发展需求及河势变化情况,优化调整岸线功能分区,按照功能分区进行分类管理;合理利用保护河湖生态空间,促进经济社会可持续发展;保障防洪安全、供水安全、发展航运,保护水生态环境;依法依规加强岸线保护和开发利用管理,规范岸线开发利用行为;建立河湖岸线资源有偿使用制度,促进岸线资源有效保护和合理利用。

三、河湖水域岸线管理的主要任务

(一)开展调查测量等基础工作,摸清家底

在省、市、县、乡四级河长体系下,根据河道重要程度,列出主要河流名录,确定辖区范围,同时对主要河道定期开展河道地形测量。

在充分调查的基础上,提出险工险段监测建档的要求,包括名称、位置、类型、治理情况等信息,制订治理计划。

(二)梳理河法规,规范涉河湖岸线水事行为

根据水利部《关于加强河湖管理工作的指导意见》,着力推进河湖管理工作有法可依、有章可循,在完善现有河湖管理法规制度的同时,要求各地根据本地区实际,健全涉河涉堤建设项目管理,实行开工审查、监督检查和专项验收三项制度,落实严格的行政审批制度、水域和岸线保护、河湖采砂管理、河湖障碍物管理和水域占用补偿、岸线有偿使用等涉河湖岸线管理法规制度,制定和完善技术标准。根据“谁破坏,谁赔偿”的原则,探索研究建立河湖资源损害赔偿和责任追究制度。

(三)编制规划,依规行事

规划是加强河湖管理的重要基础。按照水利部《关于开展河道(湖泊)岸线利用管理规划工作的通知》(水建管〔2007〕67 号)要求,依据《全国河道(湖泊)岸线利用管理规划技术细则》做好本地区、流域及重要水系的岸线保护与管理规划审查和报批工作,建立健全规划治导线管理制度,确定河湖采砂禁采区和禁采期,划定河湖临水控制线和外缘控制线,划定水域岸线保护区、保留区、限制开发区、开发利用区,严格分区管理和用途管制,加强规划的约束作用,落实规划实施评估和监督考核工作。同时,充分考虑流域综合规划、流域防洪规划、城市蓝线规划等,在河长制管理框架下,积极探索岸线管理多规合一机制。

(四)创新河湖管护机制

根据中共中央办公厅、国务院办公厅印发的《关于全面推行河长制的意见》,结合水利部《关于加强河湖管理工作的指导意见》,层层落实河湖岸线管护主体、责任和经费,实现河湖岸线管理的全覆盖。有条件的地方,引入市场机制,凡是适合市场、社会组织承担的岸堤工程维护、河道疏浚、岸线绿化等管护任务,可向社会购买公共服务。

(五)开展水域岸线登记和确权划界工作

十八届三中全会提出,要健全自然资源资产产权制度,对水流、森林等自然生态空间进行统一确权登记。水利部《关于加强河湖管理工作的指导意见》要求各地全面开展河湖水域岸线登记、河湖管理范围划定、水利工程确权划界工作。

通过水利、国土、财政、建设、绿化等相关部门的沟通协调,合力推进划界确权工作。有条件的地方要办理管理范围土地征用手续，进行土地确权；管理范围内土地无法全部征用的，探索采取土地流转等方式取得土地使用权，明确管理范围线，设立界桩、管理和保护标志。新建水利工程力争在建设过程中同步开展划界确权工作，划界确权与工程建设同步完成。划定水域岸线等水生态空间及河湖管辖范围。县级以上地方人民政府组织水利、国土资源等部门依法划定河湖管理范围，以此为基础划定水域岸线等水生态空间的范围，明确地理坐标，设立界桩、标识牌，并由县级以上地方人民政府负责向社会公布划界成果。

依据岸线利用规划划定的“两线四区”，确定水域、岸线等水生态空间权属。依据划定的水域、岸线等水生态空间范围，明确其所有权和功能定位，按照自然资源统一确权登记的有关规定实施统一登记。对于空间范围内的土地，属于国家所有的，登记为国家所有；属于集体所有的，登记为集体所有。水生态空间范围内涉水工程占压土地的，按照不动产统一登记的有关要求办理。

（六）建立占用水域补偿制度

根据党的十八届三中全会“实行资源有偿使用制度和生态补偿制度”的要求，水利部《关于加强河湖管理工作的指导意见》提出，要切实加强河湖水域保护，严格限制建设项目占用水域，防止现有水域面积衰减。建设项目确需占用水域的，要实行占用水域补偿制度，按照消除对水域功能的不利影响、等效替代的原则进行占用补偿。

水域既是公共资源，又是生态环境的重要组成部分。占填水域的行为，实际是对公共资源的占用和对生态环境的损坏。各地应按照“谁占用，谁补偿”的原则，逐步推行水域占补平衡制度，保持水域面积和水域功能的稳定。

各地应在确保区域内基本水面率的基础上实施占补平衡，正确处理好水库和河道岸线资源保护与经济建设的关系，既要从严控制对水库和河道岸线资源的占用，又要充分考虑服务于经济社会的发展，适当提高水域占用的门槛和经济成本，通过行政和经济手段限制开发建设中占用河道、围河造地等现象，缓解争占滩地的势头，保护河道安全和自然生态。

各地应根据当地实际情况，学习和借鉴先进经验，制定科学的水域占补平衡制度，从兴建功能性替代工程和采取补救措施或交纳水域占用补偿费由水行政主管部门代建两个方面，合理选择占补平衡方式。

（七）依法严禁涉河违法活动

为了加强涉河活动管理，水利部《关于加强河湖管理工作的指导意见》进一步强调在河湖管理范围内严禁法律法规明确的禁止性活动，禁止围湖造地，已经围垦的应当按照国家规定的防洪标准有计划地退地还湖。同时，各地要做好河湖清障、退圩和保洁等日常管护工作，做到河湖畅通，堤岸整洁，水面清洁，改善河湖环境。

(八)强化日常巡查和检查,建立河湖管理动态监控

加强日常巡查是河湖管理的重要工作,水利部《关于加强河湖管理工作的指导意见》要求各地建立河湖日常巡查责任制,确保日常巡查责任到位、人员到位,加大重要河湖、重点河段和重要时段的巡查密度和力度,对涉河湖违法违规行为和工程隐患早发现,早处理。水利、国土资源等有关部门建立加强监管的工作机制,强化部门间的信息共享和协调联动,严格水域岸线等水生态空间保护和监管。严格规范涉水建设项目审批、建设,禁止非法占用水域岸线,防止现有水域面积衰减、岸线乱占滥用。积极运用遥感、空间定位、卫星拍摄、视频监控等科技手段,对重点河湖、水域岸线、河道采砂进行动态监控,及时发现围垦河湖、侵占岸线、水域变化、非法采砂等情况。在此基础上,建立河湖管理动态监控信息公开制度,对违法违规项目信息及整改情况依法予以公布。

(九)严厉打击违法违规行为

水利部《关于加强河湖管理工作的指导意见》,要求全面加强对河湖非法采砂、涉河违法违规建设项目和活动的行政执法,做到有法必依、执法必严、违法必究,针对违法现象严重的区域和水域开展专项执法和集中整治行动,重大违法案件上一级水行政主管部门要挂牌督办,一查到底。同时,要建立政府主导、水利牵头、有关部门配合的联合执法机制。

协调解决清理整治侵占河道、围垦湖泊、非法采砂等突出问题,协调解决其他涉河涉堤重大问题,是河湖水域岸线管理的重点任务。

四、河湖水域岸线管理原则

严格贯彻落实河长制,按照属地管理的原则,积极做好群众工作,进行集中整治,重点采伐移植河道内树木,清理取缔河道内及规定范围内的养殖场,拆除河道内违章建筑,按时完成各项工作任务,全面做好河湖水域岸线环境保护工作。

加强河湖水域岸线管理保护。依法划定河湖管理范围和保护范围,按照“轻重缓急、先易后难、因地制宜”的原则推动水利工程管理范围与保护范围划界确权,将划定的管理和保护范围作为河湖保护红线,非法挤占的应限期退出,严格河湖水域岸线等水生态空间管控。科学编制岸线利用规划,严格分区管理和用途管制,划定岸线保护区、保留区、限制开发区、开发利用区。建立健全河湖规划治导线制度,保障防洪安全。加强涉河建设项目管理,严格履行报批程序和行政许可,建立涉河建设项目行政许可信息通报及公告制度。

对于岸线资源合理利用,需遵循以下原则:

1. 坚持人水和谐、协调发展

要重视发挥岸线资源的多功能作用,既要发挥岸线在防洪、供水、航运、水资源利用、生态环境保护等方面的作用,保障防洪安全、河势稳定、供水安全,保护水生态环境和维护河流健康,也要发挥岸线的社会服务功能和航运发展等资源效用,合理开发利用岸线资源，为沿河(湖)地区的经济社会发展服务。

2. 坚持有效保护、合理利用

对岸线资源要保护与利用并重、治理与开发相结合，将岸线资源的保护和控制利用放在突出的位置，既要考虑沿河(湖)地区经济社会发展对岸线资源开发利用的需要，提出合理的开发利用方案，也要根据不同河段的河势特点和防洪、供水以及水生态环境保护的要求，提出有效保护和合理控制利用的对策措施，对不适当开发的区域要严格加以控制。

3. 坚持综合协调、统筹兼顾

按照河流流域综合规划的总体要求，综合协调岸线资源利用保护与沿河地区社会经济发展、城市发展、国土开发、港口与航道、生态环境保护等相关规划之间的关系，合理确定不同类型岸线开发利用功能及控制条件；处理好整体利益与局部利益关系，统筹兼顾上下游、左右岸、地区间以及行业之间的需求，结合不同地区的岸线特点和开发利用与保护的要求，充分发挥岸线资源的经济、社会与生态环境效益，实现岸线资源的合理配置。

4. 坚持完善法制、强化管理

要按照《中华人民共和国水法》《中华人民共和国防洪法》《中华人民共和国河道管理条例》等法律法规的要求，研究制定和完善岸线开发利用管理的相关法律、法规、政策；要针对岸线利用与保护中存在的突出问题，制定和完善岸线开发利用管理制度，研究制定强化岸线利用综合管理的措施，切实加强岸线利用的社会管理和公共服务。

5. 坚持因地制宜、突出重点

要根据河湖岸线的自然条件和特点、沿河(湖)地区经济社会发展水平以及岸线开发利用程度，针对岸线开发利用与保护中的主要矛盾，按照轻重缓急，合理确定近远期的规划目标和任务。以岸线资源保护价值较大、利用程度较高、岸线资源紧缺、防洪影响和河势控制问题突出、经济发展水平较高的城市段等为重点，抓紧制定规划、落实管理措施、加强监督检查。

第二节　河湖水域岸线分区

一、河湖水域岸线控制线确定

(一)河湖岸线控制线定义

河湖岸线控制线是指沿河流水流方向或湖泊沿岸周边为加强岸线资源的保护和合理开发而划定的管理控制线。河湖岸线控制线分为河湖临水控制线和外缘控制线。

河湖临水控制线是指为稳定河势、保障河道行洪安全和维护河流健康生命的基本要求,在河岸的临水一侧顺水流方向或湖泊沿岸周边临水一侧划定的管理控制线。

外缘控制线是指岸线资源保护和管理的外缘边界线,一般以河(湖)堤防工程背水侧管理范围的外边线作为外缘控制线,对无堤段河道以设计洪水位与岸边的交界线作为外缘控制线。

在外缘控制线和河湖临水控制线之间的带状区域即为岸线。岸线既具有行洪、调节水流和维护河流(湖泊)健康的自然生态功能属性,同时在一定情况下,也具有可供开发利用的资源功能属性。任何进入外缘控制线以内岸线区域的开发利用行为都必须符合岸线功能区划的规定及管理要求,且原则上不得逾越河湖临水控制线。

1. 河湖岸线控制线划定的原则

1)根据岸线利用与保护的总体目标和要求,结合各河段的河势状况、岸线自然特点、岸线资源状况,在服从防洪安全、河势稳定和维护河流健康的前提下,充分考虑水资源利用与保护的要求,按照合理利用与有效保护相结合的原则划定河湖岸线控制线。

2)按照流域综合规划、防洪规划、水功能区划及河道整治规划、航道整治规划等方面的要求,统筹协调近远期防洪工程建设、河流生态功能保护、滩地合理利用、土地利用等规划以及各部门对岸线利用的要求,按照岸线保护的要求,结合需要与可能合理划定。

3)应充分考虑河流左右岸的地形地质条件、河势演变趋势及同左右岸开发利用与治理的相互影响,以及河流两岸经济社会发展、防洪保安和生态环境保护对岸线利用与保护的要求等因素,合理划定河道左右岸的河湖岸线控制线。

4)城市段的河湖岸线控制线应充分考虑城市防洪安全与生态环境保护的要求,结合城市发展总体规划、岸线开发利用与保护现状、城市景观建设等因素。

5)河湖岸线控制线的划定应保持连续性和一致性,特别是各行政区域交界处,应按照河流特性,在综合考虑各行业要求,统筹岸线资源状况和区域经济发展对岸线的需求等综合因素的前提下,科学合理进行划定,避免因地区间社会经济发展要求的差异,导致河湖岸线控制线划分不合理。

2. 河湖临水控制线与外缘控制线的确定

岸线的外缘控制线一般按堤防管理范围的外缘边界线来划定(在无堤防河段采用设计洪水与岸边的交界线)。因此,河湖岸线控制线划定的重点是河湖临水控制线。

(1)河湖临水控制线

1)在已划定河道治导线的河段,可采用河道治导线作为河湖临水控制线。

2)对河道滩槽关系明显、河势较稳定的河段,滩面高程与平滩水位比较接近时,可采用滩地外缘线为岸线河湖临水控制线。

对河道滩槽关系不明显的河段,可采用河道中水整治流量与岸边交界线、平槽水位与岸边的交界线或主槽外边缘线作为河湖临水控制线，具体可根据实际情况分析确定。

3)对河势不稳、河槽冲淤变化明显、主流摆动的河段，划定外缘控制线时应考虑河势演变影响，适当留有余地；对河势不稳且滩地较窄的河段，可按堤防临水面堤脚线或已划定的堤防临水侧管理范围边线为河湖临水控制线。

4)对山区丘陵区河道，洪水涨落较快，岸坡较陡，河湖临水控制线可按一定重现期(如2年一遇或5年一遇)洪水位水边线并留有适当的河宽确定。

5)对已规划确定河道整治或航道整治工程的岸线，应考虑规划方案实施的要求划定河湖临水控制线。

6)蓄滞洪区是流域防洪体系的重要组成部分，位于河道内的蓄滞洪区应包括在岸线范围内。但相应河段在蓄滞洪区临河侧围堤朝向河道的一侧划定河湖临水控制线，蓄滞洪区内不划线。

7)河湖临水控制线与河道水流流向应保持基本平顺。

8) 对湖泊河湖临水控制线可采用正常蓄水位与岸边的交界线作为河湖临水控制线；对未确定正常蓄水位的湖泊可采用多年平均湖水位与岸边的交界线作为河湖临水控制线，或根据具体情况分析确定。

9)河口区应根据海洋功能区划和地表水功能区划、已有的治导线规划、滩涂开发规划、航运及港口码头规划等，分析确定规划水平年的岸线长度与走向。

(2)河湖外缘控制线

1)对已建有堤防工程的河段，一般在工程建设时已划定堤防工程的管理范围，外缘控制线可采用已划定的堤防工程管理范围的外缘线；对部分未划定堤防工程管理范围的河段，可参照《堤防工程管理设计规范》(SL 171—96)及各省(自治区、直辖市)的有关规定，并结合工程具体情况，根据不同级别的堤防合理划定。

2)对无堤防的河道可采用河道设计洪水位与岸边的交界线作为外缘控制线。对已规划建设堤防工程而目前尚未建设的河段，应根据工程规划要求，以规划堤防管理范围外缘线划定外缘控制线。

3)已规划建设防洪工程、水资源利用与保护工程、生态环境保护工程的河段，应根据工程建设规划要求，预留工程建设用地，并在此基础上划定河湖岸线控制线。

二、河湖岸线功能区划分

(一)河湖岸线功能区的定义

河湖岸线功能区是根据岸线资源的自然和经济社会功能属性以及不同的要求，将岸线资源划分为不同类型的区段。岸线功能区界线与河湖岸线控制线垂向或斜向相交。

河湖岸线功能区分为岸线保护区、岸线保留区、岸线控制利用区和岸线开发利用区四类。

1. 岸线保护区

岸线保护区是指对流域防洪安全、水资源保护、水生态保护、珍稀濒危物种保护及独特的自然人文景观保护等至关重要而禁止开发利用的岸线区。一般情况下，国家或省级保护区(自然保护区、风景名胜区、森林公园、地质公园自然文化遗产等)重要水源地等所在的河段，或因岸线开发利用对防洪和生态保护有重要影响的岸线区，应划为保护区。

2. 岸线保留区

岸线保留区是指规划期内暂时不开发利用或者尚不具备开发利用条件的岸线区。对河道尚处于演变过程中，河势不稳、河槽冲淤变化明显、主流摆动频繁的河段，或有一定的生态保护或特定功能要求，如防洪保留区、水资源保护区、供水水源地、河口围垦区的岸线等，应划为保留区。

3. 岸线控制利用区

岸线控制利用区是指因开发利用岸线资源对防洪安全、河流生态保护存在一定风险，或开发利用程度已较高，进一步开发利用对防洪、供水和河流生态安全等造成一定影响，而需要控制开发利用程度的岸线区段。岸线控制利用区要加强对开发利用活动的指导和管理，有控制、有条件地合理适度开发。

4. 岸线开发利用区

岸线开发利用区是指河势基本稳定，无特殊生态保护要求或特定功能要求，岸线开发利用活动对河势稳定、防洪安全、供水安全及河流健康影响较小的岸线区，应按保障防洪安全、维护河流健康和支撑经济社会发展的要求，有计划、合理地开发利用。

(二)河湖岸线功能区的划分原则

1)岸线功能区划分应正确处理近期与远期、开发与保护之间的关系，做到近远期结合，开发利用与保护并重，确保防洪安全和水资源、水环境及河流生态得到有效保护，促进岸线资源的可持续利用，保障沿岸地区经济社会的可持续发展。

2)岸线功能区划分应统筹考虑和协调处理好上下游、左右岸之间的关系及岸线的开发利用可能带来的相互影响。

3)岸线功能区划分应与已有的防洪分区、水功能分区、农业分区、自然生态分区等区划相协调。

4)岸线功能区划分应统筹考虑城市建设与发展、航道规划与港口建设以及地区经济社会发展等方面的需求。

5)岸线功能区划分应本着因地制宜、实事求是的原则，充分考虑河流自然生态属性，以及河势演变、河道冲淤特性及河道岸线的稳定性，并结合行政区划分界，进行科学划分，保证岸线功能区划分的合理性。

(三)河湖岸线功能区划分的基本要求

1)对于经济较发达地区的岸线和城市河段岸线,由于开发利用程度已较高,岸线资源已非常紧缺,因此,应充分重视河道防洪、生态环境保护、水功能区划等方面要求,避免过度开发利用。

2)河流的城市段和中下游经济发达的地区岸线开发利用程度较高,而岸线资源紧缺,各行业对岸线利用的需求仍然十分迫切,功能区段划分宜综合考虑各方面的需求,结合规划河段开发利用与保护的具际情况,对岸线功能区段进行详细划分。

3)对于岸线开发利用要求相对较低、经济发展相对落后的农村河段,或位于上游两岸、人口稀少的山丘区河道,可结合实际情况适当加大单个功能区段的长度。

4) 岸线功能分区的划分应在已划分的河湖岸线控制线的带状区域内合理进行划分。岸线功能区划分时应尽可能详细具体,以便于管理。

(四)岸线功能区划分

1)国家和省(自治区、直辖市)人民政府批准划定的各类自然保护区的河段(湖泊)岸线,一般宜列为岸线保护区。地表水功能区划中已被划为保护区的,原则上相应河段岸线应划为岸线保护区。

2)重要的水源地河段,可根据具体情况划为岸线保护区或岸线保留区。

3)处于河势剧烈演变中的河段岸线,或河道治理和河势控制方案尚未确定的河段岸线,或河口围垦区,宜划为保留区。

4)城市区段岸线开发利用程度相对较高,工业和生活取水口、码头、跨河建筑物较多。根据防洪要求、河势稳定情况,在分析岸线资源开发利用潜力及对防洪及生态保护影响的基础上,可划为开发利用区或控制利用区。

5)河段的重要控制点、较大支流汇入的河口可作为不同岸线功能区之间的分界。

6)为了便于岸线利用管理,市(地)级行政区域边界可作为河段划分节点,岸线功能区不能跨地级行政区。

三、河湖岸线利用现状分析与评价

(一)概述

岸线功能区划定后, 还应结合岸线资源的现状利用调查情况以及拟开发利用的相关规划,结合河道行洪安全、水功能区划、生态环境保护等,对各岸线功能区现状利用的合理性进行评价,提出评价意见。

岸线利用现状分析评价是以岸线现状开发利用调查资料为基础, 根据已划定的河湖岸线控制线和岸线功能区的界限,针对每一个岸线功能区,深入分析现状岸线利用对防洪保安、河势控制、水资源利用、生态与环境保护及其他方面的影响,系统总结岸线开发利用及管理的经验教训；对比分析每一个岸线功能区开发利用现状与功能区管理目标要求的差距，为提出岸线资源合理开发、有效利用、科学保护、强化管理的布局和措施提供依据。

（二）河湖岸线利用现状分析

根据调查收集的资料，对岸线功能区利用状况进行分析评价。岸线利用调查统计的内容包括岸线范围内的现状堤防及工程设施、景观商业用地、工业用地、农业用地、住宅用地、取水口、排水口及各类岸线利用项目的建设时间、内容和规模等。

人口状况：岸线功能区内的人口数量及其人口性质（城镇、农村）。

堤防工程：主要包括防洪标准、建设规模、路堤结合段、圩堤等。

工程设施：岸线范围内的工程设施如船坞、各类闸、水利枢纽、桥梁、避风港、涵洞、管道、缆线等。

岸线内的景观商业用地：公园、绿地、湿地、娱乐、餐饮等。

工业与住宅用地：厂矿企业、货物堆场、住宅等。

农业用地：耕地、林地、经济作物、鱼塘、围网养殖等。

1. 基本要求

1）现状岸线开发利用项目与岸线功能区划的要求是否协调，现状岸线利用与保护状况是否与管理目标有差距，区内是否有禁止开发或不宜开发的项目。岸线利用现状是否影响河道（湖泊）行（蓄）洪，跨河建筑物密度、壅水高度、港口码头、城市建设、景观对防洪的影响。

2）分析评价自然岸线长度与已利用岸线长度的关系，提出岸线合理利用长度。结合现状岸线利用情况，对水利水电、城市、工业、交通、港口、工程设施、农业等规划岸线利用要求进行分析评价，分析其合理性，提出评价意见。

3）根据有关防洪保安、水资源利用、生态与环境保护、城市建设与发展、港口航运、工农业发展规划等，结合防洪分区、水功能分区、农业区划、自然生态分区等，分析现状岸线利用与相关规划和区划的协调性，对各河段现状岸线保护与利用的合理性提出评价意见。

4）对不符合岸线功能区要求的开发利用项目，应提出调整或清退意见。

2. 分析评价内容

1）以岸线功能区为单元，分析现状岸线利用开发程度，如已利用岸线的长度，岸线内人口数量与发展速度，岸线内永久性占地面积，城市建设、港口建设、取排水口等工程建设面积等，对各行业岸线利用规划提出评价意见。

2）调查岸线利用现状及其历史演变，分析防洪工程设施、供水工程设施、城市建设、港口建设、航道整治、取排水口、排涝工程、纳潮工程、跨河建筑物等占用岸线规模、范围、分布的基本情况，对现状利用岸线情况进行分类统计，分析评价各段岸线功能区开发利用程度、水平，了解岸线利用项目审批和管理情况，总结现状岸线利用及管理上存在的主要问题,评价各类岸线开发利用程度及合理性。

3)综合考虑岸线所处区位、岸边通达性、岸线稳定性、岸线前沿水域水深和宽度、后方陆域场地大小、涉水工程和堤防险工情况等多方面因素,分析研究现状岸线利用对河势稳定、防洪安全和供水安全、航运、生态环境及其他方面产生的影响。

评价指标可包括如下 5 个方面:①以河湖临水控制线为控制,分析功能区岸线利用率(已利用岸线/岸线总长);②岸线功能区永久占地率(占地面积/总面积);③岸线功能区人口密度;④岸线功能区跨河建筑物密度;⑤岸线功能区取、排水口密度。

第三节 河湖水生态空间划分与管控

国土空间是宝贵资源,是我们赖以生存和发展的家园,是生态文明建设的空间载体。基于人类不同的服务用途需求,国土空间可以划分为生活空间、生产空间、生态空间。其中,生态空间是生态系统用以维护其结构稳定、功能健全,以提供生态产品和生态服务为主体功能的国土空间。

水生态空间是国土空间的核心构成要素, 对其他类型空间起到重要的支撑和保障作用。习近平总书记关于“山水林田湖是一个生命共同体”的重要论述,形象地阐明了自然生态系统各要素间相互依存、相互影响的内在规律。近年来,水利部会同有关部门在水生态空间管控方面开展了一系列工作,如 2014 年水利部印发了《关于加强河湖管理工作的指导意见》(水建管〔2014〕76 号),要求落实水域岸线用途管制,与水功能区划相衔接,将水域岸线按规划划分为保护区、保留区、限制开发区、开发利用区,严格分区管理和用途管制;2016 年水利部与国土资源部联合印发了《水流产权确权试点方案》(水规计〔2016〕397 号),要求在试点区域划定水域、岸线等水生态空间范围,确定水生态空间权属;2016 年水利部与国家发展和改革委员会等 8 部委联合印发了《耕地草原河湖休养生息规划(2016—2030 年)》(发改农经〔2016〕2438 号),要求至 2020 年基本建立河湖水域岸线用途管控制度,有效保护河湖生态空间等。

一、河湖水生态空间概述

(一)水生态空间内涵

水是生命之源、生产之要、生态之基,水生态空间是生态空间的关键组成部分,是生态文明建设的根本基础和重要载体。水生态空间是指为生态—水文过程提供场所、维持水生态系统健康稳定、保障水安全的各类生态空间,包括河流湖泊水域(水源涵养区、集中式饮用水水源地、水产种质资源保护区)、岸线、水土流失重点预防区、洪涝水调蓄场所等涉及水功能的区域范围。

全国河道(湖泊)岸线利用管理规划将全国 23261.3km 河段(湖泊)岸线划分为 1876 个功能区。其中,保护区 353 个,岸线长 3676.7km;保留区 513 个,岸线长 7216.8km;控制利用区 758 个,岸线长 11028.6km;开发利用区 252 个,岸线长 1339.2km。

(二)水生态空间管控内涵

党的十八大报告指出,优化国土空间开发格局是大力推进生态文明建设的重要途径。国土空间开发资源环境管控指:通过设置“生存线”,明确耕地保护面积和水资源开发规模,保障国家粮食安全;通过设置“生态线”,明确重要生态功能区和各类国家级保护区范围,提高生态安全水平;通过设置“发展线”,保障经济社会发展所必需的建设用地,优化城乡建设空间,促进城镇化和工业化健康发展。

水生态空间管控是国土空间管控的重要组成和基础保障。统筹考虑《生态文明体制改革总体方案》《关于加强资源环境生态红线管控的指导意见》等文件的要求,将水生态空间管控界定为:划定并严守水资源利用上限、水环境质量底线、水生态保护红线,强化水资源水环境和水生态红线指标约束,将与水有关的各类经济社会活动限定在管控范围内,并为水资源开发利用预留空间。具体包括:依据水资源禀赋条件、水资源承载状况、河流生态用水需求、经济社会发展需要等因素,确定水资源用水总量控制指标为水资源消耗的“天花板”,将满足河道内生态需水作为水资源开发利用的底线;将江河湖泊水功能水质达标率作为水环境质量底线;根据涵养水源、保持水土、调蓄洪水、管理岸线岸带、保护水生生物多样性、保持河道和河口稳定性等要求,划定水生态保护红线。

(三)水生态空间功能属性

2010 年 12 月国务院印发了《全国主体功能区规划》(国发〔2010〕46 号)。该规划是我国国土空间开发的战略性、基础性和约束性规划。《全国主体功能区规划》基于国家不同区域的资源环境承载能力、现有开发强度和未来发展潜力,按照开发方式,将国土空间划分为优化开发区域、重点开发区域、限制开发区域和禁止开发区域。规划提出了区分主体功能的理念,明确一定的国土空间具有多种功能,但必有一种主体功能;按提供资源产品角度,把国土空间划分为生产空间、生活空间和生态空间三大类。生态空间是指生物维持自身生存与繁衍需要的一定环境条件的总和。自然生态空间是指具有自然属性、以提供生态产品或生态服务为主导功能的国土空间,涵盖需要保护和合理利用的森林、草原、湿地、河流、湖泊、滩涂、岸线、海洋、荒地、荒漠、戈壁、冰川、高原冻原、无居民海岛等。从人类经济社会发展的属性角度看,生态空间不仅具有自然生态属性,还具有为人类生存和可持续发展提供生态产品和生态服务的功能。因此,界定生态空间要从自然和经济社会两大属性综合统筹考虑。水生态空间是生态空间的重要组成部分。水生态空间是为各类生物(包括人类）提供水文—生态过程的空间，也是直接为人类提供水生态服务或生态产品，以及保障水生态服务或生态产品正常供给的重要生态空间。水生态空间既有自然生态属性，也具有为人类服务的经济社会属性。综合考虑这两个属性，水生态空间包括为人类提供水生态服务的河流湖泊等水域空间、岸线空间，为涵养水源和保持水土所需的部分陆域空间，为提高防洪保护要求所涉及的行蓄滞洪区域等。

（四）水生态空间范围划分

1. 水生态空间基本特征

水生态空间以其承载的生态系统功能为主体，具有整体性、关联性、动态性、复杂性的特征。一定范围内水生态空间中的生态水量、水质、水生态等要素因子具有较强的关联性；各要素之间不仅相互影响，受气候、人类活动等其他因素影响也使水生态空间呈现复杂的动态变化。完全从自然条件考虑划分水生态空间，难以体现其对人类经济活动的服务功能。因此，在界定水生态空间范围时，需统筹考虑其自然属性和生态服务功能。水生态空间以流域周围分水线划分为地理空间单元，以流域为单元的水生态空间反映了其自然生态系统的功能属性特征；对于人类而言，水生态空间具有不可替代的资源、生态和经济等功能，体现为经济社会系统服务的功能属性特征。从维护自然生态系统良性循环出发，将江河、湖泊、湿地等水域岸线空间划定为水生态空间；对于经济社会系统，按照保障经济社会水安全的要求，将水库、运河、洪水蓄滞场所、集中式饮用水水源地、骨干输（排）水渠（沟）以及水源涵养、水土保持等部分陆域生态空间划定为水生态空间。水生态空间依据其自然生态特征分为以水体为主的河流、湖泊等水域空间，以水陆交错为主的岸线空间，以及与保护水资源数量和质量相关联的涉水陆域空间。

2. 河流水域及岸线生态空间划分

由于河流随季节气候条件而丰枯变化，河流水域和岸线的范围也随河流的丰枯而变化。我国南方河流径流量年际变化相对较小，河道滩涂在枯水期出露，丰水期淹没，而北方河流由于年际水流丰枯变化较大，河道部分滩涂平枯水年常年出露，但遇较大洪水时，仍是必不可少的重要行洪通道。因此，自然河流的水域空间与岸线空间存在不断交替变化的过程。河流岸线处于水域与陆域的交接区域。沿河两岸、河口三角洲和湖滨带的浅水湿地往往分布较多水生植物，这里是水生动物产卵栖息和鸟类繁衍的场所，也是体现生物多样性的重要地带，对繁衍物种、维持生态平衡、营造独特的生态环境具有重要作用。为了满足水生态空间为经济社会服务的属性要求，界定河流水域空间和岸线空间各自功能分类管理的空间范围，河流水域空间可以定义为河道两岸河湖临水控制线所围成的区域，河流岸线空间可以定义为河流外缘控制线和河湖临水控制线之间的带状区域。

（1）河湖临水控制线

河湖临水控制线是指为稳定河势、保障河道行洪安全和维护河流健康生命基本要求，在河岸临水一侧顺水流方向或湖泊沿岸周边临水一侧划定的管理控制线。在已划定治导线的江河入海口区域可采用治导线为河湖临水控制线。在未划定治导线的河口区，可根据防洪规划、海洋功能区划和地表水功能区划等要求，综合分析确定。对于库区河道，河湖临水控制线以水库移民迁建线作为河湖临水控制线。

(2)河流外缘控制线

外缘控制线是指水域岸线资源保护和管理的外缘边界线，一般以河(湖)堤防工程背水侧的管理范围外边线作为外缘控制线，对无堤段河道可以设计洪水位与岸边的交界线作为外缘控制线。对于已建有防洪堤工程的河段，根据工程管理需要，按工程管理范围外边界划定外缘控制线，具体可依据《中华人民共和国河道管理条例》、各省(自治区、直辖市)出台的河道管理实施方案等法律法规确定。对于已规划建设防洪及河势控制工程、水资源利用与保护工程、生态环境保护工程的河段，根据工程建设规划要求，在预留工程建设用地范围的基础上，划定外缘控制线。对于无防洪堤工程的河段，按满足河道行洪功能的要求，考虑河流水文情势、水沙条件及河势演变等因素，划定外缘控制线。对于江河入海口区域，已建有防洪(防潮)堤工程的河口河段，根据工程管理需要，按工程管理范围外边界划定外缘控制线。对于未建设防洪(防潮)堤工程的河口河段，按设计防洪(潮)标准相应的洪(潮)遭遇水位外包线划定外缘控制线。

3. 水库、湖泊、蓄滞洪区的水生态空间划分

水库是人类为拦蓄洪水和调节径流，通过建造拦河坝而形成的人工湖泊，可实现防洪、蓄水灌溉、供水、发电、旅游、养殖等多种功能。水库水域空间可以定义为正常蓄水位以下的区域。对于防洪高水位等于或低于正常蓄水位的水库，水库的岸线空间可以定义为移民迁建线至水库正常蓄水位之间的带状范围；对于防洪高水位高于正常蓄水位的水库，水库的岸线空间可以定义为防洪高水位至水库正常蓄水位之间的带状范围。湖泊是地表水相对封闭可蓄水的天然洼地。

比照水库特征水位的定义，湖泊水域空间可定义为正常蓄水位以下的水域；湖泊岸线空间参照水库岸线进行划分；对未确定正常蓄水位的湖泊可按多年平均湖水位确定水域空间。蓄滞洪区的空间范围包括分洪口在内的河堤背水面以外临时储存异常洪水的低洼地区、湿地及湖泊等。

4. 陆域水生态空间划分

陆域水生态空间主要是指对维护流域水生态良性循环，促进江河湖泊休养生息具有重要作用的水源涵养区、水土流失重点防治区等与水有关的部分生态空间。考虑这部分生态空间的功能，可将陆域水生态空间划分为水源涵养空间和水土保持生态空间。

水源涵养是陆地生态系统重要的生态服务功能之一，包含着大气、水分、植被和土壤等自然过程，其变化将直接影响区域气候水文、植被和土壤等状况，是区域生态系统状况

的重要指示器。

二、水生态空间功能

(一)主体功能定义

主体功能区指基于不同区域的资源环境承载能力、现有开发密度和发展潜力等,将特定区域确定为特定主体功能定位的一种空间单元。《全国主体功能区规划》提出要根据不同区域的资源环境承载能力、现有开发密度和发展潜力,统筹谋划未来人口分布、经济布局、国土利用和城镇化格局,将国土空间划分为优化开发、重点开发、限制开发和禁止开发4类。从环境功能角度,根据生存生态安全和聚居环境安全两大环境功能划定国土空间,具体分为自然生态保留区、生态功能保育区、食物环境安全保障区、聚居环境维护区和资源开发环境引导区5类环境功能区。基于上述主体功能和环境功能分类定义,水生态空间功能分类划分要立足区域水资源、水环境、水生态本底条件,在全面评估水生态功能和资源环境承载能力的基础上,分析区域国土空间开发格局、人类经济社会活动对水生态空间保护和利用的功能需求类型,研究确定符合区域自然生态系统良性循环和人类经济活动可持续的水生态空间功能分类。

(二)水功能需求类型

从国土空间开发利用格局、经济社会活动对水生态空间保护和利用的功能需求看,水功能可以分为防洪、供水、水生态保护、旅游、航运、养殖、水源涵养保护与水土保持等多种功能。从河流水域空间和岸线空间自然生态与社会服务功能进行分类用途管理要求,可以界定水域空间、岸线空间、陆域涉水空间的水功能需求类型等。水功能需求类型确定要统筹考虑未来的管控要求进行功能分类。

1. 防洪功能区

我国江河流域开展防洪规划时,从调蓄洪水的生态功能需求角度划分为洪泛区、蓄滞洪区、规划保留区和防洪保护区,并规定蓄滞洪区的管理运用原则。其中规划保留区、防洪保护区在未改变功能用途的条件下不属于水生态空间的范畴,防洪功能划分重点是洪泛区、蓄滞洪区,是水生态空间中对经济社会系统具有安全保障重要意义的水生态空间。综合考虑蓄滞洪区在防洪体系中的地位和作用、地理位置、管理调度权限等,将蓄滞洪区分为重要蓄滞洪区、一般蓄滞洪区、蓄滞洪保留区3类。重要蓄滞洪区运用概率较高,由国家防汛抗旱总指挥部或流域防汛抗旱总指挥部调度;一般蓄滞洪区运用概率相对较低,由流域或省级防汛指挥机构调度;蓄滞洪保留区是为防御流域超标准洪水而设置的,运用概率更小,考虑与生活空间和生产空间的关系,在未改变其用途功能之前,可不纳入水生态空间范围。

2. 河流岸线功能区

河湖水域的岸线空间不仅是重要的防洪屏障,同时具有生态环境保护、供水、航运、旅游、养殖等综合功能。岸线功能区是根据岸线资源的自然条件和经济社会功能属性以及不同河段的功能特点与经济社会发展需要,将岸线资源划分为不同管理类型的区段。岸线管理功能区分为岸线保护区、岸线保留区、岸线控制利用区和岸线开发利用区4类。

3. 河流水域的水功能区

河流水域的水功能区是指为了满足水资源合理开发和有效保护的需求,根据水资源的自然条件、功能要求、开发利用现状,按照经济社会对水资源功能用途要求,在相应水域按其主导功能划定并执行相应质量标准的特定区域。水功能区分为水功能一级区和水功能二级区。水功能一级区分为保护区、缓冲区、开发利用区和保留区4类。二级水功能区对一级水功能区中的开发利用区进行划分,包括饮用水水源区、工业用水区、农业用水区、渔业用水区、景观娱乐用水区、过渡区和排污控制区。

水功能区一级区中的保护区指对水资源保护、生态环境及珍稀濒危物种的保护、饮用水保护具有重要意义的水域,包括已建和规划水平年内建成的跨流域、跨省区的大型调水工程水源地及其调水线路,省内重要的饮用水水源地等。缓冲区指为了协调省际、矛盾突出的地区间用水关系,协调内河功能区划与海洋功能区划关系,以及在保护区与开发利用区相接时,为了满足保护区水质要求划定的水域。开发利用区主要指能够满足工农业生产、城镇生活、渔业、游乐和净化水体污染等多种需水要求的水域和水污染控制、治理的重点水域。保留区指目前开发利用程度不高、为今后开发利用和保护水资源而预留的水域,该区内水资源应维持现状,不遭破坏。

4. 水土保持功能区

我国水土保持区划是以土壤侵蚀区划为基础,结合经济社会发展情况而确定的。全国水土保持区划采用三级分区体系,一级区为总体格局区,主要用于确定全国水土流失防治方略,反映水土资源保护、开发和合理利用的总体格局;二级区为区域协调区,主要用于确定区域水土保持总体布局和防治途径;三级区为基本功能区,主要用于确定水土流失防治途径及技术体系,作为重点项目布局与规划的基础。为了有效预防和治理水土流失,促进经济社会可持续发展,将水土流失重点预防保护区和重点治理区范围内的生态空间划为水土保持功能生态空间。水土流失重点预防保护区主要是水土流失较轻、林草覆盖较好的区域,重点治理区主要是自然的水土流失较为严重、已造成水土流失危害的区域。

5. 其他涉水功能区

对水源涵养有重要作用的生态空间可称为水源涵养区。水源涵养区也是重要的涉水生态空间,一般将林地、草地、沼泽、湿地等生态区域划为水源涵养区。水源涵养区可分为江河源头区、重要地表水水源补给区、重要地下水水源补给与保护区等。此外,具有重要水生生境保护和生物多样性维护功能的重要湿地、重要水生生物栖息地及渔业水域等可称为水生生境保护区。这类功能区往往与其他行业划定的生态保护功能区存在重叠的可能。

三、水生态空间功能管控分类

我国已完成的与水有关的规划是制定水生态空间用途管制分类体系的重要基础。以《全国主体功能区规划》为依据，统筹考虑管控人类的社会经济活动对水生态空间功能的影响程度，将水生态空间功能划分为水生态空间禁止开发区、水生态空间限制开发区和水安全保障引导区。将需要明确限制人类活动、严格功能用途保护的区域划定为水生态空间禁止开发区（也可称为水生态保护红线区）；将水资源水环境承载能力较弱，或人类经济活动对水生态空间主导功能影响较大的区域划定为水生态空间限制开发区；将水资源水环境承载能力较强，能够进一步开发利用水资源或保障防洪安全而布局重大水利基础设施和民生水利基础设施工程的区域划定为水安全保障引导区。

（一）水生态保护红线区

按照水生态保护功能的重要性和环境敏感脆弱性，水生态保护红线区可分为水域及岸线保护红线区、洪水蓄滞红线区、饮用水水源保护红线区、水土保持红线区、水源涵养保护红线区 5 大类。

1. 水域及岸线保护红线区

水域及岸线保护红线区是指对维护水体饮用水水源等生态保护功能、保障河势稳定和湖泊形态稳定、保护水生生物多样性、促进河湖健康具有重要作用的河流、湖库的水域和相关的岸边带等。首先把国家级、省级主体功能区确定的禁止开发区域范围内的水域及岸线划入水域及岸线保护红线区，其次可把国家和省（自治区、直辖市）人民政府批准划定的各类自然保护区涉及的河流（湖泊）地表水功能区划中已被划为保护区或饮用水水源区的水域划定为水域及岸线保护红线区；因岸线开发利用对防洪安全、河势稳定、水生态保护等有重要影响的岸线区，可划为水域及岸线保护红线区。

2. 洪水蓄滞红线区

洪水蓄滞红线区主要是指对流域性洪水具有重要行洪、削减洪峰和蓄纳洪水作用的区域，使用较为频繁且具有重要水生态服务功能的河流、水库、湖泊、湿地以及国家重要蓄滞洪区中的核心区域等。从防治江河洪水，充分发挥河道行洪能力和水库、洼淀、湖泊调蓄洪水功能，加强河道防护，保持行洪畅通的角度，划定洪水蓄滞红线区。对于《全国蓄滞洪区建设与管理规划》（水规计〔2009〕499 号）中确定的大江大河及其重要支流的蓄滞洪区，将启用标准在 10 年一遇及以下的蓄滞洪区域全部纳入生态保护红线范围；对于启用标准在 10 年一遇至 20 年一遇（含 20 年一遇）的蓄滞洪区，需进行分区运用条件分析，将运用概率较高、淹没历时较长、淹没水深较大、风险评估为重度的区域划定为生态保护红线范围。

3. 饮用水水源保护红线区

饮用水水源保护红线区主要是为了保障供水水源水质安全必须强制性严格保护，严禁与供水设施和保护水源无关的开发建设活动的饮用水水源保护区域。从防止水源枯竭、水体污染，保护水资源，保证城乡居民饮用水安全的角度，划定饮用水水源保护区。对已划定饮用水水源保护区的地表水和地下水饮用水水源地，其中一级水源保护区以内水域和陆域范围、饮用水水源地工程管理占地范围可划定为饮用水水源保护红线范围。对于特别重要的饮用水水源二级保护区，需开展饮用水水源保护功能重要性评估。将评估结果为重要和特别重要的二级保护区以内的水域和陆域纳入饮用水水源保护红线区。

4. 水土保持红线区

水土保持红线区主要是指对预防、控制水土流失具有重要作用的主要生态功能区域。可结合相关规划、水土保持区划等成果，在开展水土保持功能和水土流失敏感脆弱性评价后划定水土保持红线范围。

5. 水源涵养保护红线区

水源涵养保护红线区主要是指对流域来水具有重要水源涵养与补给等生态功能，其植被具有特殊保护价值的区域。水源涵养保护红线区包括江河源头区、重要地表水水源补给区域和地下名泉补给保护范围等。

(二)水生态空间限制开发区

根据水生态保护功能和限制人类经济社会活动对保护功能的影响，水生态空间限制开发区可分为水域及岸线限制开发区、洪水蓄滞限制开发区、饮用水水源保护限制开发区、水土保持及水源涵养保护限制开发区 4 类。

1. 水域及岸线限制开发区

《全国主体功能区规划》提出的限制开发区域涉及的重点生态功能区包括大小兴安岭森林生态功能区、三江源草原草甸湿地生态功能区、黄土高原丘陵沟壑水土保持生态功能区等 25 个国家重点生态功能区，对这些生态功能区涉及的水域空间进行功能重要性和脆弱性评估，将人类活动对生态功能影响较大的水域划定为限制开发区。

(1)水功能区涉及的限制开发水域

为了协调水功能保护与开发利用的关系，将水功能区一级区中的缓冲区、部分暂不开发利用的保留区划定为水域限制开发区。水功能缓冲区一般是指跨省(自治区、直辖市)行政区域河流、湖泊的边界水域，省际边界河流、湖泊边界附近的水域，用水矛盾突出地区之间水域。将水功能保留区中受人类活动影响较少、水资源开发利用程度较低、目前不具备开发条件、近期不宜开发的水域划定为水域限制开发区。

(2)岸线限制开发区

对于河流的河势相对稳定，岸线开发利用程度已较高，各类岸线利用建设项目已较多,进一步开发利用对防洪、供水、航运及河流生态安全可能产生影响的河道岸线,将其划为岸线限制开发区。对于人类活动对河流的河势稳定可能产生风险的岸线空间,经科学评估后划为岸线限制开发区。

2. 洪水蓄滞限制开发区

对于《全国蓄滞洪区建设与管理规划》中确定的大江大河及其重要支流、启用标准在10年一遇至20年一遇(含20年一遇)之间的蓄滞洪区,宜对蓄滞洪区的分区运用条件进行分析,将运用概率不高、淹没历时相对较短、淹没水深不大、风险评估为中度的区域划定为洪水蓄滞限制开发区;对于启用标准为20年一遇以上的蓄滞洪区,可结合科学评估,视其在其他空间中的保护功能需要划定限制开发范围。对于具有防洪功能的水库、湖泊,20年一遇防洪高水位高于正常蓄水位时,将20年一遇防洪高水位至水库(湖泊)正常蓄水位之间的带状区域也划定为洪水蓄滞限制开发区。

3. 饮用水水源保护限制开发区

从饮用水水源保护区水质保护功能需求出发，对于已划定饮用水水源保护区的集中式饮用水水源地,其中二级水源保护区、准保护区以内水域和陆域范围可划定为饮用水水源保护限制开发区。

4. 水土保持及水源涵养保护限制开发区

水土保持及水源涵养保护限制开发区主要是指为了预防、控制水土流失需要限制人类其他非水土保持功能生产活动的生态区域。重点结合相关规划、水土保持区划等成果,开展水土保持功能脆弱性评价，在对水土流失影响程度评价的基础上划定水土保持限制开发区。

为了减少面源污染,巩固退耕还林、还草等涵养水源需求,将水源涵养保护限制开发区主要界定为对流域来水具有水源涵养与补给等生态功能,其植被具有一定的保护价值,限制过度放牧、采矿和开垦等行为的区域。水源涵养保护限制开发区包括江河上游地区、地表水水源补给保护区域等。

(三)水安全保障引导区

在划定水生态空间功能类型时，既要从构建国家生态安全格局的角度划定并严守水生态保护红线,还要考虑恢复并扩大河流、湖泊、湿地等主要生态功能而适度限制经济社会活动划定需要限制开发利用的水生态空间。同时,也要考虑为保障经济社会发展对水安全保障的需求,在水生态空间中预留出未来可能开发利用的空间,作为水生态保护红线区的准保护区进行用途管控,将这部分空间的功能定义为水安全保障引导区。

将水安全保障引导区划分为极重要、重要、一般重要3种类型。对于已列入流域综合规划、区域水资源综合规划,或通过水资源水环境承载能力评估后,对县级以上区域水安全保障影响较大,未来可能建设大型水利基础设施项目涉及的建设、管理水域及岸线范围(具有防洪、供水等功能),作为极重要水安全保障引导区进行管控;对于县级及以下区域水安全保障影响较大,未来可能建设中型水利基础设施项目涉及的建设、管理的水域及岸线范围,可作为重要水安全保障引导区进行管控;其他未来可能建设小型水利基础设施项目涉及的建设、管理范围,可作为一般重要水安全保障引导区进行管控。当规划水利建设项目实施完成后,再根据相关生态保护红线划定的规定重新划定生态保护红线类型及范围,纳入生态保护红线进行管控。

在划定水安全保障引导区过程中,供水安全保障要站在大区域的角度,开展水资源承载能力与供水安全总体布局分析研究工作,按照前瞻性、整体性、系统性原则,统筹谋划全省供水安全保障基础设施网络格局,避免以局部利益影响整体供水安全保障体系构建。防洪安全保障要从系统构建全流域防洪安全保障体系出发,统筹考虑上下游、左右岸、局部与整体的利益,在防洪体系布局论证的基础上确定水安全保障引导区格局。

四、水生态空间管控规划

目前,我国水生态空间的管控存在概念不明晰、标准不健全、事权划分烦琐、管理碎片化严重、责权利不明确、管理被动性与滞后性突出等问题。同时,环保部印发了《关于规划环境影响评价加强空间管制、总量管控和环境准入的指导意见》,针对水利部编制的重要支流综合规划环境影响报告,要求补充"划分生态保护红线,强化空间管制"的内容。

《中共中央国务院关于加快推进生态文明建设的意见》《生态文明体制改革总体方案》均明确要求:优化国土空间开发格局,建立国土空间开发保护制度,实施主体功能区战略,建立空间规划体系,推进"多规合一",编制统一的空间规划,科学合理布局和整治生产空间、生活空间、生态空间,着力解决因无序开发、过度开发、分散开发导致的优质耕地和生态空间占用过多、生态破坏、环境污染等问题。水生态空间管控规划编制显得尤为迫切且意义重大。

(一)水生态空间管控规划的定位

1. 水生态空间管控是国土空间管控的基础保障

水生态空间是国土空间构成的核心元素,具有特殊重要的生态功能。河湖水系是洪水的通道、水资源的载体、生态廊道的重要组成部分,构成了国土空间的主动脉,沟通衔接着水源涵养区、集中式饮用水水源地、水产种质资源保护区、水土流失重点预防区、洪涝水调蓄场所等重要的生态斑块,在流域、区域生态安全格局中发挥主骨架的作用。这些散状分布于城镇空间、农业空间、生态空间的生态斑块,是生态安全格局中的重要支撑,为经济社会发展提供必需的生态产品和生态服务功能。编制水生态空间管控规划,明确水资源利用上限、水环境质量底线，以及水生态功能区、水生态环境敏感区和脆弱区的保护底线要求，约束和引导经济社会发展布局，是国土空间管控的基础前提，是构建生产空间集约高效、生活空间宜居适度、生态空间山清水秀的国土空间开发格局的关键性基础工作。

2. 水生态空间管控规划是“多规合一”空间规划的基础支撑

党的十八届五中全会提出了以主体功能区划为基础统筹各类空间性规划、推进“多规合一”的战略部署，要求划定城镇、农业、生态空间以及生态保护红线、永久基本农田、城镇开发边界(以下简称“三区三线”)，编制统一的省级空间规划。水生态空间管控规划作为水生态空间保护利用的战略性、纲领性、约束性规划，是涉及水供给、水保护、水安全和各类开发建设的基本依据，是构建省、市、县水生态空间治理体系的基础，也是合理配置水生态空间资源和优化国土空间布局的协调平台。建立空间规划体系，必须协同开展水生态空间管控规划的编制工作，与环保、林业、农业等相关部门充分衔接，划定水生态保护红线，提出水生态空间管控指标，落实水生态空间管控措施，制定水生态空间管控制度，为“多规合一”空间规划的顺利开展提供有力的支撑。

3. 水生态空间管控是生态文明建设目标评价考核的重要支撑

2016 年 12 月，中共中央办公厅、国务院办公厅联合印发《生态文明建设目标评价考核办法》，要求年度评价按照绿色发展指标体系实施，目标考核内容涉及水资源、水环境质量及水生态保护红线等资源环境约束性指标，亟须水利部门开展与之相关的支撑工作，为生态文明建设目标评价考核提供涉水的典型代表性指标和数据基础，并针对各地区生态文明建设目标考核分解的需要，进一步深化提出水生态文明建设目标考核的相关内容。强化水生态空间管控，严控水资源开发强度和水环境质量，划定水生态保护红线，促进经济社会发展与资源环境承载能力相协调，是生态文明建设的重要内容；开展水生态空间管控规划，制定水生态空间管控指标体系、管控目标和管控措施，将为各省(自治区、直辖市)建立符合当地需求的生态文明建设目标评价考核内容提供重要的技术支撑，也将为各地区水利部门建立水生态文明建设目标评价考核制度提供指导。

(二)编制水生态空间管控规划的总体思路

1. 水生态空间管控规划依据

水生态空间管控规划编制的主要依据有《中华人民共和国水法》《中华人民共和国防洪法》《中华人民共和国水土保持法》《中华人民共和国河道管理条例》《全国主体功能区规划》《全国生态功能区划》《全国重要江河湖泊水功能区划(2011—2030 年)》《全国水土保持规划（2015—2030 年)》《中共中央国务院关于加快推进生态文明建设的意见》《生态文明体制改革总体方案》《国务院关于实行最严格水资源管理制度的意见》《关于加强资源环境生态红线管控的指导意见》《关于开展河道(湖泊)岸线利用管理规划工作的通知》《关于全面深化改革若干重大问题的决定》《中共中央关于制定国民经济和社会发展第十三个五

年规划的建议》等法律法规、政策文件、重要规划等。

2. 水生态空间管控规划目标

水生态空间管控规划是国土空间规划体系的重要组成部分，也是水利行业综合规划的重要组成部分和核心内容，其规划目标的制定，要紧扣优化国土空间开发格局的总体要求，牢牢把握全面提升水安全保障能力的主线，坚持创新、协调、绿色、开放、共享发展理念，积极践行“节水优先、空间均衡、系统治理、两手发力”新时期水利工作方针，统筹考虑全面建设节水型社会、健全水利发展体制机制、完善水利基础设施网络、保护和修复水生态环境等需求，按照规划期限，充分协调发展与保护的关系，制定水生态空间格局优化、水资源利用安全高效、水生态环境质量改善、水安全保障水平提升等方面的规划目标。

3. 水生态空间管控规划原则

(1)顶层设计，严格管控

全面落实主体功能区规划，从战略性、系统性出发，设定并严守水资源水环境水生态红线，实行最严格的保护和管控措施。引导经济社会发展与水资源、水环境、水生态红线管控相适应，预留必要的水资源开发利用空间，保障经济社会可持续发展。

(2)因地制宜，分类管控

立足我国不同地区水资源、水环境、水生态及经济社会发展的区域差异性，统筹考虑主体功能区的功能定位，针对水资源、水环境、水生态保护红线管控的实际需求，研究提出差别化、有针对性、可操作的分类管控要求。

(3)多规合一，系统管控

水生态空间管控布局、管控指标、管控措施、管控制度的制定等，要加强部门之间的沟通协调，与相关红线制定主管部门在红线管控目标设置、政策制定等方面充分衔接，使水生态空间行业管控支撑和融入国土空间管控、国家治理体系的系统管控。

(4)监测监管，责任管控

提出建立与水生态空间管控相适应的制度体系，落实管控责任；强化水生态空间监控能力建设，与“多规合一”空间信息管理平台对接，建立水生态环境网格监管体系，强化水生态空间监管等要求。

4. 水生态空间管控规划主要任务

(1)统一规划基础，开展现状评价

与相关部门国土空间规划采用的基础数据相衔接，建立水生态空间管控规划数据库；整合水利部开展的水资源调查评价、水资源、水环境承载能力监测预警等工作，统一水利行业内相关工作基础要求。开展全面的水资源、水生态环境本底状况调查，对水生态空间开发利用、保护、管理的现状进行综合分析，评价水资源、水环境、水生态承载能力，提出水生态空间保护和开发利用管控的具体需求。

(2)制定规划目标,明晰总体思路

规划编制要按照确保建立“河湖生态良好、供水空间均衡、洪灾总体可控、水资源严格管理”四大体系的水利建设目标,认真贯彻落实党的十八大以来提出的一系列关于生态文明建设和国土空间规划的战略部署,坚持尊重自然、顺应自然、保护自然的要求,运用“多规合一”的技术手段,按照水生态空间分类保护与综合利用相促进、水资源节约与水环境改善相统一的思路,细化落实用水总量控制指标,科学核定水域纳污容量,合理划定水生态保护红线,预留水资源开发利用空间;着重谋划水生态空间布局、管控指标、管控措施、管控制度与能力建设等核心内容。

(3)确定规划布局,绘制空间蓝图

规划编制要立足区域水资源、水环境、水生态本底条件,在全面评估水生态功能作用的基础上,归纳提炼区域国土空间开发格局、水生态空间格局,统筹考虑主体功能区划、生态功能区划、水功能区划、水土保持区划、河道(湖泊)岸线利用管理规划等划分的水生态功能分区和管控对象要求,协调平衡相关上位规划,并与相关部门的专项规划充分衔接,研究确定区域水生态空间布局,明确禁止开发区(红线区)、限制开发区(黄线区)、水资源利用引导区(蓝线区),提出不同类型区的发展方向与重点;将划定的水生态空间管控成果绘制成以各类区、线、重点说明等元素构成的空间布局图。

(4)平衡规划资源,提出管控指标

在区域水资源水环境承载能力评估的基础上,以区域水资源供需平衡分析、水资源配置研究,以及一定条件下的水域与陆域资源平衡分析为依据,从水生态系统完整性保护、水生态空间格局优化、水资源利用安全高效、水利基础设施网络体系合理布局、水安全保障能力提升等对空间用途管控的需求入手,构建涵盖水资源总量、水环境质量、水生态保护红线等方面的管控指标体系。

(5)细化规划原则,创新管控措施

水生态空间管控规划中宜根据不同区域的特点,以及不同的管控对象和目标要求,分类提出有差别化、针对性的管控原则。根据不同的管控原则,综合考虑水生态空间不同功能分区的管控需求,实施“一区一策”分级分类管控,提出有针对性的具体管控措施,鼓励各地大胆创新,积极探索具有区域特色的、高于国内标准的先进的管控措施。

(6)探索规划立规,强化管控保障

围绕水生态空间管控的现实需求,把改革创新作为基本动力,破解水生态空间管控的体制机制制约,建立水生态空间管控制度体系。依托《生态文明建设目标评价考核办法》的部署,探索省域水生态空间管控规划立法立规,纳入生态文明建设考核管理。明确水生态空间监控能力建设、执法能力建设等要求,并为规划落实制定保障措施。

(三)水生态空间管控规划内容

1. 水资源、水环境承载能力调查评价

水资源、水环境承载能力的现状分析与评价是水生态空间管控规划的基础。首先,需要了解相关行业开展国土空间管控规划的基本情况,采用与相关规划一致的基础数据;以经过现状一致性处理的土地利用总体规划数据为基础,叠加导入水利部门的规划数据,对规划范围采用的水系、土地类别等图斑进行一致性处理,建立水生态空间管控规划数据库。其次,水生态空间管控规划可与水利部开展的水资源调查评价和水资源水环境承载能力监测预警等相协调,统一相关基础工作要求。以省域为单元开展水生态空间基础信息调查评价,全面摸清各类水生态空间的本底状况、被挤占状况等;开展水资源、水环境承载能力评价;根据区域经济社会发展状况、水资源开发利用情况、水功能区水质状况、主要污染物入河情况、生态环境用水挤占情况等,核算水资源承载负荷成果;根据承载能力和承载负荷成果,分别评价水量和水质要素承载状况和综合承载状况,提出评价结果。根据评价结果,进行超载成因与趋势分析,综合研判水资源水环境管控需求。

2. 水生态空间管控规划需求分析

在现状评价基础上,以问题为导向,开展水空间管控需求分析。一是要以国土空间规划确定的“三线三区”为基础,统一协调相关部门空间管控要求,提出与国土空间管控单元相适应的水生态空间管控需求。二是从有度有序利用水资源,加强节水型社会建设角度出发,提出制定区域用水总量控制和水量分配方案,安排重要断面、重要河湖、湿地及河口基本生态需水,控制水资源开发程度,形成有利于水资源节约利用的空间开发格局的需求。三是从加大水资源保护力度,改善水环境质量角度出发,提出核定水域纳污容量和入河湖排污总量,确定水功能区水质达标率和重要饮用水水源地水质达标率,促进建立以水域纳污能力倒逼陆域污染减排的综合治污和保护模式的需求。四是从加强水生态保护和修复、维护河湖健康生命的角度出发,提出划定水资源保护、水域岸线管理、洪水调蓄场所、水土保持重点预防等水生态红线范围,推动水生态保护与修复措施落到实处的需求。五是从实现水治理体系和治理能力现代化的角度出发,提出构建水生态空间管控制度,完善水生态空间监测体系等行业能力建设的需求。

3. 水生态空间管控规划思路

水生态空间管控规划的总体思路是:深入贯彻落实党的十八大和十八届三中、四中、五中全会和习近平总书记系列讲话精神,树立“绿水青山就是金山银山”的强烈意识,紧紧围绕“山水田林湖系统治理”的生态文明建设新要求,把确定水生态空间管控格局作为国土空间用途管制的支撑条件,把水资源、水环境质量、水生态红线指标作为生态环境保护的核心目标,把水生态空间管控措施作为生态文明建设的重要举措,把水生态监控能力与制度建设作为国家治理能力的组成部分,推动用水方式转变,改善水环境质量,维护河湖

健康生命。

4. 水生态空间管控布局

水生态空间管控布局与其生态功能密切相关，水生态空间管控应以水生态系统服务功能为基础，在考虑重要水生态功能区、水生态环境敏感区、脆弱区保护的前提下，还要预留适当的水资源利用空间和水环境容量空间，布局重大水利基础设施和民生供水项目。

水生态空间管控布局规划应充分考虑水功能区划、水土保持区划、岸线利用管理分区的要求。水功能区划从合理开发和有效保护水资源的角度，划定保护区、保留区、开发利用区、缓冲区；全国水土保持规划中，针对重要江河源区、重要饮用水水源地、水蚀风蚀交错区、水土流失易发区等区域加强预防保护提出了空间边界；水利部于 2007 年 2 月印发的《关于开展河道（湖泊）岸线利用管理规划工作的通知》对全国 23261km 河段（湖泊）岸线确定了河湖岸线控制线和岸线功能区。其中河湖岸线控制线包括河湖临水控制线和外源控制线，岸线功能区包括岸线保护区、岸线保留区、岸线控制利用区、岸线开发利用区。

针对水生态空间构成要素的用途管制需求，规划提出水生态空间禁止开发区、限制开发区、水资源利用引导区的空间布局。对于水生态空间管控布局与其他行业划分的生态功能布局存在不协调，或水生态空间自身各功能分区之间存在不协调的，以用途管制要求高的功能区域确定布局范围。

水生态空间布局规划成果总体上采用禁止开发区（红线区）、限制开发区（黄线区）、水资源利用引导区（蓝线区）的形式表达。其中，河流、岸线等采用禁止开发区（红线区）、限制开发区（黄线区）、水资源利用引导区（蓝线区）的线性方式表达；以各类区、线、重点说明等元素绘制成水生态空间管控布局总图及相关支撑图件，编制必要的空间区块、线性说明等。当水生态空间管控规划与其他部门空间规划同步推进时，宜加强协调衔接，将水生态空间管控布局图叠加到国土空间布局及相关生态保护红线的空间布局图上，分析与整体空间布局及相关功能布局的协调性。

5. 水生态空间管控指标

水生态空间管控指标的确定要符合区域的水生态空间功能管控需求，要与相关行业提出的生态红线等空间管控指标相协调，同时要具备可操作性。

（1）水资源总量控制指标

不同区域可依据水资源承载能力评价成果，设置地表水、地下水利用总量控制指标。同时，考虑为河湖留足生态环境用水的要求，应在水资源总量控制指标中纳入“河湖生态环境用水保障指标”。进一步按照水资源消耗总量和强度双控要求，设置用水总量、万元国内生产总值用水量、万元工业增加值用水量等控制指标；为保护重要河湖、湿地及河口基本生态需水要求，可设置重要断面生态基流、重要敏感性保护对象的生态需水量或水位等控制指标。

(2)水环境质量控制指标

水环境质量控制主要通过两个方面实现,一方面是对入河污染物总量的控制,另一方面是水功能区限制纳污的控制。综合考虑可操作性等,水环境质量控制指标可采用水功能区达标率、集中式饮用水水源地水质达标率等作为控制指标。不同地区还可根据水环境质量控制管理的具体实际情况设置其他相应控制指标。

(3)水域空间管控指标

水域空间包括河流、湖泊、湿地,及一些对维护水生态系统的健康稳定起着关键作用的特定区域,应设定空间保护控制指标。针对河流的防洪安全、供水安全、生态安全功能,宜设置相应防洪标准确定的设计水面线或堤防保护线、河道岸线长度、水生生物种质资源保护区、洄游通道、重要鱼类“三场”保护河段长度或面积等控制指标。湖泊、湿地等可根据功能保护需求,设置水位或面积等控制指标。

(4)陆域水源涵养及洪水调蓄区管控指标

陆域水源涵养空间对水循环过程有重要的影响,主要包括水源地水源涵养保护区、重要敏感目标的水源涵养区、水土保持重点预防区等。其控制指标可按划定的水源地涵养区、保护区面积及相关管理范围线确定管控指标。

6. 水生态空间管控原则

不同规划区域的水生态空间布局、管控指标等具有相似性和差异性。在制定水生态空间管控原则时,要充分体现确立底线、刚性约束的共同特点。依据国家法律法规规定和相关规划成果,禁止开发区实施强制性的保护,保证其性质不转换、面积不降低、功能不改变。为了更好地落实水生态空间管控规划内容,在规划管控原则中还需要体现健全管控制度、落实管控责任的相关原则。

限制开发区要对其开发活动进行严格管制,尽可能减少对自然生态系统的干扰;控制开发强度,保持水生态系统的完整性,促进以水系为重要生态空间的生态廊道的构建。水资源利用引导区应统筹考虑相关规划的符合性、水资源总量控制、水环境质量改善、水生态空间用途等要求,提出管控原则。

7. 水生态空间管控措施

立足我国不同地区水生态环境禀赋条件、经济社会发展的区域差异性,以及水生态空间功能的差异性和水生态空间管控的不同需求,根据不同区域的管控特点,有针对性地提出差别化的管控措施。

对水生态禁止开发区的水源涵养区、饮用水水源地保护区、重要水生生物自然保护区、水土流失重要预防区等,研究提出封育修复、生态移民、退耕还林,开展饮用水水源地保护区划界和隔离防护,实施重要水域水生生物关键栖息地生境功能修复和增殖放流等管控措施。

对水生态限制开发区的饮用水水源地准保护区、水产种质资源保护区、洪水调蓄区、河滨带保护蓝线区、水土保持红线区、水文化遗产保护红线区、重要水利工程保护区及水利风景区等，规划提出饮用水水源地准保护区的污染源控制及开发利用限制等措施；划定水生态重点保护和保留河段，实施限制开发管控措施；洪水调蓄区和河滨带保护蓝线区挤占和退化水生态空间恢复和重建管控措施，以及出台水文化遗产管理办法等管控措施。

对于水资源利用引导区域，贯彻绿色发展理念，依据环境质量底线和资源利用上限，坚守最严格水资源管理制度限制纳污红线，在水资源和水环境承载能力评价的基础上，以改善水环境质量为核心，结合规划部门产业发展相关规划和环保部门的水污染防治规划等，提出严格限制污染物入河总量管控措施，预留适当的发展空间和水环境容量空间。对于规划的国家和省级重大水利基础设施、重大民生供水项目等，选址应尽量避开已划定的生态保护红线区；确实无法避开的，以不影响和破坏生态环境为前提，提出生态保护与修复管控措施，优化水生态空间布局。

为了加强资源利用引导区生态修复，针对由于不合理开发建设活动等导致水生态空间被挤占、萎缩和水生态环境受损退化区域，提出保护、修复、空间置换等管控措施。联合有关部门合理调整建设项目布局，提出退还和修复被挤占水生态空间措施；必要时，结合海洋部门海岸线的管控要求，研究河流入海口空间的生态空间置换管控措施。

8. 水生态空间管控制度

围绕构建产权清晰、责任明确、激励约束并重、系统完整的水生态空间管控制度体系的总体要求，从水资源、水环境、水生态红线管控三大方面入手，探索机制体制创新，规划提出由健全水生态空间管控法规、落实总量强度双控的最严格水资源管理制度、制定水生态空间管控准入制度、创新河湖管理制度以及建立水生态空间管控绩效评价考核和责任追究制度、推进水资源有偿使用和水流生态补偿机制等构成的水生态空间管控制度建设要求。

健全水生态空间管控法规，提出出台水生态空间管控相关法规、条例，围绕水生态空间管控要求修订已有的涉水法律法规，推动水生态空间管控规划立法立规等。

落实总量强度双控的最严格水资源管理制度，提出严格落实“三条红线”用水总量控制指标、严格建设项目水资源论证和取水许可审批管理、建立规划水资源论证制度、建立水权交易制度等要求。

制定水生态空间管控准入制度，提出针对不同的管控目标要求，制定各管控区域的正面准入清单和负面准入清单等。

创新河湖管理体制机制，提出落实河长制，划定河流生态廊道保护范围，加强河湖空间用途管制，开展河湖水域岸线登记和确权划界，完善河湖管养制度等。

建立水生态空间管控绩效评价考核和责任追究制度，研究提出建立水资源环境承载能力监测预警机制、推进水生态空间管控考核制度建设、开展水资源资产负债表编制试点、将水生态空间管控纳入领导干部自然资源资产离任审计制度等。

推进水资源有偿使用和水流生态补偿机制建设，提出推进水资源费改革，合理调整城市供水价格，加快推进工业用水超计划超定额累进加价、城乡居民生活用水阶梯式水价制度，鼓励再生水利用的价格机制等水价改革的总体要求；提出按照国务院《关于健全生态保护补偿机制的意见》的总体部署，建立与水生态空间管控相对应的水流生态补偿框架等要求。

9. 水生态空间管理监测与监管能力建设

规划提出以水生态空间管控监测与监管为核心，强化水生态空间管控执法能力建设。

加大水生态空间管控监测与监管力度，依托建立空间规划基础信息平台的需求，提升水生态空间监测能力，加快推进水生态空间监测核算制度建设，建立水生态空间监管台账，以及推行用水大户在线监测、严格水功能区监管、完善市界和县(区)界考核断面监测和主要用水企业监测预警等。

加强水生态空间管控执法能力建设，进一步完善部门联动和司法联动执法机制，创新跨部门、区域水资源保护和水污染防治议事协调和联动机制，强化执法队伍建设。

10. 水生态空间管控保障措施

水生态空间管控是一项长期、综合、艰巨的系统工程，从加强组织领导、明确各部门目标责任、加大资金投入、坚持依法推进、注重改革创新、强化科技支撑与能力建设、做好宣传教育、充分调动社会公众力量等方面，研究提出强化规划指导性、约束性和权威性，完善规划实施机制，形成水生态空间管控合力的相关保障措施。

第四节　河湖水域岸线管理的制度设计与措施体系

一、河湖水域岸线管理的制度设计

河湖水域岸线管理和保护涉及面广，牵扯事项较多，工作艰巨而复杂，必须有严格的管理制度保障。

(一)河湖水域岸线管理推行河长制，落实地方党委政府主体责任

河湖水域岸线管理涉及水利、环保、国土、住建、林业、公安、渔业、旅游、交通等多部门，河长制则主要突出地方党委政府的主体责任，强化部门之间的协调和配合，以河长办为牵头部门，明晰各个部门在河湖水域岸线管理之间的分工，合理事权划分，落实各自工作责任,搭建联合管理的工作平台。

《中华人民共和国水污染防治法》第一章第五条明文规定:省、市、县、乡建立河长制,分级分段组织领导本行政区域内江河、湖泊的水资源保护、水域岸线管理、水污染防治、水环境治理等工作。

(二)河湖水域岸线管理规划约束机制

河湖水域岸线管理规划工作是通过规划的编制与审批,落实好岸线保护和节约集约利用,更加合理地利用和管理好水域岸线。规划是加强河湖管理的重要基础,水利部《关于加强河湖管理工作的指导意见》,要求各地认真组织实施国家批准的流域综合规划、流域防洪规划、岸线保护利用等重要规划,并结合本地实际科学编制河湖管理相关规划。建立健全规划治导线管理制度,确定河湖采砂禁采区和禁采期,划定水域岸线保护区、保留区、限制开发区、开发利用区,严格分区管理和用途管制,加强规划的约束作用,落实规划实施评估和监督考核工作。

1. 岸线规划与其他规划的关系

一方面,岸线规划必须服从流域综合规划、防洪规划和水功能区划对河流开发利用的总体安排,并与防洪分区、自然生态分区、农业分区等区划相协调;另一方面,还要充分考虑河流自然生态属性和岸线资源对经济社会发展的服务功能,统筹协调近远期防洪工程建设、河流生态功能保护、河道整治、航道整治与港口建设、城市建设与发展、滩涂开发、土地利用等规划,保障岸线资源的可持续利用。

2. 岸线规划的内容

岸线规划目的是通过规划摸清岸线开发利用基本情况,划定河湖岸线控制线和岸线功能区,提出岸线利用管理指导意见。岸线规划主要内容包括:岸线资源及其开发利用情况调查;河湖岸线控制线合理确定;岸线功能区科学划分;岸线布局调整和控制利用管理指导意见及保障措施等。

3. 岸线规划的制定与审批程序

国家重要江河干流及边境河段岸线利用管理规划,由水利部会同有关部门编制,由国务院批复;国家重要江河支流、跨省重要河段、省边界河道的岸线利用规划,由相关流域管理机构会同有关地方水行政主管部门编制,由国务院水行政主管部门批复;其他河道岸线利用规划由县级以上水行政主管部门会同有关部门编制,由本级人民政府批复。

(三)河湖水域岸线管理事权划分制度

《中华人民共和国防洪法》第二十一条规定:

“国家确定的重要江河、湖泊的主要河段,跨省、自治区、直辖市的重要河段、湖泊,省、自治区、直辖市之间的省界河道、湖泊以及国(边)界河道、湖泊,由流域管理机构和江河、湖泊所在地的省、自治区、直辖市人民政府水行政主管部门按照国务院水行政主管部门的划定依法实施管理。其他河道、湖泊，由县级以上地方人民政府水行政主管部门按照国务院水行政主管部门或者国务院水行政主管部门授权的机构的划定依法实施管理。

有堤防的河道、湖泊，其管理范围为两岸堤防之间的水域、沙洲、滩地、行洪区和堤防及护堤地；无堤防的河道、湖泊，其管理范围为历史最高洪水位或者设计洪水位之间的水域、沙洲、滩地和行洪区。

流域管理机构直接管理的河道、湖泊管理范围，由流域管理机构会同有关县级以上地方人民政府依照前款规定界定；其他河道、湖泊管理范围，由有关县级以上地方人民政府依照前款规定界定。”

岸线涉及管理主体较多，明晰管理职责、落实责任主体是规范岸线管理的必要条件，是提高岸线管理水平的重要基础。

水利部门和海洋、交通、国土等部门的事权主要依据部门的“三定”方案及相关法规来划分。在岸线管理方面，水利部“三定”方案规定的职责是：指导水利设施、水域及其岸线的管理与保护，指导大江、大河、大湖及河口、海岸滩涂的治理和开发，指导水利工程建设与运行管理。交通运输部主要按规定负责港口规划和港口岸线使用管理。国家海洋局主要负责海岸线的管理。国土资源部主要涉及滩涂的开发利用管理。环境保护部主要负责在江河、湖泊、运河、渠道、水库最高水位线以下的滩地和岸坡堆放、存储固体废弃物和其他污染物的监督管理与处罚。

岸线管理的水利部门涉及水利部，流域管理机构，省（自治区、直辖市）、市、县政府的水行政主管部门。原则上来说，流域管理机构统筹考虑整条河道岸线的规划、开发利用与保护；地方水行政主管部门统筹考虑本行政区域内部分河段岸线的规划、开发利用与保护。

（四）河湖岸线利用审批及监督检查制度

1. 利用审批制度

利用审批制度任何占用岸线的建设项目必须符合防洪标准、岸线规划、航运和保护水生态环境的要求，在项目可行性研究报告按基本建设程序报请相关主管部门批准前，应编制工程防洪影响评价报告，对岸线利用及相应的影响进行分析论证，报请相应的水行政主管部门审查同意。项目实施时，要申办开工手续，按水行政主管部门审查批准的位置和界限进行；竣工验收时，应有水行政主管部门参加。在江河（湖泊）取水的岸线利用项目，应同时执行《取水许可和水资源费征收管理条例》的有关规定，不得肆意侵占岸线和影响水生态环境。岸线利用项目必须按照规划的河湖岸线控制线和岸线功能分区确定的要求，根据不同岸段开发利用与保护的目标，实施区别管理，严格保护、合理利用、科学引导、有序开发。

按照有关规定，在国家重要的江河湖泊、省际边界河道及流域机构直接管理的河道岸线管理范围内兴建建设项目的，应经所在的省（自治区、直辖市）的河道主管机关初审后，由所在的流域管理机构审查同意，并实施监督管理。

其他河湖岸线管理范围内兴建的建设项目由地方各级河道主管机关实施分级管理。审批部门应着重审查是否符合岸线规划的总体安排，是否超出规划治导线，是否符合岸线功能区划和控制利用管理的要求，是否符合防洪和河口水质要求。

建设跨河、穿河、穿堤、临河的桥梁、码头、道路、渡口、管道、缆线、取水、排水等工程设施，需要占用河道、湖泊管理范围内土地，跨越河道、湖泊空间或者穿越河床的，建设单位应当经有关水行政主管部门对该工程设施建设的位置和界限审查批准后，方可依法办理开工手续；安排施工时，应当按照水行政主管部门审查批准的位置和界限进行。

2. 监督检查制度

涉岸建设项目检查采取分级管理的方式。流域管理机构负责对国家确定的重要河段湖泊、省级边界河道、国境边界河道、流域管理机构直管范围内建设项目的监督检查。其他河道岸线管理范围内的建设项目监督检查实施分级管理。项目施工期间，省级以下水行政主管部门应对是否符合审批要求进行监督检查，如发现未按审批要求进行施工或出现涉及江河防洪问题的，需提出整改意见，遇重大问题，需同时抄送上级水行政主管部门；各级水行政主管部门应定期对岸线管理范围内的建筑物和设施进行检查，对不符合要求的提出限期整改要求。施工结束后，各级水行政主管部门需对工程检查验收，合格后方可投入使用。下级水行政主管部门对其监督范围内的涉岸建设项目的监督管理情况应及时上报上级水行政主管部门备案；上级水行政主管部门应对下级水行政主管部门实施涉岸建设项目管理的主体、程序、内容的合法性监督检查，并及时纠正。

（五）河湖水域岸线占用补偿制度

为了有效保护岸线资源，在加强依法管理的同时，应逐步推进和建立岸线占用补偿制度，通过经济杠杆作用实现岸线资源的集约化利用，对防洪、供水、航运、水生态环境及河势稳定等有不利影响的岸线利用项目，应限期整改。在制定或修订相关法规时可设定岸线占用补偿费制度，岸线资源补偿费的具体征收办法由国务院有关部门制定，地方人民政府可以根据国务院行政法规和部门规章，制定实施细则；流域机构和各级水行政主管部门按照管理权限负责水域岸线资源补偿费制度的实施工作。水域岸线资源占用补偿费属于行政事业性收费，占用人缴纳的占用补偿费可以纳入生产、建设、经营成本。占用补偿费主要用于河道岸线的管理和养护，观测监测设施的更新、改造及被占用情况调查等。

水域占补平衡不仅可以从经济上震慑和处罚河湖水域侵占责任人，而且还可以为治理河湖水域侵占增加必要的补救手段和经费。探索实施河湖水域占用补偿制度，需要从以下 5 个方面着手：①从国家立法层面确立河湖水域占补平衡制度；②建立水域年度统计制度和动态监测制度，建立和完善水域管理信息系统，为评估各地水域占补平衡实施状况的基本依据;③尽快针对水域占用出台相关补偿措施和费用标准;④进一步完善水域占补平衡的具体操作措施;⑤严格水域占用补偿费用的监督管理。

(六)河道采砂综合监管制度

河道采砂监管涉及水利、国土、交通、公安、海事、航道、渔业等部门,河道采砂直接影响防洪安全,作为防洪安全责任主体和河砂资源出让受益方的地方政府,应承担起河道采砂管理的主体责任。在河长制的机制下,落实地方行政首长负责制,建立地方政府主导、部门协作的河道采砂管理机制,通过政府主导强化部门协作,是当前河道采砂管理最行之有效的政策性应对这也是落实《关于全面推行河长制的意见》的最直接举措。以湖北、江西为例,为加强全省河道采砂管理,湖北、江西均成立了省河道采砂管理领导小组,下设办公室(省水利厅砂管局)负责日常工作的统筹、协调(地市级管理参考执行)。工作中发现问题,可以以领导小组的名义发文地方政府要求整改,性质严重的则抄送地方上一级纪委;也可以以领导小组的名义约谈地方政府相关领导,限期整改,监督成效显著。近年更是不断规范采砂管理运行机制,采取了地方行政首长负责制,把采砂管理纳入年度政府目标考评和社会管理综合考评,进一步理顺了河道采砂管理的问责机制,确保了监督层面更加有的放矢、执行层面切实落到实处。

(七)河湖水域公共侵占限制制度

河湖水域的公共侵占是河湖水域侵占中最严重的问题,限制河湖水域侵占是河湖水域岸线管理的主要任务之一,也是各级河长的主要职责之一。严格限制河湖水域公共侵占,一是完善相关法律规定,特别是涉河项目的审批制度,具体包括规定涉河项目的审批权限、审批标准等方面的内容,尤其是要在涉河项目的审批权限划分中充分考虑占用水域面积因素;二是秉承"占用最小化"原则,制定相关水域占用的控制标准,减少不必要的河湖水域占用;三是各地水行政主管部门应当尽快编制水域保护规划,为水域管理和保护提供支撑;四是进一步明确基础设施建设项目一般不得占用重要水域,非基础设施建设项目一律不得占用重要水域,对重点水域进行重点保护。

(八)河道蓝线规划保留区新上项目报审制度

河道蓝线,指城市规划确定的江、河、湖、库、渠和湿地等城市地表水体保护和控制的地域界线,是保护、建设和管理河道,保护河道水域资源的重要依据之一。

河道蓝线是城市规划的控制要素之一,是水务部门依法行政、指导河道建设和管理的重要依据,也是工程建设用地定界依据之一。河道蓝线主要作用是控制水面积不被违法填堵,确保防汛安全。

一般包括河道规划中心线、河口线以及陆域控制线。河道蓝线管理范围内的土地划定为规划保留区,严格实行新上项目报审制度,确需建设项目应当按照基本建设程序报请水利、规划等部门批准。

二、河湖水域岸线管理措施体系

（一）编制生态空间管控及水域岸线保护利用规划

规划是指导下一步工作的纲领性文件，一般包含管理的目标、所要解决的主要问题、采取的主要措施及时间安排等。不同流域由于地域不同、区域文化不同，所面临的问题以及对岸线资源的需求也不同。这就需要对流域内现状的岸线资源进行详细的调查评价，了解各河段岸线资源的历史、文化、生态等各方面的现状，再结合流域的发展目标，区域的发展方向，制定具体的开发利用规划。

2014年水利部印发了《关于加强河湖管理工作的指导意见》（水建管〔2014〕76号），要求落实水域岸线用途管制，与水功能区划相衔接，将水域岸线按规划划分为保护区、保留区、限制开发区、开发利用区，严格分区管理和用途管制；2016年水利部与国土资源部联合印发了《水流产权确权试点方案》（水规计〔2016〕397号），要求在试点区域划定水域、岸线等水生态空间范围确定水生态空间权属；2016年水利部与国家发展和改革委员会等部委联合印发了《耕地草原河湖休养生息规划（2016—2030年）》，要求至2020年基本建立河湖水域岸线用途管控制度，有效保护河湖生态空间等。

但是目前我国水生态空间的管控存在概念不明晰、标准不健全、事权划分烦琐、管理碎片化严重、责权利不明确、管理被动性与滞后性突出等问题。同时，环保部印发了《关于规划环境影响评价加强空间管制、总量管控和环境准入的指导意见》，强调划分生态保护红线，强化空间管制的内容；海南、福建等一些省（自治区、直辖市）正在开展“多规合一”规划编制，以期协调好水生态空间与其他类型空间的关系，协调好水生态空间科学保护与合理利用的关系。

2007年3月，水利部《关于开展河道（湖泊）岸线利用管理规划工作的通知》（水利部水建管〔2007〕67号），在全国范围内启动了河道（湖泊）岸线利用管理专项规划。

长江上，水利部会同交通运输部、国土资源部联合编制了《长江岸线保护和开发利用总体规划》，这个规划对整个长江干流进行分区管理和用途管制，分为保护区、保留区、可开发利用区、控制利用区，并且保护区、保留区占到64.8%，充分体现了“共抓大保护，不搞大开发”的理念。

（二）完善涉河湖水域岸线管理法律法规体系

需制定专门岸线管理规章，明确岸线管理范围、岸线管理主体与事权、规划管理制度、利用审批与监督管理及岸线占用补偿制度等，系统规范岸线开发利用及保护制度，从法规的层面上规范岸线管理。

目前，《中华人民共和国河道管理条例》关于岸线管理规定如下：“河道岸线的利用和建设，应当服从河道整治规划和航道整治规划。计划部门在审批利用河道岸线的建设项目时，应当事先征求河道主管机关的意见。河道岸线的界限，由河道主管机关会同交通等有关部门报县级以上地方人民政府划定。”该条例只涉及岸线规划、岸线范围及占用管理较为原则的规定，尚需出台实施细则进一步细化，使其具备可操作性。

水利部《关于加强河湖管理工作的指导意见》（水建管〔2014〕76号）中明确，着力推进河湖管理工作有法可依、有章可循，在完善现有河湖管理法规制度的同时，要求各地根据本地区实际，健全涉河建设项目管理、水域和岸线保护、河湖采砂管理、水域占用补偿和岸线有偿使用等法规制度，制定和完善技术标准。

（三）建立健全协调机制

考虑岸线管理的特点，保证协调的高效与权威、专业与民主，可以考虑建立岸线开发利用与保护管理联席会议制度。既要有所涉及地方政府领导参加，也要有水利、发改、海洋、交通、国土、市政、环保等部门的领导参加，还要吸纳和鼓励专家、民众等非政府人士参加。

设定专门办事机构，其他部门设有联系专人。办事机构负责相关信息的收集、传递与发布，联席会议的承办和信访等工作。联席会议每半年召开一次，主要讨论岸线开发利用的相关规划、重大项目或有争议的项目的会审论证、重大违法占用岸线事件的处罚意见等内容，遇特殊情况亦可不定期召开。重大涉及岸线的项目开发亦可通过论证会、听证会等方式广泛吸取多方意见。

（四）建立公众参与机制

公众参与是实现岸线资源综合管理的重要环节。拥有良好的公众参与机制可以让人们充分了解项目开发的目的，以及会给他们带来怎样的影响，也可通过公众参与项目的规划、建设、监督程序，使项目能更好地执行。

一般公众参与程序主要包括信息发布、信息反馈、反馈信息汇总、信息交流4个部分。其中信息发布是公众参与的第一步，也是至关重要的一环。其做法主要是通过大众传媒发布项目有关的概况和目的。信息反馈是管理者与参与者的沟通渠道，主要通过热线电话、公众信箱等方式回答公众提出的问题，接受、记录公众提出的建议，还可以通过社会调查的方法进行，如访谈、通信、问卷、电话等。反馈信息汇总则主要是对于反馈的信息进行整理汇总，建立数据库，运用合适的统计方法综合分析反馈信息的主要问题和意见。信息交流的主要方法是会议讨论，如听证会和专家讨论会等。通过研究国外一些成功的环境管理公众参与机制以及结合目前岸线管理存在的不足之处，要建立良好的公众参与机制，主要包括从法律上明确公众的参与权，以及在项目实施各阶段组织公众参与活动。

1. 立法保障公众参与流域管理的权利

目前在流域的管理中，水利主管部门已制定了较多较详细的法律法规，如《中华人民共和国水法》《中华人民共和国防洪法》《中华人民共和国河道管理条例》。但这些法律法规对公众参与管理的权利没有较明确的规定。应尽快修改法案,在立法中加强对社会组织、公民等非政府主体的权益制定，完善我国有关公众参与岸线资源保护及利用的法律、法规,使公众的保护活动有法可依。这其中主要包括参与权及检举权,即任何单位和个人有参与岸线资源开发利用的权利以及查询规划和举报或者控告违反岸线利用规划行为的权利。

2. 建立公众参与岸线资源管理的组织及活动

通过建立公众广泛参与的流域管理组织以及在项目进行的各阶段举办公众参与活动，可使公众充分利用管理及知情权。其中公众可通过以下一些方式参与到岸线保护利用管理中。

1)在岸线资源利用的规划编制过程中,编制机关采用现场调查、座谈、电话回访等方式征求公众或社团组织的岸线开发利用意见,在制定岸线规划利用草案后予以公告,并采取论证会、听证会或者其他方式征求专家和公众意见,在报送审批的材料中附具意见采纳情况及理由。

2)在规划的实施阶段,当地人民政府水利主管部门将经审定的流域岸线资源利用详细规划、工程设计方案的总平面图予以公布。若需修改岸线利用规划及工程方案时,水利及城乡规划主管部门应当征求规划地段内利害关系人的意见。

3)在修改流域综合性利用规划以及岸线综合利用保护规划时,组织编制机关应当组织有关部门和专家定期对规划实施情况进行评估,并采取论证会、听证会或者其他方式征求公众意见，向流域范围内各市人民代表大会常务委员会以及人民代表大会和原审批机关提出评估报告并附具征求意见的情况。

4)公开监督检查情况和处理结果,供公众查阅和监督。

(五)加强基础设施及执法能力建设

基础设施建设是岸线利用的基本条件。应加大对大江大河、重要湖泊治理的资金投入,加快河道综合整治步伐,逐步建立河势整治控制与岸线开发利用相适应的投入机制,引导和推进岸线开发利用项目与相关河段防洪和河势整治工程的有机结合；鼓励和支持有利于巩固防洪安全、促进河势稳定的岸线利用项目先行实施,为岸线利用、管理提供基础保障;要加快完善水文水资源监测、观测站网建设,争取每隔 3~5 年开展一次较大范围的水文、水质同步测验工作,积累长系列基础资料;建立标准化、规范化的基本资料数据库、规划成果数据库、岸线开发利用数据库等,为岸线管理提供决策依据和信息支持。

坚持以预防为主,防、查并重的原则,重点从认真执行水行政执法检查办案制度、规范执法行为方面推动执法工作,维护良好的岸线开发秩序。

1. 加强水政执法队伍建设,提高水政执法效能

1)加强水政监察法律知识和业务培训工作,提高法律知识和执法实际操作知识。一旦

发现违反行为能准确运用法律法规，并在执法过程中不偏不倚，维护水法律法规的公正性。

2)加强政治思想教育,树立良好的道德价值观。水政执法人员具有一定的管理权和执法权,一些不法分子为了获取公共利益常采用一些不法手段,面对各种诱惑,水政执法人员必须具备较强的抵御能力。

3)增强服务意识,强化协调管理。水政执法是一项合作性很强的工作,在执法过程中可能涉及与环保、国土、城建等其他部门的合作。只有具有良好的服务意识,在合作中积极、主动、真诚,才能得到各部门的大力配合,为执法工作的开展营造更加良好的工作环境。

2. 建立监督机制

预防监督是有效的行政管理手段，通过水行政主管部门项目审批许可指导岸线资源的开发利用方向,规范开发利用程序。要建立监督机制:一是通过流域管理机构派出监督管理员到各地方水行政主管部门承担预防监督职责。二是利用协会或组织,通过适当鼓励建立起有效专业的监督管理队伍。三是通过广泛宣传、典型示范等形式,发动群众自觉保护和相互监督。四是建立监督网络系统,实时掌握岸线资源动态,及时处理违法利用行为。

(六)加强划界确权、采砂、围垦、清障管理

岸线是一种资源,对岸线的管理,着眼于对岸线资源的管理。视岸线的功能而异,该保护的加以妥善保护,该利用的加以高效利用,而介于二者之间的,则在保护的基础上适当开发利用。

1. 岸线划界确权

《水利部关于开展河湖管理范围和水利工程管理与保护范围划定工作的通知》(水建管〔2014〕285 号),明确划界依据如下:《中华人民共和国水法》,《中华人民共和国河道管理条例》,《各省实施〈中华人民共和国水法〉办法》,水利部和国家发展和改革委员会联合颁布的《河道管理范围内建设项目管理的有关规定》以及各流域防洪规划、各城市防洪规划及总体规划、河道整治规划或堤线规划、相关技术标准等,如《防洪标准》(GB 50201—2014)、《水利水电工程设计洪水计算规范》(SL 44—2006)、《水利水电工程测量规范》(SZ 197—2013)、《国家三、四等水准测量规范》(GB/T 12898—2009)、《全国河道(湖泊)岸线利用管理规划技术细则》等。按照以上规定及标准,确定四线,即岸线、堤线、管理线和保护线等。

中共中央、国务院印发《生态文明体制改革总体方案》(中发〔2015〕25 号)提出,开展水流和湿地产权确权试点。探索建立水权制度,开展水域、岸线等水生态空间确权试点,遵循水生态系统性、整体性原则,分清水资源所有权、使用权及使用量。在甘肃、宁夏等地开展湿地产权确权试点。

水利部、国土资源部关于印发《水流产权确权试点方案》的通知(水规计〔2016〕397号)明确了两项试点任务:一是水域、岸线等水生态空间确权。划定水域、岸线等水生态空间范围。县级以上地方人民政府组织水利、国土资源等部门依法划定河湖管理范围,以此为基础划定水域、岸线等水生态空间的范围,明确地理坐标,设立界桩、标识牌,并由县级以上地方人民政府负责向社会公布划界成果。二是水资源确权。试点地区以区域用水总量控制指标和江河水量分配方案等为依据,开展水资源使用权确权。在水资源使用权确权试点中,充分考虑水资源作为自然资源资产的特殊性和属性,研究水资源使用权物权登记途径和方式。

重庆市先后发布《重庆市水利局关于印发重庆市河道管理范围划界技术标准的通知》(渝水河〔2013〕45 号)、《重庆市水利局重庆市财政局关于做好 2015 年重要河道管理范围划界工作的通知》(渝水河〔2015〕29 号)、《重庆市水利局办公室关于全面开展河道管理范围划界和水库划界确权工作的通知》(渝水办河〔2017〕23 号),制定了地方划界技术标准,部署了河道水库划界确权工作。

2. *河道采砂综合管控*

河道采砂综合管控是河道临水控制线管控的重要工作内容。关于河道采砂管理,《中华人民共和国水法》第三十九条规定:国家实行河道采砂许可制度。河道采砂许可制度实施办法,由国务院规定。在河道管理范围内采砂,影响河势稳定或者危及堤防安全的,有关县级以上人民政府水行政主管部门应当划定禁采区和规定禁采期,并予以公告。《中华人民共和国河道管理条例》第二十五条也明文规定:河道管理范围内的采砂取土等活动,必须报经河道主管机关批准;涉及其他部门的,由河道主管机关会同有关部门批准。第四十条则规定:在河道管理范围内采砂、取土、淘金,必须按照经批准的范围和作业方式进行,并向河道主管机关缴纳管理费。收费的标准和计收办法由国务院水利行政主管部门会同国务院财政主管部门制定。《河道采砂收费管理办法》第三条则规定:河道采砂必须服从河道整治规划。河道采砂实行许可证制度,按河道管理权限实行管理。河道采砂许可证由省级水利部门与同级财政部门统一印制,由所在河道主管部门或由其授权的河道管理单位负责发放。第四条规定:采砂单位或个人必须提出河道采砂申请书、说明采砂范围和作业方式,报经所在河道主管部门审批,在领取河道采砂许可证后方可开采。从事淘金和营业性采砂取土的,在获准许可后,还应按当地工商、物价、税务部门的有关规定办理。第五条规定:河道采砂必须交纳河道采砂管理费。第七条规定:河道采砂管理费用于河道与堤防工程 维修、工程设施的更新改造及管理单位的管理费。结余资金可以连年结转,继续使用,其他任何部门不得截留或挪用。第八条规定:河道主管单位要加强财务及收费管理,建立健全财务制度,收好、管好、用好河道采砂管理费。河道采砂管理费按预算外资金管理,专款专用,专户存储。各级财政、物价和水利部门要负责监督检查各项财务制度的执行情况和资金使用效果。《国土资源部关于加强河道采砂监督管理工作的通知》(国土资发〔2000〕322号)明确加强河道采砂监管。针对河道非法违法违规采砂、过度采砂严重影响河势稳定、防洪和航运安全的问题,为加强河道采砂管理,防范事故发生,维护社会稳定,保障汛期防洪和航运安全,水利部、交通部和国家安全监管总局于2007年6月25日联合发出了《关于加强河道采砂管理确保防洪和通航安全的紧急通知》(水明发〔2007〕10号),该通知要求,河道采砂事关防洪、通航安全,地方各级人民政府要根据《中华人民共和国安全生产法》《中华人民共和国防洪法》《中华人民共和国河道管理条例》《中华人民共和国航道管理条例》和《内河交通安全管理条例》等法律法规要求,加强对河道采砂管理的组织领导,落实相关行政首长负责制,切实采取有效措施,对河道采砂活动进行全面治理整顿,坚决打击非法违法违规采砂活动,严格控制采砂总量。水利部、交通部和国家安全监管总局组成联合检查组,对各地治理整顿及贯彻落实本通知情况进行督察。

最高人民法院、最高人民检察院《关于办理非法采矿、破坏性采矿刑事案件适用法律若干问题的解释》(法释〔2016〕25号)第四条规定,在河道管理范围内采砂,具有下列情形之一,符合刑法第三百四十三条第一款和本解释第二条、第三条规定的,以非法采矿罪定罪处罚:①依据相关规定应当办理河道采砂许可证,未取得河道采砂许可证的;②依据相关规定应当办理河道采砂许可证和采矿许可证,既未取得河道采砂许可证,又未取得采矿许可证的。

3. 河湖围垦管理

河湖围垦管理,主要针对非法侵占河湖水域现象。

河湖水域,包括江、河、湖泊、水库、湖荡、塘坝、人工水道等在设计洪水位或历史最高洪水位下的水面范围及河口湿地(不包括海域)。河湖水域既是公共资源,又是公共环境,具有防洪、排涝、蓄水、供水、灌溉、生态、文化以及景观等多方面的功能,对经济社会的发展具有十分重要的作用。管理维护好河湖水域对兴水利、减水害及促进人水和谐,具有重要意义。

但是当前,侵占河湖水域的现象十分严重,对蓄水、防洪、航运等均产生不利影响。从成因上看,侵占河湖水域,既有客观方面的原因也有主观方面的原因,既有立法不完善方面的原因也有关键制度欠缺方面的原因。为了有效规范河湖水域侵占行为,不仅要完善河湖管理相关立法,还要确立水域占补平衡和水域公共侵占限制等关键制度,并完善相关配套措施。

4. 河道及湖泊清障

由于种种历史原因,河道及湖泊管理范围内乱采、乱堆、乱建现象屡禁不止,造成非法占用河湖滩涂、破坏岸线景观、降低调蓄能力、阻碍行洪,降低河湖整体蓄洪行洪能力,进而危及河道行洪和河湖沿岸人民群众生命财产安全等严重后果。因此,需进行河道及湖泊

清障工作,具体清除对象如下:

1)依法清理河道滩地非法砂场,对规划砂场责成业主履行报批手续,并自觉清理好砂石尾堆,对未经批准的砂场,依法清除砂场及卸砂设施设备。

2)依法清除河道管理范围内阻碍行洪的一切障碍物。对未经批准设置的阻水道路、房屋等违章建筑物、构筑物、预制构件、作业场和堆积的砂石料、采砂尾堆、堤防沙堆、废渣、垃圾以及违章种植的高秆植物等阻水障碍物予以清除。

3)依法清除湖泊管理范围内的非法建筑物及堆场。

河长制的确立,为河道清障工作指明了方向:河道清障工作应按照“属地管理”的原则,实行地方政府行政首长负责制。比如,对于县级河流而言,可以成立具体领导小组,由地方分管农业水利的副县长任组长,县公安局局长、县法院院长、县政府办分管副主任、县水利局局长、交通局局长、安监局局长、国土资源局局长任副组长。下设河道专项整治行动工作组,在县水利局办公,并从水利局抽调 3 人,交通、安监、国土、公安、法院各抽调 1 人组成,负责河道清障的具体工作。

清障工作可分为 4 个阶段进行。

①调查摸底阶段。由河道清理工作人员对全县河道内阻碍行洪的建筑物、构筑物、采砂场、砂石尾堆、弃渣、垃圾情况进行全面调查摸底,并建立档案,为河道清障工作打下基础。

②宣传发动和自查自纠阶段。大力宣传《中华人民共和国水法》《中华人民共和国防洪法》《中华人民共和国河道管理条例》等有关政策法规,在调查摸底的基础上,按照“谁设障,谁清除”的原则,下达清障通知书,责令所有设障责任单位和个人在限期内自行清除影响河道行洪的障碍物。

③重点整治阶段。对在自查自纠阶段未清除的严重影响河道行洪的建筑物、构筑物、采砂场、砂石尾堆、弃渣、垃圾等,由当地政府组织水利、交通、安监、国土、公安、法院等部门联合检查组依法予以强行清除,并由设障者承担全部费用,无法找到设障单位或个人的,清障费用由财政负责安排。对拒不承担清障费用的单位或个人,申请相应级别人民法院强制执行,对阻挠执法的单位或个人,由公安机关依法严肃处理。

④验收和巩固阶段。对河道清障整治工作进行总结验收。对工作主动、成绩突出的单位和个人给予奖励和表彰。同时,建立全流域河道管理长效清障工作机制,加强日常管理工作,加大巡查力度,有关部门要密切配合,发现问题及时处理或报告,坚决制止违章设障的情况发生,避免河道新的乱采、乱堆、乱建现象发生。

对于涉河涉堤的建设项目,要严格落实审批制度。相关内容在《中华人民共和国防洪法》、《中华人民共和国水法》、各省建设项目占用水域管理办法、各地方河道管理条例中均有规定。根据《中华人民共和国防洪法》规定,河道、湖泊管理范围内的土地和岸线的利用应当符合行洪、输水的要求。禁止在河道、湖泊管理范围内建设妨碍行洪的建筑物、构筑物,倾倒垃圾、渣土,从事影响河势稳定、危害河岸堤防安全和其他妨碍河道行洪的活动。禁止在行洪河道内种植阻碍行洪的林木和高秆作物。禁止围湖造地,已经围垦的,应当按照国家规定的防洪标准进行治理,有计划地退地还湖。禁止围垦河道,确需围垦的,应当进行科学论证,经水行政主管部门确认不妨碍行洪、输水后,报省级以上人民政府批准。关于执法方面的规定如下:对河道、湖泊范围内阻碍行洪的障碍物,按照"谁设障,谁清除"的原则,由防汛指挥机构责令限期清除;逾期不清除的,由防汛指挥机构组织强行清除。

(七)强化城市河湖水域蓝线控制

为了加强对城市水系的保护与管理,保障城市供水、防洪防涝和通航安全,改善城市人居生态环境,提升城市功能,促进城市健康、协调和可持续发展,根据《中华人民共和国城乡规划法》《中华人民共和国水法》,中华人民共和国建设部令第 145 号颁布《城市蓝线管理办法》。

城市蓝线,是指城市规划确定的江、河、湖、库、渠和湿地等城市地表水体保护和控制的地域界线。

《城市蓝线管理办法》规定,在城市总规阶段,必须划定城市蓝线,且一经划定不得擅自调整。划定城市蓝线,应遵循以下原则:①统筹考虑城市水系的整体性、协调性、安全性和功能性,改善城市生态和人居环境,保障城市水系安全;②与同阶段城市规划的深度保持一致;③控制范围界定清晰;④符合法律、法规的规定和国家有关技术标准、规范的要求。

在城市蓝线内禁止进行下列活动:①违反城市蓝线保护和控制要求的建设活动;②擅自填埋、占用城市蓝线内水域;③影响水系安全的爆破、采石、取土;④擅自建设各类排污设施;⑤其他对城市水系保护构成破坏的活动。

(八)强化保障措施

建立河湖岸线管理制度各级河长负责制,形成一级抓一级、层层抓落实的工作格局。

1. 加强组织领导

由各级党政主要负责人担任河长,负责组织领导相应河湖的岸线管理工作,各地各有关单位要把河湖管理范围和水利工程管理与保护范围划定工作作为重点工作来抓。流域机构等有关直属单位、各省级水行政主管部门要明确分管负责人和牵头部门,落实责任分工,建立进展情况定期通报制度、重大问题协调制度、激励机制和考核机制。落实责任主体,建立工作机制,强化监督检查,严格考核问责,抓好督办落实。

2. 提升管理能力

健全河湖管理机构,落实管理人员,加强职工教育培训,改进管理手段,强化作风建设,提升管理水平和依法行政能力。

3. 落实管护经费

各地要合理核算管护经费，拓宽经费渠道，稳定经费来源，逐步提高地方水利建设基金、河道工程修建维护管理费等用于河湖水利工程维修养护的比例。

4. 强化检查督导

各流域管理机构和各省级水行政主管部门要加强管辖范围内河湖管理工作的检查督导，按照"谁监管，谁负责"的原则，严格责任落实和责任追究。

5. 注重舆论宣传

加强河湖管理保护重要意义和相关法律法规制度的宣传，加大对违法案件的曝光力度，充分发挥新闻媒体监督与社会监督的作用，形成河湖管理保护的良好氛围。

6. 加强河湖岸线日常管理，形成长效机制

河湖岸线管理机构的日常管理，要将岸线检查作为一项重要工作，做好巡查制度的落实，建立每年一次的普查制度和重点河段不定期巡查制度，进一步增强水政执法队伍的快速反应能力。积极探索建立联络员制度，对岸线进行动态监控，预防违章建设项目的发生；不断完善和加强在建项目的日常监督管理工作，抓好项目施工许可、施工期检查、竣工验收，以及落实岸线利用规划等各个环节的工作。

第四章　水污染防治

水污染防治是河长制实施的主要任务，加强水污染防治，必须全面落实《水污染防治行动计划》，明确河湖水污染防治目标和任务，统筹水上、岸上污染源治理，严格治理工矿企业污染、城镇生活污染、畜禽养殖污染、水产养殖污染、农业面源污染、船舶港口污染等，加快改善水环境质量。完善河湖排污管控机制和考核体系，严格入河湖污染源排放许可，加强综合防治，优化入河湖排污口布局，实施入河湖排污口整治，确保河湖水质稳定达标。

第一节　水污染防治概述

一、水污染概述

（一）水污染

水污染，是指水体因某种物质的介入，而导致其化学、物理、生物或者放射性等方面特性的改变，从而影响水的有效利用，危害人体健康或者破坏生态环境，造成水质恶化的现象。也可以理解为，通过工业废水、生活污水和其他废弃物等方式造成水污染物和有毒污染物进入江河湖海等水体，超过水体自净能力造成水体污染。简言之，凡是在人类活动影响下，水质变化朝着水质恶化方面发展的现象，统称为水污染。而不论其是否影响使用程度，只要发生，即为污染。

水污染物，是指直接或者间接向水体排放的能导致水体污染的物质。有毒污染物,是指那些直接或者间接被生物摄入体内后,可能导致该生物或者其后代发病、行为反常、遗传变异、生理机能失常、机体变形或者死亡的污染物。

水污染危害很大。一是对人体健康产生危害,人体在新陈代谢的过程中,随着饮水和进食,水中的各种有毒元素进入人体的各个部分,最后危及人类自身的健康和生命;二是导致河流、湖泊富营养化,生物与水、生物与生物之间的生态平衡受到破坏,水生态功能丧失;三是对工农业生产产生严重的不利影响,造成很大的经济损失。

(二)水污染状况

根据《2006年中国环境状况公报》,2006年,长江、黄河、珠江、松花江、淮河、海河和辽河等七大水系的197条河流408个监测断面中,Ⅰ~Ⅲ类、Ⅳ~Ⅴ类和劣Ⅴ类水质的断面比例分别为46%、28%和26%。主要污染指标为高锰酸盐指数、石油类和氨氮。流域污染状况是干流水质好于支流,一般河段强于城市河段,污染从下游地区逐步向上游转移。全国湖泊普遍遭到污染,尤其是重金属污染和富营养化问题十分突出。多数湖泊的水体以富营养化为特征,主要污染指标为总磷、总氮、化学需氧量和高锰酸盐指数。地下水全国195个城市监测结果表明,97%的城市地下水受到不同程度的污染,40%的城市地下水污染有逐年加重的趋势。地下水超采与污染互相影响,形成恶性循环,地下水污染的程度不断加重。海洋根据《中国海洋环境质量公报》,我国海域总体污染状况仍未好转,近岸海域污染形势依然严峻。全海域未达到清洁海域水质标准的面积约13.9万km^2,基本维持在近年平均水平。严重污染海域仍主要分布在辽东湾、渤海湾、长江口、杭州湾、江苏近岸、珠江口和部分大中城市近岸局部水域。

《2016年中国环境状况公报》数据显示,全国地表水1940个评价、考核、排名断面中,Ⅰ类、Ⅱ类、Ⅲ类、Ⅳ类、Ⅴ类和劣Ⅴ类水质断面分别占2.4%、37.5%、27.9%、16.8%、6.9%和8.5%。2016年,其中长江、黄河、珠江、松花江、淮河、海河、辽河等七大流域和浙闽片河流、西北诸河、西南诸河的1617个国考断面中,Ⅰ类34个,占2.1%;Ⅱ类676个,占41.8%;Ⅲ类441个,占27.3%;Ⅳ类217个,占13.4%;Ⅴ类102个,占6.3%;劣Ⅴ类147个,占9.1%。以地下水含水系统为单元,以潜水为主的浅层地下水和以承压水为主的中深层地下水为对象的6124个地下水水质监测点中,水质为优良级、良好级、较好级、较差级和极差级的监测点分别占10.1%、25.4%、4.4%、45.4%和14.7%。338个地级及以上城市897个在用集中式生活饮用水水源监测断面(点位)中,有811个全年均达标,占90.4%。近岸海域417个点位中,Ⅰ类、Ⅱ类、Ⅲ类、Ⅳ类和劣Ⅳ类分别占32.4%、41.0%、10.3%、3.1%和13.2%。112个重要湖泊(水库)中,Ⅰ类8个,占7.1%;Ⅱ类28个,占25.0%;Ⅲ类38个,占33.9%;Ⅳ类23个,占20.6%;Ⅴ类6个,占5.4%;劣Ⅴ类9个,占8.0%。主要污染指标为总磷、化学需氧量和高锰酸盐指数。108个监测营养状态的湖泊(水库)中,贫营养的10个,中营养的73个,轻度富营养的20个,中度富营养的5个。

数据表明,2006—2016 年,我国水污染状况发生了一些变化,主要流域水质已逐步进入“稳中向好”的阶段,劣Ⅴ类河流数量明显降低,水库水质总体趋于稳定,呈向好的方向发展态势;近岸海域海水水质基本维持稳定,但湖泊水质富营养化问题仍然突出,地下水污染状况堪忧,且仍呈恶化态势。未来中国水污染防治形势:用水总量和废水排放量仍呈上升的态势;农业面源污染物快速增加,污染控制难度加大;水污染从单一污染向复合型污染转变的态势加剧;非常规水污染物产生量持续上升,控制难度增大。总体上,我国水污染防治形势仍然十分严峻,不容乐观。

二、水污染防治工作概述

我国水污染防治事业起步于 20 世纪 70 年代,1972 年大连湾涨潮退潮黑水臭水事故和北京官厅水库污染事故,为中国水环境保护敲响了警钟,标志着我国水污染防治工作的正式起步。经过 40 多年的发展,我国的水污染防治经历了浓度控制向总量控制到质量目标管理的变化历程。

20 世纪 80—90 年代是我国水污染防治工作快速发展时期,较为完整的环境保护法律法规、政策、制度等管理体系在此时得以形成。1992 年联合国环境与发展大会后,我国政府秉承“可持续发展”思想,率先制定了可持续发展行动计划——《中国 21 世纪议程》,确立了中国的可持续发展战略,使我国的经济社会发展迈入了新的纪元。这个历史时期我国的水污染防治工作偏重于工业污染防治, 城市生活污水处理和流域区域污染源的综合防治尚未受到重视。

进入 21 世纪后,我国开始了实现科学发展的战略转变,发布了《国务院关于落实科学发展观加强环境保护的决定》,强调要把环境保护摆在更重要的战略位置,统筹考虑社会经济、人口、资源与环境保护发展的关系。2006 年第六次全国环境保护大会针对经济发展与环境保护的关系,提出了新形势下的环保工作关键是要加快实现“三个转变”,反映出我国政府对经济社会发展与环境保护的关系有了深刻认识。“十一五”期间,松花江流域硝基苯重大污染事故、太湖巢湖滇池等蓝藻暴发事件和陕西凤翔重金属污染事件影响极大。人们认识到,江河、湖泊已经严重污染。在科学发展观的指引下,2008 年提出了“让江河湖泊休养生息、恢复生机”的重要思想。

党的十八大把生态文明建设纳入中国特色社会主义事业“五位一体”总体布局,明确提出大力推进生态文明建设,努力建设美丽中国,实现中华民族永续发展。习近平总书记提出 “山水林田湖是一个生命共同体”“绿水青山就是金山银山”“保护生态环境就是保护生产力、改善生态环境就是发展生产力”的重要理念和论断,已经成为新时期水污染防治工作的指导思想。

(一)水污染防治法律法规

我国水环境保护法律法规的形成与发展落后于欧美国家20余年。20世纪70年代以前,我国仅颁发了《工业企业设计暂行卫生标准》(1956年)和《生活饮用水卫生规程》(1959年)等技术规范,对工业和生活污染只有非强制性的约束。这种局面直到1972年才有所改变。1973年,首个环保标准《工业“三废”排放试行标准》实施;1979年,环保领域的第一部法律《环境保护法(试行)》颁布施行,确立了国家环境保护的基本方针和政策。

1984年颁发的《中华人民共和国水污染防治法》是水污染方面的专业性法律,使我国水污染防治工作从此有了坚实的法制基础。该法对水污染防治工作做了全面规定,确立了水污染防治的管理体制和基本制度,规定了污染物排放限制、排污收费、限期治理、排污申报、排污收费、法律责任以及沿用至今的水污染防治基本制度和环境标准体系。1996年第一次修订的《中华人民共和国水污染防治法》实现了水污染防治工作的战略转移:从单纯点源治理向面源和流域、区域综合整治发展;从侧重污染的末端治理逐步向源头和工业生产全过程控制发展;从浓度控制向浓度和总量控制相结合发展;从分散的点源治理向集中控制与分散治理相结合转变。2008年第二次修订的《中华人民共和国水污染防治法》,着重突出了“强化地方政府水污染防治的责任、完善水污染防治的管理制度体系、拓展水污染防治工作的范围、突出饮用水水源保护、强化环保部门的执法权限和对环境违法行为的处罚力度”等内容。2017年《中华人民共和国水污染防治法》第三次修订通过,新修订的水污染防治法明确了各级政府对本行政区域的水环境质量负责,国家实行水环境保护目标责任制和考核评价制度,将水环境保护目标完成情况作为对地方人民政府及其负责人考核评价的内容;明确建立河长制,实施排污许可管理制度,着重突出“加强农业农村水污染治理,加强饮用水管理”等内容,加大对违法行为的处罚力度。

此外,20世纪90年代以来,我国还陆续发布了《中华人民共和国清洁生产促进法》和《中华人民共和国循环经济促进法》,从源头污染产生、预防和末端治理等方面加强污染物产生和排放的全过程管理。

(二)标准与规范

水环境标准是国家水环境法规的重要组成部分,它直接关系和体现了一个国家的环境管理水平、监督执法水平、科学技术发展水平和人民生活健康水准。其中,水环境质量标准和水污染物排放标准是环境标准体系的主要组成部分。

1. 水环境质量标准

自1973年全国第一次环境保护会议发布第一个环境保护法规标准《工业“三废”排放试行标准》(GBJ 4—1973)以来,我国环境保护行政主管部门陆续发布了一系列的水环境标准,形成了比较完整的环境标准体系。水环境质量标准方面,我国先后发布了《地表水环境质量标准》(GB 3838—2002)、《渔业水质标准》(GB 11607—89)、《景观娱乐用水水质标准》(GB 12941—91)、《农田灌溉水质标准》(GB 5084—2005)、《地下水质量标准》(GB/T 14848—93)、《海水水质标准》(GB 3097—1997)等综合性水环境质量标准。

2. 水污染物排放标准

先后发布了《船舶污染物排放标准》(GB 3552—83)、《污水综合排放标准》(GB 8978—1996)、《污水海洋处置工程污染控制标准》(GB 18486—2001)、《城镇污水处理厂污染物排放标准》(GB 18918—2002)等,并陆续发布了畜禽、造纸、印染、合成氨、磷肥、烧碱、聚氯乙烯工业等多个工业行业水污染物排放标准,随着新兴行业的不断涌现,一批新的行业水污染物排放标准随之出台和修订。据统计,截至 2017 年 9 月,我国现行有效的水污染物排放标准中,共有 1 个综合排放标准,1 个污水海洋处置工程控制标准,1 个船舶污染物控制标准,1 个城镇污水处理厂排放标准,64 个行业排放标准。另外,根据《中华人民共和国环境保护法》,省(自治区、直辖市)人民政府还制定了严于国家排放标准的地方排放标准。与此同时,我国还陆续发布了一系列与水环境相关的标准和规范。截至 2017 年 9 月,共发布了 222 项水质监测规范、方法标准,7 项技术指南,13 项技术要求。

(三)水污染防治措施

1. 工业污染防治

20 世纪 70 年代,我国开始认识到工业发展对水体污染的严重性,开始对一些环境污染严重的河流、海湾和城市进行重点治理。1984 年开展历时两年半的全国工业污染源调查,化工、冶金、能源、轻工、建材等工业部门逐步关注工业污染问题,包括制定和实施产业政策、抓重点污染源(污染物排放量占全国总量 85% 的 9000 家企业)的污染治理工作等。1986 年国务院出台的《关于防治水污染技术政策的规定》,对工业企业和乡镇企业防治水污染提供技术政策;在国家层面上重点加强了对乡镇工业和街道工业的领导,要求合理确定产品方向和布局,切实防治环境污染和破坏。“十一五”“十二五”期间,进一步明确关、停、并、转的对象,对浪费资源和能源、严重污染环境的企业,特别是小造纸、小化工、小印染、小土焦、土硫黄等乡镇企业,必须责令其限期治理或分别采取关、停、并、转等措施并对污染企业明确提出了限期治理要求。

2. 城镇污水处理

20 世纪 70 年代以前,我国仅有几个城市建设了近 10 座污水处理厂(包括 1921—1926 年外国人兴建的 3 座),采用一级处理工艺,处理规模每日仅数千吨,污水处理技术和管理水平落后。80 年代初,以天津市纪庄子污水处理厂(国内第 1 座)投产运行带动了全国约 40 座新建污水处理厂的建设。1984 年《中共中央关于经济体制改革的决定》提出对城市进行综合整治的指示,把城市水环境管理推进到一个新阶段;1986 年《关于防治水污染技术政策的规定》提出:根据城市水环境恶化状况推进一批城市污水治理的技术政策，“近期以一级处理为主，鼓励有条件和实际需求的地方采用二级以上处理工艺”。但这段时期污水处理厂建设进度相对缓慢，1996 年修订的《中华人民共和国水污染防治法》明确了城市污水集中处理原则。进入 21 世纪以来，是我国城镇污水处理事业的快速发展时期，随着中央和地方各级政府的不断重视，城镇污水处理工程建设的速度明显加快，水处理等级也普遍由三级排放标准和二级排放标准逐步提升到一级排放标准及再生水水质标准。

3. 农村污水处理

农村污水包括农业废水和农村生活污水，长期以来受到忽视，我国有 6.74 亿农村人口分布在 250 多万个自然村，仅农村生活污水一项，目前，每天产生 3000 多万 t 生活污水，但是这些污水处理率不足 10%，大部分未经处理排入到自然环境中，造成了很严重的水环境污染。进入 21 世纪后，我国对农村污水重视程度得到很大的提高，但由于受各种因素的限制，我国农村污水处理仍处于初级阶段。

4. 污染物浓度控制

浓度控制是指以控制污染源排放口排出污染物的浓度为核心的环境管理的方法体系。浓度排放标准是促进工业环保技术进步的基本动力，没有任何一项其他措施能够具有如此广泛、深刻的作用。浓度控制政策对我国也起过很大作用。在过去一段时间内，我国的污染控制战略主要是建立在污染物排放标准的基础上，即依靠控制污染物的排放浓度来实施环境政策和环境管理。“三同时”和环境影响评价等制度都是以浓度排放标准为主要评价标准。浓度控制仅是对污染源的部分控制。

5. 污染物总量控制

污染物总量控制是以环境质量目标为基本依据，对区域内各污染源的污染物排放总量实施控制的管理制度。在实施总量控制时，污染物的排放总量应小于或等于允许排放总量。区域的允许排污总量应当等于该区域环境允许纳污量。环境允许纳污量则由环境允许负荷量和环境自净容量确定。污染物总量控制是结合环境质量现状的任务目标导向的污染减排模式。

1988 年第三次全国环境保护会议提出，同时实行浓度控制和总量控制。1996 年 8 月，《国务院关于环境保护若干问题的决定》中首次提出“要实施污染物排放总量控制，建立总量控制指标体系和定期公布制度”，标志着我国污染物排放管理开始由浓度控制向浓度控制和总量控制相结合转变。“九五”期间总量控制制度正式起步，“十一五”总量控制提升到国家战略高度，“十二五”时期，我国基本形成了比较系统的全过程污染减排工作指导管理体系，取得了显著的成效，在推动环保基础设施建设、加快产业结构转型、提高环保基础能力等方面发挥了积极作用，总量控制成为地方政府环境保护的中心工作，在促进环境质量改善的同时，成为调结构、转方式、惠民生的重要抓手。但是，水污染物总量控制仅包括化学需氧量和氨氮指标,难以有效约束其他污染物,导致总量目标与质量目标脱钩。

6. 水环境质量目标管理

环境质量是所有污染源排放所有污染物的综合体现，水环境质量目标管理是以水环境质量目标为导向的控制模式,以水环境质量达标为出发点统筹谋划各项工作,以是否达到目标要求作为判断各项工作成效的标准和问责的主要依据，突出质量目标的刚性约束作用,其核心是近期水质改善、中期水生态健康、远期健康风险防控。《中华人民共和国环境保护法》和《中华人民共和国水污染防治法》均要求地方政府对本行政区域的(水)环境质量负责。我国自“九五”以来开始编制实施的《重点流域水污染防治规划》,曾具体提出了在某一时间段要达到水质改善要求的水体清单。2015 年我国发布实施的《水污染防治行动计划》,是新中国成立以来最大的水污染防治计划,其核心是以改善水环境质量为核心,突出强调了水环境质量目标管理。与单纯的总量控制相比,环境质量改善是目的,总量控制是改善环境质量的重要手段,环境质量改善是刚性要求的红线,绝对不能触碰;总量减排是硬性要求的底线,总量减排考核必须服从质量改善考核。“十三五”时期我国水污染防治正由总量控制向水环境质量目标管理转变。

第二节　水污染防治行动计划

一、《水污染防治行动计划》概述

行动是指为了达到某种目的而进行的活动。计划是指根据对组织外部环境与内部条件的分析,提出在未来一定时期内要达到的目标以及实现目标的方案途径。

为了有效应对水污染防治工作面临的严峻形势,解决我国未来水污染、水环境问题,按照党中央、国务院的统一部署,环境保护部会同国务院有关部门共同编制了《水污染防治行动计划》。2015 年 2 月 26 日,中央政治局常务委员会会议审议通过。2015 年 4 月 16 日,国务院正式发布实施。

发布实施《水污染防治行动计划》充分彰显了国家全面实施大气、水、土壤治理的决心和信心,是我国环境保护领域的重大举措,是党中央、国务院实施全面建成小康社会、全面深化改革、全面依法治国重要战略,推进环境治理体系和治理能力现代化的重要内容,体现民意,顺应民心。《水污染防治行动计划》是我国全面打响水污染“攻坚战”的国家战略行动,是我国当前和今后一段时期全国水污染防治工作的行动指南和纲领性文件。

二、《水污染防治行动计划》的目标和内容

结合全面建成小康社会的目标要求，《水污染防治行动计划》确定的工作目标是：到2020年，全国水环境质量得到阶段性改善，污染严重水体较大幅度减少，饮用水安全保障水平持续提升，地下水超采得到严格控制，地下水污染加剧趋势得到初步遏制，近岸海域环境质量稳中趋好，京津冀、长三角、珠三角等区域水生态环境状况有所好转。

到2030年，力争全国水环境质量总体改善，水生态系统功能初步恢复。到21世纪中叶，生态环境质量全面改善，生态系统实现良性循环。主要指标是：到2020年，长江、黄河、珠江、松花江、淮河、海河、辽河等七大重点流域水质优良（达到或优于Ⅲ类）比例总体达到70%以上，地级及以上城市建成区黑臭水体均控制在10%以内，地级及以上城市集中式饮用水水源水质达到或优于Ⅲ类比例总体高于93%，全国地下水质量极差的比例控制在15%左右，近岸海域水质优良（Ⅰ、Ⅱ类）比例达到70%左右。京津冀区域丧失使用功能（劣于Ⅴ类）的水体断面比例下降15个百分点左右，长三角、珠三角区域力争消除丧失使用功能的水体。

到2030年，全国七大重点流域水质优良比例总体达到75%以上，城市建成区黑臭水体总体得到消除，城市集中式饮用水水源水质达到或优于Ⅲ类比例总体为95%左右。

《水污染防治行动计划》，除总体要求、工作目标和主要指标外，可分为四大部分。第一条至第三条为第一部分，提出了控制排放、促进转型、节约资源等任务，体现了治水的系统思路。第四条至第六条为第二部分，提出了科技创新、市场驱动、严格执法等任务，发挥科技引领和市场决定性作用，强化严格执法。第七条至第八条为第三部分，提出了强化管理和保障水环境安全等任务。第九条至第十条为第四部分，提出了落实责任和全民参与等任务，明确了政府、企业、公众各方面的责任。为了便于贯彻落实，每项工作都明确了牵头单位和参与部门。

第一条要求，全面控制污染物排放。针对工业、城镇生活、农业农村和船舶港口等污染来源，提出了相应的减排措施。包括依法取缔“十小”企业，专项整治“十大”重点行业，集中治理工业集聚区污染；加快城镇污水处理设施建设改造，推进配套管网建设和污泥无害化处理处置；防治畜禽养殖污染，控制农业面源污染，开展农村环境综合整治；提高船舶污染防治水平。

第二条要求，推动经济结构转型升级。调整产业结构、优化空间布局、推进循环发展，既可以推动经济结构转型升级，也是治理水污染的重要手段。这主要包括：加快淘汰落后产能；结合水质目标，严格环境准入；合理确定产业发展布局、结构和规模；以工业水循环利用、再生水和海水利用等推动循环发展。

第三条要求，着力节约保护水资源。实施最严格水资源管理制度，严控超采地下水，控

制用水总量；提高用水效率，抓好工业、城镇和农业节水；科学保护水资源，加强水量调度，保证重要河流生态流量。

第四条要求，强化科技支撑。完善环保技术评价体系，加强共享平台建设，推广示范先进适用技术；要整合现有科技资源，加强基础研究和前瞻技术研发；规范环保产业市场，加快发展环保服务业，推进先进适用技术和装备的产业化。

第五条要求，充分发挥市场机制作用。加快水价改革，完善污水处理费、排污费、水资源费等收费政策，健全税收政策，发挥好价格、税收、收费的杠杆作用。加大政府和社会投入，促进多元投资；通过健全“领跑者”制度、推行绿色信贷、实施跨界补偿等措施，建立有利于水环境治理的激励机制。

第六条要求，严格环境执法监管。加快完善法律法规和标准，加大执法监管力度，严惩各类环境违法行为，严肃查处违规建设项目；加强行政执法与刑事司法衔接，完善监督执法机制；健全水环境监测网络，形成跨部门、区域、流域、海域的污染防治协调机制。

第七条要求，切实加强水环境管理。未达到水质目标要求的地区要制定实施限期达标的工作方案，深化污染物总量控制制度，严格控制各类环境风险，稳妥处置突发水环境污染事件；全面实行排污许可证管理。

第八条要求，全力保障水生态环境安全。建立从水源到水龙头全过程监管机制，定期公布饮水安全状况，科学防治地下水污染，确保饮用水安全；深化重点流域水污染防治，对江河源头等水质较好的水体加强保护；重点整治长江口、珠江口、渤海湾、杭州湾等河口海湾污染，严格围填海管理，推进近岸海域环境保护；加大城市黑臭水体治理力度，直辖市、省会城市、计划单列市建成区于 2017 年底前基本消除黑臭水体。

第九条要求，明确和落实各方责任。建立全国水污染防治工作协作机制。地方政府对当地水环境质量负总责，要制定水污染防治专项工作方案。排污单位要自觉治污、严格守法。分流域、分区域、分海域逐年考核计划实施情况，督促各方履责到位。

第十条要求，强化公众参与和社会监督。国家定期公布水质最差、最好的 10 个城市名单和各省（自治区、直辖市）水环境状况。依法公开水污染防治相关信息，主动接受社会监督。邀请公众、社会组织全程参与重要环保执法行动和重大水污染事件调查，构建全民行动格局。

三、《水污染防治行动计划》的主要特点

1）充分发挥环境保护作为生态文明建设主战场、主阵地的作用，以改善水环境质量为核心、出发点和落脚点，提出到 2020 年全国水环境质量得到阶段性改善的近期目标，为实现中国梦保驾护航。

2）按照十八届三中、四中全会精神及国务院要求，严格执行《中华人民共和国环境保

护法》《中华人民共和国水污染防治法》等法律法规，将环评、监测、联合防治、总量控制、区域限批、排污许可等环境保护基本制度落到实处，明确法律规定的环保“高压线”、开发利用的基线和限期完成的底线，形成依法治水的崭新格局。

3)明确了水污染防治的新方略，以水环境保护倒逼经济结构调整，以环保产业发展腾出环境容量，以水资源节约拓展生态空间，以水生态保护创造绿色财富，为协同推进新型工业化、信息化、城镇化、农业现代化和绿色化，实施“一带一路”、京津冀协同发展、长江经济带等国家重大战略，实现经济社会可持续发展保驾护航，打造中国经济升级版。

4)坚持问题导向，重拳出击，重典治污，确保各项措施稳、准、狠，取得实效。《水污染防治行动计划》共提出 6 类主要指标，26 项具体要求，并进一步明确了 38 项措施的完成时限。为了确保任务目标的落实，《水污染防治行动计划》提出了取缔“十小”企业，整治“十大”行业、治理工业集聚区污染、“红黄牌”管理超标企业、环境质量不达标区域限批等 238 项强有力的硬措施，全面打响水污染防治“攻坚战”。

5)坚决落实全面深化改革、加快生态文明制度建设各项要求，统筹水资源、水环境、水生态，实施系统治理。通过搭建平台，凝聚共识，统筹兼顾各部门职责和各类水体保护要求，充分调动发挥环保、发改、科技、工业、财政、国土、交通、住建、水利、农业、卫生、海洋等部门力量，开创“九龙”合力、系统治理的新局面。明确了以环境质量为目标导向，把各类水体、各个区域的水环境质量状况作为检验各项工作的终极标准，稳步推进环境管理战略转型各项工作；根据质量目标要求，确定污染减排目标，尽快让排污总量降下来、让环境质量好起来。

6)强化问题导向，从经济结构等深层次问题入手，既注重总体谋划，又注重牵住“牛鼻子”，牢牢抓住主要矛盾和矛盾的主要方面。把水资源环境承载能力作为刚性约束，以水定城、以水定地、以水定人、以水定产，提出调整产业结构、优化空间布局、推进循环发展等多项具体政策措施，运用水环境保护这把“手术刀”、水环境质量考核这根“指挥棒”，推动经济结构转型升级，建立新的发展模式。牢牢把握全面建成小康社会、改善民生要求，想方设法解决群众反映强烈的问题，着眼百姓房前屋后、小沟小汊，聚焦千家万户的水缸子、水龙头，提出饮用水水源保护、城市黑臭水体整治等具体指标，让水污染治理的效果更加贴合百姓感受。

四、实施《水污染防治行动计划》的原则

(一)地表与地下、陆上与海洋污染同治理

立足生态系统完整性和自然资源的双重属性，打破区域、流域和陆海界限，打破行业和生态系统要素界限，实行要素综合、职能综合、手段综合，建立与生态系统完整性相适应的生态环境保护管理体制，形成从地表到地下、从山顶到海洋的全要素、全过程和全方位的生态系统一体化管理，维护生态系统的结构和功能的完整性以及生态系统健康。

（二）市场与行政、经济与科技手段齐发力

简政放权、放管结合，推动水环境管理从过去的以行政审批为抓手、由政府主导，转向以市场和法律手段为主导，更好地发挥政府在制定规划和标准等方面的规范引导作用。继续推进环保行政审批制度改革，优化审批流程，减少审批环节，强化事中事后监管。拓宽政府环境公共服务供给渠道，推进向社会力量购买服务。更多利用市场手段激励约束环境行为。

（三）节水与净水、水质与水量共考核

节水即治污，节水就是保护生态、保护水源。净水即减排，进一步提标改造，强化源头减量、过程清洁、末端治理，从再生产全过程防范环境污染和生态破坏。统筹考核用水总量、水环境质量，确保水环境质量不降低，水生态系统服务功能不削弱，严防水生态环境风险。

（四）实施最严格水环境管理制度

力争通过实行最严格的源头保护制度、损害赔偿制度、责任追究制度、生态修复制度，保护和修复水生态环境。着力推动“党政同责”“一岗双责”，建立体现水生态环境保护要求的目标体系、考核办法、奖惩机制，推行领导干部自然资源资产离任审计，建立生态环境损害责任终身追究制，把党政“一把手”的环保责任落实到位。

五、《水污染防治行动计划》与河长制的互动关系

2017 年修订的《中华人民共和国水污染防治法》更加明确了各级政府的水环境质量责任。将第四条第二款修改为“地方各级人民政府对本行政区域的水环境质量负责，应当及时采取措施防治水污染”；增加 “省、市、县、乡建立河长制，分级分段组织领导本行政区域内江河、湖泊的水资源保护、水域岸线管理、水污染防治、水环境治理等工作”内容。《中华人民共和国水污染防治法》主要从法律层面解决应该做什么、鼓励做什么、禁止做什么的问题，是行为的法律约束与根据，《水污染防治行动计划》则侧重做什么、怎么做，是实施层面的行动指南。《中华人民共和国水污染防治法》明确提出河长制，从法律层面为《水污染防治行动计划》的实施提供制度保障，同时《水污染防治行动计划》对于河长制的推进和落实具有核心的推动作用。

（一）河长制为推进《水污染防治行动计划》实施提供了制度保障

河长制能有效统筹上下游、左右岸、水上和岸上进行系统治理，为流域水环境质量全面改善提供了契机和可能。长期以来形成的流域上下游布局不合理，产业同构化、低端化、无序化、低效化问题突出，资源高消耗，污染高排放，生态产品低输出的“生态逆差”现象广泛存在。同时，流域上下游之间存在竞争性用水和蓄水等问题，导致河道生态流量难以保障，中小河流断流现象十分普遍，维持水质改善和生物生存的基本条件丧失。因此，治水必须以流域为单位开展才能取得实效。

河长制能统筹考虑流域上下游地区、左右岸地区的用水、治水需求，实行从江河源头

到入江(湖、海)口等的系统布设和统筹安排,也为流域水环境质量的全面改善提供了契机。地方党政领导作为河长,能最大程度整合各种资源,实现职能综合和手段综合,具有协调性好、执行力强的特点,是加速流域水质改善的推进器。

受历史原因的影响,我国水资源的开发利用和水资源保护分别由政府几个部门承担。由于相关法律和各级机构的"三定方案"中对各个部门的职责规定比较笼统,因此产生了分工不明、定位不清、互相扯皮的现象,存在明显的部门壁垒,相互协调机制没有建立。在现实工作中,多头管理、各自为政、交叉重叠,部门存在"争夺权力而不承担责任"的现象,不能形成合力,不仅造成工作重复、协调困难,而且加大了行政成本,降低了行政效率。

流域水治理涉及水的资源开发及配置、污染治理、生态保护等诸多环节,地方党政领导作为河长,"党政同责""一岗双责",实现了河湖治理与政绩"捆绑",从而倒逼地方党政领导积极有效地整合各种行政资源,统筹协调各部门治水的利益冲突和矛盾,形成治水合力,是碎片化流域治水体系的再建和重构,能加快流域水污染防治目标的实现。

河长成为《水污染防治行动计划》的最重要利益相关方,是行动计划的实施主体,对于提高计划的可执行性等具有积极作用。作为流域下游地区的河段长,为了减少上游来水影响,提高本地区水环境质量达标水平,确保用水安全,有意愿协调上游地区开展联防联控,加强流域水环境治理。同时,河长为了有效地推动流域水环境、水污染治理,必然会积极参与到行动计划的实施当中,计划目标可达性、任务可操作性和项目落地性等将得到进一步提升。河长制与《水污染防治行动计划相》互促进,相辅相成,有利于更好地推动流域水环境保护各项工作的落实。

(二)水污染防治行动计划是河长制推进和落实的具体路径

《水污染防治行动计划》是开展流域水环境保护的纲领性文件,是推进河长制各项工作落实的重要遵循和参考,也是河长制在水污染防治领域的核心任务。

水污染防治行动计划从生态空间保护、治理任务落实、推进机制建立等角度为河长有序开展河湖生态环境保护提供方向指引和具体措施,确保河湖治理的各项任务是在加强流域生态保护的前提和背景下开展的。组织实施不同尺度范围的水污染防治行动计划是各级河长加强流域保护的第一要务。

《关于全面推行河长制的意见》和《水污染防治行动计划》均以"节水优先、空间均衡、系统治理、两手发力"为原则,均将"保护水资源、防治水污染、改善水环境、修复水生态"作为主要任务,强调了水资源、水环境和水生态三者间的紧密联系,都以改善水环境质量作为核心,突出水污染防治工作的本质,描绘了我国未来一段时间内的治水路线图。

在河长制背景下,《水污染防治行动计划》中"三水"关系将进一步突出,水环境质量改善的手段不再局限于单纯控源减污,治污方案具有了实现经济优化和社会、环境效益最大化的优化条件。

精准施策是河长制的关键,必须坚持问题导向、因地制宜、综合治理、系统施策才能取得实效,水污染防治行动计划是其重要技术措施支撑。

由于各地区的人口规模、经济发展水平、水资源条件、土地利用状况、植被覆盖程度等不同,决定了水污染特征和水环境问题的空间差异性,因地制宜,因水而异,一河一策的制定和实施显得尤为必要和紧迫。

"一河一策"应坚持山水林田湖系统治理,突出水资源、水环境、水生态三位一体推进,统筹上游和下游、左岸和右岸、地上和地下、城市和乡村、工程措施和非工程措施,实现流域的综合治理。以支促干,以点带线,通过对各河段的达标治理进而实现流域水环境质量的整体改善,都是水污染行动计划需要落实和实施的具体内容。

第三节　水污染源治理

一、水污染源分类

水污染源是造成水域环境污染的污染物发生源, 通常是指向水域排放污染物或对水环境产生有害影响的场所、设备和设施。

(一)按其来源区分

水污染源按其来源区分,可分为天然污染源和人为污染源。

1. 天然污染源

天然污染源是指自然界自行向水域排放有害物质或造成有害影响的场所。天然污染是先天性的,是指自然界自行向水体中排放有害物质或造成有害影响的行为,如岩石和矿物的风化和水解、火山喷发、水流冲蚀地表、大气降尘的降水淋洗、绿色植物等在地球化学循环中释放的天然污染物质。例如,在含萤石、氟磷灰石的矿区,可造成地下水含有较多的矿物质,并导致高氟水、高硬度水、苦咸水等不宜饮用的水;由于潮汐海水倒灌而使近海河道的水变咸;由于树叶飘落及动物尸体掉落水塘而使塘水腐败发臭等。

2. 人为污染源

人为污染源是指人类社会活动所形成的水污染源。

(1)按人为污染的方式

人为污染源又可以分为直接污染源和间接污染源。

1)直接污染源。

直接污染源是直接向水源中排放有毒有害物质的场所、设备和设施。例如:日本的水俣病(汞中毒)事件就是震惊世界的水污染事件。水俣湾在1925年时建有一家氮肥厂,该工厂生产氮肥,有害工业废水未经环保处理就直接排放到水俣湾中,使水俣湾的海水受到严重的污染。经过取水样化验发现,水俣湾海水中含有罕见的有害化学物质汞。随着工业废水的排入,水俣湾的汞在微生物的作用下转化为剧毒的甲基汞,并迅速在小鱼和贝类的体内富集起来,然后大鱼吃小鱼,甲基汞又在大鱼体内高度聚集。海鸟、猫和渔民吃了富含甲基汞的海鱼后自然也就中毒而产生奇怪的症状。

2)间接污染源。

间接污染源也是人为因素引起的水污染的发生源。只是因果关系不是那么直接和明显,因而不能很快被人们发现,往往有较长的"潜伏期";待到人们发现时已造成相当大的危害,并无法在短期内克服和解决。最明显的例证是:人类砍伐森林,从而使水土流失,致使河水变浑浊。远古时代的黄河流域山清水秀,森林茂密,气候宜人。由于森林植被遭人类破坏,河水常年冲刷黄土高原并带走大量黄土,致使今天的黄河水中含有大量的泥沙,河水变成黄色。

(2)按人为污染来源

人为水污染源分为工业废水污染源、城市污水污染源、农业回流水污染源、固体废物污染源及其他污染源等方面。

1)工业废水污染源。

工业废水污染源是工业生产中产生的工业废水的生产设备设施和场所。工业废水污染水在工业上主要用于洗涤产品、冷却设备、产生蒸汽、输送废物和稀释生产原料等方面,几乎没有一种工业能够离开水。而且工业用水量非常大,占人类整个用水量的80%左右。大量的工业用水,必然产生大量的废水,工业废水排放量约占总废水量的2/3左右。

工业废水的特点是种类繁多,成分复杂。常见的工业废水主要有以下5种。

①造纸废水。造纸工业使用木材、稻草、芦苇、破布等为原料,经高温高压蒸煮而分离出纤维素,制成纸浆。造纸工业废水是一种水量大、色度高、悬浮物含量大、有机物浓度高、成分复杂的难处理有机废水。在自制浆和抄纸两个环节中排出的废水呈黑褐色, 称为黑水。黑水中含有大量纤维、无机盐和色素,污染物浓度很高。洗涤漂白过程中产生的水为中段水,这种水含有较高浓度的木质素、纤维素和树脂酸盐等较难生物降解的成分,且颜色较深。抄纸机排出的废水称为白水,它里面含有大量纤维和在生产过程中添加的填料和胶料。在造纸过程中,有机化学品用作添加剂或助剂,并不全保留在纸张中,流失到废水中的部分对排水水质有一定的影响,导致排水的化学需氧量等指标升高。其中黑水所含的污染物占到了造纸工业污染排放总量的90%以上,由于黑水碱性大、颜色深、臭味重、泡沫多,并大量消耗水中的溶解氧,严重地污染水源,给环境和人类健康带来危害。而中段水对环境污染最严重的是漂白过程中产生的含氯废水,如氯化漂白废水、次氯酸盐漂白废水等。此外,漂

白废液中含有毒性极强的致癌物质二噁英，也对生态环境和人体健康造成了严重威胁。

②印染废水。印染废水的水质复杂，污染物按来源可分为两类：一类是来自纤维原料本身的夹带物；另一类是加工过程中所用的浆料、油剂、染料、化学助剂等。其特点是水量大、有机污染物含量高、色度深、碱性和 pH 值变化大、水质变化剧烈。由于化纤织物的发展和印染后整理技术的进步，PVA 浆料、新型助剂等难以生化降解的有机物大量进入印染废水中，增加了处理难度。印染废水含大量的有机污染物，排入水体将消耗溶解氧，破坏生态平衡，危及鱼类和其他水生生物的生存。沉于水底的有机物会因厌氧分解而产生硫化氢等有害气体，使环境恶化。

③医药废水。医药废水指制造抗生素、抗血清及有机无机医药等工厂排出的废水。抗生素、抗血清等生产废水，除含有以动物器官为主的动物性废水和以草药为主的植物性废水外，一般均含有氟、氰、苯酚、甲酚及汞化合物等有毒物质，同时含有大量的生化需氧量、化学需氧量(母液可达数万毫克每升)及胶体物质。对于生产抗生素的医药废水，废水中有很多难生化降解的物质，可在相当长的时间内存留于环境中。特别是对人类健康危害极大的“三致”(致癌、致畸、致突变)有机污染物，即使在水体中浓度低于 10^{-9} 数量级时仍会严重危害人类的健康。

④高浓度有机废水。高浓度有机废水的化学需氧量为 6000~20000mg/L，生化需氧量为 3000~10000mg/L。主要污染来源是食品酿造业、制糖、制革及屠宰肉联厂等。高浓度有机废水按其性质来源可分为：易于生物降解的高浓度有机废水，有机物可以降解，但含有害物质的废水；难生物降解的有机废水和有害的高浓度有机废水。高浓度有机废水的特点是：有机物浓度高，成分复杂，色度高，有异味，具有强酸强碱性。不易生物降解有机废水中所含的有机污染物结构复杂，废水中大多数的生化需氧量与化学需氧量比值极低，生化性差，且对微生物有毒性，难以用一般的生化方法处理。高浓度有机废水的危害主要表现在：a.需氧性危害。由于生物降解作用，高浓度有机废水会使受纳水体缺氧甚至厌氧，多数水生生物将死亡，从而产生恶臭，恶化水质和环境。b.感观性污染。高浓度有机废水不但使水体失去使用价值，更严重影响到水体附近居民的正常生活。c.致毒性危害。高浓度有机废水中含有大量有毒有机物，会在水体、土壤等自然环境中不断累积、储存，最后进入人体，从而危害人类健康。

⑤其他一些行业，如水银法电解食盐产生的工业废水中含有汞；重金属冶炼工业废水中含有各种重金属；电镀工业废水中含有氰化物和各种重金属；煤焦和石油炼制工业废水中含有酚；农药制造工业废水中含有各种农药等，这些有毒的工业废水对人体的健康具有很大的危害。

2)城市污水污染源。

城市污水是指城市机关、学校和居民在日常生活中产生的废水，包括厕所粪尿、洗衣水、洗澡水、厨房排水以及商业、医院和游乐场所的排水等,城市每人每日排出的生活污水量为150~400L,其量与生活水平有密切关系(美国500L,日本250L),生化需氧化负荷量为几十克(美国平均54g,日本为36g)。人类生活过程中产生的污水,是水体的主要污染源之一。污水中除含有碳水化合物、蛋白质和氨基酸、动植物脂肪、尿素和氨、肥皂及合成洗涤剂等物质外,还含有细菌、病毒等使人致病的微生物。这种污水会消耗接受水体的溶解氧,也会产生泡沫妨碍空气中的氧气溶于水中,使水体发臭变质。

3)农业回流水污染源。

农业上最大用水是灌溉,其中60%~90%蒸发损失,其余10%~40%渗入地下或从地表流走。由于耕种、喷洒农药、施肥等工作,这种灌溉回流水中含有较高浓度的矿物质、富养肥料的有毒农药,造成水体污染。特别是像双氯苯基三氯乙烷(俗称DDT)那样的有机氯农药是造成水污染的最危险的物质之一。这种物质化学稳定性极高,在自然界需要十年以上的时间才能完全分解为无害物质,成为环境长期存在的污染物质,又易溶解于脂肪,能在动物和人体脂肪组织中积累起来造成危害。同时它难溶解于水,借助水的流动而迁移到其他地方,使得许多没有使用过农药的地区甚至南极也出现双氯苯基三氯乙烷。

4)固体废物污染源及其他污染源。

农业废物、工业废物和城市垃圾的数量和种类都非常多,如果转入水体中,也会污染水质,这类污染情况相当复杂。有机物经水中微生物分解会消耗水中的溶解氧,各种有毒物质使水体具有毒性,从工厂排出的废气如二氧化硫,一旦随雨水转入水体时,就会变成亚硫酸,它又同水中的氧作用,氧化变成硫酸,既消耗水中的溶解氧,又使水具有酸性。特别是各种各样的污染物质同时流进水域,有时可能会相互发生化学作用,从而产生具有更大危险性的物质。例如,含无机汞的各种废物排到水体后在水底沉积下来,经微生物分解作用,多数可以转变为会引起水俣病的甲基汞。污染途径也是多种多样的,比如垃圾场的垃圾在雨淋和雪融化后可能溶于水,或发生化学作用产生有毒物质,最后漏出场外,流入地势较低的城市,也可能渗入地下污染地下水,危害人类健康。

(二)按其排放污染物空间分布方式的不同

水污染源可分为点污染源、面污染源、流动污染源和湖泊内污染源。

1. 点污染源

点污染源是指废水等通过排水管道等途径直接进入受纳水体引起的污染,污染物定点、定量排放,可人为控制,能通过污水处理厂处理。它又分为固定的点污染源(如工厂、矿山、医院、居民点、废渣堆等)和移动的点污染源(如轮船、汽车、飞机、火车等)。造成水体点污染源的工业主要有食品工业、造纸工业、化学工业、金属制品工业、钢铁工业、皮革工业、染色工业等。点污染源排放污水的方式主要有4种:直接将污水排入水体;经下水道与城市生活污水混合后排入水体;用排污渠将污水送至附近水体;渗井排入。

2. 面污染源

面污染源指在一个大面积范围排放污染物，一般指溶解性的或固体污染物从非特定的地点，在降雨和径流冲刷作用下，通过径流过程而汇入含水层、湖泊、河流、滨岸生态系统等引起的污染，是发生在整个空间范围内的污染问题，污染物的排放途径及排放量具有不确定性，特别要注意的是由于规模化畜禽养殖形成的面源污染。如喷洒在农田里的农药、化肥等污染物，经雨水冲刷随地表径流进入水体，从而形成水体污染。

3. 流动污染源

流动污染源指流动设施或无固定位置排放污染物的发生源，船舶和白色污染物是影响水体的主要流动污染源。

4. 湖泊内污染源

污染湖泊内源指进入湖泊中的营养物质通过各种物理、化学和生物作用，逐渐沉降至湖泊底质表层。积累在底泥表层的氮、磷营养物质，一方面可被微生物直接摄入，进入食物链，参与水生态系统的循环；另一方面，可在一定的物理、化学及环境条件下，从底泥中释放出来而重新进入水中，从而形成湖内污染负荷。河流中也存在一定的内源污染。

二、污染源调查

污染源调查是根据控制污染、改善环境质量的要求，对某一地区（如一个城市或一个流域）造成污染的原因进行调查，建立各类污染源档案，在综合分析的基础上选定评价标准，估量并比较各污染源对环境的危害程度及其潜在危险，确定该地区的重点控制对象（主要污染源和主要污染物）和控制方法的过程。

（一）调查任务与要求

污染源调查的任务因目的而异。如果是为了制定某一区域的综合防治规划或环境质量管理规划，调查的任务就是全面了解区域内的污染源情况，以便确定主要污染源和主要污染物；如果是为了治理一个区域内某一类污染源，如电镀废水污染源，调查的任务就是弄清区域内电镀车间的分布情况，各个车间的生产状况、排污情况及其对环境的影响；如果是为了给日常的污染源管理提供资料，调查的任务就是查明各类污染源的情况及其对环境质量的影响等。上述各种调查可以结合进行。

污染源调查的第一步是普查，查清区域内的污染源和污染物的一般情况，并将调查材料进行分类整理；第二步是根据区域内环境问题的特点（如主要是大气污染还是水体污染）确定进一步调查的对象，进行深入调查；最后是整理调查资料，写出调查报告和建立污染源档案。普查的主要内容是污染源的名称、位置，污染物名称、排放量、排放强度、排放方式、排放去向（排向大气、水体等）和排放规律（定时集中排放、连续均匀排放等）。进一步调查的内容因污染源而异。例如，工业污染源的调查项目有：主要产品种类、产量、总产值、利润、职工人数、原材料种类、原材料(包括燃料、原料和水等)消耗总量和定额、生产工艺过程、主要设备和装置、排污情况、治理现状和计划等。生活污染源的调查项目有:人口、上下水道状况、燃料构成和消耗量、每人每日的排污量,等等。在污染源调查报告中除了综述一般情况外,应提出治理方法的建议。污染源档案主要是以统计表格和图式记录下来的各个污染源的基本情况。

(二)调查原则

1. 把污染源、环境和人群健康作为一个体系来考虑

不仅要注意污染物的排放量和特点,而且要注意污染途径和对人体健康的影响,还要考虑环境经济问题。

2. 保证调查所得资料的可靠性和数据的准确性

为了使所得材料具有可比性,必须按统一要求搜集资料和数据,并统一监测、估算方法和数据处理方法。

(三)水体污染源调查的内容

对水体污染源情况的调查,首先应调查污染水体的污染源,了解该地区工业的总布局及排放大量废水企业的生产情况和废水排放情况。调查内容具体为:

1)企业的种类、性质、规模及分布情况。

2)企业各车间所用原材料,生产的半成品、成品、副产品以及原料的利用率,生产规模和产生废水的工艺流程等。

3)工业用水和生活用水的总量、水源、水质、各车间废水排出量,含有害物质的种类及其浓度。

4)废水排放方法(经常排放或间歇性排放、事故排放)及排放点的位置和流向。

5)企业对废水回收处理和综合利用情况,净化设施的类型及效果。

6)工厂污水对周围环境造成的污染危害及居民的反映和对健康的影响。

污染源除工矿企业所排放的大量废水外,未经处理的大量居民生活污水和城市地面径流污水也可污染水体,应采样监测。某些进入水体的支流,如果其水质情况很差,可成为一污染源,应在适当地点采样监测。

对水体沿岸大量使用农药的地带,应对所使用农药和化肥的种类、数量、对土壤的污染情况以及是否用污染水灌溉等方面进行调查,了解对水源有无污染及污染程度等。

(四)评价方法

在完成污染源调查之后,为了评价不同污染源的危害程度,确定主要污染源和主要污染物,应注意选择合适的评价标准。为了使评价结果尽可能地反映实际情况,可以从不同角度选用几个评价标准,作出几组评价,再从几组评价的综合分析中得出评价结论。另外,必须有一个比较各类污染源性质的共同指标,即对污染物和污染源进行标化计算。

标化计算方法随评价要求而异，以计算等标排污量为例，首先对 i 个污染源，先计算各污染物的等标排放量 $P_{i,j}$。

$$P_{i,j}=\frac{C_i}{|C_{0i}|}Q_i\times10^{-6} \tag{4-1}$$

式中：C_i——污染物入河浓度值；

C_{0i}——污染物评价标准值；

Q_i——废污水排放量。

再计算污染源 i 的等标排放量 P_i。

$$P_i=\sum_{j=1}^{m}P_{i,j} \qquad (i=1,\cdots,n) \tag{4-2}$$

再计算整个调查区域的等标排放量 P_T。

$$P_T=\sum_{i=1}^{n}P_i \tag{4-3}$$

最后计算每个污染源的等标排放量 P_j 与 P_T 的比值 K_i。

$$K_i=\frac{P_i}{P_T} \tag{4-4}$$

将 K_i 按数值由大到小依次排列，K_i 值最大的为主要污染源（或 K_i 值较大的几个为主要污染源）。如果要确定某区域内的主要污染物，则可再计算全区域内某种污染物的等标排放量 P_j。

$$P_j=\sum_{i=1}^{n}P_{i,j} \qquad (i=1,\cdots,n) \tag{4-5}$$

再求出每个污染物的等标排放量 P_j 与 P_T 的比值 K_j。

$$K_j=\frac{P_j}{P_T} \tag{4-6}$$

同样，把 K_j 按数值大小排列，K_j 值最大的或较大的几个即为该区域的主要污染物。这种方法称为等标排放量的评价计算法。目前只用于状态相同的污染物，即只能分别进行废水、废气、废渣和噪声等污染源的评价。至今还没有一个可以把各种污染源综合在一起计算和评价的成熟方法。

调查和评价计算结果都应列入污染源评价报告书。

三、点源污染治理

（一）工业废水治理

1. 工业废水处理的基本原则

工业废水处理的基本原则是从清洁生产的角度出发，改革落后的生产工艺与设备，减少污染物的排放总量,对所排放废水进行优化治理。通过回收与综合利用其中的污染物,可使出水达到回用或排放标准。

1)从改革生产工艺入手,严格执行国家排放标准(防止对自然水体的污染),尽量降低废水的排放量及排放浓度。

2)从当地社会、经济、环境的全局出发考虑处理对策。

3)对废水进行清污分流,增加废水的循环使用量,节约水资源。

4)尽量利用先进的处理技术,达到效率高、投资省的效果。

5)对废水处理过程中产生的副产品及有价资源加以综合利用,从而降低运行成本,提高经济效益。

2. 工业废水处理的方法分类

(1)按处理程度

按处理程度的要求,工业废水处理一般划分为一级处理、二级处理和三级处理 3 个阶段。

一级处理主要是预处理。用机械方法或简单的化学方法,使废水中的悬浮态或胶态物质沉淀下来,以及初步中和酸碱度等。

二级处理主要是指好氧性生物处理,用来降解可溶性有机物。一般能够去除 90%左右的可被生物分解的有机物、90%~95%的固体悬浮物。二级处理可以大大改善水质,甚至可使水达到排放标准。

三级处理又称深度处理,是将二级处理后的水,再用物理化学技术进一步处理。可去除可溶性无机物,不能分解的有机物、各种病毒、病菌、磷、氮和其他物质,最后达到地面水、工业用水或接近生活用水的水质标准。

(2)按处理方法

工业废水处理与利用的方法通常分为物理处理法、化学处理法、物理化学处理法和生物处理法四大类。

1)物理处理法。

物理处理法常用作工业废水的一级处理或预处理,它既可以作为独立的处理方法,也可用作化学处理法、生物处理法的预处理方法。物理处理法主要是用来分离或回收废水中的不溶性悬浮物,其在处理的过程中不改变污染物质的组成和化学性质。常用的物理处理法有筛滤截留、重力分离(自然沉淀和上浮)、离心分离和蒸发浓缩等。一般物理处理法所需的投资和运行费用较低,常被优先考虑或采用。但对于大多数的工业废水来说,单用物理处理法净化,往往达不到理想的处理效果,需与其他的处理方法配合使用。

2)化学处理法。

化学处理法主要是利用化学反应来分离或回收废水中的可溶性物质、胶体物质等污染物，去除废水中的金属离子、有毒污染物、酸碱污染物、有机污染物胶体粒子，同时可回收利用有价成分，达到净化水质与综合利用的双重效果。这种处理方法既使污染物质与水分离，也能够改变污染物的性质，可达到比简单的物理处理方法更高的净化程度。常用的化学处理法有中和、混凝、化学沉淀、氧化还原法等。由于化学处理法采用化学药剂或材料，故处理费用较高，运行管理的要求也较严格。通常将化学处理法与物理处理法配合起来使用。如在化学处理法之前，需用沉淀和过滤等手段作为前处理；需采用微生物处理手段作为化学处理法的后处理等。

3)物理化学处理法。

在工业废水的回收处理过程中，利用某些物理化学过程，使污染物分离与去除，并回收其中的有用成分，使废水得到深度处理。尤其需从废水中回收某种特定的物质时，或当工业废水有毒、有害且不易被微生物降解时，采用物理化学处理法最为适宜。常用的物理化学处理法有吸附、萃取、离子交换、电解法及电渗析、反渗透等膜分离技术方法等。

4)生物处理法。

生物处理法利用自然界存在的大量微生物在有氧、厌氧及兼氧条件下能够降解有机物的特性，使废水得到处理。在处理过程中创造出有利于微生物生长繁殖的环境，使其大量繁殖，以提高分解氧化有机物效率的废水处理方法。利用微生物处理工业废水中的有机物，具有效率高、运行费用低、分解后的污泥可用作肥料等优点。主要用来除去水中溶解的或胶体状的有机污染物。常用的生物处理法有好氧、厌氧与兼氧生物法，其中常见的有活性污泥法、生物膜法、厌氧消化法、兼氧塘等。

(二)城市污水治理

1. 城市污水水质特征

污水水质特征取决于给水原水水质的化学成分、用水量以及排入下水道物质的性质和数量。由于地质与地形的关系，受污染的地表水和地下水中含有各种矿物质与气体。

2. 城市污水二级出水的水质特征

城市污水二级出水是指城市污水经过一级物化处理和一级生化处理后的水。任何正常运行的城市污水二级处理的出水中都含有可溶性有机化合物、可溶性无机化合物以及微体颗粒和病原菌等污染物质。

3. 城市污水再生利用的目的和意义

城市污水其实也是一种资源。以目前的情况看，污水回用的目的主要是以回收淡水资源为主。对于水资源的开发利用，科学合理的次序是地面水、地下水、城市再生水、雨水、长距离跨流域调水、淡化雨水。城市再生水的开发利用由此受到了广泛的关注和重视。因此，大力开发利用城市再生水，提高循环用水率，即进行污水处理回收利用，已经是当前缓解水资源危机措施的第一选择。

4. 城市污水再生利用的途径与水质要求

根据目前城市污水再生利用技术发展情况而言，城市污水回用的途径主要包括农业回用、工业回用、市政回用、娱乐和景观水体回用等。这里主要介绍国外针对城市污水再生利用的不同途径而提出的水质要求。

(1)城市污水回用于灌溉农业

污水回用于农业灌溉的历史非常久远,我国对用于农业灌溉的再生水制定有《农田灌溉水质标准》(GB 5084—92)。

(2)城市污水回用于工业用水

目前，城市污水回用于工业用水的主要用途是工业循环冷却水，特别是电厂的冷却水。此外,还回用于工业锅炉补给水以及其他工业用水。

(3)城市污水回用于生活杂用与娱乐景观水体

城市污水回用于生活杂用与娱乐景观水体,制定有《中华人民共和国景观娱乐用水水质标准》(GB 12941—91)。

(4)城市污水其他回用

城市污水再利用的途径还包括建筑中水回用、地下水回用以及生活饮用水回用等许多方面,出于各自的作用和目的不同,其水质要求也各不相同。

5. 城市污水再生处理单元工艺与新技术

(1)有机污染物的去除单元

生物处理法为目前的主流处理方法。

污水的生物处理法分为好氧法和厌氧法,但在城市污水处理领域,主要使用好氧法,厌氧法则主要用于处理高浓度的有机废水。

污水的好氧生物处理技术,又分为活性污泥法和生物膜法两种。活性污泥法是水体自净(包括稳定塘)的人工强化,是使微生物群体集聚在活性污泥上,活性污泥在反应器——吸气池内呈悬浮状,与污水广泛接触,使污水净化的技术。生物膜法是土壤自净的人工强化,是使微生物群体以膜状附着在某种物体的表面,与污水接触,使污水得以净化的技术。

1)活性污泥法。

活性污泥法是用好氧生物处理废水的重要方法。它是利用悬浮在废水中人工培养的微生物群体——活性污泥,对废水中的有机物和某些无机毒素进行吸附、氧化分解而使废水得到净化的方法。

2)生物膜法。

生物膜法是废水好氧生物处理法的一种,是指使废水流过生长在载体(一般称填料)表面上的生物膜，利用生物氧化作用和各期间的物质交换，降解废水中有机污染物的方法。用生物膜法处理废水的构筑物有生物滤池、生物转盘和生物接触氧化池等。

(2)脱氮单元

污水中的氮主要以氨氮和有机氮的形式存在，通常只含有少量或没有亚硝酸盐或硝酸盐形态的氮，在未经处理的污水中，氮既有可溶性的也有不可溶性的。可溶性有机氮主要以尿素和氨基酸的形式存在。一部分不可溶性有机氮在初沉池中可以去除。在生物处理过程中，大部分的不可溶性有机氮转化为氨氮和其他无机氮，却不能有效地去除氮。废水生物脱氮的基本原理就在于：在有机氮转化为氨氮的基础上，通过硝化反应将氨氮转化为亚硝态氮、硝态氮，再通过反硝化反应将硝态氮转化为氮气从水中逸出，从而达到脱氮的目的。硝化和反硝化反应过程中参与的微生物种类不同、转化的基质不同、所需的反应条件也不相同。

(3)除磷单元

1)化学除磷。

①铝盐除磷。铝离子与磷酸根离子化合，形成易溶的磷酸铝，通过沉淀加以去除。

$$Al^{3+}+PO_4^{3-}\rightarrow AlPO_4$$

②铁盐除磷。三价铁离子与磷的反应和铝离子与磷的反应相向，生成物是 $FePO_4$、$Fe(OH)_3$。

③石灰混凝除磷。

向含磷污水投加石灰，石灰与磷的反应形成氢氧根离子，污水的 pH 值上升。与此同时，污水中的磷与石灰中的钙产生反应，形成 $Ca_5(OH)(PO_4)_3$，其反应方程式如下：

$$5Ca^{2+}+4OH^{-}+3HPO_4^{2-}\rightarrow Ca_5(OH)(PO_4)_3+3H_2O$$

2)生物除磷。

所谓生物除磷，是利用聚磷菌一类的微生物，从外部环境摄取磷，并将磷以聚合的形态储藏在菌体内，形成高磷污泥，排出系统外，达到从废水中除磷的效果。

(4)悬浮物与浊度的去除单元

1)混凝法。

混凝法就是在废水中预先投加混凝剂，在混凝剂的溶解和水解产物作用下，使水中的胶体污染物和细微悬浮物脱稳并聚集成具有可分离性的絮凝体的过程，其中包括凝聚和絮凝两个过程。

混凝法与其他的废水处理方法相比较，其优点为：设备简单，维护操作易于掌握，处理效果好、间歇或连续运行均可以；缺点为：由于不断向废水中投放，运行费用较高，沉渣量较大。

2)过滤法。

在污水回用中，过滤技术是得到广泛应用的一种处理技术，是污水处理中比较经济而有效的处理方法之一。过滤是一种使水通过砂、煤粒或硅藻土等多孔介质的床层以分离水中悬浮物的水处理操作过程，其主要目的是去除水中呈分散悬浊状的无机质和有机质粒子,也包括各种浮游生物、细菌、滤过性病毒与漂浮油、乳化油等。

(5)消毒单元

1)氯气消毒。

氯气消毒是一种广泛使用的有效消毒方法。氯气是一种具有强烈刺激性气味的、黄绿色有毒气体,对呼吸器官富有刺激作用。氯气易溶于水,而且价格便宜,消毒反应后仍有保护性余氯。

2)二氧化氯消毒。

二氧化氯是一种黄绿色气体,具有与氯相似的刺激性气味,沸点为 11℃,凝固点为59℃,二氧化氯的活性为氯的 2.5 倍。二氧化氯易溶于水,它的溶解度是氯气的 5 倍。二氧化氯水溶液的颜色随浓度的增加由黄绿色转成橙色。二氧化氯在水中是纯粹的溶解状态,不与水发生化学反应，故它的消毒作用受水的 pH 值影响极小，这是与氧消毒的区别之一。在较小的 pH 值下,二氧化氯消毒能力比氯强。此外,由于采用氯消毒会导致氯化有机物的产生,用二氧化氯作为消毒剂日益受到重视。

此外,常见的消毒方法还有臭氧消毒、紫外线消毒、次氯酸消毒、超声波消毒、电场消毒、光催化消毒、协同消毒等。

四、面源污染治理

(一)城市面源污染控制

1. 控制思路

城市面源污染控制与治理在于对城市暴雨径流污染的产生与输出进行调控。要针对城市面源污染产生的上述原因,控制进入城市水体的面源污染物总量;改善城市水环境,提升城市水生态系统的服务功能,构建人水和谐的生态城市。城市面源污染控制主要包含增大透水面积、减量源头污染、利用雨水资源、净化初期雨水、清污分流处理、径流时空缓冲、过滤沉积净化、自动生态处理等 8 个方面。

(1)增大透水面积

一切能扩大城市透水面积的方法都非常有效。可采取的措施包括:城市绿化,土壤改良,促渗剂使用,地表或亚表层回灌,建设入渗场、植草沟、入渗井等,通过这些技术和措施使径流渗入到地下。源区径流通过入渗来解决或部分解决是城市暴雨径流污染控制的最佳措施之一。透水面积增大,一方面减少了流域的总径流量,另一方面减小进入排水管网中的水量、峰值及其所带入的污染物量。入渗有利于把水保存在土壤,将污染物质固定在原地,使氮、磷被植物利用,可降低后续的处理压力。大量雨水进入地下,解决了城市地下水干枯问题,有助于整个城市水文和生态系统的稳定。

(2)减量源头污染

源头控制措施的目的在于从源区预防或降低潜在污染物，避免它们同雨水混合。保持城区地面的清洁卫生，加强管理，清除垃圾，勤扫地面，能大大减少污染物进入排水系统。城市水土流失、路面漏油撒污、市场和露天餐饮都能造成源头污染。在地表污染物中，细微颗粒一般含有较高浓度的污染物，塑料薄膜容易堵塞雨水口，清扫时应特别注意。大力提倡文明、卫生、废物利用/回收的宣传教育活动，提高城市居民环境保护意识，能有效地从源头减少城市地面的污染物量。及时清除雨水口、下水道中的污泥也能显著减少污染。

(3)利用雨水资源

因为城市面源污染主要是由于雨水产流携带污染物形成的，因此，把水利用起来，减少产流，也自然减少了这种污染。目前，我国各城市不同程度都存在水资源缺乏问题，雨水作为一种宝贵的资源，可分别用于城市中不同的生活用水、生产用水和生态用水需求。怎样把雨水因地制宜地处理后储存、利用在城市自然系统中是，我们在城市面源污染控制研究中需要重点解决的课题。

(4)净化初期雨水

在以不透水面积为主的城市下垫面，降雨后产生的径流冲刷地表污染物，最初几毫米径流具有水量少、污染物浓度高的特点；将这部分径流在地下或地上分别储存，然后分开处理；净化初期雨水，避免其和后期产生的大水量混合，这在城市面源污染控制措施中具有事半功倍的效果。

(5)清污分流处理

旧的城市排水管网采取污水和雨水合流制，在暴雨产流和溢流过程中，下水道的污水和雨水混合，造成处理困难。新建城区提倡采取分流制，在暴雨产流过程中初期雨水和后期径流水质和流量各不相同。由于雨情不同，所产生的径流水质特征曲线也不同。控制城市面源污染的重要内容就是要针对径流各阶段的不同水质水量进行分流处理、储存，以最大限度地降低处理成本、提高利用效率，特别要防止在采取分流制地区出现污水和雨水管理混接的问题。

(6)径流时空缓冲

在自然生态系统的空间中存在有各种缓冲体系，它们起到削减洪峰、净化水质、水土保持的作用。在城市中尽可能保存和建立一定面积具有这样功能的地表排水结构，包括低位绿地、植草沟、滞留塘、水塘、湿地等，有条件的可进行房顶绿化。在时间角度上，这些景观洼陷结构可使径流过程延长，流量峰高降低，从而形成缓冲，使水质得到净化。

(7)过滤沉积净化

把微污染的径流引入有植被或有固体介质的空间，利用水在流动过程中与这些介质的相互作用，使颗粒态污染物在传输空间沉积或被介质过滤，溶解态的污染物在介质表面被吸附。介质中的微生物可慢慢降解这些污染物,植物也可吸收部分污染物,最终达到净化的目的。

(8)自动生态处理

因为城市面源污染随暴雨径流产生,具有突发性特点,很多发生在夜晚。因此,在设计处理思路时,应尽可能使系统具有自动开启、自动储存功能,截留污染最严重的初期径流。在设计技术类型时,应从生态角度出发,采用环境技术、市政技术和生态技术相结合的方法。

城市面源污染控制就是根据水与面源污染物在城市系统中的流动规律,围绕暴雨径流的形成和空间流动过程的调控。其控制的工程措施与技术要同城市景观、远景规划和已有的结构、设施联系起来。城市面源污染控制的主要原则有:

1)虽然城市面源污染没有明显的责任者,但是城市面源污染控制必须要有明确的责任主体。

2)同城市规划、区域防洪、景观建设、生态恢复相结合。

3)以流域集水区为单元,分区、分级、系统控制。

4)已建城区以排水管网的改造调控为主,构建为辅;新建城区尽可能建设生态型的排水体系。

5)工程措施与规划、管理措施并重。

2. 城市面源污染控制模式

面源污染控制技术体系应将多样化技术实施合理组合,在流域尺度上形成“源—迁移—汇”处理链模式。这样从源头净化,设层层拦截,工程加管理,能起到较好的效果。源—迁移—汇系统控制是面源污染控制的优化模式,已经得到国际公认。源—迁移—汇系统控制包括理念创新、技术创新、系统解决方法创新3个层次,按源—迁移—汇逐级控制,提出面源污染控制的解决方案,在实践中实现了良好的多目标效果。

面源污染控制处理链的“源”指的是城市流域的顶端——居民区、商业区、文化区、工厂、仓库、道路、成片绿地等,雨水在这里形成径流,冲刷地面并汇集水流,通过下水道或地表沟渠排向下游。源区地表的可渗透性和持水性决定着流域的产水能力,源区地表的卫生状况和污染物积累数量决定着流域径流的水质。前述的“增大透水面积”“减量源头污染”“净化初期雨水”“利用雨水资源”等技术体系一般在“源区”实施。

面源污染控制处理链的“迁移”指的是城市径流产生后到受纳径流水体之间的空间和过程。空间指传输暴雨径流的沟渠、管道或其他形体,过程是城市径流在这些迁移形体流经的时间和变化。城市径流在迁移中由于物理、化学和生物作用,其水量和水质会发生变化。前述的“径流时空缓冲”“过滤沉积净化”等技术体系一般在“迁移”过程实施,“净化初期雨水”“利用雨水资源”等技术也是在“迁移”过程实施的。

源—迁移—汇系统控制模式把各种处理措施以链状或网状分布在空间上。在"源""迁移""汇"的每一道关口,处理措施和责任者只承担了部分任务,而总体效果达到了最大。同时由于污染物被保留在系统的各个部分,在大雨径流的冲刷下较少重新进入径流,二次污染的风险较低。源—迁移—汇这种链形控制模式还表现在建设和运行管理上。一般源控制区域是在家庭、居民区、单位,迁移和汇控制区域应该是在多单位组成的社区,一般由区和市政府有关部门进行建设、运行和管理。

3. 城市面源污染控制技术

(1)城市面源污染的源控制技术

1)地表绿化的促渗和控污技术。

利用城市绿地减少径流和控制污染,在技术方面主要考虑增加入渗和在入渗过程中使微污染径流得以净化。雨水就地渗透既可以缓解径流污染物对环境的排放,又可以延缓暴雨水径流得到净化且下渗涵养地下水。

城市绿地减少径流和控制污染的技术要领是:①城市绿地能接纳雨水径流,在技术方面表现为产流地面和屋面能较流畅地将径流引入绿地,主要考虑尽可能采用低位绿地,并且道路和绿地之间采用可过水的路边石。目前,我国城市道路大多低于绿地,并且道路两边有密封的路边石,这种设计虽然保证了绿地不会被水淹没,但是大部分雨水都通过下水道流入了城市下游,城市绿地和地下水得不到路面和屋面的雨水,进行绿地浇灌的时候又要用自来水或再生水,十分浪费。②在设计城市绿地时,应布设深根、中根和浅根植物的搭配,在植被层次方面,乔木、灌木和草本植物搭配,能增加入渗和在入渗过程中使微污染径流得以净化。

2)透水路面技术。

透水路面通过在道路表面营造孔隙(微孔或大孔),从而使得路面具有透水功能。城区道路是城市面源污染的主要污染源,而源区控制是城市面源污染控制的重点。城市道路多为硬质下垫面,污染物在地表累积过程快;雨水入渗量小,径流系数大,形成径流的时间短,对污染物的冲刷强烈,污染物输出的动力增强。将城区道路设计为具有良好透水性能的路面,可以较好地控制暴雨径流水质(去除水中的有机污染物质),同时也能对暴雨径流量进行适当的控制,特别是对小型降雨事件。透水路面同时还兼具防滑、降噪、排水、防眩等优点,在国内外广泛应用。

3)木质素聚合物促渗削减面源污染技术。

聚合物具有促进土壤形成团粒、改良土壤结构、固定表土、促进降水渗透、防止水土流失的功用。功能材料对水污染物具有吸附去除作用。利用功能聚合物改良降水地表径流发生界面的土壤结构,增强降水径流界面土壤的渗透性,可延缓并削减地表径流的发生,积存在地表被径流携带的污染物在经过径流发生界面土壤介质时,将通过吸附、过滤作用被截留。在水资源丰沛地区，促渗技术对水环境质量提供保障作用；在水资源匮乏地区，促渗技术开辟了一条降雨资源化利用的途径，符合可持续发展对水资源的需求。

4)城市雨水资源化控制面源污染技术。

狭义的城市雨水资源化主要是指对城市汇水而产生的径流进行收集、调蓄和净化后利用；广义的城市雨水资源化是指有目的地采用各种措施对雨水资源加以保护和利用，使之在城市生态系统中循环，主要利用各种人工水体、自然池塘、湿地或低洼地对雨水径流实施调蓄和净化利用，改善城市水环境和生态环境，通过各种方法、设施使雨水渗入地下，补充地下水资源。无论是狭义的城市雨水资源化还是广义的城市雨水资源化过程中，雨水径流化过程都必不可少。雨水作为水源被直接或间接利用称为雨水资源化。而南方部分地区为水质型缺水，以通过控制雨水的径流污染来减轻对受纳水体的污染负荷为重点。实际上，雨水资源化和面源污染控制密不可分，二者不仅都涉及水资源的保护与利用，还与排水系统等基础设施的建设、城市环境保护、城镇与园区规划、建筑与园林景观等有着密切的联系。如屋面采用了绿化设计，径流系数可降低到 0.3 左右，流经屋顶绿化系统的径流水质会得到明显改善，屋面植物和土壤起到了预处理的作用。此外，在雨后，调蓄池的一部分雨水和屋面绿化可以形成一个循环，在满足绿化用水要求的同时改善了建筑景观和环境；另一部分雨水则可供室外水景之用。

处理好雨水利用系统与面源污染控制的关系，不仅对雨水利用具有十分重要的作用，还可有效控制城市面源污染。

5)城市分散点源的污染控制技术。

城市的边缘及旅游区建设了新的建筑小区以及配套设施，有些由于种种原因在短期内也不能建设完整的市政系统，污水不能排入市政污水处理厂，致使这些小区的污水就近排入地面水体，污染了周围环境。特别是有些旅游景点，水质恶化与景点的环境极不协调。在城市内，还有一些常年排放的小点源，由于离城市市政管网较远或地势较低等原因没有接入市政管网。这类污水排放量很小，如果接入市政管网，管道或提升设备的投资相当大。上述小点源单个表现出点源的特点，在宏观区域内离散分布，表现出面源污染的特点。特别是雨季，累积在这些小点源的污染物随雨水流入河流，是城市面源的重要污染源之一。

分散污水处理工艺的预处理或一级处理有粗细格栅、沉砂池和初沉池。目的是去除较大的悬浮物和呈悬浮状的有机物，保证后续处理设施的正常运行。分散污水处理工艺中一个重要的处理单元是化粪池。

采用调节池方法可以均衡水量，其理由是分散污水水量和水质变化系数大，按变化系数设计污水处理单元，由于污水变动范围大，不但增加投资，也给运行管理和达标排放带来困难。

将分散污水作为中水回用，一般用于喷洒绿地、冲洗汽车、清洁道路、冲洗厕所等，不同用途的水质要求不一样。所以分散处理要根据不同情况选择相应的工艺。根据文献报道，目前用于分散污水二级处理的技术有以下类型：①好氧生物处理技术：AB 法、A2/O 法、SBR 系列、蚯蚓生态滤池、膜生物反应器、其他好氧生物处理技术；②厌氧生物处理技术：目前处理用于小点源的厌氧技术主要是在上流式厌氧污泥床反应器(UASB)的基础上，发展了一些新型反应器或组合工艺；③物化技术；④集成技术：由于分散点源污水的特点，故处理系统投资省、占地少、操作维护简单、运行稳定可靠是需要特别关注的一个问题。

一体化的小型污水净化装置，已经成为国内外污水分散处理发展的一种趋势。现有技术包括日本研制的净化槽技术、挪威研发的系列适合污水分散处理的工艺设备，这些污水处理设备均具备化学除磷的能力，可以有效地控制水体的富营养化。

(2)城市面源污染的迁移控制技术

1)亚表层渗滤技术。

亚表层渗滤技术是一种新型的土地处理技术，适用于远离城市排水管网地区的面源污染治理。这种技术不仅可以强化土地处理的效果，克服传统土地处理设施的应用局限性，而且投资低、占地少、管理方便，并具有景观美化、与周围自然景观相协调的特点。近年来，随着水资源短缺形势的日益严峻和污水再生回用研究的广泛开展，该技术在国内外的研究和应用中日益受到重视，可用于处理城市停车场、广场、屋顶、居民小区等不透水性地表及其他土地利用类型的地表径流。这种土地处理技术具有很高的可靠性。

亚表层渗滤技术主要是利用自然生态系统中土壤—基质—植物—微生物系统的自我调控机制和物质的生物地球化学循环原理，在土壤亚表层构建地下储水层，并在亚表层构建基质材料过滤层。污水和污染径流在地下储水层中储存后，在土壤毛管浸润和渗滤作用下向周围运动，基质材料过滤层的生物膜对污染径流进行净化，水质改善后可回用。亚表层渗滤技术具有景观美化功能，该技术对污染物的去除机理主要包括前处理措施对颗粒态污染物和油类物质的沉降、分离作用以及土壤、植物和亚表层介质对水冲污染物的吸附、拦截和微生物降解等作用。

2)地表径流排水的植草沟技术。

植草沟是指种植植被草沟时，经沉淀、过滤、渗透、持留及生物降解等共同作用，径流中的污染物被去除。不同类型的植草沟对污染物的去除效率不同。植草沟可以有效地减少悬浮固体颗粒和有机污染物。Wigington 等对高速公路植草沟研究表明，初期径流金属污染物浓度很高，经植草沟后，多数金属在植草沟表层 5cm 土壤中沉积。Reeves 等人在对华盛顿州长度为 30m 和 60m 的植草沟实验发现，植草沟对污染物的去除率与植草沟长度有关。当植草沟长度为 30m 时，悬浮物的去除率为 60%，碳氢化合物的去除率为50%，总磷的去除率为45%，重金属的去除率为 2%~16%；当植草沟长度增加到 60m 时，悬浮物的去除率为 80%,碳氢化合物的去除率为 75%,总磷的去除率下降为 30%,重金属的去除率增加到46%~67%。

3)突发性大水量暴雨污染径流储存净化。

城市的暴雨储存设施分滞留池、地下存储池、雨水花园、透水小石坝、干塘、水塘、地下水回灌区等多种设施。暴雨储存设施能减缓流速,暂时或长期储存径流,使雨水在当地利用,或补充地下水。暴雨储存设施一般都设立在水流附近,用在线或离线的方法收集和处理径流。洪峰水流通过后,水流流速逐渐下降,调蓄池中储存的水逐渐流出,这样水流中的洪峰水量达到了削减的目的。使用储存设施进行水量调控可以产生下列生态效益:阻止或减缓洪峰流速上升,减轻下游排水容量,防止有害洪水;使河流水量平稳;补充区域的地下水资源。

4)合流制溢流污水污染控制技术。

针对城市雨污未分流的合流制污水采用源头控制、管道系统控制、截流池控制等进行储存调蓄后再进行净化处理,达到去除污染物、减少污染负荷的目的。

(3)城市面源污染的汇控制技术

1)区域性的暴雨径流污染汇控制。

区域性的暴雨径流污染汇控制是在区域下游建立大型的塘湿地、沼泽湿地、河口湿地或岸边带湿地等。区域性的暴雨径流污染汇控制占地面积较大,在欧美国家一般由政府或带有行政色彩的区域管理单位通过社区接收来自区域内多个企业和社团的暴雨径流。根据规划,所有单位都要进行设备投资,并减少各自的水量和污染输出。区域性的暴雨径流污染汇控制具有储存、过滤功能,并具有区域调节洪水并维护生物多样性的作用。区域性的暴雨径流污染汇控制大多利用原有的湿地、洼地进行水系改造形成,或者利用区域恢复湿地形成。

区域性的暴雨径流污染汇控制的优势是：用一个大型湿地来控制区域的面源污染负荷,比多个分散的设置能降低建设费用,降低运行和维护费用,可为未来的开发提供暴雨处理保证，还有审美和娱乐方面的其他收益。区域性的暴雨径流污染汇控制也有一些缺点:一是这种设置位于区域下游,因为设置较大,而且是区域性公用,建设时地方政府必须筹措足够的资金。特别是对于新的开发区,开发者较少时需要每个开发者投入很多。政府也要在个体和全局中进行利益和责任的平衡。

2)岸边净化的生态混凝土技术。

岸边净化的生态混凝土技术是指运用生态混凝土对水体堤岸进行加固，利用其护堤的同时,又可以对内、外源污染进行有效消除。生态混凝土是近年从日本传入我国,并经过国内工程技术人员改进和开发的适用于边坡防护与绿化的新材料。生态混凝土,也即大孔混凝土,是通过材料选择、采用特殊工艺制造出来的具有特殊结构与表面特性的混凝土。

生态混凝土可分为环境友好型和生物相容型两类。环境友好型生态混凝土是指在生产和使用过程中可降低对环境负荷的混凝土;生物相容型生态混凝土是指能与动物、植物等生物和谐共存的混凝土。用于岸边净化的生态混凝土一般为生物相容型生态混凝土,通过由生物相容型生态混凝土坡岸营造出的植被缓冲带可以对面源输入污染物进行有效拦滤。同时,大量的微生物在其凹凸不平的表面或连续空隙内生息,又对污染物起到生物消除的作用。

3)控污型岸边带系统。

控污型岸边带系统属于一种岸边缓冲带系统,是指邻近受纳水体,有一定宽度,在陆相边界具有岸边植被绿化缓冲带,在水相边界具有岸边湿地系统,在管理上与其他生态系统分割的地带。该系统的首要功能是能够减少污染源和河流、湖泊之间的直接连接,具备过滤截留地表径流和陆源污染物的功能。同时,还具有提高生物多样性、防浪固堤、为市民提供娱乐休憩场所等多重功能。控污型岸边带系统独特的物理和生物地球化学特性决定着陆地与水体间的水量、养分的流动。污染物在从陆地向水体迁移的途径中,以地表径流、潜层渗流的方式通过缓冲带进入水体。

控污型岸边带系统对城市面源污染的净化机理主要包括对颗粒物等的截获作用,对陆地径流的削减(促渗和储存)、硝化与反硝化去除氮、磷的沉降和固定、有机污染物的去除等。

4)景观水体水净化与循环技术。

城市景观水体的处理方法主要有:①曝气充氧法,是指对水体进行人工曝气复氧以提高水中的溶解氧含量,使其保持好氧状态,防止水体黑臭现象的发生;②物化法,包括混凝沉淀法、过滤法、加药气浮法;③生化处理法;④杀菌消毒,为了抑制水中菌类或藻类的生长,可加入一定量抑制剂;⑤水生态法,以生态学原理为指导,人工养殖抗污染和强净化功能的水生动植物,形成水生态系统,对水质进行净化。目前,住宅小区的景观水体净化、植物园、动物园景观水体的净化都有相应的研究。

城市景观水质量控制包括重污染时的高效快速治理和微污染期的低成本控制技术,就水污染共性而言,景观水污染控制可采用多种城市污水治理技术,但由于景观水多为微污染,发生期短、流动性差且美学要求高等特点,使其不能直接使用城市污水处理技术来治理。研究开发适合景观水污染控制技术对提高城市环境质量和减少城市生态用水具有重要的现实意义。

(二)农业面源污染控制

1. 农业面源污染控制的农业生态工程技术

农业生态工程是通过生态学原理,同时应用系统工程方法,将生态工程建设与治污工程并举,从根本上减少化肥、农药的投入和降低能源、水资源的消耗,从而减少污染物的排放，达到治理与控制面源污染的目的。主要有：

建设现代生态农业园区。结合中低产田改造、农业综合开发、东部土地整理、新农村建设等工作，开展现代生态农业园区建设，改善农村生态环境，以达到预防和控制农业面源污染的目的。

科学、合理地使用化肥，推广配方施肥、深施肥技术，促使用地与养地相结合，调整土壤结构，以培肥地力，减少化肥的使用，提高产出率，改善农业生态环境。借助气肥技术，促进高效农业调整产业结构，推广轮作和间作栽培方式，提高土壤肥力，减少化肥用量。

大力提倡使用畜禽粪便等有机肥，采取点面结合、农牧结合等方式，把畜禽粪便堆放后作为农田肥料。利用畜禽粪便制造有机复合肥，为畜禽粪便综合利用创造条件。

提倡秸秆综合利用，提高秸秆还田率。加强生物病虫害防治工程建设。

推广农业物理和生物防治技术的开展与应用，推进生态农业建设，通过推广防虫网和生物链防治等技术，开发膜控制释放农药，结合控制农药的使用频次和施用药量，逐年减少农药的使用量。有计划全面禁止使用有毒农药。

2. 农业面源污染控制的水土保持技术

农业面源污染主要是由地表径流引起的，因而治理水土流失是解决水体污染的根本之策。水土保持措施可从两个方面来控制：一方面是使表土稳定化或以植被覆盖来减少雨点对表土的冲击，另一方面是降低坡度，以渠道化手段分散径流或降低流速，以减弱径流的侵蚀力，并减少雨水在地面溢流的数量。围绕这两个方面，许多水土保持技术都在水体污染防治中发挥着重要作用。如我国发展起来的坡面生态工程对减少流域上游土壤侵蚀有明显效果；复合系统中空间上有林木、农作物等不同类型的组合，它对雨滴的打击、坡面地貌的发育、侵蚀泥沙和径流的运动有明显的有益作用；在适当区域构筑必要的拦水截沙引水槽、拦沙坝、山塘等工程设施，以减少泥沙冲刷，可取得防治水体污染的良好效果。

3. 农业面源污染控制的人工湿地技术

人工湿地具有氮、磷去除能力强，处理效果好，操作简单，维护和运行费用低等优点。人工湿地按流动方式的不同主要分为地表流湿地、潜流湿地、垂直流湿地和潮汐流湿地等4种类型。

人工湿地中不同植物对湿地内污染物的去除效率是不同的，季节性植物和挺水植物比一年生植物和沉水植物具有更高的去除营养物的能力，国内有报道用木本植物作为人工湿地的主要植被且试验证明效果和芦苇接近。去除效率还和湿地内废水的性质、当地的气候与土壤等性质有关。同时，为了达到一定的处理效果，流经湿地的污水必须有一定的水力停留时间，水力停留时间受湿地长度、宽度、植物、水深、床体坡度等因素的影响。湿地去除氮、磷效率的变化很大，主要取决于湿地的特性、负荷速率和所涉及的营养物质。通常来说，湿地的去氮效率比去磷效率高，这主要是由于氮、磷循环过程存在较大的差异。湿地中氮的循环主要是通过一系列复杂生物化学作用方式发生，硝化与反硝化是人工湿地去除氮的一种重要途径。湿地中磷主要是通过植物和藻类的吸收、沉淀、细菌作用、床体材料吸收及和其他有机物质结合在一起而去除。湿地中不溶性有机物主要是通过湿地的沉淀、过滤作用而被截留。在湿地中，可溶性有机物则通过植物根系生物膜的吸附、吸收及生物降解过程而被分解去除。湿地植物还对金属离子具有较强的生物富集作用，可以起到消除重金属污染的目的。

4. 农业面源污染控制的缓冲带和水陆交错带技术

农业面源污染的缓冲带或缓冲区能有效地去除水中氮、磷和有机污染物，其效率取决于污染物的运输机制。所谓缓冲区，就是指永久性植被区，宽度一般为5~100m，大多数位于水体附近，这种缓冲区降低了潜在污染物与接纳水体之间的联系，并且提供了一个阻止污染物输入的生化和物理障碍带。缓冲区的植被通常包括树、草和湿地植物。设置缓冲区成为控制农业面源污染最有效的方式之一。恢复河岸森林植被带能有效地截留来自农田的养分和泥沙，地表径流总氮和总磷显著减少。农田与沟渠间的缓冲林带有利于截留和净化土壤径流中的氮、磷等物质，从而在一定程度上控制农业面源污染。

5. 农业面源污染控制的前置库技术

在入库河流入口段设置前置库，采取一定的工程措施，调节来水在前置库区的滞留时间，使泥沙和吸附在泥沙上的污染物质在前置库沉降，有效控制流域面源污染。前置库对于控制面源污染，减少湖泊外源有机污染负荷，特别是去除入湖地表径流中的氮和磷安全有效，具有广泛的应用前景。

（三）农村面源污染控制

农村面源污染又称农村非点源污染，它实际上就是一种水污染，是人们从事农业生产和生活活动时所产生的污染物，主要有农村垃圾、农村人畜粪便和农村污水(包括生活污水、生产污水和村内地表径流水)。

1. 农村面源污染治理原则

治理农村面源污染，不能采取一刀切的方式，应根据农村所处的地理环境位置，结合当地水环境综合治理目标，确定合理的治理方案。

(1)一般地区治理

一般地区指远离重点保护湖泊、水库、河流、水源涵养区的农村地区，由于其排出的污染物不易直接进入水环境，在治理上可采用垃圾收集坑+“三位一体”沼气池+生物净化公厕进行治理。通过治理，基本可以改观村内环境卫生状况。

(2)一般河湖径流区治理

一般河湖径流区指位于重点保护湖泊、水库、河流、水源涵养径流区的农村地区，这类治理区因其产生的污染物既可流入湖泊、水库、河流，又可用于农业生产。因此，采用垃圾收集坑+“三位一体”沼气池+生物净化公厕+人工湿地,配套截污沟和泄洪沟进行治理。通过治理项目的建设,让所有农村污染物得到处理,排放水质基本满足排放要求。

(3)近河湖区治理

近河湖区指靠近重点保护湖泊、水库、河流的农村地区。近河湖区大多有支流或沟渠与湖泊、水库、河流相连,农村污染物可直接排入,污染水体,是水环境治理的重点对象。因此,采用垃圾收集坑+“三位一体”沼气池+生物净化公厕+厌氧—兼氧无能耗污水生物净化处理系统,配套截污沟和泄洪沟进行治理。通过治理,处理全部农村污染物,治理村排污完全达到《污水综合排放标准》(GB 8979—1996)一级标准的要求。对于直接靠湖、库、河的农村地区,受地理环境限制,可以不建厌氧—兼氧无能耗污水生物净化处理系统中的氧化塘,只要加强处理系统的清掏管理,同样可以达到排放要求。

2. 控制农村面源污染主要技术

(1)垃圾收集坑

对于农村垃圾,最好的控制方法就是在农村建设垃圾收集坑,集中后运至垃圾处理场处理,此法成本低,效果佳。鉴于农村垃圾量较大,须因地制宜确定收集坑容量。

(2)“三位一体”农村户用沼气池

农村户用沼气池(沼气池、猪圈、厕所“三位一体”)是处理人畜粪便的最佳方式。通过沼气池厌氧发酵,将人畜粪便转化为可利用的沼气能源和沼液、沼渣资源。试验表明,经厌氧发酵,人畜粪便中总氮去除率为15% ,总磷去除率为19.2%,有机质去除率为44.99%~69.96%,治污效果非常理想;沼肥应用于农田,作物吸收率总氮为52.75%,总磷为63.6%。沼渣还可以用作食用菌的栽培肥料。

(3)生物净化公厕

对于公共场所的粪便污染,采用生物净化公厕进行治理。生物净化公厕上部为卫生厕所,下部配套水压式沼气池,依靠重力推流对粪便污水进行无害化处理,实现达标排放。生物净化公厕用于收集处理农村无厕户和流动人口的粪便,一般不需要日常管理,清掏周期长,运行管理费用极低,可减轻粪便清运负担,控制粪便排放和清运过程中对水体的污染。

(4)厌氧—兼氧无能耗污水生物净化处理系统

厌氧—兼氧无能耗污水生物净化处理系统是无能耗解决农村污水的最有效办法。该系统以厌氧消化工艺为主体,利用生物膜、生物滤池等手段进行兼氧、好氧分解,辅以生物氧化塘做深度处理,通过多级自流、分段处理、逐级降解的形式处理村内汇集来的农村污水,整个处理过程利用重力自然推流,不耗用动力。由于采取厌氧消化工艺,污泥减量明显,一般3~5年清掏一次,运行费用低、维护管理简便。

(5)截污沟和泄洪沟

截污沟是厌氧—兼氧无能耗污水生物净化处理系统和人工湿地的配套建设工程,目的是将治理村流淌出的所有污水(包括农村污水和来自生物净化公厕的污水),汇集至厌氧—兼氧无能耗污水生物净化处理系统或人工湿地进行处理。截污沟分为三类:Ⅰ级沟、Ⅱ级沟和Ⅲ级沟。其中:Ⅲ级沟是农户出户入网排污沟;Ⅱ级沟是村内主要排污管网,用于将Ⅲ级沟和村内地表径流水排出村外;Ⅰ级沟建于村庄外沿,将所有Ⅱ级沟汇集和村内淌出的污水排入处理系统。泄洪沟建于处理系统旁侧,主要用于暴雨季分流污水,避免处理系统过载。

五、流动源污染治理

流动源污染分为两种:一是船舶排放的污染物。船舶排放的污染物可分为两类:操作性排放和事故性排放。其中经处理的含油污水、船舶生活污水、船舶生活垃圾等为操作性排放,都属于船舶正常营运过程中产生的污染物,与船舶营运的时间、船员和乘客数量等基本成正比例关系,不确定性很小。因此,可使用确定性的环境影响评价理论和监测理论进行评价和管理。船舶发生事故时泄漏石油类产品、有毒有害化学品等污染物为事故性排放,比如油轮触礁事故,导致原油泄漏污染水域,这种排放的不确定性很大,应该使用概率性的风险评价理论来管理，监测的范围也要扩展到对各种不确定性因素或危害的调查和跟踪,以实现监测的预控性。二是水上漂浮物污染,特别是农用薄膜、包装用塑料膜、塑料袋和一次性塑料餐具等形成的“白色污染”。

治理重点主要是针对江湖内旅游船只以外的如运输、渔业等船舶的污染,在控制时应考虑如下几点:在明确了船舶污染危害、事故演化发展的机理后,即可以在其发展的各个环节上寻找风险控制措施。

总体上风险控制措施分为两类:事故前预防性措施和事故后减损性措施。事故前预防性措施控制危害的发展演化,即控制事故发生的频率;事故后减损性措施是事故发生后的反应性措施,控制事故的演化升级,减轻事故的损失,即控制事故的后果。风险控制措施也可以直接针对各个层次的危害,比如提高设备质量和可靠性、提高管理质量、提高船员操作水平、改善船舶通航环境等。采用风险评价技术,通过在风险分析阶段的深入系统分析,可全面了解系统存在的危害和潜在深层次隐患，避免事故发生后才发现存在的隐患。因此，风险评价的预控性就体现在提前发现危害与隐患，并相应提前采取控制措施预防风险。

针对流动污染源的日常管理措施有:规范通航船只运营和安全管理;严格控制化肥、农药等货物的运输量。风险管控措施有:配备油污处置设施、建立船舶维护制度、制定流动源责任制、加强现场监督执法、划分运输风险级别等。同时,针对不同的预警条件制定完善的预警和控制方案,通过污染物迁移过程的可视化平台建设,为湖泊流动风险源防范与应急能力提供技术支持,最大程度降低水上运输的污染风险隐患。

六、河湖库内源污染治理

河湖库内污染源指河湖库内养殖、旅游、船舶、污染底泥以及大气干、湿沉降等与湖泊直接接触，排放形成的污染物，不经过输移等中间过程而直接进入湖泊（水体）的污染源。其中大气的干、湿沉降过程在湖泊污染控制中属于不可控因子。湖内污染控制一般包括如下 3 个方面的内容。一是湖泊底泥污染控制；二是湖泊养殖污染控制；三是河湖库旅游污染控制。

（一）湖泊底泥污染控制

1. 湖泊底泥疏浚的技术特点

环境疏浚旨在清除湖泊水体中的污染底泥，并为水生态系统的恢复创造条件，同时还需要与湖泊综合整治方案相协调；工程疏浚则主要为某种工程的需要如疏通航道、增容等而进行，二者的具体区别见表 4–1。

表 4–1　环境疏浚与工程疏浚的区别

项目	环境疏浚	工程疏浚
生态要求	为水生植物恢复创造条件	无
工程目标	清除存在于底泥中的污染物	增加水体容积，维持航行深度
边界要求	按污染土层分布确定	底面平坦，断面规则
疏挖泥层厚度	较薄，一般小于 1m	较厚，一般几米至几十米
对颗粒物扩散限制	尽量避免扩散及颗粒物再悬浮	不作限制
施工精度	5~10cm	20~50cm
设备选型	标准设备改造或专用设备	标准设备
工程监控	专项分析严格监控	一般控制
底泥处置	泥、水根据污染性质特殊处理	泥水分离后一般堆置

2. 湖泊底泥疏浚工艺

将底泥从水下疏挖后输送到岸上，有管道输送和驳船输送两种方式。管道输送工作连续，生产效率高，当含泥率低时可长距离输送，输泥距离超过挖泥船排距时，还可加设接力泵站。驳船为间断输送，将挖掘的泥装入驳船，运到岸边，再用抓斗或泵将泥排出，该种运泥方式工序繁杂，生产效率较低，一般用于含泥量高或输送距离过长的场合。

绞吸式挖泥船能够将挖掘、输送、排出等疏浚工序一次完成，在施工中连续作业。它通过船上离心式泥泵的作用产生一定的真空，把挖掘的泥浆经吸泥管吸入、提升，再通过船上输管排到岸边堆泥场或底泥处理场，是一种效率较高的疏挖工艺流程。

1）不同的污染物对疏浚和处置有不同的要求，应该经济合理地确定控制指标和要求，过高的指标和要求可能会对疏浚设备的选择带来困难，同时会导致工程费用的大幅度上升。

2)环境疏浚如果控制指标不严，应优先选用现有的一般疏浚设备，或者加以改进达到经济合理的目标。

3)由于疏浚设备类型很多，一项工程可能会有多种工艺方案，在疏浚设备选择时应进行多种方案的筛选和比较，找出技术上可行、经济上合理的最佳方案。为此，应对有关疏浚设备进行必要的调查。

3. 堆场余水及污染底泥处置

(1)堆场余水处理及水质控制

污染底泥及其泥浆输送至岸上，体积一般将扩大若干倍，泥浆经堆场沉淀后大量余水外排，余水处理是环境疏浚的又一重要环节。泥浆余水是否需要处理及怎样处理，取决于余水中污染物的组分及含量，接纳余水水体的性质、功能以及技术经济分析结果。堆场余水处理工艺应简单易行、经济有效，适合大流量泥浆实施操作。

国内某些湖泊环境疏浚工程堆场余水监测结果表明，采用自然沉淀的堆场在吹填初期及中期堆场排放的余水水质良好，吹填后期及中后期的部分时段可能出现超标现象，说明采用堆场自然沉淀的方法控制余水水质是基本有效的。

(2)污染底泥处置

污染底泥中含有各种对环境有害的污染物，不能直接吹填堆放，尚需经过无害化处理或采取防止污染扩散的措施。污染底泥处置的基本原则如下：

1)根据底泥中污染物种类，选择有效的处理方法，保证处理效果；

2)污染底泥疏浚一般工程量浩大，宜选择处理成本低的处理工艺；

3)污染底泥处理过程中不产生二次污染；

4)在可能条件下，污染处置与综合利用相结合。

(3)堆场设计

堆场是污染底泥存放的场所，其主要设施包括围埝、泄水口、排水沟等，堆场设计必须符合环境疏浚的特定要求。

1)围埝。

围埝是堆场的重要组成部分。围埝的结构形式应根据吹填区位置、现场水深、地质条件、吹填高程、当地可用材料等情况选择。围埝按结构形式分为重力式、板桩式等。按筑埝材料分为土埝、石埝、砂埝等。存放污染底泥的堆场，围埝设计除了考虑稳定性，还应考虑防渗措施，以防止二次污染。国内已经进行的环境疏浚实践表明，铺设土工膜是一种简单有效的防渗方法。

为了进一步控制堆场余水水质及可能造成的污染，可采用以下措施：

①优化堆场设计,强化自然沉淀效果;

②降低吹填后湖泥浆流量,延长余水在堆场的滞留时间;

③泄水口外设置防护屏,防止污染物在受纳水体中扩散;

④投放化学药剂,降低堆场余水中污染物含量;

⑤投放混凝剂强化堆场沉淀。

2)泄水口。

泄水口是泥浆在堆场沉淀后排放余水的口门，其作用是调节泥浆流程、控制排放流量、保证污染泥粒沉淀效果及提高吹填平整度等。泄水口的位置、数量及断面尺寸根据泥浆进入堆场的总流量、污染颗粒大小、堆场面积及吹填场地形条件确定。泄水口的形式分管式、溢流堰式、泄水闸式等,设计中应按具体情况和现场条件选用,无论采用何种形式,都应注意将泄水口布置在尽量远离排泥管出口的位置。

3)排水沟。

排水沟是连接泄水口导引堆场余水向外排出的通道，排水沟的断面一般为矩形、梯形、圆形等,其设计应满足排水通畅、牢固经济、防冲性能好、易于维护的要求。

4. 底泥综合利用

底泥综合利用应采取治理与开发相结合、集中利用与分散利用相结合、长远利益与近期利益相结合的原则,充分利用土地及底泥的资源价值。底泥的开发利用应由政府有关部门统一安排,根据不同具体情况,采取覆盖、防渗及其他必要措施,防止底泥中污染物向环境扩散。底泥利用的主要途径有以下 4 个。

1)建立湖滨绿化带,美化环境。保证水体沿湖岸边绿化,乔灌木搭配,地面植草,使堆场所在地形成绿化带,既可防风又可保持水土、美化环境,并起到防止污染土扩散的作用。实践证明,在污染底泥堆场直接播散草籽植草可以获得成功。

2)填地造景,开发旅游资源。湖泊周围往往具有美好的自然风貌,具备优越的旅游开发环境,将湖泊周转的坑洼废地填平后为开发用地创造了条件,但应避免因人为活动的加强而引起排污强度的提高。

3)湖泊底泥中往往富含氮、磷、钾多种营养元素,同时还含有普通矿物肥料中所缺少的有机质及多种微量元素,无害处理后作为林地肥料有明显增产效果。

4)可用底泥制造聚合物及废弃物复合材料、建筑墙体材料、混凝土轻骨料、硅酸盐胶凝材料。

(二)河湖(库)养殖污染控制

1. 加强河湖(库)养殖业的规范管理,禁止河湖(库)内围栏围网和网箱养殖,逐步恢复湖库水体自净功能

发展湖库养殖时,向湖库内投入大量的人畜粪便、肥料,使水体呈富营养化状况,养殖

产生的副产物如剩余饵料、鱼虾粪便及死鱼虾均会导致水体污染。同时,密布的网箱阻碍水体自然流动,严重影响水体正常的稀释自净功能。应加强河湖(库)养殖管理,全面推行生态健康养殖,改善渔业水域生态环境。

2. 设置禁渔期,保护湖泊湿地生态资源的可持续发展

湖泊湿地作为一个特殊的生态系统,承担着重要的生态功能,生存有大量的珍稀野生动植物和生物物种。政府部门应在科学调研、妥善安置沿湖渔民就业的基础上,确立禁渔(猎)期及相应的管理办法,保护湖泊湿地生物多样性和生物资源的可持续利用。

3. 采用生态养殖,结合"水下森林"营造和谐共存的生态环境

针对不同的湖泊情况,设置不同的鱼种和植物配置,如果湖泊水草螺蛳丰盛,能成功栽种伊乐藻、轮叶黑藻、苦草等,水位1.5~2m,可投放草鱼、青鱼等,有利于水质改善。

(三)河湖(库)旅游污染控制

环湖及湖内岛上旅游污染的控制方案一般可参照城市的水污染控制方案,因而,本节的湖内旅游污染主要指河湖(库)内旅游、客轮等的污染,湖内旅游行程一般较短,船上人员密度大,其污染特征明显不同于江、河、海中的长途游轮的污染,因而在湖内旅游污染控制方案中应尽量遵循如下原则:

1)一般不考虑在船上安装污染物处理设施;

2)船上产生的所有对湖泊有污染的污染物都应收集、储存起来,不向湖中排放或抛弃;

3)收集、储存设备应标准化,保证通用性;

4)岸上(码头)配合相应的污染物中转(储存、运输/输送等)系统;

5)污染物的处置应因地制宜,既可以单独处理,也可以并入城镇污染物处理系统集中处置;

6)生活污水与含油废水应当分开处置;

7)具备完善的污染控制管理系统。

第四节 排污管控机制与考核体系

一、排污管控机制

水污染防治应以预防为主,防治结合,必须加强排污管控,构建有效的排污管控机制,切实从源头减少污染排放。目前,我国针对固定污染源(点源)已经形成了比较完备的排污

管控体系。主要是通过加强重点水污染物排放总量控制，全面实行排污许可证管理，开收环境保护税，严格实行赔偿制度，依法追究刑事责任，提高排污监测执法能力，强化区域限批和限期治理制度措施，从法律法规、制度保障、行政审批、司法实施以及政策措施等方面进一步强化排污管控机制。

（一）加强重点水污染物排放总量控制

水污染物排放总量控制，是指在特定的时期内，综合经济、技术、社会等条件，采取通过向排污源分配水污染物排放量的形式，将一定空间范围内排污源产生的水污染物的数量控制在水环境容许限度内而实行的由上至下的污染控制方式。它比浓度控制方法更能满足环境质量的要求，对水污染的综合防治、协调经济与环境的持续发展具有积极、有效的作用。总量控制是水环境质量管理硬性要求的底线，也是最基本的及格要求。

《中华人民共和国水污染防治法》第二十条规定："重点水污染物排放总量控制指标，由国务院环境保护主管部门在征求国务院有关部门和各省（自治区、直辖市）人民政府意见后，会同国务院经济综合宏观调控部门报国务院批准并下达实施。省、自治区、直辖市人民政府应当按照国务院的规定削减和控制本行政区域的重点水污染物排放总量。具体办法由国务院环境保护主管部门会同国务院有关部门规定。省（自治区、直辖市）人民政府可以根据本行政区域水环境质量状况和水污染防治工作的需要，对国家重点水污染物之外的其他水污染物排放实行总量控制。对超过重点水污染物排放总量控制指标或者未完成水环境质量改善目标的地区，省级以上人民政府环境保护主管部门应当会同有关部门约谈该地区人民政府的主要负责人，并暂停审批新增重点水污染物排放总量的建设项目的环境影响评价文件。约谈情况应当向社会公开。"重点水污染物排放总量控制指标一经国务院批准并下达实施，省（自治区、直辖市）人民政府必须完成，否则该地区人民政府的主要负责人会被约谈，同时面临区域限批。

企事业单位在执行国家和地方污染物排放标准的同时，也应当遵守分解落实到本单位的重点污染物排放总量控制指标，对超过入河总量控制目标的地区要限期削减。通过进一步建立健全企事业单位污染物排放总量控制制度，改变单纯以行政区域为单元分解污染物排放总量指标的方式和总量减排核算考核办法，通过实施控制污染物排放许可制，落实企事业单位污染物排放总量控制要求，逐步实现由行政区域污染物排放总量控制向企事业单位污染物排放总量控制转变，控制的范围逐渐统一到固定污染源。环境质量不达标的地区，要通过提高排放标准或严格许可排放量等措施，对企事业单位实施更为严格的污染物排放总量控制，推动和改善环境质量。

（二）全面实行排污许可证管理

《中华人民共和国水污染防治法》规定，直接或者间接向水体排放工业废水和医疗污水以及其他按照规定应当取得排污许可证方可排放的废水、污水的企事业单位和其他生产经营者,应当取得排污许可证;城镇污水集中处理设施的运营单位,也应当取得排污许可证。排污许可证应当明确排放水污染物的种类、浓度、总量和排放去向等要求。排污许可的具体办法由国务院规定。全面实行排污许可管理制度,是推进生态文明建设、加强环境保护工作的一项具体举措,是改革环境治理基础制度的重要内容,对加强污染物排放的控制与监管具有重要意义。

排污许可管理制度以固定点源为管理对象,是将环境质量改善、总量控制、环境影响评价、污染物排放标准、污染源监测、环境风险防范等环境管理要求落实到具体点源的综合管理制度。任何有固定污染源,需要向环境排放各种污染物的单位,都必须事先向环境保护部门办理申请排污许可证手续,经环境保护部门批准后,获得排污许可证之后,方能向环境排放污染物。有关部门在批准过程中会依法依规严格把关,而且未经批准乱排污的行为必然要受到严厉惩处。

排污许可管理制度是落实企事业单位总量控制要求的重要手段，通过排污许可管理制度的改革,改变从上往下分解总量指标的行政区域总量控制制度,建立由下向上的企事业单位总量控制制度,将总量控制的责任回归到企事业单位,从而落实企业对其排放行为负责、政府对其辖区环境质量负责的法律责任。排污许可证载明的许可排放量即为企业污染物排放的天花板,是企业污染物排放的总量指标,通过在许可证中载明,使企业知晓自身责任、政府明确核查重点、公众掌握监督依据。一个区域内所有排污单位许可排放量之和就是该区域固定源总量控制指标。把总量控制污染物逐步扩大到影响环境质量的重点污染物,总量控制的范围逐步统一到固定污染源,对环境质量不达标地区,通过提高排放标准等,依法确定企业更加严格的许可排放量,从而达到改善环境质量的目标。

全面实行排污许可证管理：一是建立精简高效、衔接顺畅的固定源环境管理制度体系。将排污许可管理制度建设成为固定污染源环境管理的核心制度,衔接环评制度,整合总量控制制度,为排污收费、环境统计、排污权交易等工作提供统一的污染排放数据,减少重复申报,减轻企事业单位负担。二是推动落实企事业单位治污主体责任,对企事业单位排放大气、水等各类污染物进行统一规范和约束,实施“一证式”管理,要求企业持证按证排污,开展自行监测、建立台账、定期报告和信息公开工作,加大对无证排污或违证排污的处罚力度,实现企业从“要我守法”向“我要守法”转变。三是规范监管执法,提升环境管理精细化水平。推行“一企一证”、综合许可,将环境执法检查集中到排污许可证监管上。

纳入排污许可管理的所有企事业单位必须持证排污、按证排污,不得无证排污。排污许可证将成为企事业单位生产运行期间排污行为的唯一行政许可和接受环保部门监管的主要法律文书。可以说,企事业单位排放到水和大气中的污染物的法律要求全部在排污许可证上予以明确。第一,企业要按证排污。企事业单位应及时申领排污许可证并向社会公开,承诺按照排污许可证的规定排污并严格执行,确保实际排放的污染物种类、浓度和排放量等达到许可要求。第二,要实行自行监测和定期报告。企业应依法开展自行监测,保障数据合法有效,妥善保存原始记录,建立准确完整的环境管理台账,安装在线监测设备的应与环保部门联网。定期、如实向环保部门报告排污许可证执行情况。第三是向社会公开污染物排放数据并对数据真实性负责。

1. 排污许可证的内容

排污许可证主要包括基本信息、许可事项和管理要求 3 个方面的内容。

(1)基本信息

主要包括:排污单位名称,地址,法定代表人或主要负责人,社会统一信用代码,排污许可证有效期限,发证机关,证书编号,二维码以及排污单位的主要生产装置,产品产能,污染防治设施和措施,与确定许可事项有关的其他信息等。

(2)许可事项

主要包括:①排污口位置和数量、排放方式、排放去向;②排放污染物种类、许可排放浓度、许可排放量;③重污染天气或枯水期等特殊时期许可排放浓度和许可排放量。

(3)管理要求

主要包括:①自行监测方案、台账记录、执行报告等要求;②排污许可证执行情况报告等的信息公开要求;③企业应承担的其他法律责任。

2. 排污许可证实施步骤

(1)制定排污许可管理名录

环境保护部依法制定并公布排污许可分类管理名录,考虑企事业单位及其他生产经营者,确定实行排污许可管理的行业类别。对不同行业或同一行业内的不同类型企事业单位,按照污染物产生量、排放量以及环境危害程度等因素进行分类管理,对环境影响较小、环境危害程度较低的行业或企事业单位,简化排污许可内容和相应的自行监测、台账管理等要求。

(2)规范排污许可证核发

由县级以上地方政府环境保护部门负责排污许可证核发,地方性法规另有规定的从其规定。企事业单位应按相关法规标准和技术规定提交申请材料,申报污染物排放种类、排放浓度等,测算并申报污染物排放量。环境保护部门对符合要求的企事业单位应及时核发排污许可证,对存在疑问的开展现场核查。首次发放的排污许可证有效期 3 年,延续换发的排污许可证有效期 5 年。上级环境保护部门要加强监督抽查,有权依法撤销下级环境保护部门作出的核发排污许可证的决定。环境保护部统一制定排污许可证申领核发程序、排污许可证样式、信息编码和平台接口标准、相关数据格式要求等。各地区现有排污许可证及其管理要按国家统一要求及时进行规范。

(3)合理确定许可内容

排污许可证中明确许可排放的污染物种类、浓度、排放量、排放去向等事项,载明污染治理设施、环境管理要求等相关内容。根据污染物排放标准、总量控制指标、环境影响评价文件及批复要求等,依法合理确定许可排放的污染物种类、浓度及排放量。按照《国务院办公厅关于加强环境监管执法的通知》(国办发〔2014〕56 号)要求,经地方政府依法处理、整顿规范并符合要求的项目,纳入排污许可管理范围。地方政府制定的环境质量限期达标规划、重污染天气应对措施中对企事业单位有更加严格的排放控制要求的,应当在排污许可证中予以明确。

(4)分步实现排污许可全覆盖

排污许可证管理内容主要包括大气污染物、水污染物,并依法逐步纳入其他污染物。按行业分步实现对固定污染源的全覆盖, 率先对火电、造纸行业企业核发排污许可证, 2017 年完成《大气污染防治行动计划》和《水污染防治行动计划》中重点行业及产能过剩行业企业排污许可证核发,2020 年全国基本完成排污许可证核发。

(三)开征环境保护税

2016 年 12 月 25 日,十二届全国人民代表大会常务委员会第二十五次会议表决通过了《中华人民共和国环境保护税法》。这是我国第一部专门体现"绿色税制"、推进生态文明建设的单行税法,将于 2018 年 1 月 1 日起施行。届时,已施行 30 余年的排污收费制度将结束使命,退出历史舞台。环境保护税和其他的税收有一些不同,就是从税收杠杆入手,企业多排污就多交税;企业履行环保责任,减少污染物排放,就可以少缴税,享受税收减免。

《中华人民共和国环境保护税法》规定,本法所称应税污染物,是指本法所附《环境保护税税目税额表》《应税污染物和当量值表》规定的大气污染物、水污染物、固体废物和噪声。在中国领域和中国管辖的其他海域,直接向环境排放应税污染物的企事业单位和其他生产经营者为环境保护税的纳税人,应当依照本法规定缴纳环境保护税。《中华人民共和国环境保护税法》 明确, 纳税人应当向应税污染物排放地的税务机关申报缴纳环境保护税。环境保护税按月计算,按季申报缴纳。不能按固定期限计算缴纳的,可以按次申报缴纳,其中应税水污染物的应纳税额为污染当量数乘以具体适用税额。《中华人民共和国环境保护税法》对企业履行环保责任,减少污染物排放实行经济奖励政策。《中华人民共和国环境保护税法》规定,纳税人排放应税大气污染物或者水污染物的浓度值低于国家和地方规定的污染物排放标准 30%的,减按 75%征收环境保护税。纳税人排放应税大气污染物或者水污染物的浓度值低于国家和地方规定的污染物排放标准 50%的,减按 50%征收环境保护税。开征环境保护税可促进企业减少污染物排放,有利于保护和改善环境,对企业治污控污不仅有良好的环境效益还会产生经济效益。

(四)严格实行赔偿制度,依法追究刑事责任

重点打击私设暗管或利用渗井、渗坑、溶洞排放、倾倒含有毒有害污染物废水、含病原体污水,监测数据弄虚作假,不正常使用水污染物处理设施,或者未经批准拆除、闲置水污染物处理设施等环境违法行为。对造成生态环境损害的责任者严格实行赔偿制度。严肃查处建设项目环评领域越权审批、未批先建、边批边建、久试不验等违法建设项目。对构成犯罪的,要按照《中华人民共和国刑法修正案》关于污染环境罪的规定,依法追究刑事责任。

(五)提高排污监测监管执法能力

国家建立水环境质量监测和水污染物排放监测制度。国务院环境保护主管部门负责制定水环境监测规范,统一发布国家水环境状况信息,会同国务院水行政等部门组织监测网络,统一规划国家水环境质量监测站(点)的设置,建立监测数据共享机制,加强对水环境监测的管理。进行环保机构监测监察执法垂直管理制度改革,提高排污监测监管执法能力。

(六)强化区域限批和限期治理制度措施

区域限批,是指如果一家企业或一个地区出现严重环保违规的事件,环保部门有权暂停这一企业或这一地区所有新建项目的审批,直至该企业或该地区完成整改。区域限批的条件超过重点水污染物排放总量控制指标或者未完成水环境质量改善目标的地区, 区域限批条件比以前更加严格,即使重点水污染物排放总量控制指标完成,如果水环境质量改善目标没有达到,仍然面临限批的风险。区域限批还适用于最严格水资源管理制度考核。

限期治理制度,是指对污染严重的污染源,由法定国家机关依法限定在一定期限内治理并完成治理任务,达到治理目标的一整套法律制度措施。由县级以上地方人民政府环境保护行政主管部门提出意见,报同级人民政府批准。中央或者省(自治区、直辖市)人民政府管辖的企事业单位的限期治理,由省(自治区、直辖市)人民政府决定;市、县或市、县以下人民政府管辖的企事业单位的限期治理,由市、县人民政府决定。造成水污染的小型企事业单位的限期治理, 可以由县级以上人民政府在国务院规定的权限内授权其环境保护行政主管部门决定。对经限期治理逾期未完成治理任务的企事业单位,除加收超标准排污费外,可以处以罚款,或者责令停业、关闭。罚款由环境保护行政主管部门决定;责令停业、关闭,由作出限期治理决定的人民政府决定;责令中央直接管辖的企事业单位停业、关闭的,须报国务院批准。

(七)鼓励、支持水污染防治的科学技术研究和先进适用技术推广应用等的技术指导和政策引导

进一步加强排污管控的技术指导,如发布国家《有毒有害水污染物名录》、《固定污染源排污许可分类管理名录(2017 年版)》以及对应的技术方法;积极支持水污染防治的科学技术研究,如设立水体污染控制与治理科技重大专项等;积极鼓励先进适用技术推广应用，发布《节水治污水生态修复先进适用技术指导目录》等，进行技术指导和政策引导；发布《关于推进水污染防治领域政府和社会资本合作的实施意见》，鼓励在水污染防治领域大力推广运用政府和社会资本合作（PPP）模式等。

二、排污管控考核体系

针对部分地方在排污方面监管不力的状况，要强化排污管控，切实从源头减少污染排放，构建排污管控的考核体系。各地要把排污监管工作纳入水污染防治行动计划实施情况和最严格水资源管理制度统一考核。

水污染防治行动计划实施情况考核体系包括考核对象、考核原则、考核内容、考核组织、考核程序、奖惩措施等6个方面。

（一）考核对象

地方人民政府是水污染防治工作实施的责任主体。各省（自治区、直辖市）人民政府要依据国家确定的水环境质量目标，制定本地区水污染防治工作方案，将目标、任务逐级分解到市（地）、县级人民政府，把重点任务落实到相关部门和企业，确定年度水环境质量目标，合理安排重点任务和治理项目实施进度，明确资金来源、配套政策、责任部门和保障措施等。

（二）考核原则

坚持统一协调与分工负责相结合、质量优先与兼顾任务相结合、定量评价与定性评估相结合、日常检查与年终抽查相结合、行政考核与社会监督相结合的原则。

（三）考核内容

工业污染防治、城镇污染治理、农业农村污染防治、船舶港口污染控制、强化科技支撑、各方责任及公众参与等方面。

（四）考核组织

考核工作由环境保护部牵头、中央组织部参与。环境保护部会同国务院相关部门组成考核工作组，负责组织实施考核工作。

（五）考核程序

1. 自查评分

各省（自治区、直辖市）人民政府应按照考核要求，建立包括电子信息在内的工作台账，对有关单位排污情况进行全面自查和自评打分。

2. 部门审查

环境保护部门会同参与部门负责相应重点任务的考核，结合日常监督检查情况，对各省（自治区、直辖市）人民政府自查报告进行审查，形成书面意见。

3. 组织抽查

环境保护部门会同有关部门采取“双随机(随机选派人员、随机抽查部分地区)”方式，根据各省(自治区、直辖市)人民政府的自查报告、各牵头部门的书面意见和环境督察情况，对被抽查的省(自治区、直辖市)进行实地考核，形成抽查考核报告。

4. 综合评价

环境保护部门对相关部门审查和抽查情况进行汇总，作出综合评价，形成考核结果，将情况通报政府。

(六)奖惩措施

将考核结果作为水污染防治相关资金分配的参考依据。对未通过年度考核的，要约谈省级人民政府及其相关部门有关负责人，提出整改意见，予以督促；对有关地区和企业实施建设项目环评限批。对因工作不力、履职缺位等导致未能有效应对水环境污染事件的，以及干预、伪造数据和没有完成年度目标任务的，要依法依纪追究有关单位和人员责任。对不顾生态环境盲目决策，导致水环境质量恶化，造成严重后果的领导干部，要记录在案，视情节轻重，给予组织处理或党纪政纪处分，已经离任的也要终身追究责任。

第五节　水污染防治制度设计与措施体系

一、水污染防治制度设计

(一)制度设计原则

水污染防治制度是国家和地方人民政府为防治水污染而制定的各项法律法规及有关法律规范的总称，水污染防治制度的设计应当坚持预防为主、防治结合、综合治理的基本原则，重点突出固定污染源的源头治理与管控。我国水污染防治的主要法律依据是《中华人民共和国水污染防治法》和《中华人民共和国环境保护法》。

(二)制度设计主要内容

一类是环境法规定的一般制度，如“三同时”制度、环境影响评价制度等；另一类是着重强调水污染防治的制度，主要包括污染物排放总量控制制度、排污许可证制度、区域限批和限期治理制度等。

1. “三同时”制度

“三同时”制度是切实加强水污染防治工作的有力保障。依据《中华人民共和国水污染防治法》相关规定，建设项目的水污染防治设施应当与主体工程同时设计、同时施工、同时投入使用。水污染防治设施应当符合经批准或者备案的环境影响评价文件的要求。

2. 环境影响评价制度

环境影响评价制度是落实水污染防治源头治理的重要举措，从根源上解决水污染问题的重要抓手。依据《中华人民共和国环境影响评价法》《规划环境影响评价条例》《关于进一步加强水利规划环境影响评价工作的通知》等相关规定，一是通过规划环评管控区域或项目水污染负荷总量。二是通过项目环评明确对水环境影响及应采取的环境保护措施和环保投资。三是通过环评的监督管理，全面落实项目的水污染防治措施。

3. 污染物排放总量控制制度

污染物排放总量控制（简称总量控制）是将某一控制区域（如行政区、流域、环境功能区等）作为一个完整的系统，采取措施将排入这一区域的污染物总量控制在一定数量之内，以满足该区域的环境质量要求。企事业单位在执行国家和地方污染物排放标准的同时，应当遵守分解落实到本单位的重点污染物排放总量控制指标，对超过入河总量控制目标的地区要限期压减。

4. 排污许可管理制度

排污许可管理制度是落实企业单位总量控制要求的重要手段，通过排污许可制改革，改变从上往下分解总量指标的行政区域总量控制制度，建立由下向上的企事业单位总量控制制度，将总量控制的责任回归到企事业单位，从而落实企业对其排放行为负责、政府对其辖区环境质量负责的法律责任。排污许可证载明的许可排放量即为企业污染物排放的天花板，是企业污染物排放的总量指标，通过在许可证中载明，使企业知晓自身责任，政府明确核查重点，公众掌握监督依据。一个区域内所有排污单位许可排放量之和就是该区域固定源总量控制指标。把总量控制污染物逐步扩大到影响环境质量的重点污染物，总量控制的范围逐步覆盖整个固定污染源，对环境质量不达标地区，通过提高排放标准等，依法确定企业更加严格的许可排放量，从而达到改善环境质量的目标。

5. 限期治理制度

限期治理制度，是指对污染严重的污染源，由法定国家机关依法限定在一定期限内治理并完成治理任务，达到治理目标的一整套法律制度措施。

6. 区域限批制度

所谓“区域限批”，是指如果一家企业或一个地区出现严重环保违规的事件，环保部门有权暂停这一企业或这一地区所有新建项目的审批，直至该企业或该地区完成整改。

（三）制度体系构建

1. “三同时”与环境影响评价制度

（1）核心内容

1）规划与项目建设（涉水）必须开展水环境影响评价；

2)规划与项目实施对水环境影响必须全面科学分析预测,提出可行的水污染防治措施;

3)水污染防治设施必须与主体工程同时设计、同时施工、同时投产使用,并按规定的程序进行环保专项验收。

(2)配套法规政策制度

1)《中华人民共和国环境保护法》(2014 年 4 月 24 日修订, 自 2015 年 1 月 1 日起施行)。

2)《建设项目环境保护管理条例》(2017 年 6 月 21 日修订,中华人民共和国国务院令第 682 号公布,自 2017 年 10 月 1 日起施行)。

3)《规划环境影响评价条例》(中华人民共和国国务院令第 559 号公布,自 2009 年 10 月 1 日起施行)。

4)《关于以改善环境质量为核心加强环境影响评价管理的通知》(环境保护部环环评〔2016〕150 号)。

5)《环境保护部关于印发〈“十三五” 环境影响评价改革实施方案〉 的通知》(环环评〔2016〕95 号)。

6)《关于开展产业园区规划环境影响评价清单式管理试点工作的通知》(环境保护部办公厅 环办环评〔2016〕61 号)。

7)《环境保护部办公厅关于规划环境影响评价加强空间管制、总量管控和环境准入的指导意见(试行)》(环办环评〔2016〕14 号)。

8)《关于加强规划环境影响评价与建设项目环境影响评价联动工作的意见》(环境保护部环发〔2015〕178 号)。

9)《关于开展规划环境影响评价会商的指导意见(试行)》(环境保护部环发〔2015〕179 号)。

10)《关于深化落实水电开发生态环境保护措施的通知》(环境保护部、国家能源局环发〔2014〕65 号)。

11)《关于进一步加强水利规划环境影响评价工作的通知》(环境保护部、水利部环发〔2014〕43 号)。

12)《关于进一步加强水生生物资源保护严格环境影响评价管理的通知》(环境保护部、农业部环发〔2013〕86 号)。

13)《关于进一步加强环境影响评价管理防范环境风险的通知》(环境保护部环发〔2012〕77 号)。

14)《关于进一步加强水电建设环境保护工作的通知》(环境保护部办公厅环办〔2012〕4 号)。

15)《河流水电规划报告及规划环境影响报告书审查暂行办法》(国家发展改革委、环境保护部发改能源〔2011〕2242 号)。

16)《关于有序开发小水电切实保护生态环境的通知》(国家环境保护总局、国家发展和改革委员会环发〔2006〕93 号)。

17)《关于进一步做好规划环境影响评价工作的通知》(国家环境保护总局办公厅环办〔2006〕109 号)。

18)《关于进一步规范专项规划环境影响报告书审查工作的通知》(国家环境保护总局办公厅环办〔2007〕140 号)。

19)《关于进一步加强规划环境影响评价工作的通知》(环境保护部、国家发展改革委环发〔2011〕99 号)。

2. 污染物排放总量控制制度

(1)核心内容

1)确定主要污染物种类、数量及控制和削减措施;

2)核实污染物排放总量控制指标。

(2)配套法规政策制度

1)《关于实行最严格水资源管理制度的意见》(国务院国发〔2012〕3 号)。

2)《关于进一步推进排污权有偿使用和交易试点工作的指导意见》(国务院办公厅国办发〔2014〕38 号)。

3)《建设项目主要污染物排放总量指标审核及管理暂行办法》(环境保护部 环发〔2014〕197 号)。

4)根据国民经济和社会发展规划,由国务院批复全国主要污染物排放总量控制计划

3. 排污许可管理制度

(1)核心内容

1)建立企事业单位水污染物排放总量控制制度;

2)衔接环境影响评价制度;

3)规定许可排放的的污染物种类、浓度、排放量、排放去向;

4)明确污染治理设施运行及环境管理要求。

(2)配套法规政策制度

1)《中华人民共和国环境保护法》(2014 年 4 月 24 日修订, 自 2015 年 1 月 1 日起施行)。

2)《中华人民共和国水污染防治法》(2017 年 6 月 27 日修订, 自 2018 年 1 月 1 日起施行)。

3)《控制污染物排放许可证实施方案》(国务院办公厅国办发〔2016〕81 号)。

4)《排污许可证管理暂行规定》(环境保护部环水体〔2016〕186 号)。

4. 限期治理制度

(1)核心内容

1)超标排放水污染物或者超过重点污染物日最高允许排放总量控制指标的,采取限制生产措施。

2)规定采取停产整治措施情况。

①逃避监管的方式排放污染物,超过污染物排放标准的;

②非法排放含重金属、持久性有机污染物等严重危害环境、损害人体健康的污染物超过污染物排放标准 3 倍以上的;

③重点污染物排放总量超过年度控制指标;

④限制生产后仍然超标排放水污染物;

⑤因突发事件超标、超总量排放水污染物。

3)规定限期治理时间、具体措施及要求。

(2)配套法规政策制度

1)《中华人民共和国水污染防治法》(2017 年 6 月 27 日修订, 自 2018 年 1 月 1 日起施行)。

2)《环境保护主管部门实施限制生产、停产整治办法》(2014 年 12 月,环境保护部令第 30 号)。

5. 区域限批制度

(1)核心内容

1)未完成水环境质量改善目标,暂停审批新增水污染物排放的建设项目;

2)未完成水污染物排放总量控制指标,暂停审批新增水污染物排放的建设项目;

3)生态破坏严重或尚未完成生态恢复任务的地区,暂停审批对生态有较大影响的建设项目;

4)对违反主体功能区定位、突破资源环境生态保护红线、超过资源消耗和环境容量承载能力的地区,暂停审批对生态有较大影响的建设项目;

5)对未依法开展环境影响评价即组织实施开发建设规划的地区,暂停审批对生态有较大影响的建设项目。

(2)配套法规政策制度

1)《中华人民共和国环境保护法》(2014 年 4 月 24 日修订, 自 2015 年 1 月 1 日起施行)。

2)《中华人民共和国水污染防治法》(2017 年 6 月 27 日修订, 自 2018 年 1 月 1 日起施行)。

3)《规划环境影响评价条例》(中华人民共和国国务院令第559号公布,自2009年10月1日起施行)。

4)中共中央　国务院《关于加快推进生态文明建设的意见》(2015年4月25日)。

5)《落实科学发展观加强环境保护的决定》(国务院　国发〔2005〕39号)。

6)《水污染防治行动计划》(国务院　国发〔2015〕17号)。

7)《建设项目环境影响评价区域限批管理办法（试行)》(环境保护部　环发〔2015〕169号)。

二、水污染防治措施体系

水污染防治是一项系统工程,解决水污染问题需要系统思维,遵循预防优先、谁污染谁治理、强化环境管理的原则,以固定污染源防控治理为重点,从全局和战略的高度进行顶层设计和谋划,形成控源减排、水陆联防、协同治理的水污染防治综合措施体系。

(一)以改善水环境质量为核心,统筹水污染排放总量削减和增加水资源可利用量

构建水质、水量、水生态统筹兼顾、多措并举、协调推进的格局。污染物排放总量作为分子,尽量做减法,以治水倒逼产业结构调整及转型升级,削减工业、城镇生活、农村农业水污染物排放总量。水量作为分母,尽量做加法,通过节约用水、洪水资源化、再生水循环利用、保障生态流量、水源涵养等措施加大水量。

(二)系统控源,全面控制污染物排放

以取缔“十小”企业、整治“十大”行业、治理工业集聚区、防治城镇生活污染等为重点,全面推动深化减污工作,把好畜禽养殖污染防治三道关,通过划定禁养区等措施,提升规模化养殖比率,实现粪便污水资源化利用;加快农村环境综合整治、加强船舶港口污染控制。

(三)实施工业污染源全面达标排放计划

按照环保部印发的《关于实施工业污染源全面达标排放计划的通知》要求,到2017年年底,钢铁、火电、水泥、煤炭、造纸、印染、污水处理厂、垃圾焚烧厂8个行业达标计划实施要取得明显成效,污染物排放标准体系和环境监管机制进一步完善,环境守法良好氛围基本形成。到2020年底,各类工业污染源持续保持达标排放,环境治理体系更加健全,环境守法成为常态。

(四)全面实施排污许可证管理制度

按照国务院印发的《控制污染物排放许可制实施方案》要求,到2020年,完成覆盖所有固定污染源的排污许可证核发工作,全国排污许可证管理信息平台有效运转,各项环境管理制度精简合理、有机衔接,企事业单位环保主体责任得到落实,基本建立法规体系完备、技术体系科学、管理体系高效的排污许可制度,对固定污染源实施全过程管理和多污染物协同控制，实现系统化、科学化、法制化、精细化、信息化的“一证式”管理。

（五）重拳打击违法行为，加大执法力度

完善国家督察、省级巡查、地市检查监管体系。严格环境司法，健全行政执法与刑事司法衔接配合机制，强化环保、公安、监察等部门和单位协作，完善案件移动、受理、立案、通报等规定，建立有效保障环境权益的法治途径。

实行“红黄牌”管理，对超标和超总量的企业予以“黄牌”警示，一律限制生产或停产整治；对整治仍不能达到要求且情节严重的企业予以“红牌”处罚，一律停业、关闭。严惩环境违法行为，对违法排污零容忍。

对偷排偷放、非法排放有毒有害污染物、非法处置危险废物、不正常使用防治污染设施、伪造或篡改环境监测数据等恶意违法行为，依法严厉处罚；对违法排污及拒不改正的企业按日计罚，依法对相关人员予以行政拘留；对涉嫌犯罪的，一律迅速移送司法机关；对超标超总量排污的违法企业采取限制生产、停产整治和停业关闭等措施。

（六）加快一河一策、一湖一策和水体达标方案的编制工作，尽快消除黑臭水体

按照中共中央办公厅、国务院办公厅印发的《关于全面推行河长制的意见》文件精神的要求，加快一河一策、一湖一策和水体达标方案的编制工作，尽快消除黑臭水体。

（七）明确水体控制单元，实施网格化水污染防控监管

明确水体控制单元，将控制单元断面水质与排污区域挂钩，以控制单元为基础划分水污染防控监管网格。明确监管责任人，确定重点监管对象，划分监管等级，采取差别化监管措施。

（八）加快环境监测体制改革，建立起中央、地方、企业责任边界清晰的环境监测体系

全面完成国家监测站点及国控断面的上收工作，建成国家环境质量监测直管网；省内环境质量监测体系有效建立，同国控监测数据相互印证、互联互通；环境监测市场化改革迈向深入，第三方托管运营机制普遍实行，落实企业污染源监测的主体责任；出台《环境监测数据弄虚作假行为处理办法》及其配套的《技术判定细则》。水质监测方面，增加国控水质自动监测站点和国控断面，覆盖地级以上城市水域，进一步涵盖国家界河、主要一级支流和二级支流等1400多条重要河流和92个重要湖库、重点饮用水水源地等，满足《水污染防治行动计划》考核和评价需要。

（九）充分发挥市场机制在水污染防治中的作用

用好税收、价格、补偿、奖励等手段，充分发挥市场机制作用。一是健全税收政策，引导排污行为。二是理顺价格机制，保护好水资源水环境。三是建立激励机制，树立行业标杆。支持开展清洁生产、节水治污等示范工作。四是实施生态补偿，解决跨界水污染问题。

（十）创新模式，大力发展水污染防治环保产业

推动水污染防治产业由末端治理向源头控制、综合防治服务发展，带动相关工程设计、设备制造、设施建设和运营维护等产业发展，鼓励水环境监测、污染防控、环保设施运营等第三方治理服务，推进城镇污水处理设施和服务向农村延伸。促进再生水和海水利用产业发展。鼓励在水污染防治领域大力推广运用政府和社会资本合作(PPP)模式。

(十一)改革创新，构建水污染防治新机制

改革创新水环境保护制度体系，依法施策与市场驱动并举，政府、企业、社会公众多主体共治，推动形成"政府统领、企业施治、市场驱动、公众参与"的水污染防治新机制。

行政与经济手段并举，健全水污染防治约束和激励机制。按照"源头严防、过程严管、后果严惩"的原则，建立健全生态保护红线、污染物总量控制、排污许可、环境质量目标管理、考核和责任追究等重大制度，形成最严格水环境保护制度体系。

强化部门协调联动。强化水环境的统一监管，落实地方政府环境质量负责制，建立跨区域、跨流域的环境保护协调机制，统筹水环境保护规划、执法、监督等各相关工作。从政府一元管理走向政府、企业、社会公众多元共治。

第五章 水环境治理

水环境治理是河长制的重点工作,加强水环境治理,必须按照水功能区确定各类水体的水质保护要求,强化水环境质量目标管理;切实保障饮用水水源安全,开展饮用水水源规范化建设;加强河湖水环境综合整治,推进水环境治理网格化和信息化建设,建立健全水环境风险评估排查、预警预报与响应机制;加强城市河湖水环境整治,加大黑臭水体治理力度,实现河湖环境整洁优美、水清岸绿。以生活污水处理、生活垃圾处理为重点,综合整治农村水环境,推进美丽乡村建设。

第一节 水环境质量管理

水环境质量管理是指采取各种制度与措施进行水资源的保护、水污染的防治以及水资源的合理开发利用,保障健康的能正常发挥功能和实现服务的水环境。通过对水资源进行全面规划,使经济发展与水环境相协调,达到既发展经济满足人类的基本需求又不超过水环境承载极限的目的。我国的水环境问题十分复杂,水资源短缺、水污染严重、水生态恶化三大问题并存,水环境质量改善面临着前所未有的多重压力。近年来,各地积极采取措施加强河湖治理、管理和保护,取得了显著的综合效益,但河湖管理保护仍然面临着严峻的挑战。以改善水环境质量为核心,改革创新管理体制机制,认真落实《水污染防治行动计划》,确保全面实现全国水环境保护目标,对于维护河湖健康生命、加强生态文明建设、实现社会经济可持续发展具有重要意义。

一、水质管理

水质管理是指运用行政、法律、经济和科学技术手段，协调社会经济发展与水质的关系，控制污染物进入水体，维持水质良好状态和生态平衡，满足工农业生产和生活对水质的要求。从广义上讲，凡是为了满足对河流、湖泊、水库、地下水等水体设定的环境标准以及符合用水要求而进行的水质保护行为，均为水质管理。从水环境质量改善的角度考虑，水质管理主要包括以下几个方面的内容。

（一）节约水资源，增大水环境容量

节水是从源头上减少污水的排放，不仅是水量保护措施，也是最有成效的水质保护手段。《水污染防治行动计划》对节水问题做了系统部署，意味着要用系统思维统筹水的全过程治理，把节水放在优先位置，推进粗放式用水向集约式用水转变。

1. 节约用水放在首位

通过节水宣传教育、合理调整城市供水价格、加快推进居民生活用水实行阶梯式计量水价制度等手段，减少输水损失；通过改进工艺减少工业企业生产过程中的用水量等来保证节水目标的实现。

2. 大力推广中水回用，推进污水资源化

将污水处理回用与污染治理有机地结合起来，对于解决我国水资源的短缺和水环境的改善有其特别重要的意义。

3. 提高用水效率和效益，推进节水型社会建设

应建立健全国家用水定额标准，健全节水产品市场准入制度。建立全国用水效率和效益评价与考核指标体系，健全节水责任制和绩效考核制。完善公众参与机制，引导和动员社会各方面力量积极参与节水型社会建设，减少水资源的开发利用，减少污水排放。

（二）加强污染物削减，全面改善水环境质量

1. 实行污染物入河总量控制

根据各水功能区的保护目标，要求核定水域纳污能力，提出污染物入河限制排放总量意见，对超过入河总量控制目标的地区要限期压减。应按照《水污染防治行动计划》的要求，将污水排放总量削减任务分配到每个主要耗水企业，再落实到企业每个车间、主要生产环节，加强全国水污染防治工作，积极推行清洁生产，加快实行排污许可证制度，企业依法持证排放废水。

2. 加强污染源控制

应通过多部门协作，加强污染源控制力度。①对工业污染源，应实施排污许可管理，通过核定工业许可排放限值的方式，明确每个固定源的总量控制指标。通过核发排污许可证对相关企业实施更加严格的排放管理，实现工业企业废污水全部达标排放。②对生活污染

源,应加强城市污水处理能力和城市污水收集管网配套建设,使之与污水排放量相适应,同时对污水处理厂位置及其规模进行合理布局,加大城镇污水处理厂排放标准,确保生活污水进入城镇污水处理厂处理达标后排放。③对非点源污染源,应通过提高城镇垃圾和畜禽养殖污染物的收集处理水平与程度,采取有利于生态环境保护的土地利用方式和农业耕作方式,大力推广生态农业,科学使用化肥、农药,加强农村生态环境综合整治、封山育林、涵养水源、水土流失防治等流域综合治理措施,逐步控制非点源污染负荷、减少非点源污染物入河量。

(三)推动经济结构转型升级

1. 调整产业结构

各地要结合水质改善要求及产业发展情况,制定并实施分年度的落后产能淘汰方案。根据流域水质目标的主体功能区规划要求,细化功能分区,实施差别化环境准入政策。已超过水环境承载能力的地区要实施水污染削减方案,加快调整发展规划和产业结构。

2. 优化空间布局

充分考虑水资源、水环境承载能力,合理确定发展布局、结构和规模。鼓励发展节水高效现代农业、低耗水高新技术产业以及生态保护型旅游业,严格控制缺水地区、水污染严重地区和敏感区域高耗水、高污染行业发展。七大重点流域干流沿岸,要严格控制石油加工、化学原料和化学制品制造、医药制造、化学纤维制造、有色金属冶炼、纺织印染等项目环境风险,合理布局生产装置及危险化学品仓储等设施。

3. 推进循环发展

推进矿井水综合利用,煤炭矿区的补充用水、周边地区生产和生活用水应优先使用矿井水,加强洗煤废水循环利用。鼓励钢铁、纺织印染、造纸、石油石化、化工、制革等高耗水企业废水深度处理回用;完善再生水利用设施,工业生产、城市绿化、道路清扫、车辆冲洗、建筑施工以及生态景观等用水,要优先使用再生水;在沿海地区电力、化工、石化等行业,推行直接利用海水作为循环冷却等工业用水。在有条件的城市,加快推进淡化海水作为生活用水补充水源。

(四)完善水环境质量目标管理体系

《水污染防治行动计划》对水环境治理目标的制定较之前有了很大的不同:之前强调主要污染物总量控制,现在考虑要全面改善环境质量;从单一控制到现在综合协同控制;从粗放型到精细化、专业化;从规划考核到一岗双责,终身追究。要明确目标任务,将目标任务细化到市、县,并层层明确任务措施和责任单位。

(五)实现流域尺度与行政区划尺度相结合

在流域尺度的科学决策下,在行政区划尺度的高效管理下,能够保证流域总量控制的科学性和可操作性，还可突破以流域为单元进行科学决策和以行政边界为单元进行管理的两个空间层次无法完全重合的困境。

（六）实施重大工程持续减排

“十三五”期间，国家层面将实施城镇污水及配套管网建设、畜禽规模养殖污染治理及废弃物综合利用两项重大工程，带动水环境大治理，完成“十三五”化学需氧量、氨氮减排约束性指标。各地要结合本地实际情况和水环境改善目标要求，分解落实“十三五”和主要水污染物重点工程减排的目标和要求，大力开展城乡接合部污水收集处理、农村环境连片整治、重要区域湖滨带与湿地环境综合治理、饮用水水源地环境综合治理、城市黑臭水体整治、“十小”企业关停等工作，将减排目标任务落实到具体排污单位，环境质量差的地方承担更重的削减任务。

（七）推进重点流域区域水污染防治

抓紧编制实施重点流域区域水污染防治“十三五”规划，进一步加强太湖、巢湖、滇池富营养化治理，强化三峡库区及上游地区水污染防治和丹江口库区及上游地区水源保护等重点工作；抓紧制定长江经济带大保护工作方案，明确流域内各控制断面的水质目标，完善跨界考核断面监测网络，优化沿江取水口和排污口布局；结合实际细化京津冀及周边地区水污染防治任务分工，大力开展工业集聚区污染集中整治，着力推进城镇污水处理设施升级改造，加强畜禽养殖污染治理；调查评估重点河口海湾环境状况，落实“一河一策”分类管理要求，细化入海河流水质达标方案。

二、水安全管理

“水安全”一词最早出现在 2000 年斯德哥尔摩举行的水讨论会上，主要是指一定流域或区域内，以可预见的技术、经济和社会发展水平为依据，以可持续发展为原则，水资源、洪水和水环境能够持续支撑经济社会发展的规模、能够维护生态系统良性发展的状态。水安全管理是指维持这种水安全状态的管理制度，主要包括以下几个方面的内容。

（一）构建水环境安全监控和预警体系

通过建立健全符合水环境特征和经济发展状况的水环境安全监控和预警体系，充分运用计算机、空间模拟、网络、人工智能等现代高新技术，对水环境进行实时监控和预警，切实保障用水安全，为水环境安全管理决策提供快速、准确、适时的信息，提高决策的科学性。

（二）建立健全水环境安全保护机制

为了适应水环境安全管理的需要，有必要加强水环境安全统一管理能力建设，建立健全水环境安全保护机制，建立水利部统一规划，分流域、分区、分级、分部门负责实施，水利部水资源保护机构和流域水资源保护机构进行协调与监督，公众广泛参与的水环境安全保护机制。

（三）加强水环境管理法制建设

在已有的《中华人民共和国水法》和《中华人民共和国水污染防治法》的基础上，建立健全以流域为单位的水环境统一管理的、可操作性强的法规体系，并强化法制的实施。通过立法，加强流域机构在跨行政区水环境保护领域的地位与作用，明确其职责。

（四）加强水环境安全管理理论与方法的研究

水环境系统是一个包括自然、生态、经济和社会多方面的复杂大系统，而这个大系统具有非线性、动态性和随机性等特点，传统的水环境管理理论与方法难以满足要求，应以系统工程、控制论、对策论、可持续发展等现代科学理论、原理和思想来完善现有的水环境管理的理论和方法。

（五）建立水环境安全协调机制和水环境保护规划

在规划中采用集成的方法，以污染物总量控制为核心，统一考虑点源和非点源之间、水质和水量之间、行政区域之间、部门之间的协调等问题，解决人类活动对水环境的累积和叠加影响，确保水生态系统的完整性。规划分流域层次、行政区域层次和河段层次逐步展开。

（六）加强源头水安全管理

为了保护水环境，加强源头水的安全管理非常必要。严格环境敏感区域、生态脆弱区域、水环境恶化区域水污染排放标准，从源头杜绝河湖水体污染。为了解决流域上下游保护与开发之间的冲突和矛盾，需要制定生态补偿措施，合理协调流域上下游的利益关系。

（七）加强水环境安全宣传教育力度，增强全民水环境安全保护意识

坚持开展水环境安全的宣传教育工作，努力提高全民水环境安全保护意识，使各界都自发地全力支持环保事业，形成良好的水环境保护的新风尚。要全方位多层次地开展社会化的宣传教育，提倡节约用水，减少污水排放量。

三、水环境风险管理

水环境风险管理是在水环境管理的基础上进一步提出的新型管理概念，它注重区域水环境的实际情况。通过对水环境风险的大小、种类、危险程度、触发的难易程度等进行分析和识别，评估其环境风险发生的概率，以及风险触发后的环境影响，选用有效的控制技术，进行削减风险的费用和效益分析，确定可接受的风险水平和可接受的损害水平，并进行政策分析及考虑社会经济和政策因素，最终制定相应的水环境风险管理体系并付诸实践，以降低或消除环境风险度，保护人类健康和水生态系统的安全。水环境风险管理体系的建立大致包括以下几个方面的内容。

（一）风险识别

水环境风险识别是构建水环境风险管理体系的源头和基础。识别水环境风险及判定重大风险，有利于掌握其环境影响，并做出有次序的改善。进行水环境风险识别，首先要确定风险源。水环境风险主要来自微生物病原体和化学物质。无论是在发达国家还是发展中国家，饮用水对人体健康的影响中，除个别地区饮用水中砷有较大的健康威胁外，通常认为病原体比化学物质具有更大的健康威胁。如果饮用水消毒完全而且在管网中保持一定浓度的残余消毒剂，不会引起微生物的二次污染，则饮用水的水质安全风险主要来自化学物质。引起水质安全风险的主要风险因子随地域不同而改变。此外，随着分析技术的提高和分析仪器的改进，还会不断检出尚未发现的消毒副产物，构成引起水质安全风险的新风险因子。

（二）风险评价

对已识别的水环境危险因素和风险类型进行风险评价，主要是通过分析风险发生的可能性和影响后果的大小来确定各风险水平的大小，然后估计发生某类风险的多种形式和可能，及不同风险条件下可能产生的健康危险强度或某种健康效应的发生概率，确定可接受的风险水平和评价结果不确定性等，为拟定相应的各种级别的预防、应急水环境风险管理计划提供决策信息。目前，常用的水环境风险评估方法有多因子评价法、FMECA 法、AHP 层次分析法、专家评价法、排放量/频率对比法和故障树法等。但由于环境风险数据难以获得，所以一般采用定性方法进行水环境风险评价。

目前，国际上根据污染物质对人体产生的危害效应以及大量的研究结果，可建立起各种不同性质的危害风险数学模型，比如基因毒物质风险评价模型、躯体毒物质风险评价模型和微生物风险评价模型。根据风险识别、风险评价和数学模型（剂量反应关系）的分析结果，估算不同条件下可能产生的健康危害强度或某种健康效应的发生概率，确定可接受的风险水平和评价结果的不确定性等。

（三）风险控制

在对水环境风险和基本对策有了足够认识的基础上，可以制定相应的风险预防对策、管理与工程措施和应急风险管理计划等，以避免潜在的重大风险事故的发生。水环境风险管理的重点在于风险的预防，其次是突发事故的快速、果断和有效的应急处置。控制水环境风险的方式主要有三种，即减轻水环境风险、转移水环境风险、避免水环境风险。

1. 减轻水环境风险

在水环境风险无法避免的情况下，可以通过技术改进，采用更先进的生产工艺、技术和设备，提高生产的稳定性和安全性，同时提高水环境风险管理水平，来消除或减少水环境风险，采取收集、导流、拦截、降污等措施有效防止泄漏物质、消防水、污染雨水等扩散至外环境。应在水环境容量许可的条件下，全面推进清洁生产，形成低投入、低消耗、低排放和高效率的节约性增长方式。

2. 转移水环境风险

如果建设项目所具有的水环境风险不会被社会所接受,则可以通过变更项目地点,或改变项目周围环境使它达到能够接受水环境风险的程度。

3. 避免水环境风险

水环境风险评估结论达到了不被社会接受的程度，且又没有比较好的减少水环境风险的方法,可以放弃实施可能引起较大水环境风险损失的项目。如淮河流域污染严重,小造纸厂是主要污染源，小造纸厂生产所产生的水环境风险已经达到了社会不可接受的程度。因此,政府采用关闭小造纸厂的手段,来降低水污染的环境风险。这是一种从根本上避免水环境风险的措施。

第二节　饮用水水源地安全保障

水是人类生存和经济社会发展的基本需求。经济社会发展和人口增长对饮用水安全保障提出了更高的要求。当前,我国饮用水水源安全形势仍十分严峻,主要问题有:①供水短缺加剧,随着城镇化率及城镇居民用水量的不断提高,以及局部地区的连续干旱,供水短缺给居民生活造成了困难;②水污染严重,目前部分饮用水水源受到污染,有机污染凸显,水性疾病种类增多,发病率明显升高,严重威胁人们的生命健康;③饮用水突发污染事故增多,应急能力低下,水源地监控体系不健全。饮用水安全受到社会的高度关注,而饮用水水源地安全更是饮用水安全保障的重中之重。饮用水水源地安全保障总体思路为:在对饮用水水源地调查和评价的基础上开展安全保障建设工作,主要从水量、水质、水环境管理、环境风险控制和应急响应等方面开展工作,对于水质保障,饮用水水源保护区制度尤其重要,其主要着力点为保护区的划分和保护区内污染源的整治,同时饮用水水源地水质监测系统、预警平台和应急能力建设也是饮用水安全保障的重要内容。

一、饮用水水源地调查

饮用水水源地是指城市的集中式饮用水水源地。按水源地的不同,饮用水水源地分为河流、湖泊、水库和地下水共 4 种类型。饮用水水源地范围包括水域和一定的陆域范围。水源地调查包括水源地基本情况、水量、水质及污染源、管理情况和安全建设情况等。

(一)水源地基本情况调查

水源地基本情况调查主要包括 3 个方面:①水源地地理信息:水源地所在水系,地理位置经纬度,类型(水库、湖泊、河道、地下水);②水源地运行状况:水源地工程规模,饮用水供水量,建立时间,供水城市区域及供水人口,现状供水保证率,水源供给方式等;③水源地所在水功能区状况:水源地所在水功能区及相邻的水功能区基本状况,管理目标及管理情况。

(二)水源地水量调查

地表水源地水量调查应掌握城市饮用水水源地设计条件和现状条件下水源地来水量、城市供水量、供水保证率、供水结构的变化,综合分析水量不安全因素。地下水水源地水量调查包括地下水水源地所处的区域、可开采量、实际开采量、超采量、开采井数及由于超采引起的环境地质问题(如地面沉降、地裂缝、供水水质恶化、海水入侵、咸水入侵和其他),并评价地下水水量安全状况。

(三)水源地水质及污染源调查

1. 水源地水质调查

(1)地表水饮用水水质调查

水质调查包括河流(渠道)和湖库型两类水源地,选择能反映水源地取水和水质状况的监测点(断面),饮用水水质监测项目。饮用水水质监测项目包括《地表水环境质量标准》(GB 3838—2002)表1和表2中所列的全部28个项目(化学需氧量除外)以及表3中部分有毒有机物项目(根据实际选择)。

(2)湖库型饮用水水源地营养状况评价

湖库型饮用水水源地营养状况评价选用总磷、总氮、叶绿素a、透明度和高锰酸盐指数5项,营养程度按贫营养、中营养和富营养三级评价,有多测点分层取样湖泊(水库),采用各垂线多点平均值进行评价。

(3)地下水饮用水水源地水质

集中式生活饮用水水源地地下水水质监测项目包括《地下水质量标准》(GB/T 14848—1993)表1中的所有39个项目,并划分为感官性状和一般化学指标、毒理学指标、细菌学指标和放射性指标4类。

2. 水源地污染源调查

水源地污染源分为点污染源、面污染源和内污染源3类。其中,面污染源、内污染源调查主要针对湖库型水源地。水源地污染源调查包括污染来源、污染负荷量及其时空分布。

(1)水源地点污染源调查

1)饮用水水源地点污染源调查范围:已划定保护区的,应为饮用水水源保护区的范围;未划定保护区但已划定功能区的,调查取水口所在的水功能区内的排污口;未划定保护区和水功能区的,根据实际情况,调查对取水口水质有一定影响的排污口。

2)饮用水水源地点污染源调查分为入河排污口和污染源两类调查。

入河排污口调查内容包括排污口位置、排入水源地的废污水量、污染物量等。污染物排入量化学需氧量和氨氮为必选项，其他项目可根据水质超标情况选择调查。

污染源调查内容包括污染源所在位置、废污水排放量、污染物排放量等。污染源类型包括城镇生活污水、工矿企业废水、垃圾填埋场以及集中式禽畜养殖场排水等。污染物排入量化学需氧量和氨氮为必选项，其他项目可根据水质超标情况选择调查。

(2)水源地周边面污染源调查

面污染源调查包括城镇地表径流、化肥农药使用、农村生活污水和固体废弃物、水土流失及分散式禽畜养殖等。根据汛期、非汛期河流控制断面污染物通量以及点源负荷调查数据进行估算。

(3)水源地内污染源调查

内污染源调查主要针对湖库型大型饮用水水源地的水域，不包括陆域范围。内污染源调查内容主要包括水产养殖、底泥污染状况以及水面流动污染源等。水面流动污染源包括航运、水上娱乐等，一般采用定性描述其污染程度，分轻微、一般、严重 3 类。

(四)水源地管理情况调查

水源地管理现状调查分析包括水源地管理情况调查和水源地保护情况调查两个部分。水源地管理情况调查包括水源地保护法规制定与批准情况、应急预案制定与批准情况、运行状况、饮用水水源地保护与管理的经验教训及加强管理与保护的对策建议。水源地保护情况调查包括饮用水水源保护区划分(划定时间、批准单位、保护区面积、分布)与水质水量监测及信息发布、已实施的保障饮用水安全的措施等。

二、饮用水水源地安全评估

饮用水是指满足人体正常生理需求的饮水和炊事、洗浴等日常生活所需要的用水，其安全性主要表现为水质满足人体健康要求，即不含病毒、病原菌、病原原生动物及其他对人体有害的污染物，并尽可能保持一定浓度的人体健康所需的矿物质和微量元素。从饮用水概念来看，水质是饮用水安全的重要特征，然而满足人体正常生理需要必须有一定的水量保证。因此，水量也是饮用水安全概念中的重要部分。此外，安全这一概念也包含了风险的含义，主要表现为是否具有抵御风险的应急能力。整体上，饮用水安全正是由水量安全、水质安全和应急能力 3 个方面构成，从我国饮用水目前所面临的问题来看，也主要表现为这 3 个方面不同程度地产生了问题。

(一)评估指标体系构建

以饮用水水源地为基本单元，从水质、水量、风险及应急能力等方面对城市饮用水水源地安全状况进行综合评价。按照实用性、代表性、全面性和可评价性等原则，在专家调查的基础上，利用层次分析法(AHP)，对能反映水源地水量、水质、风险及应急能力的指标进行筛选。将饮用水水源地安全评价指标体系分为 3 个层次，即目标层、准则层和指标层。建立城市饮用水水源地安全评价指标体系，见表 5-1。

表 5-1　城市饮用水水源地安全评价指标体系

目标层	准则层	指标层
城市饮用水水源地安全状况	水质安全状况	一般污染状况
		非一般污染状况
		营养化状况
	水量安全状况	工程供水能力
		枯水年来水变化状况
		地下水超采状况
	风险及应急能力	水源地风险
		应急能力

（二）安全评估方法

1. 水源地水质安全评价

针对饮用水功能特征，依据《地表水环境质量标准》(GB 3838—2002)、《地下水质量标准》(GB/T 14848—93)以及《生活饮用水卫生标准》(GB 5749—2006)，把水源地分为一般污染状况、非一般污染状况和营养化状况进行评价。一般污染物主要指水体中存在的经过简单或者常规的物理处理、化学处理、消毒处理可以满足饮用要求的污染物。为了全面、准确地反映出水源地水质状况，将那些对人体健康危害明显和存在长期危害，且目前饮用水处理工艺难以去除的氟化物、挥发酚、硝酸盐、重金属、石油类等污染项目列为"非一般污染项目"进行评价。富营养化湖库中的藻类繁殖致使水体水质腥臭，其分泌的毒素已被证明是一种强促癌剂，我国南方多以地表水为水源，藻类繁殖造成饮用水水质急剧恶化，北方地区近年来也已出现藻类污染，因此对于湖库型水源地，其营养化状况将直接影响水源供水安全。根据相应水质标准中的评价级别，将具体水质评价指标换算为 1、2、3、4、5 级水质指数，分别对应优、良、中、差、劣等 5 类水质状况。城市饮用水水源地水质安全评价采用综合评价和单因子评价相结合的方法。采用水源地水质综合指数来表征水源地水质安全状况，该指数取一般污染物指数、非一般污染物指数、富营养化指数的最大(最差)指数。水质指数为 4、5 级的水源地为水质不合格水源地，相应的水源地供水量为水质不合格供水量。

2. 水源地水量安全评价

水量安全主要体现在水源地的水量状况和供给能力可否满足设计的供水要求。其评价方法为：①枯水年来水量保证率，主要表征地表水水源地来水量的变化情况。对于河道型饮用水水源地，枯水年来水量保证率=现状水平年枯水流量/设计枯水流量×100%。其中现状水平年枯水流量是指现状水平年的枯水期来水流量，其频率与设计枯水年来水量的频率相同。对于湖库型饮用水水源地，枯水年来水量保证率=现状水平年枯水年来水量/设计枯水年来水量×100%；②地下水开采率，主要表征地下水水量保证程度。地下水开采率=实际供水量/可开采量；③工程供水能力，主要反映取供水工程的运行状况。工程供水能力=现状综合生活供水量/设计综合生活供水量×100%。水量安全评价指标及标准见表5-2。

表5-2　　水量安全评价指标及标准

目标	评价指标	评价标准				
		1	2	3	4	5
水量安全状况指数	工程供水能力	≥95	≥90	≥80	≥70	<70
	枯水年来水量保证率	≥97	≥95	≥90	≥85	<85
	地下水开采率	<85	≤100	≤115	≤130	>130

3. 水源地风险及应急能力评价

(1)水源地风险评价

由于污染物对饮用水源的风险随着污染物进入水体的频率以及持续时间的增加而增大，污染可能性可根据一年中污染物从污染源向水源地迁移的百分比分为低(<30%)、中(30%~70%)、高(>70%)3个等级进行评价。污染强度主要根据污染源对水源地水质的影响程度进行分析，也分为低、中、高3个等级，其中地表水水源地主要分析污染源强度及分布、污染物入河排污总量及衰减程度等因素；利用风险矩阵评价法，从污染可能性和污染强度两个方面进行分析，将水源地水质风险分为低、中、高3个等级。水源地风险评价等级及标准见表5-3。

表5-3　　水源地风险评价等级及标准

污染可能性	污染强度		
	低	中	高
低(<30%)	低	低	低
中(30%~70%)	低	中	中
高(>70%)	低	中	高

(2)水源地应急能力评价

城市饮用水应急能力主要体现在应急备用水源及应急供水能力、应急监测及管理能力、应急预案及实施保障能力等方面。应急能力评价主要针对城市，可采用专家定性判断法,分低、中、高 3 个等级进行评价。应急能力评价等级及标准见表 5-4。

表 5-4 应急能力评价等级及标准

目标	评价等级	评价标准		
		应急备用水源及应急供水能力	应急监测及管理能力	应急预案及其实施保障能力
应急能力评价	高	有备用及应急水源,应急工程完好	具备应急监测及预警能力,水源地管理及应急决策机制完善	具备应急预案,可有效实施
	中	有备用及应急水源,工程供水能力较差	基本具备应急监测能力,初步建立水源地管理和应急决策机制	基本具备应急预案,实施效率较低
	低	无备用及应急水源	不具备应急监测及管理能力	无应急预案

三、饮用水水源地安全保障达标建设

水利部组织编制了《全国城市饮用水水源地安全保障规划(2008—2020 年)》,先后核准公布了三批《全国重要饮用水水源地名录》,并组织开展全国重要饮用水水源地安全保障达标建设工作。全国重要饮用水水源地安全保障达标建设的总体目标是:水量保证,水质合格,监控完备,制度健全。具体目标见《全国重要饮用水水源地安全保障达标建设目标要求》相关内容。

(一)重要饮用水水源地达标建设情况

以长江流域(片)为例,56 个重要饮用水水源地达标建设情况如下:

1. 水量保障情况

56 个国家重要饮用水水源地供水保证率均在 95%以上, 已建成应急备用水源的有 34 个水源地,占 60.7%。

2. 水质达标情况

51 个地表水水源地水质监测结果显示,水质达标率为 100%的水源地 34 个,水质达标率为 80%~100%的水源地 8 个,水质达标率为 75%以下的水源地共 7 个。主要超标项目为高锰酸盐指数、溶解氧、总氮、总磷、铁、氟化物和石油类等。

3. 监控设施建设情况

在 56 个水源地中,有 20%的水源地没有建立水质自动在线监控设施,有 30%的水源地没有建立自动视频监控系统;有 34%的水源地还不具备水源地水量、水质、水位、流速等水文水资源监测信息采集、传输和分析处理能力;有近 80%的水源地没有建立水质水量安全管理信息系统,水源地的管理信息系统建设亟待加强。

4. 管理制度建设情况

在 56 个重要饮用水水源地中,有 48 个水源地已完成了饮用水水源地边界、保护区边界警示标志的设置工作,占总数的 85.7%;有 47 个水源地建立了水源地安全保障部门联动机制,实行资源共享和重要事项会商制度,占总数的 83.9%;有 50 个水源地制定了饮用水水源地保护的相关法规、规章或办法,并经当地人民政府颁布实施,占总数的 89.3%;有 52 个水源地制定了应对突发水污染事件、洪水和干旱等特殊条件供水安全保障的应急预案,占总数的 92.9%;有 43 个水源地配备了重要饮用水水源地的管理和保护的专职管理人员,并落实工作经费,占总数的 76.8%;有 41 个水源地已建立了较为健全有效的预警机制,实行定期演练制度,占总数的 73.2%;有 36 个水源地初步建立了饮用水水源地保护的资金投入机制，占总数的 64.3%；有 20 个水源地缺乏稳定的资金投入机制，占总数的 35.7%。

(二)饮用水水源地安全保障存在的问题

通过调查评估,发现在达标建设过程中主要存在管理机制、投入机制和能力建设等方面的问题,具体包括:①饮用水水源保护区由各级地方政府划定,水利、环保、城乡等相关职能部门根据各自法规授权进行管理,一定程度上存在多头管理;②达标建设工作缺少具体实施方案,无法落实责任主体、项目和资金渠道;③资金投入机制不健全,亟须实施的各项保护措施不能如期开展,尚未建立完善有效的生态补偿机制,不利于提高水源地群众保护的积极性;④监测体系和信息化水平难以支撑水源地监督管理;⑤事故隐患威胁饮水安全,应急供水后备水源建设滞后。

全面推行河长制,坚持党政领导、部门联动,落实“党政同责”“一岗双责”,能够有效解决饮用水水源保护区多头管理的问题,有效落实责任主体、项目和资金渠道,是解决饮用水水源地安全保障问题的根本之策。

四、饮用水水源保护区

1989 年环境保护部发布的《饮用水水源保护区污染防治管理规定》,对饮用水水源保护区划分、防护、污染治理、监督管理等方面做出规定;《中华人民共和国水法》第三十三条明确指出国家建立饮用水水源保护区制度。省(自治区、直辖市)人民政府应当划定饮用水水源保护区,并采取措施,防止水源枯竭和水体污染,保证城乡居民饮用水安全;《中华人民共和国水污染防治法》也提出国家建立饮用水水源保护区制度,并对保护区划定、批准以及保护区内禁止从事活动提出明确要求。2007 年环境保护部制定颁布了《饮用水水源保护区划分技术规范》(HJ/T 338—2007)，这一标准规定了地表水饮用水水源保护区、地下水饮用水水源保护区划分的基本方法和饮用水水源保护区划分技术文件的编制要求。

(一)饮用水水源保护区划分

饮用水水源保护区应根据水源所处的地理位置、地形地貌、水文地质条件、供水量、开采方式和污染源分布,结合当地标志性或永久性建筑,按照《饮用水水源保护区划分技术规范》(HJ/T 338—2007)或地方条例、标准规定进行划定。集中式饮用水水源保护区应划分一级保护区和二级保护区,必要时划分准保护区。

1. 划分原则

饮用水水源保护区划分技术指标应考虑以下因素:当地的地理位置、水文、气象、地质条件、水动力特征,水域污染类型、污染特性、污染物特性、污染源分布、排水区分布,水源规模、水量需求。地表水型饮用水水源保护区范围应按照不同水域特点进行水环境质量预测并考虑当地具体条件加以确定,保证在规划设计的水文条件和污染负荷下,供应规划水量时,保护区的水质能满足相应标准。地下水型饮用水水源保护区应根据水源所处的地理位置、水文地质条件、供水量、开采方式和污染源分布划定。各级地下水水源保护区的范围应根据当地的水文地质条件、供水发展规划、污染源分布特点综合确定,并保证开采规划水量时能够达到设计要求的水质标准。划定的饮用水水源保护区范围内应防止附近人类活动对水源的直接污染;应足以使选定的主要污染物浓度在向取水点(或开采井、井群)输移(或运移)过程中,衰减到所期望的水平;在正常情况下保证取水水质达到规定要求;一旦出现污染水源的突发事件,有采取紧急补救措施的时间和缓冲地带。

2. 水质要求

(1)地表水型

地表水型饮用水水源应保证一级保护区水质基本项目不劣于《地表水环境质量标准》(GB 3838—2002)Ⅱ类标准,且补充项目和特定项目应满足该标准规定的限值要求;二级保护区水质基本项目不劣于Ⅲ类标准,并保证流入一级保护区的水质满足一级保护区水质标准要求;准保护区的水质标准应保证流入二级保护区的水质满足二级保护区水质标准要求。

(2)地下水型

地下水型饮用水水源保护区(包括一级保护区、二级保护区、准保护区)水质各项指标不劣于《地下水质量标准》(GB/T 14848—1993)Ⅲ类标准。

3. 划分方法

根据国内外研究成果分析,目前,水源保护区划分方法主要有两种:直接给出保护区范围值(经验值法)和利用模型计算划定范围(数学模拟法)。一般采用经验值法划分饮用水水源保护区,对于复杂大型水体,如丹江口水库采用数学模拟法。本书仅介绍经验值法。

(1)河流型水源地保护区划分方法

以取水口为界,向河流上下游分别延伸一定距离的水域及其两侧河岸外延一定距离的陆域,作为一级保护区或保护区;在一级保护区水域边界再延伸一定距离作为二级保护区水域或准保护区水域,其两侧河岸外延一定距离的陆域,作为二级保护区陆域或准保护区陆域,按同样的外延方法,有些水源地还划了三级保护区。

(2)水库型水源地保护区划分方法

1)一级保护区主要有5种划分方法。

①以取水口为基点,取水口周围一定距离的水域和陆域。这种方法主要适合大型水库或山区水库。

②以水库某个设计水位线(或等高线)为基线,其附近一定距离的水域和陆域,国内多用正常水位、校核洪水位等作为基线。

③以水库库区作为整体划分保护区。这种方法主要应用于小型水库或者水功能单一的水库。

2)二级保护区划分方法。

①水域范围:以取水口为基点,距基点一定距离内(一级保护区以外)的水域。

②陆域范围有3种划分方法:a.以取水口为基点,距基点一定距离内(保护区以外)的区域。b.以水库设计水位线为基线,周围一定距离内(保护区以外)的区域。水库设计水位线多以正常水位、校核洪水位为基线,延伸距离在200~5000m。c.水库集雨区或分水岭脊线以下(保护区以外)的区域作为二级保护区,如密云水库水源保护区。

3)准保护区划分方法。

①水域范围:以取水口为基点,距基点一定距离内(二级保护区以外)的区域。

②陆域范围有两种划分方法:a.整个水库集雨区域(二级保护区以外);b.沿二级保护区边界外延一定距离的区域。

湖泊型水源地保护区划分方法与水库型水源地保护区划分方法类似。

(3)地下水水源地保护区划分方法

一级保护区为取水口周围一定距离内的区域,范围为10~300m,也有以工程区域为一级保护区的;二级保护区范围多为一级保护区外围到其2倍距离的环形范围内,也有为一级保护区外明显降落漏斗区的范围内的;准保护区多为指定边界或二级保护区以外的主要补给区。傍河型一般一级保护区只有陆域,二级保护区或准保护区有陆域和水域,陆域为一级保护区外围到其2倍距离的环形范围内,水域一般是上游1000~2000m的范围、下游100~300m的范围。

4. 保护区范围界定

依据保护区划分的分析、计算结果,并结合水源保护区的周边地形、地标、地物等特点,为了便于开展日常环境管理工作,明确各级保护区的界线,应充分利用具有永久性、固定性的明显标志如水分线、行政区界线、公路、铁路、桥梁、大型建筑物、水库大坝、水工建筑物、河流岔口、输电线、通信线等标示保护区界线,最终确定的各级保护区界线坐标图、表,作为政府部门审批的依据,也作为规划、国土、环保部门土地开发审批的依据。

5. 划定方案报批程序

按照《中华人民共和国水污染防治法》要求，饮用水水源保护区的划定，由有关市、县人民政府提出划定方案及相关图件，逐级按程序报省(自治区、直辖市)人民政府批准。跨省(自治区、直辖市)的饮用水水源保护区，由有关省(自治区、直辖市)人民政府商有关流域管理机构划定；协商不成的，由国务院环境保护主管部门会同同级水行政、国土资源、卫生、建设等部门提出划定方案，征求国务院有关部门的意见后，报国务院批准。国务院和省(自治区、直辖市)人民政府可以根据保护饮用水水源的实际需要，调整饮用水水源保护区的范围，确保饮用水安全。

6. 标志设置

地方各级人民政府应当在饮用水水源保护区的边界设立明确的地理界标和明显的警示标志。饮用水水源保护标志应参照《饮用水水源保护区标志技术要求》(HJ/T 433—2008)的规定执行，标志应明显可见。

(1)界标设置

应根据最终确定的各级保护区界限，充分考虑地形、地标、地物等特点，将界标设立于陆域界限的顶点处，在划定的陆域范围内，应根据环境管理需要，在人群活动及易见处(如交叉路口、绿地休闲区等)设立界标。

(2)警示牌设置

警示牌设在保护区的道路或航道的进入点及驶出点，在保护区范围内的主干道、高速公路等道路旁应每隔一定距离设置明显标志，穿越保护区及其附近的公路、桥梁等特殊路段加密设置警示牌。警示牌位置及内容应符合《道路交通标志和标线》(GB 5768—1999)和《内河助航标志》(GB 5863—1993)的相关规定。

(3)宣传牌设置

应根据实际情况，在适当的位置设立宣传牌，宣传牌的设置应符合《公共信息导向系统设置原则与要求》(GB/T 155661—2007)和《道路交通标志和标线》(GB 5768—1999)的相关规定。

(二)饮用水水源保护区规范化建设

《关于全面推行河长制的意见》主要任务中明确提出：切实保障饮用水水源安全，开展饮用水水源规范化建设，依法清理饮用水水源保护区内违法建筑和排污口。2012 年和 2015 年，环境保护部分别组织编制了《集中式饮用水水源环境保护指南(试行)》《集中式饮用水水源地规范化建设环境保护技术要求》和《集中式饮用水水源地环境保护状况评估技术规范》，以上文件主要对饮用水水源保护区整治提出了规范化要求。

1. 一级保护区整治

1)保护区内不存在与供水设施和保护水源无关的建设项目，保护区划定前已有的建设项目拆除或关闭,并视情况进行生态修复。

2)保护区内无工业、生活排污口。保护区划定前已有的工业排污口拆除或关闭,生活排污口关闭或迁出。

3)保护区内无畜禽养殖、网箱养殖、旅游、游泳、垂钓或者其他可能污染水源的活动。保护区划定前已有的畜禽养殖、网箱养殖和旅游设施拆除或关闭。

4)保护区内无新增农业种植和经济林。保护区划定前已有的农业种植和经济林,严格控制化肥、农药等非点源污染,并逐步退出。

2. 二级保护区整治

(1)点源整治

1)保护区内无新建、改建、扩建排放污染物的建设项目。保护区划定前已建排放污染物的建设项目拆除或关闭,并视情况进行生态修复。

2)保护区内无工业和生活排污口。保护区内城镇生活污水经收集后引到保护区外处理排放,或全部收集到污水处理厂(设施),处理后引到保护区下游排放。

3)保护区内城镇生活垃圾全部集中收集并在保护区外进行无害化处置。

4)保护区内无易溶性、有毒有害废弃物暂存或转运站;无化工原料、危险化学品、矿物油类及有毒有害矿产品的堆放场所;生活垃圾转运站采取防渗漏措施。

5)保护区内无规模化畜禽养殖场(小区),保护区划定前已有的规模化畜禽养殖场(小区)全部关闭。

(2)非点源控制

1)保护区内实行科学种植和非点源污染防治。

2)保护区内分散式畜禽养殖废物全部资源化利用。

3)保护区水域实施生态养殖,逐步减少网箱养殖总量。

4)农村生活垃圾全部集中收集并进行无害化处置。

5)居住人口大于或等于1000的区域,农村生活污水实行管网统一收集、集中处理;居住人口不足1000的,采用因地制宜的技术和工艺处理处置。

(3)流动源管理

1)保护区内无从事危险化学品或煤炭、矿砂、水泥等装卸作业的货运码头,无水上加油站。

2)保护区内危险化学品运输管理制度健全。

3)保护区内有道路、桥梁穿越的,危险化学品运输采取限制运载重量和物资种类、限定行驶线路等管理措施,并完善应急处置设施。

4)保护区内运输危险化学品车辆及其他穿越保护区的流动源,利用全球定位系统等设备实时监控。

3. 准保护区整治

1)准保护区内无新建、扩建制药、化工、造纸、制革、印染、染料、炼焦、炼硫、炼砷、炼油、电镀、农药等对水体污染严重的建设项目;保护区划定前已有的上述建设项目不得增加排污量并逐步搬出。

2)准保护区内无易溶性、有毒有害废弃物暂存和转运站,并严格控制采矿、采砂等活动。

3)准保护区内工业园区企业的第一类水污染物达到车间排放要求、常规污染物达到间接排放标准后,进入园区污水处理厂集中处理。

4)不能满足水质要求的地表水饮用水水源,准保护区或汇水区域采取水污染物容量总量控制措施,限期达标。

5) 准保护区无毁林开荒行为, 水源涵养林建设满足《水源涵养林建设规范》(GB/T 26903—2011)要求。

第三节 城市河湖水环境整治

一、城市河湖水环境现状

2016 年,全国 23.5 万 km 的河流水质状况评价结果表明, Ⅰ~Ⅲ类水河长占 76.9%,劣Ⅴ类水河长占 9.8%,主要污染项目是氨氮、总磷、化学需氧量。与 2015 年相比, Ⅰ~Ⅲ类水河长比例上升 3.5 个百分点,劣Ⅴ类水河长比例下降 1.7 个百分点。从水资源分区看,西南诸河区、西北诸河区水质为优,珠江区、长江区、东南诸河区水质为良,松花江区、黄河区、辽河区、淮河区水质为中,海河区水质为劣。从行政分区看(不含长江干流、黄河干流),西部地区的水质好于中部地区,中部地区的水质好于东部地区,东部地区水质相对较差。

2016 年,对 118 个湖泊共 3.1 万 km^2 水面的水质评价结果表明,全年总体水质为Ⅰ~Ⅲ类的湖泊有 28 个,占评价湖泊总数的 23.7%;Ⅳ~Ⅴ类的湖泊有 69 个,占评价湖泊总数的 58.5%;劣Ⅴ类的湖泊有 21 个,占评价湖泊总数的 17.8%。主要污染项目是总磷、化学需氧量和氨氮。湖泊营养状况评价结果显示, 营养化湖泊占 21.4%, 富营养化湖泊占 78.6%。在富营养化湖泊中,轻度富营养湖泊占 62.0%,中度富营养湖泊占 38.0%。与 2015 年相比, Ⅰ~Ⅲ类水湖泊比例下降 0.9 个百分点,富营养湖泊比例持平。

2016 年,在评价的 6270 个水功能区中,满足水域功能目标的 3682 个,占评价水功能区总数的 58.7%。其中, 满足水域功能目标的一级水功能区 (不包括开发利用区)占

64.8%,二级水功能区占 54.5%。在评价的 4028 个全国重要江河湖泊水功能区中,达标率为 73.4%。其中,一级水功能区(不包括开发利用区)达标率为 76.9%,二级水功能区达标率为 70.5%。

2016 年,全国 544 个重要省界断面的监测评价结果表明,Ⅰ~Ⅲ类、Ⅳ~Ⅴ类、劣Ⅴ类水质断面比例分别为 67.1%、15.8%和 17.1%。主要污染项目是化学需氧量、氨氮、总磷。与 2015 年相比,Ⅰ~Ⅲ类断面比例上升 2.3 个百分点,劣Ⅴ类断面比例下降 0.8 个百分点。

二、城市河湖水环境问题分析

近 20 年来,国家高度重视水生态保护,并在水环境治理和水生态修复领域投入了大量人力、物力及财力,用水结构不断优化,用水效率不断提高,水质状况不断好转。2016 年,在 1940 个地表水国家考核评价断面中,水质为Ⅰ~Ⅲ类的断面比例为 67.8%,比 2015 年增加了 1.8 个百分点;劣Ⅴ类的断面比例同比减少了 1.1 个百分点,全国重要河湖水功能区水质达标提高到 70%以上,重点河湖水生态环境状况逐步得到改善,地表水环境质量稳中趋好。

全国水环境质量总体上不断改善,但和人民群众不断增长的环境需求相比,仍然存在不小的差距。由于自然因素影响和人类活动的干扰,城市河湖存在面源污染未得到有效遏制,部分支流污染严重,部分湖泊富营养化问题突出,流经城镇的河流、沟渠(即城市水体)普遍污染较重,“黑臭”问题突出,水环境承载能力已达到或者接近上限,生态破坏现象普遍,持久性有机物等新型污染物逐渐呈现等诸多环境问题,水污染防治形势依然严峻。

(一)水体污染和富营养化

2005—2014 年,全国城市污水处理率由 52%提高至 90.2%。通过“十二五”期间的努力,化学需氧量、氨氮排放总量累计下降了 12.9%和 13%,但经济发展方式仍相对粗放,产业技术水平有待提高,工业、城镇生活污染物产生量和排放量仍然过大。雨水、污水混合排放,工业废水、生活污水不经处理直接排入河道,导致河道污染严重和城市河湖水体污染、水质恶化等。

从各流域水质来看,黄河、淮河、辽河、松花江流域为轻度污染,海河流域水质污染较重。其中,华北及东北地表水质污染最为严重,这与上述区域高度发达的工业化和城市化水平、高国内生产总值及高人口密度相对应。从干支流情况来看,干流水质较好,支流水质相对较差。湖泊总磷污染问题突出,开展监测的 112 个重要湖库中,总磷是首要污染物,其中太湖、巢湖为轻度污染,滇池为中度污染。

(二)“黑臭”问题突出

水体黑臭是水环境治理最为突出的问题。据住房和城乡建设部 2016 年 2 月 18 日的黑臭水体通报清单,全国 295 个地级及以上城市中,逾 7 成存在黑臭水体,共排查出黑臭水体1861个。从地域分布来看，总体呈南多北少的趋势；从省份来看，60%的黑臭水体分布在东南沿海、经济相对发达地区。

（三）河湖萎缩、功能退化或丧失

部分河流水资源过度开发，像黄河流域开发利用程度已经达到76%，淮河流域也达到了53%，海河流域更是超过了100%，已经超过承载能力，引发江河断流及平原地区河流干涸等一系列生态环境问题，造成河湖萎缩、滩地和植被覆盖率减少、动植物种群数量减小、功能退化或丧失等生态破坏。

（四）持久性有机污染物不断呈现

持久性有机污染物，又称难降解化学污染物，是一类具有高毒性、持久性，易于在生物体类聚集和长距离迁移与沉积，对环境和人体有着严重危害的有机化学污染物质。近年来，我国主要的江河湖泊均不同程度受到持久性有机物的污染，有机污染物的种类以烷烃类、取代苯类、多环芳烃类和邻苯二甲酸酯类为主，其中松花江、长江流域和珠江流域较为严重。

三、城市河湖水环境治理模式与关键技术

（一）城市河湖水环境治理模式

城市水环境是城市生态系统的重要组成要素，其治理对改善城市景观、提高城市品位和竞争力、维护公众的健康等具有特别重要的意义。

1. 注重系统治理

要运用系统治理的思维方法，强化山水林田湖整体保护、系统修复、综合治理，统筹协调解决水资源、水生态、水环境等问题。要尊重水的自然规律，从降雨、径流、蒸发以及下垫面变化各循环过程，以及供、用、耗、排各取用水环节全过程统筹考虑，综合施策。

2. 以水污染防治为重点，持续加强水环境治理

要统筹治理水环境污染，尽快实现“河面无大面积漂浮物，河岸无垃圾，无违法排污口”，早日完成黑臭水体整治任务目标。

1）整体规划，区域治理。根据区域水环境特点和总体治理目标要求进行统筹规划，采用区域水环境治理理念，充分考虑水生态系统结构和功能的系统性、层次性、尺度性。

2）恢复水体自净能力，发挥净化功能。城市水环境整治是一项系统工程，应根据水体自身特点尽可能构建水体生态系统结构，使其恢复自净能力。

3）管养科学化，生态资源化。从生态系统综合调控的角度出发，发挥水体正常的净化、行洪、供水、灌溉等功能，采用科学的监测与评估方法，对生态系统的长效运行进行综合调控。

4）扎实推进雨污混流专项整治行动。

5)依法加强水污染防治的监督管理,建立水功能区水质达标评价体系,进一步完善水质监测和控制网络体系。

6)加快完善饮用水水源地核准和安全评估制度,深入开展重要饮用水水源地安全保障达标建设。

7)加强入河排污口达标排放监控管理,严格实施排污口审批和监督制度,严禁水污染物超标排放。

8)要多渠道筹措资金,加快城市污水处理厂配套管网及回用设施建设,提高水循环利用效率。

9)要完善水源地污染突发事件应急预案,严格水污染事件报告制度,提高应对各种突发水污染事件的能力。

3. 以推进水系连通为重点,持续加强生态治理保护和修复

要综合采取调水引流、清淤疏浚、生态修复等措施,科学合理建设河湖水系连通工程。同时,要加强水功能区和入河湖排污口的监督管理,建立水功能区水质达标评价体系,实施入河湖排污总量的动态监控,建立取水许可和排污口设置管理联动机制,进一步强化水质管理。加快完善饮用水水源地核准和安全评估制度,深入开展重要饮用水水源地安全保障达标建设,强化饮用水水源地应急管理。加强重要生态保护区、水源涵养区、江河源头区和湿地的保护,推进生态脆弱河流和地区水生态修复,开展水生态保护示范区建设,定期组织开展全国重要河湖健康评估。

4. 积极开展水体污染控制与治理科技重大专项研究

要充分依托水体污染控制与治理科技重大专项等有关国家科技计划，从关键问题出发,加快节水、治污、修复等重点技术研发,加大国际科研合作,加强技术成果共享与转化,为解决目前突出的水环境安全问题、促进环保产业跨越式发展提供技术动力。

(二)城市河湖水环境治理关键技术

生物修复技术是20世纪90年代迅速发展的一项污染治理工程技术。随着社会经济的发展,河湖富营养化和河道黑臭问题普遍存在,城市水污染已成为我国面临的严重环境问题。利用生物修复技术原理,通过底泥生物氧化、水生植被恢复、水生生态恢复等技术,可对城市水环境进行有效治理,但必须根据城市水环境的实际情况,选择合适的生物修复组合技术。

生物修复是利用天然存在的或特别培养的微生物以及其他生物，在可控环境条件下将有毒、有害的污染物转化为无毒物质的处理技术。生物修复是一种人为控制的过程,处理对象可以为水环境,利用生物种类可分为微生物、植物、动物等。

1. 氧化塘、人工湿地等水污染预处理技术

生物氧化塘是一种利用生物天然净化能力净化污水的处理系统,可辅以人工曝气、投

加污染物和底泥高效降解菌剂、放养适生水生生物等强化措施。人工湿地具有独特而复杂的净化机理，利用基质—微生物—水生植物—动物复合生态系统的物理、化学和生物的协同作用，通过过滤、吸附、沉淀、离子交换、吸收、动物消费和微生物分解来实现对污水的高效净化。

2. 底泥生物氧化技术

底泥生物氧化是通过本土微生物定向扩增，就地大量繁殖本土微生物，利用本土微生物、各种电子受体、共同代谢底物等生物氧化组成生产出药物，通过靶向技术直接到药物注射到河道底泥表面，对河道黑臭底泥进行生物氧化，降低底泥有机物含量和耗氧速率，提高底泥对上覆水体的生物降解能力，促进底泥微量营养释放和藻类生长。

3. 水生植被恢复技术

水生植被恢复是利用植物根系或茎叶吸收、富集、降解或固定受污染水体中重金属离子或其他污染物，以削减污染源，达到修复水体环境的目的，主要分为富营养化水体的植被修复和重金属污染水体的植被修复。

富营养化水体的植被修复是利用具有发达根系和较大叶面积的水生高等植物，大量吸收底泥和水体中的营养盐，从而有效遏制底泥氮、磷等营养盐向水体释放，抑制浮游藻类生长。

重金属污染水体的植被修复是选择重金属的耐受性植被，大量吸收环境中的重金属元素并蓄积在植物体内，降低水体的重金属含量，以恢复水体环境。

4. 水生生态恢复技术

通过水生生物修复，使黑臭或富营养化水体由厌氧不完全分解、有机物沉积底泥的污染积累型向好氧生态系统转化，提高城市水环境自净能力。

5. 原位生态修复技术

河湖原位生态修复技术能够修复营造良好河湖生态环境，将人工湿地、截污治污、生物浮岛及生态护岸、河道清淤的生态修复技术与超磁透析技术组合起来，从根本上再造水体清澈、灵动的水环境。

第四节 农村水环境综合整治

一、农村水环境现状

农村水环境是指分布在广大农村的河流、湖沼、沟渠、池塘、水库等地表水体、土壤水和地下水体的总称，是农村大地的脉管系统，对旱、涝、降雨及生态环境起调节作用，也是农村生产生活不可缺少的基础条件。

近10年来，我国新农村建设取得了显著成效，但随着农业产业化、城乡一体化进程加快，资源消耗、环境恶化已成为农村经济发展和生态文明建设的重要瓶颈，农村水环境污染问题表现得十分突出。据水利部称，我国还有1.1亿农村居民和1535万农村学校师生饮用水存在安全问题，还有一些地区的饮用水水源遭受致畸、致癌、致突变等污染，在饮用水安全方面面临着严重的威胁。例如，江西省乐安河沿岸、沙颍河畔的河南省沈丘县周营乡黄孟营村、陕西省华县龙岭村、天津市西堤头镇西堤头村和刘快庄村等地，癌症的死亡率长年较高；广东省15个市的部分农村居民，由于饮用水问题患上了结石、牙斑病、皮肤病和甲状腺等疾病；近几年在长江流域的湖南、湖北、江西、安徽、江苏、四川、云南等省的110个县(市、区)又开始流行血吸虫病。这些都是农村水环境受到污染的严重后果。江苏省海门市的水环境状况和山西省农村饮用水安全状况污染都比较严重（海门市因水环境污染严重不能进行水产养殖的水域面积达7150hm^2，占当地水域总面积的55%；山西省农村饮用水不安全人口1200万，占该省农业人口的50%)，这都说明无论是北方还是南方，农村水环境都受到了比较严重的污染。

(一)农村水环境污染源

整体而言，农村水环境污染问题一般分为点源污染和面源污染两类。农村面源污染一般是指农村生活和农业生产活动中，溶解的或者固体的污染物，是造成农村水环境污染的主要因素。而具体来看，造成农村水环境污染的来源主要有以下几个方面。

1. 农村工业污染

农村工业污染主要包括乡镇工业的污染和城市污染向农村蔓延两种。20世纪70年代以来，乡镇企业的发展尤为迅速，不仅为农民增加了就业机会，提高了农民的生活水平，也促进了农村经济的快速发展。但与此同时，由于乡镇数量较多，设备简陋，布局混乱，工艺陈旧，技术落后，对资源和能源的消耗过高，大部分乡镇企业缺乏防污治污设施，使污染危害在农村地区变得尤为突出，不仅污染了农村地区的空气质量，也对农村居民的健康构成极大的威胁。而在城市工业污染向农村蔓延方面，由于全国环保工作的扎实推进，许多在城市无法生存的污染企业借着农村招商引资的东风，纷纷向农村地区转移。很多县、乡政府急于发展当地的经济，大秀政绩工程，忽视了对当地环境带来的污染。同时，由于当地的环保政策、环保人员、环保机构和环保基础设施建设等不到位，这些外来的企业虽然成为当地的纳税大户，但也成为当地的污染大户。

2. 畜牧养殖业污染

随着城市化的发展，农村城镇化也在迅速发展，畜禽养殖业也发展起来。由以前的分散养殖逐渐向集约型发展，与此伴随的是产生了大量的畜禽粪便废弃物。由于大部分养殖场都没有对畜禽粪便进行有效的处理和利用，由此所造成的污染也逐渐地凸显出来。因此，畜禽养殖产生的污染也已经成为我国农村地区的主要污染源。在农村畜禽集约化过程中产生的畜禽粪便废弃物、食物残渣及养殖和清洁废水，直接侵蚀地表径流水，在水的循环中就形成了污染源。

3. 生活污水、垃圾污染

农村生活垃圾已经逐渐成为污染农村水环境的主要因素，对农民的生活和生产以及农民的身体健康都造成了严重影响。据相关报告指出，农民最关注的环保问题是农村生活垃圾的处理问题。与城市的生活垃圾相比，农村的生活垃圾相对来说组成比较简单，主要以厨余垃圾和无机垃圾为主。然而由于长期对农村的忽视，农村生活垃圾没有引起大家的重视，因而农村并未建立起像城市那样齐全的生活垃圾收集和处理系统，甚至连生活垃圾的处理设施都没有。据不完全统计，每年大约有 1.2 亿 t 的农村生活垃圾露天堆放。垃圾被直接排入水体，直接造成农村水环境的污染。另外一些固体生活垃圾，经过雨水的冲刷，所含有的有害物质也随着雨水进入水体，对水体造成间接的破坏。

此外，由于生活用水所造成的污染更加严重。在我国农村地区，由于长时间的忽视，污水处理设施比较缺乏，因此生活污水基本上不经过处理而直接排入水体。环境保护部在《国家农村小康环境保护行动计划》中指出："全国农村每年产生生活污水约为 80 亿 t，如果按照人均生活排污量为 35kg 计算，2013 年中国农村居民总数为 74544 万，中国农村居民生活排污量约为 2609.04 万 t。"该数据表明了农村生活排污对农村水环境的污染程度。农村生活污水中越来越多地包含一些化学成分，这些化学成分都会导致水质恶化。

4. 现代农业污染

(1)化肥污染

从 20 世纪中叶开始，我国为了促进农业的发展，日益重视化肥的使用。目前，我国对土地资源的开发已经接近瓶颈，靠土地自身的调节功能来增加粮食的产量已经不现实，只有通过外界的因素，特别是通过化肥来提高土地产出水平。由于对化肥的利用率比较低、化肥流失量较大，不仅导致了对农田土壤的污染，还造成了水体富营养化问题，甚至对地下水源以及空气质量都造成了严重污染。

(2)农药污染

由于农作物害虫抗药性的增强，为了提高农作物的产量，农药的使用量也随之上升。但农药的利用率偏低，大部分农药实际上流入周围自然环境中，造成农村水环境的污染。

(3)农用塑料薄膜的污染

随着农业生产技术的进一步推广，农用塑料薄膜在农业生产方面的应用也越来越广泛。由于多数地膜由聚乙烯成分组成，易破碎，难回收，在自然环境中，其光解和生物分解性都比较差，有的甚至在土壤中残留数十年。这些未能及时清理的薄膜流入水体，将对农村水环境造成破坏。

(4)灌溉污染

近年来,灌溉面积大幅度增加,水中污染物浓度也逐渐上升,有毒有害成分也随之增加。大量未经处理的工业污水直接用于农田灌溉,污水中虽然含有农作物生长所需的有机物,但是也含有大量有毒物质,不仅会导致农作物的品质和质量下降,同时也会造成严重的水循环污染。虽然我国节水灌溉技术不断推广,但配套设施不够完善,很多农民仍然沿用传统的漫灌方式,造成跑、漏、渗现象严重,不仅浪费了宝贵的水资源,也造成了土地板结以及土地盐碱化等问题,严重影响了土地的酸碱平衡。

(二)农村水环境污染危害

由农村水环境污染所带来的危害主要包括以下几个方面。

1. 农村水环境污染破坏农业生产的基础条件,危及农产品安全

土壤和水这两个要素是紧密联系的,因此,水环境污染产生的直接影响就是对耕地的破坏。据统计,目前全国已经有超过 1.5 亿亩的耕地受到污染,几乎占我国耕地总面积的 1/10,在这些被污染的耕地中,有很大一部分是由农村水环境污染造成的。我国农村每年因污染而减少的粮食超过了 100 亿 kg,其中因为农村水体污染和破坏而引起的占到大约 1/2。另外,由于一些地区用污水灌溉农田,过量施用化肥、农药,导致农产品质量下降、减产甚至绝收。

2. 农村水环境污染严重威胁农民的生命安全和身体健康

我国农村至今仍有 1 亿人饮用水不安全, 其中超过 6 成是由于非自然因素特别是环境污染导致的饮用水水源水质不达标。我国农村人口中恶性肿瘤的死亡率逐步上升,这与当地环境受到污染密切相关,一些沿江沿河的农村地区,由于受大量工业污水和生活污水的污染,出现了“癌症高发村”,饮用水不安全还导致一些农村地区疾病流行。特别是相继发生的千名儿童血铅中毒事件,极大地损害了这些地区儿童的身体健康,造成了极其恶劣的影响。儿童中毒的原因简单而一致,均为当地冶金企业向农村地区大规模排污所致。

3. 农村水环境污染加剧了农村地区的社会矛盾

全国每年发生农村水环境污染事故近万起, 许多农村地区因为水环境污染问题引起的信访量不断增加,由水环境污染引发的群体性事件也呈上升趋势。近些年不断发生因为农村水环境污染而引发的恶性群体性事件, 影响比较大的是浙江东阳事件和陕西凤翔等多个地区的儿童血铅中毒事件。这些群体性事件,涉及范围非常广泛,严重影响了农村社会的稳定。

现行的《中华人民共和国水环境污染防治法》施行至今,在我国治理农村水环境污染和保障农村居民饮用水安全方面起到了一定的帮助,但其侧重于对城市、工业点源污染的管控,而对在农村水环境污染问题中占有重要比重的农业面源污染的规定过于笼统,没有

明确定量的指标，亦无相应的惩罚机制，难以应对当前农村水环境污染的新局面。2015年后国家先后出台了《水环境污染防治行动计划》《中共中央国务院关于加快推进生态文明建设的意见》以及《中华人民共和国国民经济和社会发展第十三个五年规划纲要》等，均将农村水环境污染防治相关内容纳入其中，表明了国家对以农业面源污染为主因的农村水环境污染问题的高度重视和坚决治污的决心，并立足最新形势对农村水环境污染防治工作提出了新的要求。

二、农村水环境问题分析

（一）农村水环境污染特点分析

我国农村水环境污染与城市水环境污染相比，农村水环境污染是由分散的污染源造成的。由于污染物涉及的范围、面积较为广泛，而且监测农村水环境污染难度很大等因素，共同导致农村水环境污染治理的难度加大。概括我国农村水环境污染的特点，主要有以下几点。

1. 农村水环境污染来源的复合性

我国农村水环境污染的污染物既有来自城市污染物的转移，也有农村自身的农业面源污染、乡镇企业污染、畜禽养殖污染和农村生活产生的水环境污染，所以农村承担着中国绝大多数的污染物。

2. 农村水环境污染具有分散性和隐蔽性

农村水环境污染与城市水环境污染的相对集中性相比，其所具有的显著特征就在于分散性。城市水环境污染基本上都是点源污染，便于监测与治理，但对于农村水环境污染来说，污染源头的多样性以及村落居住的分散性致使农村水环境污染呈现分散性的特点，同时由于农村地貌、水文特征、气候、风俗习惯及土地利用状况等不同，再加上我国对农村水环境监管投入的不足，造成农村水环境污染具有隐蔽性，如果不用专业设备和技术进行监测、评估，仅凭人的肉眼是很难发现的。

3. 农村水环境污染影响的重大性

在全国大气污染防治取得显著成效时，我国的水环境污染却呈现日益恶化的趋势，最主要的是我国农村水环境污染的日益恶化。农村水环境污染不仅影响农村居民的生产生活，还会对我国国民的生命健康产生威胁。

4. 农村水环境污染的广泛性与难以监测性

广泛性主要表现在农村水环境污染涉及多个分散的污染源与污染主体，同时这些污染源因为种种自然因素或人为因素还会交叉混合，发生迁移，扩大污染范围。就我国目前对农村环境保护的投入来看，环保部门对于农村水环境污染信息的稀缺和不对称，导致的结果就是农村水环境污染的难以监测性。

5. 农村水环境污染的滞后性与风险性

我们知道,环境污染物质对环境的影响是一个循序渐进、缓慢的量的积累过程,同时农村水环境污染本身所具有的分散性、隐蔽性与难以监测性的特征,共同导致了所造成的危害具有滞后性。而这种滞后性产生的结果则是农村水环境污染得不到及时有效的治理而使农产品质量下降、农民生命健康受到威胁,农民将会有失去生存环境的潜在风险。

(二)农村水环境问题原因分析

目前,我国所面临的农村水环境问题尚未能得到有效治理,其原因主要包括以下几个方面。

1. 社会原因

二元经济结构在我国一直存在,所谓的二元经济结构,指的是传统的农业部门和现代化的工业部门,这两种经济体差别显著。城乡二元经济结构的存在是造成我国农村水环境污染的根本原因。我国城市和农村的经济结构有并存的特征,两种经济发展不平衡,致使工业化水平超前于城市化水平,造成城乡之间巨大的差距,制约着我国社会经济的平稳、快速、健康发展。城乡二元经济结构对农村水环境污染的影响主要表现在长期以来对农村水环境保护的严重忽视。我国的环境保护工作从一开始就存在严重的重城市轻农村的现象,城市与农村实行不同的环境政策,无论是资金投入还是环保设施均向城市大幅度倾斜。与城市日益完备的水环境污染防治保护措施相比,农村的环保投入、基础设施建设以及政策和法律法规体系都存在着严重的不足,这是农村水环境不断恶化的一个关键因素。

2. 法律原因

与城市水环境污染防治相比,我国农村水环境污染防治工作起步晚、基础弱,加之农村环境保护立法相对滞后,还没有建立起针对农村水环境污染防治立法工作实际需要的体系,无法对水环境污染防治加以控制,不能保证农村水环境得到有效保护。我国的环境保护法律法规中涉及农村环境保护和水环境污染防治的非常少,而且多是原则性的条款,加之对农村水环境污染治理以及环境保护的具体困难、严重后果考虑不充分,在实际运用中可操作性不强。现行《中华人民共和国水污染防治法》中关于污染物排放实行的总量控制制度,只针对点源污染的控制起作用,对面源污染问题的解决用处不大。而对大部分小型企业尤其是乡镇企业、农村的小型作坊污染的监督和控制,也由于成本太高而无法实现。

由于现行法律规定的针对性和可操作性不强,现有法律的实施常流于形式,给环保机构的执法工作带来巨大困难。在整个立法体系中,长期以来在指导思想、立法理念上对农村水环境污染防治的忽视,造成农村水环境污染防治的法律缺位。而有关农村环境的立法转型滞后,法律内容也比较分散,只注意到单项的资源或农产品污染问题,很少顾及农村水环境生态系统的安全性。在许多重要领域至今没有相应的法律规定,造成农村水环境污染防治无法可依。

3. 现有环境管理体制不完善

农业面源污染不同于城市污染和工业污染，有随机性和不确定性。比如，气候条件、降雨量的多少、光照情况、地表温度等，都直接影响到农药、化肥等化学制品对水体的污染情况。由于我国的环境管理体系大多是以防治工业污染和城市污染为目标建立的，并不适应农村水环境污染防治的特点。现行的农村水体环境管理体制存在以下弊端。

(1)农村环保机构设置不健全

当前，县级环保机构是我国最基层的环保系统，县级以下政府基本没有专职工作人员和专门的环保机构，虽然“综合管理部门”是名义上的县一级环保局，但对农业环境和农村生活考虑并不多。只有为数不多的乡镇一级设有环保办公室或者环卫所等环保机构，但其工作范围也仅限于乡镇卫生整治、农村工业这一块，对农村产生的生活污染、生活污水等严重的环境问题，则由于基层环保机构不健全，人员不齐整，很少能够考虑到这些方面的问题，从一定程度上加剧了农村环境的污染。至于城市污染向农村转嫁，乡镇企业的超标污染等，更是无暇顾及。

(2)农村环保投入资金不足

要治理农村水体污染，改善农村环境质量，必须有一定的资金作为支持。环境保护是一项社会性、公益性很强的事业，政府作为我国农村环境保护的投资主体已发挥了一定的作用，但农村环境保护需要的资金仍存在缺口，资金跟不上，各项配套也不能及时跟进，使得我国农村环境污染防治工作困难重重。例如，2015 年以后执行的新的排污费制度在集中使用上依旧重点考虑的是城市工业企业，没有考虑对农村水环境污染的治理。一直以来，我国的污染防治资金大部分投向了工业和城市，用于农村环境保护的极为有限，而农村从政府的财政渠道却几乎得不到任何环境管理能力建设和污染治理的资金。

(3)农村自身特殊条件

除此之外，农村水环境污染还与农村自身所具有的特点和现状紧密相关：一是农村人口整体文化程度较低和小农意识强烈，造成农民及村干部环境整体意识和环保法律意识淡薄。二是由于农村经济落后，农民生活相对贫困，几乎将重点都放在了如何增加收入、提高生活水平上，以至于忽略了可能导致的环境问题，在一定程度上也加重了农村环境污染，从而形成农民贫困与农村环境污染之间的恶性循环。此外，我国农村的发展缺乏规划，居住点分布散乱，造成污染物的处理难度大，而农民传统的生活习惯方式也影响了对水环境污染的防治。

第五节　水环境治理网格化和信息化管理

一、网格化和信息化管理的概述

（一）网格与网格化管理概述

网格是一种信息社会的网络基础设施，可以利用灵活有效的分布式计算资源获取更加有力的计算力，它实现了互联网上信息获取、传输和利用的革命，从而给人类的生产和生活方式带来了巨大的变化。“网格”的本质是为了更好地实现资源共享与异地协同。

而网格化管理是指通过一定的标准将管理对象划分成若干网格单元，运用现代信息技术和各网格单元间的协调机制，在网格单元之间实现有效的信息交流，最终达到信息的整合和共享，提高管理效率。

网格化管理实际上是按照一定的原则标准，针对一些看来比较复杂的信息进行网格单元划分，使各网格单元更加规范化，也更易于管理。网格化管理的原则包括网格划分的标准化、网格之间的信息化、网格资源的协调以及网格化管理系统的兼容性。

2013 年，网格化管理首次出现在党的最高级别文件中，其表述为：“坚持源头治理，标本兼治、重在治本，以网格化管理、社会化服务为方向，健全基层综合服务管理平台，及时反映和协调人民群众各方面各层次利益诉求。”这意味着，网格化管理被国家决策者看作是一种具有方向性的，能够应对基层社会治理问题的政策工具。

网格化管理模式肇始于地方政府试图以信息网络平台的统一指挥系统，打破“碎片化”的“条块分割”的努力，目的在于重建政府对特定公共事务管理的组织架构，形成集中指挥、部门并联、无缝衔接、有效应急的管理流程体系。

网格化管理模式刚一产生，就是工具理性的产物。它以政府提升行动能力以实现管理有效性为目标，以技术治理方式为基础，倡导科学设计规划与精确执行，强调达成目标的“条件—手段”的合理性，形成对客观对象的可预测性和可控制性能力。遵循理性设计和精细化管理的意图及行动路线，网格化管理通过以网格为单位的一套组织结构及其一系列连续性、程序化的工作机制，将基层多重管理功能纳入其中。

（二）信息化与信息化管理概述

信息化奠基人美国学者克劳德·香农将信息定为“用来减少或消除不确定性的东西”。而“信息化”一词最早源于 1963 年，日本学者在题为《论信息产业》的文章中提出：“信息化是指通信现代化、计算机化和行为合理化的总称。”信息化促进国家政治、经济、科技、文化等领域迅速发展，管理方式发生巨大的变化。在信息革命的历史潮流中，党和国家把信息化作为社会经济发展的重要标志。

信息化是一个历史过程，是一个动态变化的过程，对于推动我国深化改革开放、实现现代化具有重大作用和深远意义。信息化不仅是一次技术革命，更是一次深刻的认识革新和社会变革。它不但可以促进社会进步，带动经济增长，还能改变人们的生活方式。现今，信息化发展水平成为衡量一个国家综合国力的重要标志，成为国际竞争力的关键因素。

信息化是当今世界社会发展的必然趋势，内容十分丰富，概括起来主要内容包括信息技术、信息资源、信息服务、信息人才、信息投资和信息法规等要素。其中，信息技术是信息化的基础，信息资源是信息化的源泉，信息服务是信息化的动力，信息人才是信息化的关键，信息投资是信息化的保障，信息法规是信息化发展的轨道。

而信息化管理则是以信息化带动工业化，实现管理现代化的过程。它是将现代信息技术与先进的管理理念相融合，转变生产方式、经营方式、业务流程、传统管理方式和组织形式，重新整合内外部资源，提高效率和效益、增强竞争力的过程。

二、水环境网格化和信息化管理的实践

正是基于网格化管理标准化、高效率等特点，该管理工具被越来越多地应用于环境管理领域。十八届三中全会通过的《中共中央关于全面深化改革若干重大问题的决定》以及《水污染防治行动计划》均已明确提出实行水环境网格化管理，围绕网格化管理体系建设的一系列问题随即成为当前关注的热点。水环境网格化管理主要是将管理范围内的水环境基于一定的汇水关系与管理协调方式划分不同的管理网格，将人员、职责、任务、管理对象等落实到人，摸清水环境本底，使水环境状况得到有效监管。根据水环境网格化管理的定义、范围、任务和目的以及信息化的相关概念可知，水环境网格化管理的实践有必要依托于信息化管理的相关技术手段和平台来开展。

水环境网格化管理通常有两种类型的运用：一种是基于行政单元建立的自上而下的行政网格化管理体系，依托属地管理、分级负责、全面覆盖、责任到人，建立“市（区、县）—开发区—乡镇（街道）—村（社区）”行政管理机制，该类型在河北、江苏、浙江等省运用较广。二是基于控制单元的水环境网格化实践，将行政区、水体与控制断面三要素融为一体的空间管理单元，即体现行政管理又将流域管理思路融入其中，建立“污染源—水质输入响应”的治理模式。按照“流域—控制区—控制单元”三级分区管理体系，建立流域一体化与行政区域相结合的管理模式。

（一）依托行政单元的网格化实践

近年来，我国部分省市以行政单元为依托，积极探索实施环境网格化管理，充分提升了环保工作的精细化、信息化和专业化水平。

河北按照“属地管理、分级负责、无缝对接、全面覆盖、责任到人”的原则，在 172 个县

(市、区)、30 个开发区、2385 个乡(镇、街道办事处)和 51437 个行政村(居委会)建立起“横向到边、纵向到底”的网格化环境管理体系，实现环境监管的全方位、全覆盖、无缝隙管理。江苏省在无锡、苏州、常州等地初步建立了省、市、县(市、区)、街道(乡镇)、社区(村)五级责任管理体制和五级联动机制，形成一个高效运转的管理系统。浙江省金华市率先在全国闻名的“百工之乡”“五金之都”永康市开展了环境监察“网格化”“精细化”管理的试点等。

(二)依托控制单元的网格化实践

在水环境领域，控制单元是指集行政区、水体、控制断面三要素于一体的空间管理单元，是衔接了行政管理与流域管理的网格单元。体现行政管理，是指控制单元以行政区边界为单元边界，便于落实地方政府责任；体现流域管理，是指控制单元围绕水质改善，建立了污染源、水质输入响应的小流域治理模式。“九五”时期，淮河流域首次提出了流域、控制区、控制单元的多级分区模式，建立了我国流域分区管理的雏形，随后在海河、南水北调东线等流域、区域陆续应用。经过 4 个五年的发展与完善，于“十二五”时期在重点流域得到全面落实。总体来说，水环境分区体系经历了以下 3 个发展阶段。

1. 起始阶段

“九五”时期，《淮河流域水污染防治规划及“九五”计划》《南水北调东线工程治污规划》等国家级水污染防治规划相继探索分区管理模式。由于当时统计、监测、管理水平相对落后的客观原因以及地理信息技术尚未普及、分区特别是控制单元时未充分考虑行政边界等技术因素，造成分区体系的作用未能得到充分发挥。

2. 延续阶段

“十五”“十一五”时期，“三河三湖”及黄河中上游流域水污染防治规划大致沿用了“九五”分区体系，并结合实际管理需求对原有的分区体系进行了调整和完善。同时，这一阶段开始将管理措施向控制单元落地，如淮河、海河等流域分别以控制单元为载体提出了水质、总量控制目标。由于“九五”期间存在的问题未根本解决，“十五”“十一五”期间分区体系在水环境管理中起到的支撑作用仍然有限。

3. 完善阶段

“十二五”时期，松花江、淮河、海河、辽河、黄河中上游、巢湖、滇池、三峡库区及其上游等 8 个流域全面建立流域—控制区—控制单元三级分区体系，划分了 37 个控制区、315 个控制单元。这一阶段分区在水环境管理中得到了积极、有效的应用。

三、水环境治理网格化和信息化体系构建

延用分区思路，以流域管理与区域管理相结合的控制单元为网格，从《水污染防治行动计划》提出的各项任务要求以及日常管理需求出发，建立规范化、科学化的网格划分方法体系，使其更好地服务于环境管理，同时，强化现有各项管理制度向网格层面渗透和落

地，形成基于网格的水环境综合管理模式。

（一）水环境网格化管理中的网格划分原则

1. 以水定陆原则

《水污染防治行动计划》要求强化环境质量目标管理，明确各类水体水质保护目标，在划分网格化单元时应以水质断面为分界，根据汇水关系确定陆域范围，形成水陆结合单元。

2. 行政边界完整原则

《水污染防治行动计划》要求提高环境监管能力，要求具备条件的乡镇（街道）及工业园区配备必要的环境监管力量。将乡镇作为基层环保监管的基本组成单位，便于环境统计、任务落地与责任落实，在原则上，水环境网格不打破乡镇边界。

3. 网格细分原则

水环境网格化管理实施分级管控，一级网格对应乡镇行政单元，主要落实基层环境监管任务。二级网格落实乡镇行政单元管理要求，用以分析乡镇一级网格内水环境产汇流关系。在此基础上，对二级网格进行细分，将每个二级网格对应的2~3个汇水区作为三级网格，作为具体项目管控、环评的依据。

（二）水环境网格化管理中的重点监管对象

1. 重点水体优先监管

《水污染防治行动计划》对Ⅲ类水体实施重点监管，水环境网格应体现Ⅲ类水体的分类管控要求。一是良好水体保护，保护江河源头及现状水质达到或优于Ⅲ类的江河湖库。二是城市黑臭水体整治，包括建成区黑臭水体及重污染入海河流等。三是跨界水体保护，维护跨界水质稳定。

2. 水生态敏感区重点监管

《水污染防治行动计划》要求保障水生态环境安全，保障饮用水水源安全、保护水和湿地生态系统等水生态敏感区域，划定生态保护红线。水环境网格应将一级、二级集中饮用水水源地保护区和备用水源等纳入监管范围，对自然湿地以及水生生物保护空间等水生态敏感区域进行重点监管。

3. 污染物排放总量监管

《水污染防治行动计划》要求深化污染物排放总量控制，完善污染物统计监测体系。水环境网格应建立污染物排放与水质响应关系，将工业、城镇生活源等污染物排放对象纳入监管范围。

（三）水环境网格化管理关键技术

要实现水环境网格精细化管理，划定科学合理的水环境管控网格是技术关键。水环境网格划分过大，水环境管控措施难以具体落实；水环境网格划分过小，会导致流域产汇流关系过细，水环境管控体系纷繁杂乱，增加监管难度。按照流域水污染防治分区体系建设思路,结合美国水文地图水质管理体系相关经验,"自下而上"地划定水环境网格单元,并"自上而下"地构建分级分类的流域水生态网格管理体系。水环境网格化管理中的若干信息化关键技术如下:

1. 空间地形修正技术

基于GIS空间分析模块,采用数字高程模型,模拟自然汇水关系。在平原河网地区,自然模拟河网与实际河网存在较大差异,需要根据道路、河流水系走向对DEM高程数据进行修正,直至水文分析模拟河网与实际河网吻合。

2. 水文地图模拟技术

利用现状河流水系数据,通过空间配准、数字化等步骤,得到分级水系分布数据,叠加行政区划数据,建立基于乡镇行政区的流域划分单元。

3. 汇水单元划分技术

对DEM高程数据进行修正后,利用水文分析模块,通过填洼后进行流向分析、汇流量计算、河网提取等关键步骤,通过调整汇流量阈值,得到不同级别汇水关系的产汇流单元,作为水环境网格化管理的依据。

(四)水环境控制单元划分步骤

水环境控制单元划分主要包括水系概化、控制断面设置、排污去向确定、命名4个步骤,具体如下:

1. 水系概化

水系概化是指统筹考虑流域自然特征与实际需求,将天然水系(河流、湖库)概化成可应用水系,如天然河道可概化成顺直河道,复杂的河道地形可进行简化处理等。水系概化范围包括干流、主要的一级支流和二级支流以及镇级主要污染源所在地的支流等。

2. 控制断面设置

控制断面设置是控制单元划分的核心。为了实现流域精细化管理,控制断面设置应遵循以下原则:每个沿干流的城市设置控制断面(尽量处于城市下游);支流汇入干流前设置控制断面,对于跨多个地级市的较大支流,可在各主要地市分别设置控制断面;跨界水体设置控制断面;每个重要功能水体设置控制断面,并尽可能在水功能区的下游,以便保证水功能区段在控制单元的完整性;江河源头或水质较好的重要湖库等设置控制断面;重污染入海河流、建成区黑臭水体密集区域设置控制断面;当根据不同原则选取的控制断面临近时,可结合实际情况仅保留一个控制断面,每个控制断面代表的河长通常不小于100km。

3. 排污去向确定

各乡镇的排污去向应根据汇水情况确定,如果某一个乡镇汇水去向不唯一,则需要结合污染情况、主城区位置、重要工业园区位置等信息判定乡镇的主导汇水去向,进而确定其排污去向。

4. 命名

控制单元以“水+陆”的方式进行命名，即主要的水体或河段+地市。对于完整的河流、湖体单元，可直接以河流、湖体名称作为控制单元名称。

（五）网格管理制度

我国现有的环境管理制度多数在流域、区域层面设计执行，往往制度为“一刀切”，不能体现区域差异化特征。《水污染防治行动计划》强调要推进环境网格化管理，即为现行制度的落地整合和差异化设计提供了契机。以当前备受关注的总量控制、环评审批、排污许可、监测监管等制度和体系为重点，可提出各类制度在控制单元层面的深化落地思路。

1. 基于控制单元的建设项目审批制度

对于年度水质不达标的单元，建议暂停该单元新增污染物排放建设项目环评审批。对于连续多年水质不达标的重污染控制单元，要压产能、控产量，新、改、扩建项目要实施产能减量置换。

2. 基于控制单元的污染物总量控制制度

基于水质达标要求，推行环评与污染物总量减排挂钩联动，尤其需要环评在解决污染物排放与环境质量达标挂钩这一关键环节上多做文章，在一般性要求的基础上，更多强调控制单元水质约束的差异化更高要求。

3. 基于控制单元的排污许可制度

建议以控制单元为依托实施基于水质改善的排污许可，将排污许可证作为严格污染源管理的载体。环境影响评价报告中各项要求，包括与污染物排放密切相关的原材料使用、生产工艺、生产设备等要求，以及建设项目的排放信息和水体水质信息，均纳入排污许可，为未来建立国家水污染物排放清单动态管理系统奠定基础。

第六节　水环境风险评估与预警预报响应机制

一、水环境风险影响因子

水环境风险是指发生突发水环境事件的可能性及突发水环境事件造成的危害程度。水环境风险影响因子主要包括风险源、风险因子和自然因素等。

（一）风险源

我国流域水环境风险源复杂，涉及点源、面源等。

1. 点源风险

点源风险主要由工业废水和生活废水的事故排放引起的，这些废水含污染物多，成分复杂，其变化规律难以追溯，企业对危险物质的生产、储存、使用、运输、泄露、排放是重点污染环节，容易引发水环境风险，进而威胁人体生命健康，造成生态环境破坏和经济社会损失。

2. 面源风险

面源风险主要包括两种。

(1)农业面源污染

生产活动中的氮磷营养元素、农药以及其他有机污染物或无机污染物通过地表径流和地下渗漏引起地表水环境污染和地下水环境污染。

(2)城市面源污染

雨水冲刷、地表径流以及大气沉降引起地表水中持久性有机污染物和氮磷等污染，这些污染来源广泛、成分复杂，难以进行治理。

(二)风险因子

工业污染中，有机污染物、氮磷以及重金属对环境污染的贡献突出，其主要来源于印染、化工、煤炭开采、皮革制造、金属制造等行业。农业面源污染的主要污染物包括氮磷等营养元素、有机农药、化肥以及其他有机污染物或无机污染物等，他们通过地表径流和地下渗漏引起水体环境污染。国内约49%的河流、湖泊存在着环境风险，主要是由流域沉积物中的有机污染物、氮磷以及重金属等引起的。环境安全事故是导致重大突发水污染事件的根本原因。随着工业化的进程，化工企业突发水污染事件和危险化学品运输事故造成流域水环境风险日趋严重。为了抑制重大突发水污染事件的发生，必须加强环境安全管理，减少工业生产和危险品运输过程中存在潜在危害的环节。

(三)自然因素

气候变化导致的水质恶化，会引发一系列严重的环境风险问题，包括取自劣质水源地的水量增加，由强降水造成的面源污染负荷增加(通过径流和渗透率的增加)，洪水期水利设施发生故障，极端降水时期水厂和污水处理厂超负荷运行等。

二、企业和工业园区水环境风险评估

企业和工业园区环境风险评估是环境风险管理的基础性环节，是有效调控环境风险的前提和重要保障。目前，我国环境风险形势严峻，工业生产活动引发的突发性和累积性水环境风险问题尤为突出，因此，应加强水环境风险评估和风险排查工作。

(一)企业水环境风险评估

2014年4月环境保护部印发《企业突发环境事件风险评估指南(试行)》，对企业水环境风险评估要求、程序、评估内容、应急措施实施计划和划定企业风险等级等内容做出规定。企业水环境风险来源广泛，其存储的易燃品（汽油、煤油、甲醇、乙醇、龙脑、树脂酸盐、环六亚甲基四胺、聚乙醛、硝酸纤维素及其制品）、易爆品（压缩气体、液化气体）、有毒有害化学品（二噁英、甲醛）、放射类物质等及相关设施是主要的环境风险源。任何生产过程中操作失误和安全管理不当以及运输过程中发生的泄漏等将会引起火灾、燃烧爆炸、毒物泄漏及放射类环境污染事故。石油、煤炭、化工等企业引起的环境风险，一直是水环境风险评估和管理的重点和难点。

为了对企业水环境风险进行分级，建立企业水环境风险评估指标体系，主要考虑两个方面：一方面企业发生水环境风险事故的概率，另一方面水环境风险事故所造成的后果。确定指标体系，划分为高、中、低三个风险级别，同时确定各项指标的权重。企业水环境风险评估指标体系见表 5–5，通过计算水环境风险值对企业水环境风险进行评估。

表 5–5　企业水环境风险评估指标体系

组合要素	风险要素	权重	风险要素值划分		
			高风险（3 分）	中风险（2 分）	低风险（1 分）
突发性事故发生的概率	企业类型	13.33	生产加工	处理处置（非污水处理厂、垃圾场）	储存型和其他
	职工数量 n	8.56	$n\leqslant 20$	$20<n\leqslant 100$	$n>100$
	工业设备年限 t	13.67	$t>10$ 年	3 年$<t\leqslant 10$ 年	$t\leqslant 3$ 年
	雨污是否纳管	23.22	雨污都不纳管	雨水直排，污水纳管	雨污纳管
	近 5 年是否发生过事故	15.22	是	/	否
	企业环境应急预案、培训与演练	12.11	无预案、培训与演练	有预案、培训，无演练	有预案、培训与演练
	企业应急处理装置设备、防护措施	13.89	无	/	有
突发性事故造成的后果	使用危险物质情况	23.89	有	/	无
	危险废物产生情况	27.78	有	/	无
	排污口所在保护区位置	26.67	一级、二级保护区	准水源保护区	其他
	污水排放量 Q(t/a)	21.67	$Q>3650$	$365<Q\leqslant 3650$	$Q\leqslant 365$

（二）工业园区水环境风险评估

据统计，经过 30 年的发展，我国国家级、省级各类工业园区和工业集中区达 1600 多个，成为环境污染和区域环境风险的重点防控区。工业园区水环境风险的来源、强度、影响因素以及造成的危害程度比单个企业复杂，因此，评估工业园区风险不仅需要考虑园区内单个企业的风险情况，还要考虑企业间风险的连锁效应，包括设备状况、生产过程、危险材料、环境安全健康管理体系等。

工业园区水环境风险评价指标筛选主要参考《建设项目环境风险评价技术导则》(HJ/T 169—2004)、《危险化学品重大危险源辨识》(GB 18218—2009)、《物质危险性标准》、《工业场所有害因素职业接触限值》(GBZ 2—2007)、《职业性接触毒物危害程度分级》(GBZ 230—2010)、《环境影响评价技术导则总纲》(HJ 2.1—2016)、《开发区区域环境影响评价技术导则》(HJ/T 131—2003)等标准,共筛选出 18 项工业园区水环境风险评价指标,指标体系见表 5-6。

表 5-6　　工业园区水环境风险评价指标体系及打分标准

目标层	准则层	指标层	分值				
			5	4	3	2	1
工业园区环境风险综合值	环境风险源	行业类别	化工、石化	危险品储存和运输、使用有毒有害物质	医药、电镀、有色金属冶炼	机械制造、建筑施工、交通运输	其他
		生产工艺	国内落后,高危生产工艺	国内一般,高危生产工艺	国内先进,高危生产工艺	国内领先	国际领先
		物质危险性	极度危险	高度危险	中度危险	低危险	极低危险
		主要原料最大储存量及临界值	>1	(0.8,1.0]	(0.5,0.8]	(0.3,0.5]	≤0.3
		原料中有毒有害物质使用量占比	>40	25~40	10~25	5~10	≤5
		危险废物处置方式	企业无资质,仍旧自行处理	企业有资质自行处理或运到工业园区交给有资质企业处理	企业有资质自行处理或运到工业园区交给有资质企业处理	企业有资质自行处理或运到工业园区交给有资质企业处理	企业有资质自行处理或运到工业园区交给有资质企业处理
		污染物排放浓度达标情况	全部不达标排放	部分指标达标排放	满足污水处理厂进口浓度	自行处理达标排放	好于国家和地方排放标准
		污染物排放方式	直排	部分直排	进污水集中管网	进污水集中管网,部分自行处理达标排放	进污水集中管网,部分自行处理达标排放
	环境监管机制	环境管理体系	无	管理体系简单,无专门的环境管理机构	管理体系相对完善,有专门的环境管理机构	管理体系相对完善,有专门的环境管理机构	管理体系完善,有专门的环境管理机构,通过 ISO 14000 认证
		环境风险管理制度	无	初级的安全管理制度	完善的安全管理制度	完善的安全管理制度	完善的安全管理制度且有环境风险监管机制

续表

目标层	准则层	指标层	分值				
			5	4	3	2	1
工业园区环境风险综合值	环境监管机制	事故应急预案	无	列入编制计划	初级的应急预案	完善的应急预案	完善的应急预案且有事故应急演习
		设备保养维护周期	无维护	不定期	严格按照设备维护期的规定定期维护	严格按照设备维护期的规定定期维护	严格按照设备维护期的规定定期维护
		员工安全培训	无	不定期	1 年	0.5 年	季度
		环境监控情况	无	不定期人工监测	定期人工监测	自动在线监测（常规指标）	自动在线监测（常规指标和行业特征指标）
工业园区环境风险综合值	受体	保护区域类型	Ⅰ	Ⅱ	Ⅲ	Ⅳ	Ⅴ
		受纳水体的质量功能分区	Ⅰ	Ⅱ	Ⅲ	Ⅳ	Ⅴ
		企业内接触毒物的人数比例 R(%)	R>50	30<R≤50	20<R≤30	10<R≤20	R≤10
		企业周边居民密度 D(人/km^2)	D>2000	1000<D≤2000	800≤D≤1000	300<D≤800	D≤300

三、流域水环境污染物风险评估

（一）营养性污染物风险评估

流域水环境中营养性污染物主要是以氮磷为代表。近年来，随着氮磷等营养物质排放量的增加，水体富营养化的风险也日趋严重。湖泊等封闭性水域中当无机氮的浓度大于0.2mg/L、磷的浓度大于0.02mg/L时，就会引起水华现象的产生，以太湖、滇池为代表的中国淡水湖暴发的水体富营养化引起了广大学者的关注。基于高锰酸盐指数、总氮、总磷、溶解氧、叶绿素a和透明度等指标数据，综合运用营养状态指数、灰色聚类和模糊综合评价等方法进行综合营养状态指数（TLI）计算，可定量评估湖泊、河流的富营养化程度。

（二）有毒有机污染物风险评估

1989年美国环保局提议用健康风险模型评估以多环芳烃、环境内分泌干扰物等为代表的有毒有机物对人类健康造成的风险。首先，综合运用表观效应阈值法、相平衡分配法和物种敏感性分布法，发现水生环境的潜在风险主要是由污染物通过对藻类的危害引起的。在此基础上，众学者根据HR-ERL(污染物含量与生物效应低值的比值)和HR-ERM(污染物含量与生物效应中值的比值)计算方法，结合不同生物对水环境中有毒有机污染物的响应，对多环芳烃等引发环境风险的可能性进行了评判。其次，基于有毒有机污染物与生物的定量构效关系，结合主成分分析法和因子分析法，可对污染物的毒性进行评估研究，利用污染物的毒性基准值和实验值等数据资料计算农药在环境中的毒性比率(TR)，并参照半数致死浓度来评估农药的生态毒性效应。生态毒性可分为剧毒、高毒、中等毒、低毒、微毒、无毒。而对于毒物是否造成水环境风险的判断，还可运用风险商数(RQ)方法，结合概率风险判定模型进行评估。此外，通过环境预测浓度(PEC)与无效应浓度预测值(PNEC)的比值可以评估水环境所能承受的有毒有机污染风险。

(三)金属污染物风险评估

水环境中的重金属主要来源于冶金、汽车制造、电镀、金属开采等行业，排放的重金属极易富集在河流湖泊沉积物或者底泥中，引起流域水环境污染风险。国内外学者主要运用脆弱性指数、重金属富集系数以及潜在生态风险指数等方法对流域水环境重金属风险展开了一系列研究。在对重金属的实测值、环境背景值和毒效响应因子等数据分析的基础上，运用潜在生态风险指数法对单一重金属潜在生态危害系数和多金属潜在生态风险指数进行计算，可评估重金属的潜在风险程度与毒性大小，或者利用风险评估代码表来判断沉积物中不同形态的重金属所引起的环境风险程度。

四、预警预报机制构建

基于环境风险“全过程管理”与“优先管理”理念，进行涵盖事前预防、事中响应和事后修复与赔偿3个方面的环境风险全过程评估与管理，可有效加强对水环境风险的管理与调控，降低水环境风险的发生。

(一)突发水环境事件预防

储存危险化学品数量构成危险源的储存地点、设施、储存量、与环境保护目标和生态敏感目标的距离符合国家有关规定；厂区总平面布置符合防范事故要求，有应急救援设施及救援通道；建立自动监测、报警、紧急切断及紧急停车系统；建立防火、防爆、防中毒等事故处理系统。

饮用水水源地突发水污染事件预防还包括以下措施。

1. 流动风险源防范

环保、公安、交通和海事等部门应根据职责，加强流动风险源管理。责令流动源单位落实专业运输车辆、船舶和运输人员的资质要求和应急培训，运输人员应了解所运输物品的特性及其包装物、容器的使用要求，以及出现危险情况时的应急处置方法。在跨水体的路桥、管道周边建设围堰等应急防护措施，防止有毒有害物质泄漏进入水体，经常发生翻车

(船)事故的路、桥和危险化学品运输码头,可采取改道、迁移等措施。危险品运输工具应安装卫星定位装置。

2. 视频监控

日供水规模超过 10 万 m^3(含)的地表水饮用水水源地,在取水口、一级保护区及交通穿越的区域安装视频监控;日供水规模超过 5 万 m^3(含)的地下水饮用水水源地,在取水口和一级保护区安装视频监控。

3. 完善风险防控措施

优化与水源直接连接水体的供排水格局,布设风险防控措施。在地表水型饮用水水源上游、潮汐河流型水源的下游或准保护区以及地下水型水源补给区设置突发事件缓冲区,利用现有工程或采取措施实现拦截、导流、调水、降污功能。

4. 建立供水安全保障机制

要加强备用水源和取供水应急互济管网的规划建设,当发生水质异常突发事件时,可通过备用水源或相邻水厂管道调水,保障供水安全;供水部门要指导和督促下辖的自来水厂完善水质应急处理设施和物资保障,强化进水水质深度处理能力。

(二)突发水污染事件预警预报

突发水污染事件预警预报系统是以信息技术、水质模拟技术为基础,综合运用地理信息系统、遥感、网络、多媒体及计算机仿真等现代高新科技手段,对地形地貌、水质状况等各种信息进行数字化采集与存储动态监测,模拟污染物的迁移转化过程,并将其显示,成为一个集监测、计算、模拟、管理于一体。该系统由数据层、模拟层和系统界面层组成。数据层主要由初始数据输入、数据库、发布子数据库以及数据功能模块等部分组成。数据来源包括遥感数据、各种监测仪器自动采集数据、人工输入的历史数据以及系统中模型计算后的返回结果。模型层中包含多种污染物的水动力学水质模型。系统界面层主要用于数据库的展示和表达。突发水污染事件预警预报系统的功能主要包括:①取水口、排污口、工厂、支流等属性查询;②添加污染事故源及事故泄漏量;③动态显示突发水污染事件污染团的运移过程;④水质查询;⑤危险程度判别等。

(三)突发水环境事件应急预案

我国各地区和企事业部门应急预案的编制基本上参照国务院 2006 年 1 月 8 日颁布的《国家突发公共事件总体应急预案》。2010 年环境保护部印发了《突发环境事件应急预案管理暂行办法》。该办法规定县级以上人民政府环境保护主管部门,向环境排放污染物的企业事业单位,生产、储存、经营、使用、运输危险物品的企事业单位,产生、收集、储存、运输、利用、处置危险废物的企事业单位,应当编制环境应急预案。环境应急预案编制主要内容及要求见《突发环境事件应急预案管理暂行办法》。

县级以上人民政府环境保护主管部门或者企事业单位,应当每年至少组织一次预案培训工作,通过各种形式,使有关人员了解环境应急预案的内容,熟悉应急职责、应急程序和岗位应急处置预案。县级以上人民政府环境保护主管部门应当建立健全环境应急预案演练制度,每年至少组织一次应急演练。企事业单位应当定期进行应急演练,并积极配合和参与有关部门开展的应急演练。

(四)突发水污染事件信息报告制度

2011 年环境保护部颁布了《突发环境事件信息报告办法》,该办法将突发水环境事件分为特别重大(Ⅰ级)、重大(Ⅱ级)、较大(Ⅲ级)和一般(Ⅳ级)四级。突发水环境事件发生地设区的市级或者县级人民政府环境保护主管部门在发现或者得知突发水环境事件信息后,应当立即进行核实,对突发水污染事件的性质和类别做出初步认定。对初步认定为一般(Ⅳ级)或者较大(Ⅲ级)突发水污染事件的,事件发生地设区的市级或者县级人民政府环境保护主管部门应当在 4 小时内向本级人民政府和上一级人民政府环境保护主管部门报告。对初步认定为重大(Ⅱ级)或者特别重大(Ⅰ级)突发环境事件的,事件发生地设区的市级或者县级人民政府环境保护主管部门应当在 2 小时内向本级人民政府和省级人民政府环境保护主管部门报告,同时上报环境保护部。省级人民政府环境保护主管部门接到报告后,应当进行核实并在 1 小时内报告环境保护部。

突发水污染事件信息报告分为初报、续报和处理结果报告。初报应当报告突发水环境事件的发生时间、地点、信息来源、事件起因和性质、基本过程、主要污染物和数量、监测数据、人员受害情况、饮用水水源地等环境敏感点受影响情况、事件发展趋势、处置情况、拟采取的措施以及下一步工作建议等初步情况, 并提供可能受到突发水环境事件影响的环境敏感点的分布示意图。续报应当在初报的基础上,报告有关处置进展情况。处理结果报告应当在初报和续报的基础上,报告处理突发环境事件的措施、过程和结果,突发水环境事件潜在或者间接危害以及损失、社会影响、处理后的遗留问题、责任追究等详细情况。

(五)应急监测

随着水污染事件对监测技术需求的日益迫切, 现场应急监测分析技术也相应得到了快速发展,目前现场应急监测较为常见的技术主要有:①检测管技术,包括气体检测管、水质检测管等;②试剂盒(试纸)技术,包括化学显色试剂盒(试纸)、免疫试剂盒及微生物试剂盒等;③便携式光谱仪技术,包括便携式紫外—可见吸收技术、便携式红外光谱仪技术;④便携式电化学仪技术,如便携式溶出伏安仪技术;⑤便携式色谱、质谱仪技术,包括便携式气相色谱仪技术、便携式气相质谱仪技术和便携式气质联用仪技术;⑥便携式辐射仪技术,包括 X、γ 射线检测仪技术、便携式伽马能谱仪技术。

(六)应急响应

1. 应急准备

饮用水水源应急预案体系应包括：政府总体应急预案，饮用水突发环境事件应急预案，环保、水务、卫生等部门突发水环境事件应急预案，风险源突发水环境事件应急预案，连接水体防控工程技术方案，水源应急监测方案等。环保部门应建议政府形成环保、水利、城建、卫生、国土、安监、交通、消防部门等多部门联动，不同省份、区域、流域间信息共享的跨界合作机制，共同确保水源安全。地方政府应将水源突发事件应急准备金纳入地方财政预算，并提供一定的物资装备和技术保障。

2. 应急处置

环保部门应多渠道收集影响或可能影响水源的突发水环境事件信息，并按照《突发水环境事件信息报告办法》等规定进行报告。突发水环境事件发生后，应在政府的统一指挥下，各相关部门相互配合，完成应急工作。当发生跨界污染情况时，应由共同的上级部门现场指挥，地方部门协调、配合完成工作。应立即组织开展应急监测，采取切断污染源头、控制污染水体等措施，第一时间发布信息，引导社会舆论，为突发水环境事件处理营造稳定的外部环境。

3. 事后管理

突发水环境事件发生并处理完毕后，应整理、归档该事件的相关资料。应急物资使用后，应按照应急物资类别妥善处理，跟踪监测水质情况，防止对水源造成二次污染。对重大或具有代表性的事件，要梳理事件发生和处置过程，利用影像资料和信息平台记录，结合相关模型模拟、再现事件发生演变过程，为事件的全面掌握提供资料。要吸取突发事件处理经验教训，形成书面总结报告。

第七节 水环境治理的制度设计与措施体系

一、水环境治理制度设计

（一）制度设计的原则

水环境治理是一项艰巨而复杂的系统工程，必须有严格的水环境综合治理制度保障。水环境综合治理制度设计要以水环境改善或达标为目标，建立以水环境质量为核心的考核与管理体系，开展水环境综合治理、精细化治理，精确落实防治目标与措施。制度设计要坚持以下原则：①水环境治理要以流域水环境质量为目标，以问题为导向，坚持创新、协调、绿色、开放、共享的发展理念，坚持维护山水林田湖生命体，紧紧围绕构建与国家中心城市相适应的流域生态系统，着力推进重点流域水环境综合治理。②着力发挥地方政府在流域水污染治理中的主体作用。③着力加强部门联动和协作，推动水环境质量阶段性改善，污染严重水体大幅度减少。④推动水生态文明建设，为建设国家中心城市提供水生态保障。⑤贯彻落实全方位、全地域、全过程开展生态环境保护建设要求，推动形成绿色的发展方式和生活方式。⑥树立“整体规划、区域治理”的科学理念，在技术体系上采取综合治理技术手段，恢复水体自净能力，在管理上建立科学的长效运行管护机制。

（二）制度设计的主要内容

水环境治理与保护的重点是解决水体污染严重、黑臭水体问题突出、畜禽养殖污染等问题，其核心是水环境质量改善与达标。水环境质量改善与达标是实施水环境综合治理的制度设计与保护模式，是从制度上推进水环境向防、控、治、护一体的水环境综合整治方向转变。核心内容是饮用水安全保障制度、生态修复城市修补制度、海绵城市建设制度、黑臭水体综合整治制度、水污染防治领域政府和社会资本合作制度、农村环境连片整治制度、畜禽养殖污染治理制度、水生态文明制度等。

1. 饮用水安全保障制度

饮用水安全问题在我国经济和社会发展中具有举足轻重的地位，加强饮用水安全保障制度建设，是落实水环境综合治理，实现饮用水水源、水质和水生态系统的良性循环，保障饮用水安全的重要举措。

2. 生态修复城市修补制度

加强对城市水体自然形态的保护，避免盲目裁弯取直，禁止明河改暗渠、填湖造地、违法取砂等破坏行为。在全面实施城市黑臭水体整治的基础上，系统开展江河、湖泊、湿地等水体生态修复。全面实施控源截污，强化排水口、截污管和检查井的系统治理，开展水体清淤。构建良性循环的城市水系统。因地制宜改造渠化河道，重塑自然岸线和滩涂，恢复滨水植被群落。增加水生动植物、底栖生物等，增强水体自净能力。在保障水生态安全的同时，恢复和保持河湖水系的自然连通和流动性。

3. 海绵城市建设制度

海绵型城市，简单来说就是将城市河流、湖泊、地下水系统的污染防治与生态修复结合起来，让城市像海绵一样，下大雨的时候吸水，干旱的时候再把吸收的水“吐”出来，更多地利用自然力来排水，建设自然积存、自然渗透、自然净化的“海绵城市”。“海绵城市”具有收获雨水资源利用、污染源防治、暴雨内涝灾害缓解等综合效益，降低水环境污染治理费用以及城市内涝造成的巨额损失。截至 2014 年，我国城市建成区面积 5 万 km^2，按照国务院海绵城市建设目标要求，2020 年要实现城市建成区 20%以上的面积达到海绵城市目标要求。

4. 黑臭水体综合整治制度

水环境综合治理的另一个重要方面是黑臭水体治理。由于污染和成效看得见，并且与群众生活几乎零距离，所以消除黑臭水体的需求迫在眉睫。采取控源截污、垃圾清理、清淤疏浚、生态修复等措施，加大黑臭水体治理力度，每半年向社会公布治理情况。地级及以上城市建成区应于 2015 年年底前完成水体排查，公布黑臭水体名称、责任人及达标期限，向社会公布本地区黑臭水体整治计划，并接受公众监督；于 2017 年年底前实现河面无大面积漂浮物，河岸无垃圾，无违法排污口；于 2020 年年底前完成黑臭水体治理目标。直辖市、省会城市、计划单列市建成区要于 2017 年年底前基本消除黑臭水体。

5. 水污染防治领域政府和社会资本合作制度

切实加强水污染防治力度，保障国家水安全，关系国计民生，是环境保护重点工作。在水污染防治领域大力推广运用政府和社会资本合作(PPP)模式，对提高环境公共产品与服务供给质量、提升水污染防治能力与效率具有重要意义。

6. 农村环境连片整治制度

农村环境连片整治，是以解决区域性突出环境问题为目的，对地域空间上相对聚集在一起的多个村庄(受益人口原则上不低于 2 万)实施同步、集中整治，使环境问题得到有效解决的治理方式。农村环境连片整治坚持"突出重点、示范先行、确保实效、多方投入、逐步推广"的原则。"突出重点"就是要区分轻重缓急，从解决农民群众最关心的突出问题出发，把水污染防治重点流域和区域作为主要整治范围，有针对性地开展工作；"示范先行"就是选择有工作基础、具备实施条件，通过连片整治可以真正起到示范效果、提供经验的地区，率先开展示范；"确保实效"就是要把突出环境问题是否解决、区域环境质量是否获得改善作为衡量连片整治成效的主要标准；"多方投入"就是要发挥中央财政资金的引导作用，建立地方政府、企业、社会多元化投入机制，整合资源，多方联手推进农村环境综合整治；"逐步推广"就是在先期示范、总结经验的基础上，按照农村环境连片整治支持重点，逐年扩大整治范围。

7. 畜禽养殖污染治理制度

采取粪肥还田、制取沼气、制造有机肥等方法，对畜禽养殖废弃物进行综合利用；采取种植和养殖相结合的方式消纳利用畜禽养殖废弃物，促进畜禽粪便、污水等废弃物就地就近利用；沼气制取、有机肥生产等废弃物综合利用以及沼渣沼液输送和施用、沼气发电等相关配套设施建设。

8. 水生态文明制度

加快推进水生态文明建设，从源头扭转水生态环境恶化的趋势，是在更深层次、更广范围、更高水平上推动民生水利新发展的任务，是促进人水和谐、推进生态文明建设的重要实践，是实现"四化同步发展"、建设美丽中国的重要基础和支撑，也是各级水行政主管部门的重要职能。各流域机构、各级水行政主管部门须把水生态文明建设工作放在更加突出的位置，加大推进力度，落实保障措施，从局部水生态治理向全面建设水生态文明转变，切实把水生态文明建设工作抓实抓好。

(三)制度体系构建

1. 饮用水安全保障制度

(1)核心内容

①水环境质量限期达标规划执行情况;②饮用水水源污染风险调查评估;③依法查处饮用水水源保护区内的违法排污行为;④饮用水水质监测;⑤饮用水安全应急管理;⑥饮用水水源保护区划分与调整;⑦饮用水安全保障工作报告制度。

(2)配套政策制度体系

1)《饮用水水源保护区划分技术规范》(HJ/T 338—2007)。

2)《饮用水水源保护区标志技术要求》(HJ/T 433—2008)。

3)《关于加强农村饮用水水源保护工作的指导意见》(环办〔2015〕53 号)。

4)《关于进一步加强饮用水水源安全保障工作的通知》(环办〔2009〕30 号)。

5)《关于加强汛期饮用水水源环境监管工作的通知》(环办〔2011〕94 号)。

6)《城市供水条例》(国务院令第 158 号)。

7)《城市供水水质管理规定》(建设部令第 156 号)。

8)《取水许可管理办法》(水利部令 2015 年 12 月 6 日修改公布)。

9)《入河排污口监督管理办法》(水利部令 2015 年 12 月 6 日修改公布)。

10)《集中式饮用水水源环境保护指南(试行)》(环办〔2012〕50 号)。

11)《集中式饮用水水源地规范化建设环境保护技术要求》(HJ 773—2015)。

12)《集中式饮用水水源地环境保护状况评估技术规范》(HJ 774—2015)。

2. 生态修复城市修补("城市双修")制度

(1)核心内容

①城市水体治理和修复;②城市水系自然形态保护;③城市河道治理;④城市废弃地修复;⑤城市绿地系统完善。

(2)配套政策制度体系

1)《关于印发江河湖泊生态环境保护系列技术指南的通知》(环办〔2014〕111 号)。

2)《中共中央国务院关于进一步加强城市规划建设管理的若干意见》(2016 年 2 月 6 日)。

3)《关于加强生态修复城市修补工作的指导意见》(城乡建设部建规〔2017〕59 号)。

3. 海绵城市建设制度

(1)核心内容

①城市雨污分流;②初期雨水处理;③黑臭水体治理;④水域保护与修复;⑤河湖水系连通;⑥河道系统治理。

(2)配套政策制度体系

1)《关于推进海绵城市建设的指导意见》(国务院 2015 年 10 月)。

2)《海绵城市建设技术指南》(住房城乡建设部,2014 年)。

4. 黑臭水体综合整治制度

(1)核心内容

①调查确定与《水污染防治行动计划》黑臭水体控制目标的差距。②坚持水质目标导向和问题导向,因地制宜采取人工湿地、净化塘等针对性工程措施。③建立长效管理机制。坚持工程建设与长效管理两手抓。④实施信息公开与公众参与制度。建立以公众感官为重点的考核评判体系,建立责任追究机制,强力推进城市黑臭水体治理工作。

(2)配套政策制度体系

1)《国务院关于印发水污染防治行动计划的通知》(国发〔2015〕17 号)。

2)《住房城乡建设部 环境保护部关于印发城市黑臭水体整治工作指南的通知》(建城〔2015〕130 号)。

5. 水污染防治领域政府和社会资本合作制度

(1)核心内容

①提高水环境质量作为项目实施合同约束;②重点支持江河湖泊水污染综合治理;③针对不同地区、不同水域采用差异合作方式。④鼓励社会资本参与水污染综合治理。

(2)配套政策制度体系

《关于推进水污染防治领域政府和社会资本合作的实施意见》(财政部财建〔2015〕90号)。

6. 农村环境连片整治制度

(1)核心内容

①农村饮用水水源的污染治理;②流域水环境综合整治关联区域水污染治理;③农村集镇污水减排与治理;④畜禽养殖污染减排与治理。

(2)配套政策制度体系

1)《全国农村环境连片整治工作指南(试行)》(环办〔2010〕179 号)。

2)《国务院办公厅转发环保总局等部门关于加强农村环境保护工作意见的通知》(国办发〔2007〕63 号)。

3)《国务院办公厅转发环境保护部等部门关于实行"以奖促治"加快解决突出的农村环境问题实施方案的通知》(国办发〔2009〕11 号)。

4)《关于印发〈中央农村环境保护专项资金环境综合整治项目管理暂行办法〉的通知》(环发〔2009〕48 号)。

5)《关于印发〈中央农村环境保护专项资金管理暂行办法〉的通知》(财建〔2009〕165

号)。

6)《关于深化“以奖促治”工作促进农村生态文明建设的指导意见》(环发〔2010〕59号)。

7)《关于印发〈农村环境综合整治“以奖促治”项目环境成效评估办法(试行)〉的通知》(环办〔2010〕136号)。

8)《关于印发〈“问题村”环境治理应对机制与程序〉的通知》(环办函〔2010〕44号)。

9)《村庄整治技术规范》(GB 50445-2008)。

10)《关于发布〈农村生活污染防治技术政策〉的通知》(环发〔2010〕20号)。

11)《饮用水水源保护区划分技术规范》(HJ/T 338—2007)。

12)《农村生活污染控制技术规范》(HJ 574—2010)。

7. 畜禽养殖污染治理制度

(1)核心内容

①畜禽养殖废弃物综合与就地利用;②畜禽废水收集、储存及无害化处理;③畜禽养殖环境污染监测;④畜禽养殖污染治理;⑤禁养区内畜禽养殖场的关闭搬迁。

(2)配套政策制度体系

1)《畜禽规模养殖污染防治条例》(国务院令第643号)。

2)《畜禽养殖业污染治理工程技术规范》(HJ 497—2009)。

3)《畜禽养殖业污染防治技术规范》(HJ/T 81—2001)。

4)《畜禽养殖业污染物排放标准》(GB 18596—2001)。

8. 水生态文明制度

(1)核心内容

①落实最严格水资源管理制度;②推进水生态系统保护与修复;③加强水利建设中的生态保护;④流域水环境综合治理。

(2)配套政策制度体系

1)《水利部关于加快推进水生态文明建设工作的意见》(水利部水资源〔2013〕1号)。

2)《“十三五”重点流域水环境综合治理建设规划》(国家发展改革委2016年8月)。

二、水环境管理与保护措施体系

(一)饮用水水源地管理与保护保障措施

1. 制定相关政策,完善水源地保护保障机制

在技术层面,做好国家级重要饮用水水源地冠名和统一标识工作;在行政层面,水利部和环境保护部出台相关政策,构建水源地达标(规范化)建设机制。提出编制饮用水水源地达标(规范化)建设工作实施方案的统一的具体要求,明确审查批准程序。对列入实施方

案的达标(规范化)建设工程项目要明确立项、论证、审批程序和投资渠道,使各项工程能够有效实施。在监督层面,完善考评机制和激励机制,实施以奖代补政策,支持引导各地开展达标(规范化)建设工作。

2. 健全水源地达标(规范化)建设的投入机制,建立多元化的资金筹措渠道

建立固定的资金投入机制是确保饮用水水源地安全达标(规范化)建设工作扎实开展的前提条件和基本保障。①建议国家出台相关政策,设立水源地达标(规范化)建设专项资金。通过水资源保护规划等途径争取资金支持,开辟达标(规范化)建设资金投入渠道。应明确要求各地政府将水源地保护项目纳入财政预算,每年由财政拿出一定比例的资金专门用于水源地保护与管理工作,切实增强水资源保护能力。②设立专门生态补偿基金,实施饮用水水源地生态补偿机制。开展重要饮用水水源地生态补偿试点工作,通过生态补偿,解决水源地保护投入不足和资金筹措难的问题。

3. 开展示范试点工作,逐步推进全国重要饮用水水源地安全达标(规范化)建设

可选择不同类型的水源地,水利部和环境保护部给予一定的资金支持,开展达标(规范化)建设试点工作,探索和总结水源地安全达标(规范化)建设的工作经验,为全面开展水源地安全达标(规范化)建设工作提供借鉴。通过试点探索和总结经验,提出达标(规范化)建设工作的指导意见和技术方法体系,以点带面,逐步推进,使饮用水水源地达标(规范化)建设工作规范化、制度化、法规化。同时,选择工作基础好、取得较好成效的水源地进行达标(规范化)建设示范工程,给予政策和资金的倾斜,使其尽快达到要求,充分发挥引领和示范效应。

4. 加强监控能力和信息化建设,提升重要水源地监控和预警能力

(1)构建现代化监测体系,提升监控能力

针对饮用水水源地监测能力薄弱的现状,构建不同级别的水质监测体系;通过完善设备、加强技术人员培训等措施,提升地方有毒有机物监测能力,形成"常规监测与自动监测相结合、定点监测与机动巡测相结合、定时监测与实时监测相结合"的监控系统,提升饮用水水源地监控能力。

(2)加强预警能力建设,提升应急手段

建立实时、快速、准确、自动的水质监测系统,对水源地水质进行在线监测,实现数据网络传输,随时掌握饮用水水质现状及水质变化情况,有利于保障供水安全。一旦发生突发水污染事件,通过监测能够及时掌握水质变化及污染扩散趋势,为决策提供技术支撑。逐步研究采用自动监测、遥感监测等技术,提高对突发恶性水质污染事件的预警预报及快速反应能力,以适应水资源保护、监督管理现代化的要求。

(3)加强信息平台建设,提高水源地信息化水平

建立饮用水水源地监管信息系统,实现对饮用水水源地安全状况进行全面监管。通过

对各类饮用水水源地管理功能的实现，为各级饮用水水源环境保护管理部门的工作人员提供及时准确的信息和数据。

5. 加强备用水源建设，提高水源地应对突发事件的保障水平

针对水源单一问题，为规避突发水污染事件的供水风险，以及考虑到许多水源地水量在枯水季节和干旱年份不能够满足用水需要，一旦发生重大水污染事件或者出现特枯年份，没有备用水源作应急之用，存在饮用水安全隐患，备用水源建设亟待加强。一是启动全国重要饮用水水源地备用水源建设规划，解决备用水源建设立项渠道；二是加强全国重要饮用水水源地备用水源建设技术指导，做好可行性论证和项目申报指导工作。

（二）城市水环境管理与保护保障措施

1. 建立健全统一协调的流域管理体制

我国流域管理机构还没有真正发挥统一管理和协调作用，使流域水资源开发利用和保护出现了以下主要问题：水资源开发利用难以统一调度，上游地区在枯水期用水过度，造成下游地区无水可济，甚至江河断流；流域水污染防治和生态环境保护难以统一协调，上游地区往往超量排放污水，导致下游地区水质恶化；对流域开发利用水资源缺乏有力监督，各有关利益方未共同承担起保护水环境的责任。应加强流域综合管理，建立权威、高效、协调的水资源管理体制，全面实行流域水资源统一规划、统一调配、统一管理，使有限的水资源得到高效合理利用。应督促地方政府完成规划确定的水环境保护目标任务，对跨省界水体断面未达到水污染防治规划确定的水环境保护质量目标要求，并造成下游水污染损失的，上游省级政府应当对下游的直接经济损失给予补偿。对下游地区因特殊的水环境质量要求，需要上游地区限制开发建设或者采取专门的生态保护措施的，下游地区应当对上游地区给予适当补偿。

2. 实行联防联控和部门联动

从各地的实践看，保护河湖必须全面落实《水污染防治行动计划》，实行水陆统筹，强化联防联控。要加强源头控制，深入排查入河湖污染源，统筹治理工矿企业污染、城镇生活污染、畜禽养殖污染、水产养殖污染、农业面源污染、船舶港口污染。

城市河湖管理保护涉及水利、环保等多个部门，应改善各部门分割的水环境管理模式。各部门要在河长的组织领导下，各司其职、各负其责，密切配合、协调联动，依法履行河湖管理保护的相关职责，制定各自的落实方案和计划，如果无法达到相关要求，牵头部门负主要责任，参与部门也负相应责任。水利部门根据河湖健康的水质要求，明确不同河段允许纳污量；环保部门根据水体纳污量控制要求提出分区污染物总量削减方案；产业部门根据污染物总量削减方案，优化产业布局和结构，控源减排。实现部门联动的同时，确保权责明晰，有利于各部门按照职责分工，切实做好相关工作。

3. 强化水环境管理追责机制

各级地方人民政府是实施责任的主体。国务院与各省(自治区、直辖市)人民政府签订水污染防治目标责任书,分解落实目标任务,切实落实"一岗双责",每年考核结果向社会公布,并作为对领导班子和领导干部综合考评的重要依据。对于未通过年度考核的,要通过约谈、限批、依法追究等方式进行惩罚;对于不顾生态环境盲目决策,导致水环境质量恶化、造成严重后果的领导干部,要进行组织处理或党纪政纪处分,已经离任的也要终身追究责任。

4. 水环境治理全系统生态耦合

水环境治理全系统生态耦合需将治理设施和全系统生态通道耦合,主要环境介质与污染负荷削减耦合,水质、水量与水生态耦合,水质量目标与治理、管理、运行体系耦合,水体水质改善与生态系统健康耦合,水环境修复与水生态系统完整性耦合,以达到城市水环境生态系统的安全性。

5. 环保市场多元化

水环境治理的经济手段包括发展环保产业、环保市场,健全价格、税收、税费政策,推动模式机制创新,同时也能对转变经济发展方式、调整经济结构以及推动经济新的增长点发挥作用。"环保产业的市场不仅包括环境污染治理,还鼓励发展系统设计、设备成套、调试运行、维护管理的环保服务总承包模式、政府和社会资本合作模式。通过政府和社会资本合作(PPP)等模式方法和策略,为环保市场拓宽了思路,形成了环保市场的多元化。

6. 强化公众参与和社会监督

通过搭建公众参与平台,强化社会监督,构建全民行动格局,形成"政府统领、企业施治、市场驱动、公众参与"的水污染防治新机制。地方政府对当地水环境质量负总责,要制定水污染防治专项工作方案,各有关部门按照职责分工,切实做好水污染防治相关工作,并分流域、分区域、分海域逐年考核计划实施情况,督促各方履责到位;排污单位要自觉治污、严格守法;公众对环境质量享有知情权、参与权、监督权和表达权,要积极搭建公众参与平台、健全举报制度,以信息公开推动社会监督,激发全社会参与、监督环保的活力。

7. 一河(湖)一策

在河湖管理创新方面,核心是维护江河湖泊资源功能和生态功能,重点是完善河湖管护标准体系和监督考核机制,实行河湖分级管理制度,推行河长制管理模式,建立建设项目占用水利设施和水域补偿制度。党的十八大以来,中央提出了一系列生态文明建设特别是制度建设的新概念、新思路、新举措。《关于全面推进河长制的意见》体现了鲜明的问题导向,贯穿了绿色发展理念,明确了地方主体责任和河湖管理保护各项任务,具有坚实的实践基础,是水治理体制的重要创新,对于维护河湖健康生命、加强生态文明建设、实现经济社会可持续发展具有重要意义。

应全面贯彻党的十八大和十八届三中、四中、五中、六中全会精神，深入学习贯彻习近平总书记重要讲话精神，紧紧围绕统筹推进“五位一体”总体布局和协调推进“四个全面”战略布局，牢固树立新发展理念，认真落实党中央、国务院决策部署，坚持节水优先、空间均衡、系统治理、两手发力，以保护水资源、防治水污染、改善水环境、修复水生态为主要任务，在全国江河湖泊全面推进河长制，构建责任明确、协调有序、监督严格、保护有力的河湖管理保护机制，为维护河湖健康生命、实现河湖功能永续利用提供制度保障。各地要按照《关于全面推行河长制的意见》要求，抓紧编制符合实际的实施方案，健全完善配套政策措施。各省(自治区、直辖市)党委或政府主要负责同志要亲自担任总河长，省、市、县、乡要分级分段设立河长。各级河长要坚持守土有责、守土尽责，履行好组织领导职责，协调解决河湖管理保护重大问题。

8. 改善和提高城市河湖水动力条件

大力推进河湖调水引流、清淤疏浚、涵闸修建及改造、生态护坡护岸、水生态系统保护与修复等河湖连通工程，改善和提高河湖水动力条件，增强水资源水环境承载能力，提高水体自净和水量交换能力，保护河湖水域生态环境，促进河湖生态系统功能改善。

9. 加强执法监督

建立健全水环境管理方面的政策法规体系，细化制度措施要求。建立河湖日常监督巡查制度，实行河湖动态监管。落实河湖管理保护执法监督责任主体、人员、设备和经费。严厉打击涉河湖违法行为，坚决清理整治非法排污、设障、捕捞、养殖、采砂、采矿、围垦、侵占水域岸线等活动。

(三)农村城市水环境管理与保护保障措施

1. 完善农村水环境保护法律体系

农村水污染的防治，首先应当从立法指导思想上进行转变，改变现行立法只关注城市和大中企业水污染控制的状况，建立起城乡统筹发展的水污染防治法律机制。针对现行水污染防治法律体系在农村水污染防治问题上存在大量立法空白的现状，应当在现行水污染防治法律体系的基础上，从农村水污染防治的监管体制、水污染防治主体的权利义务以及法律责任等方面完善并补充农村水污染防治的相关规定。

2. 环保供给侧改革

针对眼下农村污水处理资金投入不足、覆盖率低下、污染物排放逐年增加这一困局，政府应通过在税费政策方面给予优惠来帮助环保企业开拓农村水务市场，一方面能缓解环保企业长期存在的投资回报周期长、回报不足的问题，另一方面能极大地吸引民间资本、减轻政府在农村污染治理方面投入资金的压力，有效解决农村污水处理资金短缺的难题。

3. 严防城市污染迁移

工业和城市污染正逐渐向农村转移排放，这为农村环境拉响了警报。控制农村污染迁移的对策如下：①优化农村工业布局，合理设立工业园区，对污染源进行集中控制，新、改、扩建项目必须通过环境影响评价审批和竣工环境保护验收方能投产；②对农村现有污染源进行全面调查，淘汰落后产能、工艺，整改、关停污染企业；③加强对当地干部、群众的环保宣传、教育，培养环境保护和维权意识。

4. 发展节水型农业

农业是我国的用水大户，其年用水量约占全国用水量的80%。节约灌溉用水，发展节水型农业不仅可以减少农业用水量，减少水资源的使用，同时还可以减少化肥和农药随排灌水的流失，从而减少其对水环境的污染。

5.发展循环经济

加快发展循环经济，努力探索一条充分利用废弃物、节约资源、保护环境、推动经济社会又好又快发展的可持续发展之路，从侧面改善农村水环境。

6. 加强农业面源污染控制

在新农村建设时，应从战略高度部署好农业面源污染防控规划工作，积极建立有利于农业面源污染防控的服务市场机制。针对农业面源污染的复杂性、广泛性和难以治理的特点，建立协调和综合治理机制，实行从源头到排污口的全过程监控和治理，另外还应将农业补贴政策与农村环境改善和农业面源污染防控结合起来。通过培育更多与农业面源污染防控相关的农业环保服务公司和农业环保职员，逐步将农村环境改善与农业面源污染防控转变为一项有利可图的农业服务产业，为农村经济发展提供新的增长点和就业门路，促进农村就业和生态农业科技推广，以形成良好的循环农业生产和污染防控链。

第六章 水生态修复

《关于全面推行河长制的意见》指出:水生态修复的主要任务是推进河湖生态修复和保护，禁止侵占自然河湖、湿地等水源涵养空间。在规划的基础上稳步实施退田还湖还湿、退渔还湖,恢复河湖水系的自然连通,加强水生生物资源养护,提高水生生物多样性。强化山水林田湖系统治理,加大江河源头区、水源涵养区、生态敏感区保护力度,对三江源区、南水北调水源区等重要生态保护区实行更严格的保护。积极推进建立生态保护补偿机制,加强水土流失预防监督和综合整治,建设生态清洁型小流域,维护河湖健康。

第一节 水生态修复概述

一、水生态修复概念

(一)水生态系统

1. 水生态系统及其特点

水生态系统是水生生物群落与水生生境相互作用、相互制约,通过物质循环和能量流动，共同构成的具有一定结构和功能的动态平衡系统。水生态系统分为淡水生态系统和海水生态系统。

水生态系统中的水生生物,依其环境和生活方式,可分为5个生态类群:浮游生物,自游生物,底栖生物,周丛生物,漂浮生物。水中的微生物包括真菌、细菌、放线菌和病毒等,分属于上列不同的类群。这类生物数量多，分布广，繁殖快，在水生态系统的物质循环中起着重要的作用。

淡水生态系统可分为静水生态系统和流水生态系统。池塘、水库、湖泊和沼泽是静水生态系统；泉、溪流和江河是流水生态系统。由于各种水体地理位置、状况、水文条件及非生物环境因素各异，因而各生态系统的生物群落特征也不相同。

湖泊是典型的静水生态系统，按光照条件分为沿岸带、敞水带和深水带，各区域生物种类、数量和功能各不相同。

河流是典型的流水生态系统，生物群落与湖泊不同：同一河流因水流速度不同，可划分为急流带、滞水带和河道带，各带出现了具有不同特征的生物群落。人工水体，如鱼池，其生物群落完全不同于天然水体，其生物种类单一，人工养殖的生物为优势种群。

水生态系统具有以下特点：

(1)生物群落与生境的一致性

生物群落是指在特定的空间和特定的生境下，由一定生物种类组成，与环境之间相互影响、相互作用，具有一定结构和特定功能的生物集合体。生物群落多样性是指生物群落的组成、结构和功能的多样性。实际上，生物群落多样性问题是在物种水平上的生物多样性。有什么样的生境就造成了什么样的生物群落，二者是不可分割的。如果说生物群落是生态系统的主体，那么，生境就是生物群落的生存条件。一个地区丰富的生境能造就丰富的生物群落，生境多样性是生物群落多样性的基础。如果生境多样性受到破坏，生物群落多样性必然会受到影响，生物群落的性质、密度和比例等都会发生变化。在生境各个要素中，水又具有特殊的不可替代的重要作用。水是生物群落生命的载体，又是能量流动和物质循环的介质。地球上不同地区的不同降雨量和地表径流量抚育了森林生态系统、草原生态系统、荒漠生态系统和湿地生态系统等不同种类的生态系统。

(2)水生态系统结构的整体性

从生物群落内部看，整体性是生态系统结构的重要特征。在一个水域中，各类生物互为依存，互相制约，互相作用，形成了食物链结构，在此基础上形成的三维的营养结构称为食物网。生态系统的食物链越复杂，稳定性就越高。复杂的食物网组成的生态系统比简单的直线形食物链的稳定性要高得多，其承载外部压力的能力也高得多。如果食物链(网)的某些重要环节缺失，即“关键种”缺失，对一个生态系统将产生重大影响。另外，从生物群落多样性角度看，一个健康的水生态系统，不但生物物种的种类多，而且数量比较均衡，没有哪一种物种占有优势，这就使得各物种间既能互为依存，也能互相制衡，使生态系统达到某种平衡态即稳态，这样的生态系统肯定是完善的。反之，如果一个淡水生态系统的生物群落内比例失调，会造成整个系统恶化。如江河湖泊群落比例失调，造成水体富营养化和生态系统失衡。

水生态系统还具有明显的分层现象，显示其立体结构的有序性。形成层状结构的根本原因是对于太阳光的利用程度。淡水水生生物的分层现象表现为浮游生物聚集在表层,中间是鱼类和浮游动物的生存空间,在底层则生活着底栖动物和细菌等。植物分布也是层状结构。比如湖泊边缘分布着浅水带植物,植物类型包括挺水植物(如芦苇、香蒲)、漂浮植物(如睡莲、菱)和沉水植物(如眼子菜、狐尾藻),其结构有序而协调。

(3)自我调控和自我修复功能

水生态系统结构具有自我调控和自我修复功能。在长期的进化过程中,形成了同种生物种群间、异种生物种群间在数量上的调控,保持着一种协调关系。在生物群落与生境之间是一种物质、能量的供需关系,在长期的进化过程中也形成了相互间的适应能力。比如水周边的湿地生物群落,需要适应干旱与洪涝两种生境的交替变化,形成了湿地植物既耐旱又耐涝的特征。在大型湖泊和水库中,生物群落与生境的供需关系,体现为以水为载体的食物链的能量流动。

水体自我修复能力,也是水生态系统自我调控能力的一种。通过自我修复,减小外部干扰,实现水体自净。自我调控和自我修复能力,给予水生态系统相对的稳定性。这里的稳定性具有两层含义:一是指对于外界干扰的适应力或称为弹性;二是在受到干扰后返回原状的恢复能力。

生态系统的稳定性是相对的,其适应性也是有限的。所谓弹性限度也就是水生态系统对外界干扰的承载力。当超过某一个弹性限度,生态系统会逐渐失去稳定性,最终导致生态系统的全面恶化。

总之,一个稳定的水生态系统,是一个生物群落多样性丰富的系统,是一个食物链(网)结构复杂而完善的系统,是一个物质循环、能量流动及信息流动通畅的系统。

2. 河流生态系统及其特征

河流生态系统是河流、溪流中生物类群与其生存环境相互作用构成的具有一定结构和功能的系统。河流生态系统由流水生态子系统和河漫滩生态子系统两部分构成,是淡水生态系统中的主要类型之一。

流水生态子系统的首要特征是具有连续的水流,在很大程度上决定着河流的许多理化性质和生物的沿程变化。同一河流在不同河段的不同时期流速常有很大变化,某些区域还可能处于静水状态。河流中通常存在急流带、滞水带和河道带三种生境。急流带指流速大、底质坚硬的浅水区;滞水带指水流缓慢、底质松软的深水区;某些河流的下游水流平缓,急流带与滞水带差别基本消失,这部分河道称为河道带。系统中的生物类群按所处生境不同可分为急流带、滞水带和河道带等生物群落。急流带生物群落主要是一些着生藻类和各种昆虫幼虫,生活在这里的动物都具有特别的形态结构,明显的流水环境生物特征。滞水带生物群落主要有丝状藻类和一些沉水植物、穴居或底栖动物和多种鱼类,某些流速很低的河流中还生长着浮游动物。河道带生物群落类似于静水生物群落,除河流生物外,还可见很多静水生物。

流水生态子系统的另一特征是水陆与水空交界面较大，与邻近的其他生态系统进行物质和能量交换频繁，是更开放的生态系统。河水中溶解氧通常较充足，热分层和化学分层现象不明显。受河流流量季节变化大和外源输入的不确定性影响，河流的化学组分往往因时间和距离不同而发生很大变化。

河漫滩是位于河床主槽一侧或两侧，在洪水时被淹没，在枯水时出露的滩地。河漫滩生态子系统的环境状况和生物呈周期性变化。河漫滩植物群落可分为湿生（沼生）植物群落、中生植物群落和旱生（沙生）植物群落。

河流生态系统的生境特点，造就了河流生物群落的多样性。河流生境形态多样性表现为以下 5 个方面。

（1）水陆两相和水气两相的联系紧密性

与湖泊相对照，河流是一个流动的生态系统。河流与周围的陆地有更多的联系，水陆两相联系紧密，是相对开放的生态系统，水域与陆地间过渡带是两种生境交会的地方，由于异质性高，使得生物群落多样性的水平高，适于多种生物生长，优于陆地或单纯水域。在水陆连接处的湿地，聚焦着水禽、鱼类、两栖动物和鸟类等大量动物。沉水植物、挺水植物和陆生植物则以层状结构分布。由于河流中水体流动，水深一般情况下比湖水浅，与大气接触面积大，水体中溶解氧较丰富，是一种联系紧密的水气两相结构。特别在急流、跌水和瀑布河段，曝气作用更为明显，溶解氧更高。

（2）上、中、下游的生境异质性

大江大河大多发源于高原，流经高山峡谷和丘陵盆地，穿过冲积平原到达宽阔的河口。河流上、中、下游所流经地区的气象、水文、地貌和地质条件有很大差异。如长江流域为典型亚热带季风气候，流域辽阔，地理环境复杂，各地气候差异很大，且高原峡谷河流两岸常有立体气候特征，流域内形成了急流、瀑布、跌水、缓流等不同的流态。需要指出的是，除了气象、地貌等生态因子外，河流的流态、流速、流量、水质以及水文周期等水文条件也应作为重要的生态因子考虑。

河流上、中、下游由多种异质性很强的生态因子描述的生境，形成了极为丰富的流域生境多样化条件，这种条件对于生物群落的性质、优势种和种群密度以及微生物的作用都产生重大影响。在生态系统长期的发展过程中，形成了河流沿线各具特色的生物群落，形成了丰富的河流生态系统。

（3）河流纵向的蜿蜒性

自然界的河流都是蜿蜒曲折的，不存在直线或折线形态的天然河流。在自然界长期的演变过程中，河流的河势也处于演变之中，使得弯曲与自然裁弯两种作用交替发生。但是弯曲或微弯是河流的趋向形态。另外，也有一些流经丘陵、平原的河流在自然状态下处于分汊散乱状态。蜿蜒性是自然河流的重要特征。从河流整体形态角度观察,蜿蜒性使得河流形成主流、支流、河湾、沼泽、急流和浅滩等丰富多样的生境。从局部河段的尺度观察,由于在河流凹侧水流的顶冲淘刷,使河床形成局部深潭;而在河流的凸侧由于流速较缓,泥沙淤积形成浅滩。这样沿河流流向,出现了水深和流速的多样性变化。形成了深潭与浅滩交错、急流与缓流相间的格局。丰富多变的生境条件,形成丰富多样的生物群落。

(4)河流断面形态的多样性

蜿蜒型自然河流的横断面多有变化,形态多样,表现为非规则断面,也常有深潭与浅滩交错的布局出现。在不同的生境,栖息着不同类群的生物。

(5)河床材料的透水性和多样性

一条纵坡比降不同、蜿蜒曲折的河流中,河床的冲淤特性取决于水流流速、流态、含沙率和颗粒级配以及河床的地质条件等。由悬移质和推移质的长期运动形成了河流的动态河床。

3. 湖泊生态系统

湖泊生态系统属于静水生态系统的一种，是由湖泊内生物群落及其生态环境共同组成的动态平衡系统。湖泊内的生物群落同其生存环境之间,以及生物群落内不同种群生物之间不断进行着物质交换和能量流动,并处于互相作用和互相影响的动态平衡之中。湖泊生态系统的水流动性小或不流动,底部沉积物较多,水温、溶解氧、二氧化碳、营养盐等分层现象明显;湖泊生物群落比较丰富多样,分层与分带明显。水生植物有挺水、漂浮、沉水、浮游植物;植物体上生活着各种水生昆虫及螺类等;浅水层中生活着各种浮游生物及鱼类等;深水层有大量异养动物(只能利用现成的有机物中的能量的动物)和兼氧性细菌;微生物广泛分布在水体各处。各类水生生物群落之间及其与水环境之间维持着特定的物质循环和能量流动,构成一个完整的生态单元。随着湖泊自然退化进程的发展,湖泊生态系统将经历贫营养阶段、富营养阶段、水中草本阶段、低地沼泽阶段直到森林顶极群落,最终演变为陆地生态系统。不当的人类活动(如围湖造田)将加速这种演变的进程。

湖泊是在自然界的内外应力长期互相作用下形成的,是陆地水圈的重要组成部分,与大气圈、岩石圈和生物圈有着密切的联系;而整个自然界又都处在永恒的、无休止的运动和变化中,各圈层互相作用的自然过程无不引起湖泊的变化。湖泊外部环境的变化,必将引起湖泊内部生态系统的变化，原有的生态平衡遭到破坏，最终必然导致湖泊生命的终结。湖泊相对于山、川、海洋而言,其生命要短暂得多。一般湖泊寿命只有几千年至万余年,它可以分为青年期、成年期、老年期和衰亡期,而人类的社会经济活动大大地加速了湖泊的演化和消亡过程。

由于湖泊生态的脆弱性,加上人类不合理地利用湖泊资源,我国绝大多数湖泊的良性生态系统遭受到不同程度的破坏。其主要表现为:①盲目围垦,导致湖泊面积缩小,甚至消亡;②过度用水,导致湖泊萎缩,水质变差;③水质污染严重和富营养化过程加速;④水资源开发利用不当和过度捕捞使湖泊水产资源面临枯竭。

4. 水库及河口生态系统

水库生态系统是指由水库水域内所有生物与非生物因素相互作用,通过物质循环与能量流动构成的具有一定结构和功能的系统。水库生态系统由库内水域、库岸及回水变动区的水生态系统和陆地生态系统两部分组成。

河口生态系统是河口水域各类生物之间及其与环境之间的相互作用构成的具有一定结构和功能的系统。河口生态系统分为入江河口生态系统、入河河口生态系统和入海河口生态系统。

(二)水生态保护与修复

1. 水生态修复

水生态修复是指利用生态工程学或生态平衡、物质循环的原理和技术方法或手段,对受污染或受破坏、受胁迫环境下的生物(包括生物群落)及其生存和发展生境的改善、改良或恢复。此处的水生态是指环境水因子对生物的影响和生物对各种水分条件的适应。不同的水环境因子会导致和呈现不同的水生态水平。由于人类活动的影响,水环境遭到严重污染和破坏,水生态状况急剧恶化,直接影响水生态系统和人类健康。因此,须对受损的水生态进行修复,使其恢复到有利于水生态系统和人类健康的水平上来。

水生态修复的对象是水生生物群落及其生境,包括水量、水质、水位、流速、水深、水温、水面宽度、涨落水时间,以及产卵场、越冬场、育肥场、洄游通道的修复或恢复等。水生态修复的主要目标是为水生生物或特有的生物种群以及健康的水生态系统提供良好的生存和发展环境。

2. 水生态保护

水生态保护是对水生态系统的保护,保护水生生物群落与水生生境构成动态平衡系统的结构和功能,保证水生态系统内的物质良性循环和能量合理流动,通过信息反馈,维持水生态系统相对稳定与发展,并参与生物圈的循环。具体地说,水生态保护包括以下内容:

1)维护水生态系统合理的空间结构,保障河流合理的生态流量,维持湖泊、水库、地下水的合理水位,防止水源枯竭和水环境污染,保持良好的水生生境。

2)保护水生生物群落组成、结构和功能多样性,维护水生生物群落结构的完整性和协调性。

3)保护水生生物群落与水生生境之间能量流动、物质循环和信息交流等基本功能正常,维持水生态系统功能类群之间的营养联系正常,维护好水生生物群落与生境长期的进化过程中形成的相互适应性。

4)维护水生态系统短时间周期性变化,群落演替和水生态系统进化的动态变化良性发展。

3. 水生态修复与水生态保护关系辨析

水生态修复的着重于水环境因子的修复,水生态保护则侧重水生态系统的保护,二者内容虽互有交叉,但侧重点不一样。水生态修复主要是通过工程手段来实现,而水生态保护则更多地依靠调控管理手段实现。在实际工作中,二者并不能绝对分开,往往综合运用,保护中有修复,修复中有保护。

二、水生态保护和修复的主要目标

水生态保护和修复的主要目标是恢复水体原有的生物多样性、连续性,充分发挥资源的生产潜力,同时起到保护水环境的目的,使水生态系统转入良性循环,达到经济和生态同步发展。通过保护、种植、养殖、繁殖适宜在水中生长的植物、动物和微生物,改善生物群落结构和多样性。增加水体的自净能力,消除或减轻水体污染。生态修复区域在城镇和风景区附近,应具有良好的景观作用,生态修复具有美学价值,可以创造优美的水生态景观。

水生态保护和修复的主要目标可分为以下几个层次:一是"完全复原",使水生态系统的结构和功能完全恢复到干扰前的状态。完全复原首先是水域地貌学意义上的恢复,通过人工措施恢复原有的水域地貌形态,在物理系统恢复的基础上促进生物系统的恢复。二是"修复",部分地返回到水生态系统受到干扰前的结构和功能。三是"增强",环境质量有一定程度的改善。四是"创造",开发一个原来不存在的新的水生态系统,形成新的水域地貌和水生生物群落。五是"自然化",由于人类对于水资源的长期开发利用,已经形成了一个新的水生态系统,而这个系统与原始的自然动态生态系统是不一致的。在承认人类对水资源开发利用的必要性同时, 强调要保护自然环境质量。通过水域地貌及生态多样性的恢复,建设一个具有水生生境多样性和生物群落多样性的动态稳定的、可以自我调节的水生态系统。

由于水生态系统不同程度受到人类活动和自然变化的干扰且干扰前结构和功能弄清楚十分困难,经济社会发展已经建设了一大批涉水工程,涉水工程项目在发挥巨大经济效益的同时,成为制约水生态系统恢复的重要约束力量。人类生存发展离不开水生态系统,水生态系统要恢复到干扰前的结构和功能是不现实的, 且完全依靠自然界的力量通过自然演替过程和系统进化过程难以实现水生态保护与恢复的目标。水生态修复主要针对水资源开发利用和生态环境保护现状,进行水生态修复。

水生态修复一般分为人工修复、自然修复两类。生态缺损较大的区域,以人工修复为主,人工修复和自然修复相结合,人工修复促进自然修复;现状生态较好的区域,以保护和自然修复为主，人工修复主要是为自然修复创造更良好的环境，加快生态修复进程，促进稳定化过程。进行人工修复的区域，一方面需要根据现代社会的观念和市民的愿望按照城镇和农村水域的不同功能进行生态修复；另一方面应尽量仿自然状态进行修复，特别是农村区域。水生态系统得到初步恢复后，加强管理和长效管理，确保其顺利转入良性循环。在权衡满足经济社会需求与满足水生态健康关系上，采取二者并重的立场。

对应不同的系统保护与修复目标，采取不同的措施。概括各种措施，有以下几种：一是人工直接干预达到生态修复的目标。二是自然修复，主要依靠生态系统自我设计、自我组织、自我修复和自我净化的功能，达到生态修复的目标。三是增强修复，是介于以上两种方法之间的路线。在初期的物质和能量投入的基础上，靠水生态系统自然演替过程实现保护与修复目标。

根据我国水资源开发利用与保护现状和经济社会发展的实际，通过水资源的科学规划、合理配置、节约、高效利用及有效保护，采用各种水生态系统保护或修复措施，长期维护水生态系统的健康状况，遏止局部水生态系统失衡趋势，促进其良性循环。通过对水生态进行系统的保护与修复，建立水生态保护与修复的管理体系、技术体系和工作制度，形成水生态修复长效机制。

水生态保护与修复的具体目标有：

1)保障河流合理的生态流量和湖泊、水库合理的生态水位，确保有重要保护意义的河湖湿地及由河水为主要补给源的河谷林草、与河流直接连通的湖泊及本土特有珍稀濒危或重要经济鱼类产卵场、越冬场及索饵场等敏感区正常生态功能的生态需水；保持地下水合理的埋深和开采率。

2)水域水功能区水质全部达标，湖泊富营养化指数控制在合理的水平，水库下泄低温水温度控制在水生态系统可接受范围之内。

3)维护良好的河流、湖泊连通性，湿地保留率合理，生态需水基本满足水生态系统需求，珍稀水生生物和群落密度相对比较高，栖息地条件保护得比较好，物种数量呈稳定或增长状况，鱼类适应生境得到有效保护。

4)水资源开发利用率和水能开发利用率满足水域生态安全的需求，河水景观和自然保护区整体保护完整。

三、水生态保护与修复原则

(一)水生态保护与修复原则内容

水生态保护与修复是把已经退化的生态系统修复到与其原有系统功能与结构能保持一致或近似一致的状态。因此，对于水体的生态保护与修复，水生态系统的保护与修复贯彻以下原则：

1. 遵循自然规律原则

要立足于保护生态系统的动态平衡和良性循环,坚持人与自然和谐相处;要提出顺应自然规律的保护与修复措施,充分发挥自然生态系统的自我修复能力。

2. 社会、经济现实可行原则

从经济社会发展的实际出发,确定合理适度、现实可行的水生态保护和修复目标。

3. 保持水生态系统的完整性和多样性原则

不仅要保护水生态系统的水量和水质,还要重视对水土资源的合理开发利用,工程措施与生物措施的综合运用。水生态系统具有独特性和多样性,保护措施应具有针对性,不能完全照搬其他地方成功的经验。管理工作要与水功能区要求充分结合。

4. 水生态保护和修复工作长期性原则

水生态保护和修复工作要长期坚持不懈,将水生态保护和修复的理念贯穿到水资源规划、设计、施工、运行、管理等各个环节,成为日常工作的有机组成部分。

(二)具体实施中应注意的几个问题

1. 保护与保持具有重要生态意义的水生态系统

现有尚未遭到破坏的水生态系统或具有重要生态意义的生态敏感区,对于保存生物多样性至关重要。一方面它可以为水生态修复提供生物群和自然物质,另一方面也可让水生态保护与修复结合起来,在保护生态敏感的水生态系统的同时修复遭到破坏的水生态系统,促进水生态保护与遏制水生态恶化。

2. 恢复生态完整性

生态完整性是指生态系统的状态,特别是其结构、组合和生物共性及自然环境的自然状态。一个完整的生态系统是结构和功能完善的自然系统:能适应外部的影响与变化,能自我调节和持续发展,其主要生态进程如营养物质循环、迁移、水位、流态以及泥沙冲刷和沉积的动态变化等完全是在自然变化的范围内进行。因此,为了使生态恢复与修复能加速实现,在水域及流域的范围内,采取有利于自然进程和自然特性的计划方案,随着时间的推移尽可能将已经退化的水生态系统完整性重新建立起来,保护水生态系统。

3. 恢复或修复原有的结构与功能

在水域生态系统中,结构与功能二者都与河岸走廊、湖泊、湿地、河口及水生生物资源关系密切。适度地重新建立原有结构,可有效地恢复其原有功能。比如,河道形态或其他自然特性发生一些不利的变化,这些不利变化又会带来诸如栖息地退化、流态变化、淤积等问题。在生态修复工程中常常会碰到河道变小渠化、湿地开沟、相邻生态系隔断、岸线调整等改变结构的情况。在这种情况下,恢复原有区域的结构形态与自然特征是生态修复工程中所涉及的改善水质、回迁原有生物群等其他方面取得成功的基础。修复湿地底部高程和重新建立水文区域、自然扰动周期和养分能量是关键,主要是为了恢复湿地结构和功能。

在生态修复工程中考虑社会效益与经济效益时，应优先考虑那些已不复存在或消耗了的生态功能。

4. 兼顾流域内的生态景观工程与修复

水生态修复与生态工程应该有一个全流域的计划，而不能仅仅局限于水体退化最严重部分的计划，应兼顾生态景观工程与修复。通常局部的生态修复工程无法改变全流域的退化问题。比如新建城市与城市发展可能会增加径流量、下切侵蚀和河岸冲刷以及污染物负荷，综合考虑流域上下游的相关因素，制定出既有良好生态效益又能使相邻区域径流和非点源污染影响得到有效控制的方案。在湿地生态修复工程选址时，应考虑规划工程未来对流域产生进一步的相关影响，如何增强岸边动植物栖息地的连续性、减少洪涝、改善下游水质等，在流域水体的生态恢复工程中，其他因素也会对生态恢复产生一些影响，如来自相邻流域的地面动植物的干扰，或是来自其他区域的浮游污染物沉降。

5. 生态恢复要有明确、可行的适度目标

在生态恢复与修复过程中，如果没有一个合适的目标，生态修复工程很可能无法取得成功。因此，在制定生态修复与恢复的规划与方案中，要对各种不同方案进行选择和对技术手段做出评价，从中选择出最为可行的工程目标。从生态学与效益的角度尽可能选择达到和发挥区域自然潜能及公众支持的方案。从经济学角度，对于技术问题、资金来源、社会效益等各种因素必须加以综合考虑。对修复工程的每一个具体目标有一个明确的认识与分解，如果退化之前的水文区域不能重新建立的话，那么这个湿地的生态修复工程很可能无法取得成功。

6. 自然调整与生物工程技术相结合

水域生态的自然调整与恢复是一个非常关键的环节，在对一个恢复区进行主动改造之前，应首先考虑采用被动修复的方法。例如，减少或限制退化源的发生扩展并让其有时间修复。有些河道和河流采取被动修复可以重新建立起稳定的河道和洪泛区，使岸边植被再生，从而改善河中动植物的生存条件。尽管被动修复依靠自然进程，但仍然需要对必要条件加以分析，如何恢复本土物种，而避免非本土物种是关键因素。众多入侵物种之所以能够生存下来，通过竞争并战胜本土物种，是因为这些入侵物种是受困扰地区原有物种的克星。因此，生态修复与恢复过程中应控制非本土物种的引入与入侵发生，否则一旦发生将逐渐损害修复工程的成果，并会进一步蔓延。

在生物恢复与生态修复过程中也可采取生物工程措施，将有生命力的植物与残存植物或无机物质相结合，从而生成有活性的功能性系统，可以防止河道冲刷、泥沙沉积和污染物增加，为水生动物创造生存条件，也可以利用一些特殊的生物工程技术用于雨水处理及湿地系统的建立、河岸植被再生等，使进入水体的自然净化能力加强并得到提高。

四、水生态保护与修复任务

随着人口的快速增长和经济社会的高速发展，水生态系统承受越来越大的压力，出现了水源枯竭、水体污染、富营养化凸显、河道断流、地下水超采、湿地萎缩消亡、绿洲退化等问题。针对造成水生态系统退化和破坏的关键因子，从保护水生态系统动态平衡和良性循环以及保护水生态系统的完整性和多样性角度出发，按照合理适度、现实可行的水生态保护目标。从总体要求分析，水生态系统保护与修复首先要改善水质，消除或减轻水污染，使水体在质量方面满足水生生物的生长条件，满足经济社会发展和人们生活需求；改善水文条件，采用合理的调度模式，使水体在水量、水位和流速等方面满足水生生物生长的生境条件；恢复或修复生物栖息地；保护物种与涉水景观和改善人居环境。水生态系统保护与修复的主要任务有以下几个。

1. 科学合理配置水资源，保障水生态系统的合理用水需求

在水资源合理配置的基础上，明确取水许可总量控制指标，根据水生态现状调查评价成果，结合水资源开发利用控制指标和生态保护目标生态需水特点，明确主要控制断面生态需水要求及保障措施。强化水资源统一调度，健全调度机制和手段，保障生态用水的合理需求。

2. 构建完善的水生态保护与修复的规划体系

在对水生态现状进行调查评价的基础上，分析识别区域典型水生态问题；明确水生态保护与修复目标，提出水生态保护与修复措施的总体布局；制定生态需水配置、保障方案及各类水生态保护与修复工程措施与非工程措施。

3. 强化水功能区监督管理，科学核定水域纳污能力，维持合理生态需水

按照水功能区水质目标要求，科学核定水域纳污能力，提出水域的限制排污总量，确保水功能区水质全面达标。加快地下水超采区划定工作，逐步削减开采量，遏制地下水过度开发。维持河流合理生态流量，维持湖泊、水库和地下水的合理水位。

4. 提高用水效率和效益，推进节水型社会建设

建立健全国家用水定额标准，健全节水产品市场准入制度。建立全国用水效率和效益评价与考核指标体系，健全节水责任制和绩效考核制。完善公众参与机制，引导和动员社会各方面力量积极参与节水型社会建设，减少水资源的开发利用，减少污水排放，减轻对水生态系统的影响。

5. 保护重要的水生态系统

保护涉水景观、自然保护区及具有重要生态意义的水生态系统（河口、重要湿地、江湖互通湖泊、重要水生动物栖息地等），完善相关管理法规，制定严格的保护红线，协调好水资源开发利用与水生态系统保护。

6. 保护水生生物生境及多样性,保护和修复水生态系统

针对水生生物生境维护、多样性保护以及河流、湖泊、重要湿地的水生态系统保护实际,因地制宜地实施水生态保护与修复工程措施。通过建设或利用已有工程措施保护或修复水生态系统,同时充分发挥大自然的自我修复能力,保护和修复水生态系统。

7. 完善水生态保护的技术支撑体系、政策法规和标准体系

加强建立水生态保护的技术研究,选择热点地区,针对典型问题进行水生态系统保护和修复的试点。通过试点研究,提出系统的可推广应用的成果,为水生态保护提供技术支撑;建立水生态系统健康指标体系和评价与考核指标体系,为水生态保护提供科学依据;从生态系统保护和修复的角度进一步完善水生态管理制度,使水生态系统保护与修复工作规范化、制度化、法制化;完善水生态保护相关政策法规;为水生态保护提供强有力保障。

五、水生态保护与修复关键技术

(一)水生态调查、监测与评价关键技术

水生态调查与监测具有周期长、调查不确定性大、调查工作成本高等特点,根据水生态系统结构功能及其重要性判断,主要选取水生生物指标(通常包括浮游植物和动物、底栖动物、着生生物、水生植物、鱼类等)、水生态特征指标(通常包括植物初级生产力、叶绿素 a、细菌总数)以及区域水生态状况等指标进行调查和监测。

水生态系统指标应当具有内容全面、相互配套、数据准确、标准统一的特点。水生态系统指标体系的建立是一项十分复杂的工作,综合起来有技术指标、经济指标、社会影响指标、环境评价指标 4 个子指标体系。科学合理地构建水生态系统指标体系是水域健康评价的关键,构建科学的河湖健康评价技术体系,进行河流湖泊(水域)健康评价,是水生态保护的基础。

(二)水生态保护与修复规划关键技术

主要包括水生态分区技术、水生态保护与修复技术体系、重要水域生态需水规划技术及水生态保护与修复措施总体布局等。

(三)涉水重要景观与生境保护与恢复关键技术

涉水景观与自然保护区主要包括分类、敏感保护目标判别、保护范围及鱼类目标拟定及保护与修复措施方案制定等方面的关键技术。

水生生物生境维护主要包括生态需水保障、洄游通道维护、鱼类天然生境保留和适宜生境人工再造、鱼类“三场”保护修复、分层取水措施等方面的关键技术。

(四)水生生物多样性保护关键技术

针对水生生物多样性服务功能辨析、水生生物多样性保护面临的问题,水生生物多样

性保护主要包括珍稀濒危和特有物种保护、渔业资源保护与增殖以及水生生物多样性保护保障措施等方面的关键技术。

(五)水生态保护与修复工程技术

水生态保护与修复工程的关键技术主要包括控源减污、基础生境改善、生态修复和重建、优化群落结构4项技术措施。水体生态修复不仅包括开发、设计、建立和维持新的生态系统,还包括生态恢复、生态更新、生态控制等内容,同时充分利用水调度手段,使人与环境、生物与环境、社会经济发展与资源环境达到持续的协调统一。其中在生态修复和重建时要注意:①种植水生植物要选择适合的种类和品种并合理搭配;②生态修复要选择适当时机;③生态修复要创造适宜的生物生长环境;④合理养殖水生动物;⑤提倡乡土品种,防止外来有害物种对本地生态系统的侵害。⑥优化群落结构。按水生态类别,具体为针对河流水生态保护与修复,包括河流缓冲区、河流廊道、河流水生生物群落恢复、河流底泥疏浚及控制等方面的工程设计关键技术;针对湖泊水生态保护与修复,包括湖滨带生态修复、湖泊水生植被恢复、湖泊生态修复生物操纵技术等方面的工程设计关键技术。

(六)水生态保护与修复管理技术

水生态保护与修复管理技术是水生态保护实施的重要保障。它主要包括生态需水保障措施、生态调度管理模式、水生态补偿机制及水生态动态监测与监管系统等关键措施技术。

第二节 河湖健康评价与生态修复

一、河湖健康评价

健康河湖指处于良好的生态状况和提供良好的社会服务功能的河湖水系,河湖健康是与河湖生态环境和经济社会特征相适应、基于人水和谐的河湖管理可以达到并维持的状况。良好的生态状况主要从物理、化学和生物完整性3个方面进行评估,良好的社会服务功能则以人类社会对河湖功能需求的预期为标准进行评价。

河湖健康评价是以河湖及其集水区为评价对象,在人水和谐的河湖管理理念指导下,在传统的水质评价和水功能区达标评价基础上,结合河湖生态系统生物状况监测评价、河湖水文水资源状况和河湖栖境评价,以及河湖社会服务功能满足程度,诊断河湖健康"症状"分析成因,评估管理措施绩效,制定"处方"的过程,为河湖可持续性管理提供依据,保障河湖健康和河湖流域经济社会的可持续发展。

河湖健康评价分为河流健康评价和湖泊健康评价。

(一)河流健康指标及其评价方法

1. 评价的原则

(1)动态性原则

生态系统总是随着时间变化而变化,并与周围环境及生态过程密切联系。生物内部之间、生物与周围环境之间相互联系,使整个系统有畅通的输入、输出过程,并维持一定范围的需求平衡。生态系统这种动态性,使系统在自然条件下总是自动向着物种多样、结构复杂和功能完善的方向发展。因此,在进行河流生态系统健康评价时,应随时关注这种动态,不断地进行调整,才能适应系统的动态发展要求。

(2)层级性原则

系统内部各个亚系统都是开放的,且各生态过程并不等同,有高层次、低层次之别,也有包含型与非包含型之别。系统中的这种差别主要是由系统形成时的时空范围差别造成的,在进行健康评价时时空背景应与层级相匹配。

(3)创造性原则

系统的自我调节过程是以生物群落为核心,具有创造性。创造性是生态系统的本质特征。

(4)有限性原则

系统中的一切资源都是有限的,对生态系统的开发利用必须维持其资源再生和恢复的功能。

(5)多样性原则

生态系统结构的复杂性和生物多样性对生态系统至关重要,它是生态系统适应环境变化的基础,也是生态系统稳定和功能优化的基础。维护生物多样性是河流生态系统评价中的重要组成部分。

(6)人类是生态系统的组分原则

人类是河流生态系统中的重要组成部分,人类的社会实践对河流生态系统影响巨大。

2. 评价理论与评价方法

(1)评价理论

生态系统健康是生态系统特征的综合反映。由于生态系统为多变量,其健康标准也应是动态及多尺度的。从系统层次来讲,生态系统健康标准应包括活力、恢复力、组织、生态系统服务功能的维持、管理选择、外部输入减少、对邻近系统的影响及人类健康影响 8 个方面。它们分别属于不同的自然、社会及时空范畴。其中,前 3 个方面的标准最为重要,综合这 3 个方面就可反映出系统健康的基本状况。生态系统健康指数(Health Index,HI)的初步形式可表达为:

$$\mathrm{HI}=V\times O\times R \tag{6-1}$$

式中：HI——生态系统健康指数，也是可持续性的一个度量；

V——系统活力，是系统活力、新陈代谢和初级生产力的主要标准；

O——系统组织指数，是系统组织的相对程度 0~1 的指数，包括多样性和相关性；

R——系统弹性指数，是系统弹性的相对程度 0~1 的指数。

河流作为生态系统的一个类别，其健康程度同样可用上述 3 项指标来衡量。鉴于河流具有强大的服务功能，可单独作为一项指标。其系统健康指数（River Ecosystem Health Index，REHI）可表达为：

$$\mathrm{REHI}=V\times O\times R\times S \tag{6-2}$$

式中：REHI——河流生态系统健康指数；

S——河流生态系统的服务功能，是服务功能的相对程度 0~1 的指数；

V——系统活力，是系统活力、新陈代谢和初级生产力的主要标准；

O——系统组织指数，是系统组织的相对程度 0~1 的指数，包括多样性和相关性；

R——系统弹性指数，是系统弹性的相对程度 0~1 的指数。

从理论上讲，根据上述指标进行综合运算就可以确定一个河流生态系统的健康状况，但在实际操作中是相当复杂的。原因主要为：①每个河流生态系统都有许多独特的组分、结构和功能，许多功能、指标难以匹配；②系体具有动态性，条件发生变化，系统内敏感物种也将发生变化；③度量本身往往因人而异。每个研究者常用自己熟悉的专业技术去选择不同的方法。

（2）评价方法

河流生态系统主要由水质、水量、河岸带、物理结构及生物体 5 类要素组成。这 5 类要素相互依存、相互作用、相互影响，有机组成完整的河流生态系统。因此，对河流生态系统健康进行评价，也必须围绕这 5 类要素展开。目前，河流生态系统健康评价的方法很多。

1）从评价原理角度可以分为两类。

①预测模型法。该类方法主要通过把一定研究地点生物现状组成情况与在无人为干扰状态下该地点能够生长的物种状况进行比较，进而对河流健康进行评价。该类方法主要通过物种相似性比较进行评价，且指标单一，如果外界干扰发生在系统更高层次上，没有造成物种变化，这种方法就会失效。

②多指标法。该方法通过对观测点的系列生物特征指标与参考点的对应比较结果进行计分，累加得分进行健康评价。该方法为不同生物群落层次上的多指标组合，因此能够较客观地反映生态系统变化。

2）从评价对象角度也可以分为两类。

①物理—化学法。主要利用物理、化学指标反映河流水质和水量变化、河势变化、土地利用情况、河岸稳定性及交换能力、与周围水体（湖泊、湿地等）的连通性、河流廊道的连续

性等。同时,应突出物理—化学参数对河流生物群落的直接影响和间接影响。

②生物法。河流生物群落具有综合不同时空尺度上各类化学、物理因素影响的能力。面对外界环境条件的变化(如化学污染、物理生境破坏、水资源过度开采等),生物群落可通过自身结构和功能特性的调整来适应这一变化,并对多种外界胁迫所产生的累积效应作出反应。因此,利用生物法评价河流健康状况,应为一种更加科学的评价方法。生物评价法按照不同的生物学层次可以划分为5类。

a.指示生物法,就是对河流水域生物进行系统调查、鉴定,根据物种的有无来评价系统健康状况。

b.生物指数法,是根据物种的特性和出现的情况,用简单的数字表达外界因素影响的程度。该方法可克服指示生物法评价所表现出的生物种类名录长、缺乏定量概念等问题。

c.物种多样性指数法,是利用生物群落内物种多样性指数有关公式来评价系统健康程度。其基本原理为:在清洁的水体中,生物种类多,数量较少;污染的水体中生物种类单一,数量较多。该方法的优点在于确定物种、判断物种耐受性的要求不严格,简便易行。

d.群落功能法,是以水生物的生产力、生物量、代谢强度等作为依据来评价系统健康程度。该方法操作较复杂,但定量准确。

e.生理生化指标法,应用物理、化学和分子生物学技术与方法研究外界因素影响引起的生物体内分子、生化及生理学水平上的反应情况。可为评价和预测环境影响引起的生态系统较高生物层次上可能发生的变化。澳大利亚学者近期采用河流状况指数法对河流生态系统健康进行评价,该评价体系采用河流水文、物理构造、河岸区域、水质及水生生物5个方面的20余项指标进行综合评价,其结果更加全面、客观,但评价过程较为复杂。

河流健康评价方法种类繁多,各具优势,在具体评价工作中,应相互结合,互为补充,进行综合评价,才能取得完整和科学的评价结果。同时,评价的可靠性还取决于对河流生态环境的全面认识和深刻理解,包括获取可靠的资料数据,对生态环境特点及各要素之间内在联系的详细调查和分析等,均是评价成功的关键。

(二)湖泊健康指标及其评价方法

1. 评价理论

湖泊生态系统健康评价有两个理论基础。

(1)生态系统健康

生态系统健康的概念涵盖了Constanza定义的自我平衡、没有病征、多样性、有恢复力、有活力和能够保持系统组分间的平衡等6个方面,以及描述系统状态的3个指标(活力、组织和恢复力)。

(2)湖泊生态系统的物质循环

湖泊生态系统的物质循环是湖泊生态系统中不同营养级的生物及其与外界环境之间

物质交换的总称,不同湖泊中的物流不同,由此造成湖泊生态系统的功能和结构各异。水体富营养化是湖泊突出的环境问题，因此本文中主要对具有富营养化特征和趋势的湖泊进行分析,建立影响水生生物生长的营养物质(氮、磷和有机物)在水生生物之间的循环过程简图(见图 6-1)。这一循环过程十分复杂,主要有:湖泊和外界环境间的物质和能量交换;浮游植物吸收,浮游动物、草食性和肉食性鱼类捕食以及在捕食和繁衍过程中的物质损失；上层水体中的营养物和有机物沉降、矿化以及沉积物中的营养物和有机物重新溶解;细菌的分解;渔业和人为的水生生物捕获。

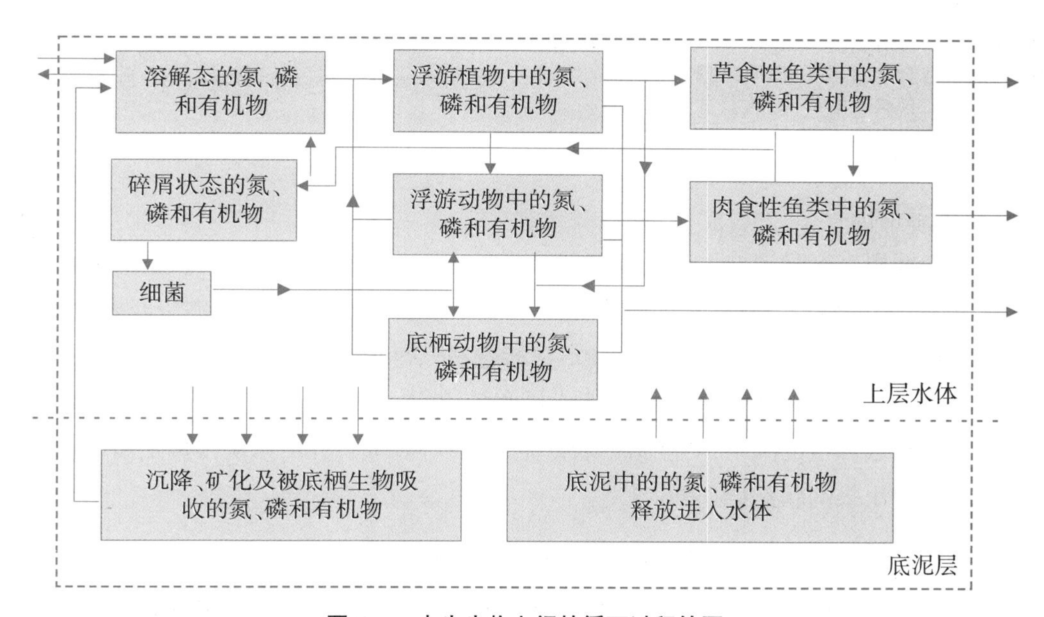

图 6-1　水生生物之间的循环过程简图

2. 评价指标体系

目前,对湖泊生态系统健康评价的研究主要集中在生态类指标的分析上,而湖泊生态系统是一个涵盖内、外因素的综合体。外部因素主要是系统外的物质和能量输入,湖泊的生态系统发生变化，也主要是在外部环境变化的情况下内部的生态系统结构和功能发生变化的过程；内部因素主要是生态系统组成成分之间的影响和水体中的营养盐浓度以及pH 值、溶解氧、水动力学条件等。因此,要对湖泊生态系统健康状况进行评价,应该从 3 个方面进行考虑:①外部指标,考虑外部物质的输入和输出及其影响;②湖泊内的环境要素状态指标;③生态指标对湖泊生态系统的结构、功能以及整体系统特性的分析。

(1)外部指标

外部指标主要包括 3 个部分:①外源输入(主要是污染物质和能量)的量和系统的最大承载力;②湖泊生态系统对外界的输出,也就是系统的对外功能,包括生物的物质和能量的输出以及水资源的输出;③湖滨带平均宽度和生态系统状况。

(2)湖泊内的环境要素状态指标

环境要素状态指标制约着湖泊内浮游植物、浮游动物、鱼类、底栖动物生长和繁衍。在不同的湖泊条件下，这些指标有所不同，对已处于富营养化状态或有这种趋势的湖泊而言，总氮、总磷及氨氮浓度，溶解氧、化学需氧量、换水周期、水动力学条件、沉积物的形态和释放速率，以及营养状态综合指数(TSCI)等都是需要考虑的(见表 6–1)。

表 6–1　　湖泊生态系统健康评价的外部和环境要素状态指标

外部指标	环境要素状态指标
单位体积湖水年净污染物输入、入湖污染物总量/湖泊污染负荷、年入湖水量/年出湖水量、单位湖泊容积人口、工农业产值负荷、湖滨带平均宽度	pH 值、透明度、TSCI、溶解氧、化学需氧量、IN[a]、S_{TOC}[b]、沉积物释放速率、总磷、总氮、氨氮浓度

注：a. IN 表示无机氮浓度；b. S_{TOC} 是沉积物中的 TOC。

(3)生态指标

生态指标用来衡量湖泊生态系统自身的状态，以湖泊生态系统过程为基础，借鉴生态系统完整性评价、衡量淡水生态系统健康的生态指标，以及 Odum 提出的生态系统特征，进行综合设计。生态指标包含群落特征、群落结构、生态位和生命周期、营养物质循环以及综合状态。生态指标分为结构指标、功能指标和系统指标。结构指标反映湖泊生态系统中不同种群的构成和量的关系；功能指标表征生态系统内部的功能；系统指标是指生态系统作为整体表现出来的状态(见表 6–2)。

表 6–2　　湖泊生态系统健康评价生态指标

结构指标		功能指标		系统指标	
指标	测算方法	指标	测算方法	指标	测算方法
浮游植物数量 Np(10^4 个)	测量	藻类碳吸收率(%)	测量计算	缓冲能力 β	计算④
浮游植物生物量 Bp(mg/L)	测量	资源利用率 R(%)	测量计算②	生态承载力	计算⑤
大型浮游动物生物量 B_{macroz}(mg/L)	测量	浮游植物群落初级生产量 P($g \cdot m^{-2}/d$)	测量	生态需水量($10^8 m^3$)	计算
小型浮游动物生物量 B_{microz}(mg/L)	测量	P/R、P/B、F/P、B/E	测量计算③	能质 E_x	$E_x=\sum_{i=1}^{n} W_i \times B_i$⑥
浮游植物生物量 Bz(mg/L)	测量	chla/(μg/L)	测量	结构能质 E_{xst}	$E_{xst}=\sum_{i=1}^{n}(B_i/B_t) \times W_i$⑥
Bz/Bp、B_{macroz}/B_{microz}	计算				
细菌生物量 Bp(mg/L)	测量				

续表

结构指标		功能指标		系统指标	
指标	测算方法	指标	测算方法	指标	测算方法
物种多样性指数 I_P	计算①				

注：①计算浮游植物的申农—威弗多样性指数；②R=(浮游植物碳吸收率/藻类碳吸收率)×100%；③P/R：浮游植物群落初级生产量/呼吸量；P/B：浮游植物群落初级生产量/生物量，F/P：鱼产量/浮游植物群落初级生产量，B/E：生物量/单位能流；④β=强制函数的变化量/状态变量的变化量；⑤计算水资源的承载压力度和生态弹性度；⑥系统的 E_x 越大，说明系统的组织性和有序性程度越高、稳定性越强；E_{xst} 表征系统对资源的利用能力，其中：B_i 为第 i 种生物的生物量，W_i 为第 i 种有机成分的权重系数、浮游植物和浮游动物取值分别为 3.9 和 38。

3. 综合健康指数评价法

湖泊生态系统健康评价涉及的指标很多，因此需要根据评价的因子建立综合评价体系，提出综合健康指数(I_{CH})。

$$I_{CH}=\sum_{i=1}^{n} I_i \cdot W_i \tag{6-3}$$

式中：I_i——第 i 种指标的归一化值，$0\leqslant I_i\leqslant 1$；

W_i——指标 i 的权值，可采用专家打分后通过层次分析法计算得到。

二、河流生态修复

(一)河流生态修复基本理论

河流生态修复的基本目标是促进河流生态系统自我维持和陆地、缓冲区域、水生态系统间相互联系的出现。河流恢复的重要目标是保护河流的生物完整性及其生态健康，河流生态系统的恢复程度可利用生物完整性指数、景观结构特征等进行评价。

河流生态系统具有较强的自净和恢复能力，通过消除人为干扰，以及采用积极有序的调控方式和措施，在大多数情况下河流生态系统能够得到恢复和重建。在河流生态系统的长期研究过程中，提出了大量的理论，综合利用这些理论是河流生态系统恢复的基础。河流生态系统主要理论及特点比较见表 6-3。

表 6-3　河流生态系统主要理论及特点比较

概念	河流类型	尺度	非生物变量	系统功能特点	系统结构特点
地带分布概念	自然河流	纵向	流速、温度	鱼类和河底动物适应温度和流速	鱼类和底栖动物分布
河流连续体概念	自然河流、无洪积平原	纵向	河流尺寸、能量来源	有机物过程、P/R 比值	功能种群转变

续表

概念	河流类型	尺度	非生物变量	系统功能特点	系统结构特点
河流水力概念	温带区域自然河流	纵向	流速、水深、坡度、地质、糙率	底栖动物对水力胁迫的适应性	底栖动物的分布区域
养分螺旋概念	自然河流	纵向	流速、物理滞留机理、养分限制	螺旋结构	生物群落
连续中断概念	洪积平原或蓄水河流	纵向	大坝位置	有机质过程、河流上下游的 *P/R* 值改变	河流上下游功能种群的改变
洪水脉冲概念	具有大洪积平原的河流	横向	洪水持续时间、频率和水质、洪积平原面积和特性	生物生产力和养分循环	洪积平原的水生—陆地生态位的变化；栖息地和种群多样化
河流生产力概念	良好缓冲区域、人为控制河流	横向	缓冲区域类型、密度	初级生产力	功能种群改变
流域概念	流域	纵向、横向、垂向、时空	时空尺度	养分循环	流域尺度种群分布

（二）河流生态修复主要内容

从河流生态系统相关理论可以看出，河流生态系统的非生物环境和生物环境具有明显的时空变化特征，而污染对河流生态系统的影响包括生物环境、非生物环境。因此，河流生态系统的恢复应包括物理环境、生物环境的恢复，以及不同时空尺度上的恢复，将缓冲区域、洪泛平原等均纳入河流生态系统的恢复范围。

1. 河流自然环境的恢复

河流生态系统的非生物环境是第一因素，其构成生态系统功能的模板，人类活动主要通过改变非生物环境因素影响河流生态系统的结构和功能。由于外界干扰造成河流形态、泥沙淤积、景观结构破碎化等一系列生态问题，因此，河流生态系统恢复的首要目标是恢复河流的形态、结构和自然特征，对于污染而言应侧重于以河流水质功能的恢复作为首要条件。

2. 河流生态系统结构和功能的恢复

河流生态系统包括结构、功能两个方面的内容。河流生态系统结构包括群落组成、营养结构、空间结构和季节结构。结构和功能关系密切，需要重新建立原有结构，以逐步恢复原有功能，抵御外界干扰和增强系统恢复力，实现生态系统的自我维护、自我发展。

3. 河流生态系统修复的尺度问题

河流生态系统修复需要修复和重建不同层次、尺度和类型的生态系统，以河流生态系统为研究对象，研究其生产力、结构、功能、生物地球化学循环和恢复力等。同时从景观尺度上实施河流生态系统修复有助于维持和提高区域景观的生态整合性，从景观尺度上评价河流生态系统恢复项目可预测管理行为对河流生态系统功能在区域尺度上的改变，从而对管理和决策者提供单个修复项目对区域的影响。

（三）河流生态修复措施与技术

1. 河流缓冲区域生态系统修复措施

河流缓冲区域指河水—陆地交界处的两边，直至河水影响消失为止的地带。它包括湿地、湖泊、草地、灌木、森林等不同类型景观，呈现出明显的演替规律。

河流缓冲区域生态系统的修复要根据不同的自然地带性规律、生态演替以及生态位原理选择适宜的先锋物种、种群和生态系统，实行土壤、植被与生物同步恢复，逐步实现生态系统结构和功能。

2. 河流水生生物群落恢复

河流水生生物群落恢复包括水生植物、底栖动物、鱼类等。水生植物恢复要遵循先锋物种选择、群落配置等原则，筛选耐污性好、氮磷去除能力强的物种，构建稳定、多层、高效的植物群落；通过改善河流的底质、流速、水深、营养元素等条件，逐步实现底栖动物的恢复；通过恢复河流生态系统的物理环境和人工放养或自然恢复等措施，促进鱼类繁殖和建立适宜的生物链，从而实现鱼类恢复。

3. 河流底泥疏浚

河流底泥污染物种类主要包括重金属、营养元素和难降解有机物 3 种类型。底泥污染物控制方法主要有：原位固定、原位处理、异位固定和异位处理等。目前，大多采用的是异位处理—疏浚的方式，疏浚后再进行固化填埋或物理、化学、生物处理。

4. 河流调水

采用引水冲污稀释等辅助措施，可有效增加流域水资源量，加快水体有序流动，利用水体自净功能，降低水体污染程度，提高水环境承载力，使有限水资源发挥最大效益。水体流动性的加强对沉积物—水体界面物质交换也有一定影响，增加湖下层溶解氧含量，从而对底泥污染物释放产生一定的抑制作用，可促进底泥的再悬浮。

5. 河流曝气复氧

河流曝气技术综合曝气氧化塘和氧化沟原理，结合推流和完全混合流的特点，有利于克服短流和提高缓冲能力，也有利于氧传递、液体混合和污泥絮凝。主要应用在两种情况：一是在污水截流管道和污水处理厂建成前，为解决河道水体有机污染问题进行人工充氧；二是在已治理过的河道中设立人工曝气装置，作为对付突发性河道污染的应急措施。

曝气生态净化系统以水生生物为主体，辅以适当的人工曝气，建立人工模拟生态处理系统，高效降解水体中的污染负荷，改善或净化水质，是人工净化与天然生态净化相结合的工艺，在国内外工程实践中收到了良好的效果。

三、湖泊生态修复

(一)湖泊生态修复基本理论

湖泊生态修复是运用工程技术手段对污染损害湖泊生态系统进行调整、重建或恢复。不同的湖泊可能采取不同的配套技术措施,湖泊生态恢复涉及几乎所有的生态理论,最基本内容包括限制因子理论、生态适应性、生态位、自然演替理论、集合规则理论、自我设计和人为设计理论、生物多样性原理、恢复阈值理论等。因此,现代湖泊生态修复是充分考虑物理因素和有机体之间相互作用的系统工程,强调配套技术的整合。

(二)湖泊生态修复主要内容

湖泊生态修复主要内容包括外源污染控制、内源污染控制与生态修复和控制。

1. 外源污染控制

一是针对湖泊固定污染源污染,采用排污许可和污染物总量的对策,并建立运行污水处理厂和相应配套措施,点源负荷逐渐得到控制;二是针对湖泊非点源污染,采用污染物源头控制、污染迁移转化控制、污染物净化工程等技术削减污染物;三是前置库技术,湖泊上游的天然池塘或人工水库都可以作为湖泊的"前置库",流域输入的污染物进入汇水体后,水动力变缓导致沉积作用加强,使得污染物滞留,在化学作用下,污染物逐渐被清除,从而降低湖泊污染负荷。

2. 内源污染控制

一是针对污染或淤积严重的浅水湖泊,沉积物环境疏浚工程,运用最为普遍,沉积物中重金属、持久性有毒有机污染物等只能通过疏浚方式去除,疏浚深度主要由沉积物中污染物浓度和剖面分布决定,可有效降低湖泊污染负荷。二是受工程成本和湖泊情况所限,在不疏挖沉积物的情况下,运用通过物理、化学和生物方法处理污染沉积物,控制沉积物内源的方式——原位处理技术。原位处理技术包括原位覆盖技术、原位封闭技术和原位处理技术。

3. 生态修复和控制

一是针对湖滨带生态恢复,主要运用生态学基本理论,通过生境物理条件改造、先锋植物培育、种群置换等手段,使受损退化湖滨带重新获得健康。二是针对污染湖泊水生生态恢复,先削减外源营养盐负荷量,再辅以改善植物生境条件、增加光补偿深度、人工重建植被等措施,促进湖泊水生生态环境恢复。

(三)湖泊生态修复技术与措施

1. 湖滨带生态修复技术和措施

湖滨带是湖泊流域中水域与陆地相邻生态系统间的过渡地带。其特征由相邻生态系统之间相互作用的空间、时间及强度所决定。湖滨带生态修复技术包括湖滨湿地工程技术、水生植被修复工程技术、人工浮岛工程技术、仿自然型堤坝工程技术、人工介质岸边生态净化工程技术、防护林或草林复合系统工程技术、河流廊道水边生物恢复技术、湖滨带截污及污水处理工程技术、林基鱼塘系统工程技术等。

2. 湖泊水生植被修复技术和措施

湖泊水生植被恢复技术是一项系统工程,包含了目标水生植被的优化设计、适宜环境条件的创建、一系列的水生植物引种栽培与种类更替、植被管理等环节。修复湖泊水生植被需要考虑的主要环境因子有水温、光照、pH 值、水中营养盐含量、溶解氧和底质条件等,湖盆形态、底质条件和水文条件决定水生植被的面积、类型和分布格局,湖泊风浪扰动决定水生植被的分布格局和面积,水质和湖水透明度决定水生植物分布深度和面积,人类需求决定水生植被类型、面积和分布格局,这些主导因素在修复水生植被时要充分考虑。湖泊水生植被修复技术主要包括挺水植物修复技术、浮叶植物恢复技术和沉水植物恢复技术。

3. 湖泊水生态生物操纵技术

湖泊水生态生物操纵技术包括非典型生物操纵技术和典型生物操纵技术两类。非典型生物操纵技术主要有生物处理技术(好氧处理、厌氧处理、厌氧—好氧组合处理 3 类)、生态塘处理技术、人工湿地处理技术和土地处理技术;典型生物操纵技术包括:投放鱼食性鱼类以间接控藻的生物操纵技术,人工去除浮游动物食性鱼类以间接控藻的生物操纵技术,投放滤食性鱼类以直接控制藻类水华的生物操纵技术,投放螺、蚌、贝类以直接控藻的生物操纵技术,人工调控水生植被的生物操纵技术和培植微生物类群治理富营养化的生物操纵技术等。

第三节　水生生物多样性保护

一、水生生物多样性概念

水生生物多样性是指水生生物及其与环境形成的水生生态复合体以及与此相关的各种水生生态过程的总和。它包括水生生物物种多样性、水生生物物种的遗传多样性及水生态系统多样性。其中,水生生物物种多样性是水生生物多样性的关键,它既体现了生物之间及环境之间的复杂关系,又体现了水生生物资源的丰富性。水生生物物种多样性反映水生生物种类的丰富程度。

1)水生生物物种多样性包括两个方面:其一是指一定区域内的水生生物物种丰富程

度,可称为区域水生生物物种多样性;其二是指生态学方面的水生生物物种分布的均匀程度,可称为水生生态多样性或水生群落物种多样性。水生生物物种多样性是衡量一定地区水生生物资源丰富程度的一个客观指标。

2)水生生物物种的遗传多样性是指水生生物所携带的各种遗传信息的总和。这些遗传信息储存在水生生物个体的基因之中。因此,水生生物物种的遗传多样性也就是水生生物的遗传基因多样性。任何一种水生生物物种或一个水生生物个体都保存着大量的遗传基因,因此,可被看作是一个基因库。一个水生生物物种所包含的基因越丰富,它对环境的适应能力越强。基因的多样性是生命进化和物种分化的基础。

3)水生态系统多样性是指水生态系统组成、功能的多样性以及各种生态过程的多样性, 包括水生生境的多样性、水生生物群落的多样性和水生生态过程的多样性等多个方面。其中,水生生境的多样性是水生态系统多样性形成的基础,水生生物群落的多样性可以反映水生态系统类型的多样性。

以水生生物为主体的水域生态系统是人类社会赖以生存和发展的重要基础, 水生态系统由于其独特的地理分布属性(多分布在人类活动的内陆区域),以及人类生命存在和发展对水的高度依赖性,使得水生态系统成为人类社会可持续发展的重要保障,从而具有巨大的经济价值、生态价值和社会价值。

二、水生生物多样性服务功能

水生生物具有巨大的经济、社会和生态价值。我国水生生物具有门类齐全、种类丰富、特有程度高、孑遗物种数量大、水产种质资源丰富、品种优良、生态类型和生活习性复杂多样等特点。目前,经调查并记录的水生生物物种有 2 万多种,其中鱼类 3800 多种、两栖爬行类 300 多种、水生哺乳类 40 多种、水生植物 600 多种,具有重要利用价值的水生生物物种 200 多种。以水生生物为主体形成的水生态系统,在维系自然界物质循环、能量流动、净化环境、缓解温室效应等方面功能显著,对维护生物多样性、保持生态平衡有着重要作用。

水生生物的服务功能可以概括为对人类社会的需求服务和对基础生态系统的服务,后者以间接的方式对人类产生更深远的影响。

(一)对人类社会的需求提供重要服务

1. 水生生物具有重要的经济服务功能,提供产品、水产养殖苗种和就业

我国是水产养殖第一大国,是唯一养殖产量超过捕捞产量的国家。目前,我国食物供应中有 1/3 的动物性蛋白来源于水产品,全国水产品人均占有量 49.91kg,高于世界平均水平。水生生物除了提供主要淡水鱼、虾、贝、蟹等水产品外,还提供其他的重要工业产品、工业与手工业原料、药材、饰品、饲料、肥料等,一些产品或原料所形成的产业是一些地方的经济支柱。

2. 水生生物多样性提供景观和提升人居环境价值

良好的水生生物多样性，可以给人民群众一个良好的居住环境，兼观赏休闲运动与科普教育功能，水生动物丰富多样其美学或观赏价值具有很大的开发潜力。

3. 水生生物提供信息服务

水生生物可作为健康状况的指示生物和记录器。大量研究表明，着生藻类、无脊椎动物、两栖类、鱼类和水生哺乳类均是很好的指示生物。两栖类、鱼类和水生哺乳类对环境变化特别敏感，同时具有生物富集效应，不仅可以用于监测水质状况，还可以起到对水域总体生态与环境恶化程度的预警作用。它们的机体污染物残留、种群和群落结构、地理分布变化、营养组成和丰富度可以监测生态与环境的健康状态及其变化，是水质监测所不及的(因为水质仅仅是生态与环境健康状况的指标之一)，同时主要反映当前的状况。由于水系生态与环境复杂多样，导致水生生物形成了特殊的适应机制，包括特殊的形态、生理、生化和行为，这些均为仿生学提供非常有价值的信息。

(二)不可替代的基础生态服务功能

水生生物是水生态的主体，在维持生态系统的完整性、物质循环和能量流动、净化水质、调节气候、保障人类健康等方面具有极其重要的作用。

1. 水生生物在物质循环和能量流动中的作用

水生生物是水生态系统的核心组成部分，在物质循环和能量流动方面承担了生产者—传递者—还原者的全过程。

2. 水生生物在净化水质方面的作用

水生生物对水质有明显的净化作用，表现在多个营养层次，如初级生产者水生植物和浮游植物，消费者鲢、鳙(吞食浮游生物)，还原者水生微生物和胞外酶。已经证明，水生植物对富营养水体水质具有显著的净化作用，鲢、鳙用于控制湖泊的富营养化已经得到应用。自然湿地对水质的净化作用机理，已经创建了人工湿地的理论和应用示范。

3. 水生生物降低急病爆发风险的潜在作用

水生生物多样性的丧失，将导致水生态系统完整性的破坏，从而引起一系列的生态、经济和社会问题。水生生物多样性是保证水生态系统完整性的基础，也对与之相关的陆生和海洋生态系统完整性产生影响。就水生态系统内部而言，长期自然进化的结果，是生物种群之间及生物与非生活环境之间形成了相对平衡稳定的系统，一旦这个系统被打破，可能引起一些流行病(如疟疾等)爆发。例如，长江以食螺为主的青鱼的自然种群消失或濒危，将可能导致螺类的大量爆发，作为以血吸虫为中间寄主的钉螺可能泛滥，引起血吸虫病流行。水生态系统还与陆生生态系统(主要通过鸟类等)及海洋生态系统(通过洄游性鱼类等)相互联系，水生生物多样性丢失，将引起相关生态系统失衡。

三、水生生物多样性保护面临的问题

过度利用、水污染、径流调节、栖息地退化或丧失和外来物种入侵被公认为影响淡水生物多样性的全球五大人为因素。这五大人为因素互相牵连,或相互叠加,导致了全球水生生物多样性的严重丧失。目前表现比较突出有渔业资源严重衰退、濒危程度不断提高、经济水生动物遗传多样性丧失,种质混杂。水生生物多样性保护面临的主要问题有:

(一)资源的不合理利用与过度开发加速水生生物物种灭绝

长期的围湖造田、围湖养鱼使湖泊面积迅速缩小。与此同时,人类对资源的不合理利用与过度开发,也正在加速着淡水生态系统的退化和生物多样性资源的衰减。在食物需求和经济增长的刺激下,渔业的过度捕捞现象日益严重,捕捞导致水生动物资源直接减少,捕捞过度也可能导致资源枯竭或物种濒危,导致生物多样性丧失。

在湖泊渔业养殖业中,放养鱼种结构不合理,也导致了水生植物大量减少,极大地破坏了湖泊生态系统。如鲢、鳙的过量放养,导致大型水生植物、浮游藻类和小型浮游动物锐减。加上刈割、采收水生植物资源,使芦苇、苔草、莲、芡、蒌蒿等挺水植物大量减少,最终使水生植物群落结构简单化,生物多样性指数急速下降。同时,水禽资源受到盗猎者的大量捕杀,进一步引发了由于生境缩小而原本就濒危的水禽资源的急速灭绝。

河流湖泊航运发展对水生动物的影响是显著的,主要表现在两个方面:一是螺旋桨对大型水生动物造成直接伤害,如经常报道的长江豚类和中华鲟死亡事件,发现多数是被螺旋桨打伤而死亡的。航行船舶和挖砂采石船舶产生水下噪声,干扰和损害水生动物的听觉系统,特别对作为依靠声呐定位和摄食的豚类的影响是显著的。二是航运发展所带来的一系列人类活动,如港口、码头建设,航道整治、疏浚、客货量增加等,都对水生生物带来负面影响或隐患,有些影响是较为严重的。如航道整治可能导致鱼类产卵场或栖息地(藏匿地)消失,炸礁可直接损伤或炸死水生动物(如白鳍豚、江豚炸死事件)。

河流湖泊采砂对水生生物的影响是显著的,主要表现在两个方面:一是采砂改变水下地形,破坏了河床结构,影响底栖生物生存,鱼贝类产卵、栖息环境受到影响,破坏水生动物的栖息地或产卵场,如金沙江柏溪白鲟产卵场因采砂而改变,白鲟、中华鲟不复在此产卵。二是采砂改变水力学条件,导致水体浑浊,影响水生生物的生长发育等。

(二)河流、湖泊水污染导致生物体变异和灭绝

河流、湖泊水污染日趋严重,水质污染和水体富营养化对浮游生物、底栖生物等多种鱼类饵料生物造成严重危害,导致生物体变异,甚至使生活于其中的水生生物濒临完全灭绝的境地。城镇工业废污水与生活污水(如洗涤剂、粪便等)排放造成的污染是目前各类污染源中最普遍的,大量工业和生活废污水排放使河流、湖泊水域受到严重污染。此外,由于农用化肥、杀虫剂、除草剂等使用造成的非点源污染也日趋严重。湖泊、大中型水库的过量围网养鱼,大量剩余饵料及水产排泄物也加速了水体的富营养化过程。此外,来源于工业品的制造和使用、危险农药的过量使用,以及城市生活垃圾焚烧和汽车尾气等的重金属、激素、持久性有机污染物,在土壤、河湖底部积累以及生物体内富集,加速本土生物数量减少,加剧生物体变异,导致当地优势种消失、金属吸附生物种群建立。即使目前将岸上的污染源全部切断,单是淤泥中的污染物也可能使河湖水质持续富营养化。

(三)江湖阻断导致生境破碎、萎缩和丧失

已有研究表明,江河水坝是近百年来造成全球 9000 种可识别淡水鱼类近 1/5 遭受灭绝、受威胁或濒危的主要原因,比如将近 3/4 的德国淡水鱼和 2/5 的美国淡水鱼受到了它的影响。江河水坝为水中的哺乳动物如南美洲和亚洲豚类的长期生存制造了不可逾越的障碍,使得原本已经很小的种群进一步破碎为遗传上隔离的集群。如长江中下游在历史上原是干流、支流、浅水湖泊相互连通的网络系统,为鱼类和水中哺乳动物提供了良好的洄游繁衍条件。但是,沿江水利枢纽的兴建导致水域生态系统不断地分割、萎缩,直至丧失;壕坝、闸坝等水利工程隔断江湖的连通,改变河流的水动力作用和水化学作用,打破原有水生态系统的生境。长江中游淡水生态系统由于江湖阻断,导致一些江湖洄游性的鱼类不能顺利完成其生命演化史,包括一些处在顶级生物链的鱼类和哺乳类,它们不能完成江湖洄游,致使江湖中肉食性和草食性鱼类数量失调,最终使河湖生态系统遭到严重的破坏。

(四)水利水电等工程导致栖息地大幅度丧失或繁殖条件显著改变

水利水电等工程导致河流生境消失,原有的栖息地和产卵地丧失,鱼类洄游受阻,生境破碎化,基因交流受阻。主要存在两个方面的影响:一是梯级水电开发。水坝的上游由流水性的流动河流变成相对静止的水库, 河流性鱼类的生境大幅度减少, 产卵场被水库淹没,生物群落由流水生态型向静水生态型演替,大批在生活史中需要流水生态的水生生态失去了适宜的栖息生境。水坝和水库阻止了需要洄游的鱼类成体和幼体的上下自由迁移。对于部分大型水利枢纽,在水坝的下游,由于水库的运行调度,改变了坝下水文季节节律,影响了坝下游鱼类的繁殖和生长,部分高坝泄水,导致气体过饱和现象,对坝下数百公里河流中的鱼类和水生生物产生显著的负面影响。二是江湖阻隔和围垦。减少了河流、湖泊水生生物的栖息面积,同时导致江湖洄游性鱼类等水生生物的洄游通道丧失,直接导致鱼类等水生生物种类数明显下降。

(五)外来物种入侵威胁水生生物物种多样性

外来物种入侵主要通过以下方式影响水生生物多样性:①排挤本土生物优势种,建立自身优势种群,破坏当地生态系统和生物多样性;②在农田中大量繁殖,形成害草(水花生)或取食作物根系(克氏螯虾),威胁作物生长;③破坏水域生态系统,或大量滋生,影响鱼类生长和渔业作业,或取食当地水生生物,导致本地种减少甚至灭绝;④疯长覆盖水面,堵塞航道,影响航运;⑤破坏沟渠,影响农田灌溉,造成水土流失;⑥吸附有毒物质,污染水体，影响人类健康；⑦诱发生物灾害。

外来入侵种的主要来源包括：①饲草饲料引进种；②观赏或宠物养殖业引进种；③水产养殖业引进种；④无意引种，如随交通工具、商品贸易携带。外来入侵种根本没有有效的防治手段，只能任其发展，危害当地生态系统。从目前的状况看，危害较大的水生生物有水葫芦、水花生、克氏螯虾及一些鱼类。即将或可能形成外来入侵种的有清道夫、巴西龟等。此外，人工养殖引殖的鱼类外来物种多，可能会构成入侵威胁的包括斑点叉尾鮰、6种主要的引进鲟（俄罗斯鲟鱼、西伯利亚鲟、施氏鲟、达氏鲟、杂交鲟、匙吻鲟等）、美国红鱼等。"四大家鱼"人工繁殖苗种逃逸到天然江河湖库，导致天然水系"四大家鱼"可能几乎没有纯野生种可言，这些都可能是影响水生生物多样性丧失的原因，同时对水产养殖的发展带来了潜在威胁。

四、珍稀、濒危和特有物种保护

通过采取自然保护区建设、濒危物种专项救护、濒危物种驯养繁殖、经营利用管理以及外来物种监管等措施，建立水生生物多样性和濒危物种保护体系，全面提高保护工作能力和水平，有效保护水生生物多样性及濒危物种，防止外来物种入侵。

（一）自然保护区建设

加强水生野生动植物物种资源调查，在充分论证的基础上，结合当地实际，统筹规划，逐步建立布局合理、类型齐全、层次清晰、重点突出、面积适宜的各类水生生物自然保护区体系。建立水生野生动植物自然保护区，保护中华鲟、江豚等濒危水生野生动植物以及本土特有鱼类资源的栖息地。加强保护区管理能力建设，配套完善保护区管理设施，加强保护区人员业务知识和技能培训，强化各项监管措施，促进保护区的规范化、科学化管理。

（二）濒危物种专项救护

建立救护快速反应体系，对误捕、受伤、搁浅的水生野生动物及时进行救治、暂养和放生。根据各种水生野生动物濒危程度和生物学特点，对白鳍豚、白鲟、水獭等亟待救护的濒危物种，制订重点保护计划，采取特殊保护措施，实施专项救护行动。对栖息场所或生存环境受到严重破坏的珍稀、濒危物种，采取迁地保护措施。如对于大型鱼类中华鲟、白鲟和胭脂鱼等，政府和研究单位合作，一旦发现误捕立即实施救助放生。

（三）濒危物种驯养繁殖

对中华鲟、大鲵、海龟和淡水龟鳖类等国家重点保护的水生野生动物，建立遗传资源基因库，加强种质资源保护与利用技术研究，强化对水生野生动植物遗传资源的利用和保护。建设濒危水生野生动植物驯养繁殖基地，进行珍稀、濒危物种驯养繁育核心技术攻关。建立水生野生动物人工放流制度，制定相关规划、技术规范和标准，对放流效果进行跟踪和评价。为了保护中华鲟、达氏鲟和胭脂鱼，通过相关科研单位的努力，突破了人工繁殖技术，其中胭脂鱼已经取得了子二代的成功。目前在溪洛渡和向家坝环境补偿专项经费的支持下，开始进行白鲟和长江上游特有鱼类的人工繁殖技术攻关工作。有关单位还养殖了较大批量的中华鲟人工群体，进行人工备份，目前中华鲟全人工繁殖在水利部、中国科学院水工程生态所和宜昌中华鲟研究所获得突破，可开展迁地保护。

（四）经营利用管理

调整和完善《国家重点保护水生野生动植物名录》。建立健全水生野生动植物经营利用管理制度，对捕捉、驯养繁殖、运输、经营利用、进出口等各环节进行规范管理，严厉打击非法经营利用水生野生动植物行为。根据有关法律法规规定，完善水生野生动植物进出口审批管理制度，严格规范水生野生动植物进出口贸易活动。加强水生野生动植物物种识别和产品鉴定工作，为水生野生动植物保护管理提供技术支持。

（五）外来物种监管

加强水生动植物外来物种管理，完善生态安全风险评价制度和鉴定检疫控制体系，建立外来物种监控和预警机制，在重点地区和重点水域建设外来物种监控中心和监控点，防范和治理外来物种对水域生态造成的危害。

五、鱼类资源养护

鱼类资源是水生生物资源的重要组成部分，是渔业发展的物质基础。渔业资源保护与增殖包括重点渔业资源保护、渔业资源增殖、负责任捕捞管理三项措施。通过建立禁渔区和禁渔期制度、水产种质资源保护区等措施，对重要渔业资源实行重点保护；通过综合运用各种增殖手段，积极主动恢复渔业资源，改变渔业生产方式，提高资源利用效率，为渔民致富创造新的途径和空间；通过强化捕捞配额制度、捕捞许可证制度等各项资源保护管理制度，规范捕捞行为，维护作业秩序，保障渔业安全；通过减船和转产转业等措施，压缩捕捞数量，促进渔业产业结构调整，妥善解决捕捞渔民生产生活问题。

（一）重点渔业资源保护

1. 坚持并不断完善禁渔区和禁渔期制度

针对重要渔业资源品种的产卵场、索饵场、越冬场、洄游通道等主要栖息繁衍场所及繁殖期和幼鱼生长期等关键生长阶段，设立禁渔区和禁渔期，对其产卵群体和补充群体实行重点保护。继续完善海洋伏季休渔、长江禁渔期等现有禁渔区和禁渔期制度，并在珠江、黑龙江、黄河等主要流域及重要湖泊逐步推行此项制度。

2. 加强目录和标准化管理

修订《重点保护渔业资源品种名录》和《重要渔业资源品种最小可捕捞标准》，推行最小网目尺寸制度和幼鱼比例检查制度。制定捕捞渔具准用目录，取缔禁用渔具，研制和推广选择性渔具。调整捕捞作业结构，压缩作业方式对资源破坏较大的渔船和渔具数量。

3. 保护水产种质资源

在具有较高经济价值和遗传育种价值的水产种质资源主要生长繁育区域建立水产种质资源保护区,并制定相应的管理办法,强化和规范保护区管理。建立水产种质资源基因库,加强对水产遗传种质资源特别是珍稀水产遗传种质资源的保护,强化相关技术研究,促进水产种质资源可持续利用。采取综合性措施,改善渔场环境,对已遭受破坏的重要渔场、重要渔业资源品种的产卵场制订并实施重建计划。

(二)渔业资源增殖

1. 统筹规划,合理布局

合理确定适用于渔业资源增殖的水域滩涂, 重点针对已经衰退的重要渔业资源品种和生态荒漠化严重水域,采取各种增殖方式,加大增殖力度,不断扩大增殖品种、数量和范围。合理布局增殖苗种生产基地,确保增殖苗种供应。

2. 建设人工鱼礁(巢)

制定国家和地方的沿海人工鱼礁和内陆水域人工鱼巢建设规划, 科学确定人工鱼礁(巢)的建设布局、类型和数量,注重发挥人工鱼礁(巢)的规模生态效应。建立多元化投入机制,加大人工鱼礁(巢)建设力度,结合减船工作,充分利用报废渔船等废旧物资,降低建设成本。

3. 发展增养殖业

积极推进以海洋牧场建设为主要形式的区域性综合开发,建立海洋牧场示范区,以人工鱼礁为载体,以底播增殖为手段,增殖放流为补充,积极发展增养殖业,并带动休闲渔业及其他产业发展,增加渔民就业机会,提高渔民收入,繁荣渔区经济。

4. 规范渔业资源增殖管理

制定增殖技术标准、规程和统计指标体系,建立增殖计划申报审批、增殖苗种检验检疫和放流过程监理制度,强化日常监管和增殖效果评价工作。大规模的增殖放流活动,要进行生态安全风险评估;人工鱼礁建设实行许可管理,大型人工鱼礁建设项目要进行可行性论证。

(三)负责任捕捞管理

1. 实行捕捞限额制度

根据捕捞量低于资源增长量的原则,确定渔业资源的总可捕捞量,逐步实行捕捞限额制度。建立健全渔业资源调查和评估体系、捕捞限额分配体系和监督管理体系,公平、公正、公开地分配限额指标,积极探索配额转让的有效机制和途径。

2. 继续完善捕捞许可证制度

严格执行捕捞许可管理有关规定,按照国家下达的船网工具指标以及捕捞限额指标,严格控制制造、更新改造、购置和进口捕捞渔船以及捕捞许可证发放数量,加强对渔船、渔具等主要捕捞生产要素的有效监管,强化渔船检验和报废制度,加强渔船安全管理。

3. 强化和规范船员持证上岗制度

加强渔业船员法律法规和专业技能培训,逐步实行捕捞从业人员资格准入,严格控制捕捞从业人员数量。

4. 推进捕捞渔民转产转业工作

加快渔业产业结构调整,积极引导捕捞渔民向增养殖业、水产加工流通业、休闲渔业及其他产业转移。地方各级人民政府要加大投入,落实各项配套措施,确保减船工作顺利实施。建立健全转产转业渔民服务体系,加强对转产转业渔民的专业技能培训,为其提供相关的技术和信息服务。

六、水生生物物种多样性保护保障措施

(一)建立健全协调高效的管理机制

不断完善以渔业行政主管部门为主体,各相关部门和单位共同参与的水生生物资源养护管理体系。财政、发改、科技等部门要加大支持和投入力度,渔业行政主管部门要认真组织落实,切实加强水生生物资源养护的相关工作,环保、海洋、水利、交通等部门要加强水域污染控制、生态环境保护等工作。

(二)探索建立和完善多元化投入机制

水生生物资源养护工作是一项社会公益性事业,各级财政要在继续加大投入的同时,整合有关生物资源养护经费,统筹使用。同时,要积极改革和探索在市场经济条件下的政府投入、银行贷款、企业资金、个人捐助、国外投资、国际援助等多元化投入机制,为水生生物资源养护提供资金保障。建立健全水生生物资源有偿使用制度,完善资源与生态补偿机制。按照"谁开发谁保护""谁受益谁补偿""谁损害谁修复"的原则,开发利用者应依法交纳资源增殖保护费用,专项用于水生生物资源养护工作;对资源及生态造成损害的,应进行赔偿或补偿,并采取必要的修复措施。

(三)大力加强法制和执法队伍建设

针对目前水生生物资源养护管理工作存在的主要问题,要抓紧制定渔业生态环境保护等方面的配套法规,形成更为完善的水生生物资源养护法律法规体系。不断建立健全各项养护管理制度,强化渔业行政执法队伍建设,增强执法能力,规范执法行为,保障执法管理经费。

(四)积极营造全社会参与的良好氛围

水生生物资源养护是一项社会性的系统工程,需要社会各界的广泛支持和共同努力。要通过各种形式和途径,加大相关法律法规及基本知识的宣传教育力度,提高保护水生生物资源的自觉性和主动性。要充分发挥各类水生生物自然保护机构、水族展示、科研教育

单位和新闻媒体的作用,多渠道、多形式地开展宣传科普活动,广泛普及水生生物资源养护知识,提高社会各界的认知程度,增进人们对水生生物的关注和关爱,倡导健康文明的饮食观念,自觉拒食受保护的水生野生动物,为保护工作创造良好的社会氛围。

(五)努力提升科技和国际化水平

加大水生生物资源养护方面的科研投入, 加强基础设施建设, 整合现有科研教学资源,发挥各自技术优势。对水生生物资源养护的核心和关键技术进行多学科联合攻关,大力推广相关适用技术。加强全国水生生物资源和水域生态环境监测网络建设,对水生生物资源和水域生态环境进行调查和监测。建立水生生物资源管理信息系统,为加强水生生物资源养护工作提供参考依据。扩大水生生物资源养护的国际交流与合作, 与有关国际组织、各国政府、非政府组织和民间团体等在人员、技术、资金、管理等方面建立广泛的联系和沟通。加强人才培养与交流,学习借鉴国外先进的保护管理经验,拓宽视野,创新理念,把握趋势,不断提升我国水生生物资源养护工作的国际化水平。

第四节 河湖水系连通和水生生物生境保护

一、河湖水系连通

(一)河湖水系连通概述

河湖水系是水资源的载体,是生态环境的重要组成部分,也是经济社会发展的基础。江河湖库水系连通(又称河湖水系连通)是优化水资源配置战略格局、提高水资源保障能力、促进水生态文明建设的有效举措。河湖水系连通是以江河、湖泊、水库等为基础,采取合理的疏导、沟通、引排、调度等工程措施和非工程措施,建立或改善江河湖库水体之间的水力联系。经过长期的治水实践,特别是新中国成立以来大规模的水利建设,目前部分流域和区域已初步形成了以自然水系为主、人工水系为辅,具有一定调控能力的江河湖库水系及其连通格局,为促进经济社会发展发挥了重要作用。

1. 河湖水系连通构成要素

河湖水系连通将形成一个多目标、多功能、多层次、多要素的复杂水网巨系统,其构成要素可以概括以下 3 个方面。

(1)自然水系

通过自然演进形成的江河、湖泊、湿地等各种水体构成自然水系,是水资源的载体,是实施河湖水系连通的基础。自然水系的形成和发育过程受地质作用和自然环境的影响,如地壳运动、地形、岩性、气候、植被等,是一种极为复杂的自然现象。自然水系是水系连通实施的基础条件,区域的河网水系越发达,则水系连通条件越好。

(2)人工水系

人类社会发展过程中修建的水库、闸坝、堤防、渠系与蓄滞洪区等治理工程,不但形成了人工水系,同时也为实现河湖水系连通提供了有效手段和途径。

(3)调度准则

水利工程的运行需要靠一定的运行调度准则来实现,如防洪、调水、灌溉等。目前的调度准则正在向以流域为单元,统筹考虑上下游、左右岸以及不同区域防洪、发电、灌溉等效益方向发展。河湖水系连通将构建一个多目标、多功能、多层次、多要素的复杂水网巨系统,须从更高的层次、更大的范围、更长的时段统筹考虑连通区域(包括调水区域和受水区域)的经济社会、生态环境等各方面的水情、工况和需求。考虑到河湖水系连通工程的庞大性、连通格局的复杂性和气候变化影响的不确定性,势必要求调度准则更为全面、宏观、精确、及时,从而使河湖水系连通工程真正实现引排顺畅、蓄泄得当、丰枯调剂等目的。

2.河湖水系连通特征

河湖水系连通是实现水资源可持续利用、人水和谐的迫切要求。通过河湖水系连通构建国家和区域、流域水网体系,是提高水资源统筹调配能力、改善河湖健康能力、增强抵御水旱灾害能力的重要途径。河湖水系连通战略的实施,将以国家"四横三纵"的水网体系为基础进行扩充和完善,形成南北调配、东西互济、功能综合、规模庞大的复杂水网巨系统。与现有的河湖水系相比,这一复杂水网巨系统具有如下特征:

(1)复杂性

河湖水系连通研究对象复杂,包括全国范围的河湖水系,是"自然—人工"复合水网体系,覆盖地域广,地形地貌、水系结构复杂;构成要素众多,包含河流、湖泊、湿地等自然水系,水库、渠道、泵站等水工程组成的人工水系,以及为实现各种连通目标的调度准则;影响因素众多,既有自然演变、气候变化的影响,也有人类活动的影响,存在很大的不确定性,与水网的不确定性叠加后,将使复杂水网巨系统存在更大的不确定性;满足目标多样,需要统筹流域和区域发展需求、安全需求、生态需求和文化需求,兼顾上下游、左右岸,统筹水资源(地表水、地下水、土壤水)开发、利用、节约与保护,提高河湖水系连通与经济社会发展以及生态环境保护的协同性。

(2)系统性

水资源时空分布不均,要求必须用系统的、全局的观念去分析、解决,而河湖水系连通战略是运用系统观的思路、水系网络化的对策,解决宏观水资源和生态环境问题的重大举措。河湖水系连通战略研究必须综合考虑水资源调配及安全、水生态修复、水环境改善和社会经济的可持续发展,由关注单一区域/流域水资源短缺或环境恶化问题扩展到系统分析和综合研究多区域、多时段、高度不确定性的水资源问题。河湖水系已经发展成为一个由河湖水系、社会经济、生态、环境等众多子系统组成的复杂的“水系—社会经济—生态”复合系统，系统内水系、社会经济、生态等各个子系统之间相互联系、相互影响，在时间和空间上形成相互交织、作用、制约、影响的复杂关系，推动系统不断运动、发展和变化。

(3)动态性

河湖水系连通是一项动态的系统工程，与人类社会、经济、技术等密切相关。其动态性包括河湖水体的动态性和河湖水系连通过程的动态性两个方面。首先，河湖水系内部构成要素不断流动。水体不断流动，一方面沿着原来水系流动方向流动，另一方面根据需求和调度准则，水体流向及形态在空间、时间上发生转变和移动。如通过调水工程使水由水多的地区调向水少的地区，由丰水期补充枯水期，由河流调向湖泊、湿地等水体，这些都会引起河湖水系系统功能、结构的变化。其次，随着社会经济的发展，生态环境保护与改善对江河治理目标的调整，以及人类对河湖水系规律认识的深化、河湖水系连通技术的进步，河湖水系连通的目标、途径、手段和调度准则都会相应调整，河湖水系连通的功能也随之变化。

(4)时空性

时间和空间是物质运动的基本属性。河湖水系连通同样也具有时间和空间的属性，具体表现在两个方面：一方面是连通水体的时空性，不同的水体在不同的地域、时段呈现不同的特性，水流过程在不同的时间和空间也呈现不同的特性，水量、水质都会呈现时空分布不均的特点；另一方面是连通工程的时空性，由于我国水资源时空分布的不均匀性，河湖水系连通工程具有强烈的时空性。基于河湖水系连通的时空性，河湖水系连通必须因地制宜，根据不同的问题和需求，宜连则连，宜阻则阻，选择不同的连通方式，实现合理连通，有效解决水资源时空分布不均问题，实施跨地域、跨时间的水资源优化调配和防洪调度，实现丰枯调剂、多源互补的目的。

3. 河湖水系连通的基本原则

(1)科学规划，合理布局

紧密结合流域和区域功能定位、发展战略和河湖水系特点，以水资源综合规划、流域综合规划、防洪规划等为基础，科学布局连通工程。

(2)保护优先，综合利用

在保证连通区域水量、水质及水生态安全的前提下进行河湖水系连通，充分发挥河湖水系连通的资源、环境、生态等多种功能。

(3)因地制宜，分类指导

充分考虑连通区域的自然条件、水利基础和经济社会发展对河湖水系连通的合理需求，因势利导地开展河湖水系连通工作。

(4)深入论证,优化比选

遵循自然规律和经济规律,加强连通工程论证和方案比选,高度重视河湖水系连通对生态环境的影响,注重连通工程风险评估。

(5)强化管理,注重效益

加强连通工程的运行管理,注重连通工程的水量—水质—水生态联合调度,充分发挥河湖水系连通的综合效益。

(二)河湖水系连通功能

河湖水系连通是一个复杂、庞大的系统体系,涉及资源、环境、社会、经济等各方面的要素,具有高度的综合性。通过河湖水系连通工程,提高统筹调配水资源、全面改善水生态与水环境、有效抵御水旱灾害。

1. 提高水资源配置能力

随着全球气候变化的影响和我国经济社会的快速发展,我国“北少南多”的水资源分布格局更为明显,经济社会发展格局和水资源格局匹配关系不断演变,用水竞争性加剧。从全国主要流域和地区水资源缺水情况看,北方地区主要表现为资源型缺水和对水资源的不合理开发利用,其中黄河、淮河、海河、辽河 4 个水资源一级区总缺水量占全国总缺水量的 66%;南方地区主要表现为工程型缺水,部分地区存在资源型缺水。从目前全国水资源整体配置情况来看,部分地区仍存在水资源承载能力不足的情况,尤其是我国北方地区,水资源严重短缺,经济社会用水挤占生态环境用水,供水安全风险逐步加大,水资源供需矛盾日益突出。为了区域经济社会的可持续发展,以河湖水系连通合理调整河湖水系格局,调整、改善水资源与经济社会发展布局的匹配程度,提高流域和区域水资源承载能力。通过构建城乡供水网络体系,逐渐提高水资源统筹调配能力,提高供水保证率,保障饮水安全、供水安全和粮食安全。

2. 改善河湖健康保障能力

随着经济社会的快速发展,废污水排放量日益增大而治污力度不足,水污染加剧,水生态环境状况严重恶化。水质型缺水已经成为限制我国经济社会发展和生态环境保护的瓶颈问题。水质型资源短缺要求必须通过各种途径提高水质质量,改善水生态环境,对污染严重的水体单纯靠传统的节水、治污措施已经不能满足环境生态改善的需求,要通过引调水等河湖水系连通工程,改善河湖水系水生态环境状况,提高区域水环境承载能力。在严格控制污染物排放的前提下,通过河湖水系连通改善河湖水体的流动性,提高自净能力,充分发挥水生态系统的自我修复能力,维护河湖主要目标健康,增强水环境承载能力,保障生态安全。

3. 增强抵御水旱灾害的能力

洪水和干旱灾害是我国主要的自然灾害,严重制约着经济社会发展;随着气候变化及人类活动的加剧,极端事件发生频率呈不断增长的趋势。在局部地区,仍然存在江河下游河床淤高、河道淤积的问题,与河流连通的众多湖泊淀洼由于垦殖等原因,调蓄能力大幅降低;有的蓄滞洪区被占用成为经济社会用地,压缩了水系空间。防洪能力严重偏低,极易对人民生命财产造成损害;干旱灾害也表现出频次增高、持续时间延长和损失加重等特点。河湖水系连通不仅为洪水提供畅通出路,维护洪水蓄滞空间,而且能够为干旱地区调配水源,维持水资源供给,有效降低洪涝灾害风险,保障防洪供水安全。

(三)河湖水系连通类型

河湖水系连通性是流域内河流与湖泊、河道与河漫滩之间物质流、能量流、信息流和物种流保持畅通。在河流—湖泊系统连通性方面,河湖间的自然连通保证了河湖间注水、泄水的畅通,维持着湖泊最低蓄水量和河湖间营养物质交换。年内水文周期变化和脉冲模式,为湖泊湿地提供动态的水位条件,使水生植物与湿生植物交替生长;水位变化为鱼类等动物传递其生活史中产卵等所需信息;河湖连通还为江河洄游性鱼类提供迁徙通道,为生物群落提供丰富多样的栖息地。由于自然因素和人类活动双重作用,不少湖泊失去了与河流的水力联系,出现河湖阻隔。河湖阻隔后,物质流、信息流中断,江湖洄游性鱼类和其他水生动物迁徙受阻,鱼类产卵场、育肥场和索饵场减少。湖泊上游工业、生活污水排放造成湖泊生态系统退化,加之湖区大规模围网养殖污染,水体置换缓慢,水体流动性减弱,湖泊水质恶化,使不少湖泊从草型湖泊向藻型湖泊退化,引起湖泊富营养化,导致河湖生态系统退化;在河道与河漫滩连通性方面,河道与滩区间的连通使汛期水流能够溢出主槽向滩区漫溢,为滩地输送营养物质,促进滩地植被生长。同时,鱼类可游到滩地产卵或寻找避难所。退水时,水流归槽带走腐殖质,鱼类回归主流,完成河湖洄游和洲滩湿地洄游的生活史过程。不透水的河湖堤防和护岸阻碍了垂向的渗透性,削弱了地表水与地下水的连通性,导致栖息地条件恶化,水生生物多样性下降。

(四)河湖水系连通性恢复

河湖水系连通性恢复是河湖生态修复的重要措施,主要目标是恢复流域内河流—湖泊系统和河流—河漫滩系统连通性。

1. 河湖水系连通性生态调查

河湖水系连通性生态调查分析分为地貌—水文、水质和生物三大类。

地貌—水文调查包括地貌单元统计和河流—湖泊系统以及河流—河漫滩系统地貌动态格局调查。通过历史资料、现场查勘、卫星遥感图对比分析以及DEM技术,调查水系的连通情况,包括河流纵向连续性、河流—河漫滩系统的横向连通性、河流—湖泊连通性,并对连通情况进行综合分析。在流域尺度上,地貌单元调查包括干流和支流河道、湖泊、大型湿地、故道、河漫滩、河湖间自然或人工通道、堤防、闸坝、农田、村庄、城镇等。

河湖水系连通状况调查的重点是历史与现状连通性特征。连通性可分为常年连通和间歇性连通两类。间歇性连通或是由于年内水文周期性变化所致,或是出于防洪和引水需要调控闸坝造成。调查中应分丰水期和枯水期两种情况且在间歇性连通中区分自然原因还是人为原因。从河湖水系连通方式划分,连通性又可分为单向、双向和网状连通三类。

湖泊、河流、故道、滩地和湿地的水面面积和水位都随水文周期发生变化,形成河流—湖泊系统和河流—河漫滩系统的动态空间格局。这种动态空间格局形成了多样化的栖息地，满足多种生物生活史的生境需求。动态空间格局可用丰水期和枯水期的空间格局代表。空间格局调查项目重点是丰水期和枯水期湖泊、湿地以及河漫滩的水位和面积及其变化率,变化率可以反映栖息地多样性程度以及洪水脉冲作用强度。

2. 生物及栖息地调查

与河湖水系连通性密切相关的生物及栖息地调查,包括洄游性鱼类及栖息地、湿地动植物调查;洄游性鱼类调查包括洄游性鱼类种类,连接鱼类不同生活史阶段适宜水域的洄游通道类型。鱼类栖息地包括其完成全部生活史过程所必需的水域范围,如产卵场、索饵场、越冬场,需要调查其位置和面积。

河漫滩及湿地大多属水陆交错地带,生境条件多样,植被类型丰富。调查重点是:①湿地景观格局变化;②湿地植被群落结构变化,包括当地物种和外来物种增减状况以及植被生物量变化;③水鸟及其栖息地状况,包括水鸟数量特别是国家一、二类保护水鸟数量动态变化以及物种组成变化。

3. 河湖水系连通性分析

(1)历史对比

可以把我国20世纪50年代的河湖水系连通状况作为参照系统即理想状况，将现状与之对比,识别河湖水系连通性的变化趋势。对比的目的是掌握历史河湖水系连接通道状况以及湖泊、湿地面积变化。

(2)河湖水系阻隔成因分析

在历史对比的基础上,进一步分析河湖水系阻隔的原因,识别是自然因素还是人为因素所致。自然原因包括泥沙淤积阻塞连接通道;河势演变形成故道脱离干流;受气候变化,受降雨量减少影响径流量减少,改变了河湖连通关系。人为因素有多种,包括:①围垦建设阻隔河湖,引起湖泊面积缩小及湖泊群的人工分割;②闸坝运行切断湖泊与干流的水力联系;③水库清水下泄下切河道,改变河湖高程关系;④农田、道路、建筑物侵占滩地;⑤堤距缩短,隔断主流与滩区的水力联系。

(3)生态服务功能评价

在历史对比及成因分析的基础上,建立生态服务功能评价体系,评价由于河湖水系阻隔造成的生态服务功能损失。重点评价河湖水系阻隔造成的洄游性鱼类和底栖动物的生物群落类型、丰富度和物种多样性退化;鱼类栖息地个数变化以及洲滩湿地和河漫滩植被类型、组成和密度变化;珍稀、濒危和特有物种潜在风险。机理分析方面,不仅要评价水面面积缩小的生态影响,还应分析水动力学条件改变导致激流生物群落向静水生物群落演替的影响,以及削弱洪水脉冲作用对于生物物种多样性的影响,在此基础上进一步分析包括供给、支持、调节和文化功能在内的河湖生态系统生态服务功能的降低程度。

4. 综合影响评价

河湖水系阻隔不仅影响生态系统健康,还会对防洪、供水、环境产生不利影响。河湖阻隔或堤距缩窄,不仅降低了湖泊或河漫滩所具备的蓄滞洪能力,还导致洪水流路不畅,增加了洪水风险。河湖水系阻隔也会对流域和区域的水资源优化配置产生不利影响。由于湖泊失去与河流的天然水力联系,湖泊换水周期延长,湖泊湿地对污染物的净化功能下降,加重湖泊水质恶化,所以应对河湖水系阻隔对生态、防洪、供水和环境影响做出综合定量评价。

5. 河湖水系连通性改善目标和连通方案确定

根据河湖水系连通性分析,以水资源配置为主的河湖水系连通,要根据水资源合理配置于高效利用体系建设的总体要求,充分考虑区域水系格局、水资源禀赋条件和生态环境状况,统筹区域之间、行业之间、城乡之间的用水关系,注重多水源的互通互济和联合调度,重点提高供水保障能力和应急抗旱能力。以防洪减灾为主的河湖水系连通,要根据流域防洪体系建设的总体要求,综合考虑流域洪水蓄泄关系和洪水出路安排以及洪水资源利用与生态功能,统筹安排泄洪通道与蓄滞场所,重点提高江河蓄泄洪水的能力。以水生态环境修复与保护为主的河湖水系连通,要根据区域与城市生态保护与修复的要求,在强化节水和严格防治污染的基础上,结合水资源配置体系,保障生态环境用水,修复河湖和区域的生态环境,重点提高水资源和水环境承载能力。

确定目标以历史上的连通状况和水文—地貌特征为理想状况。自然河湖水系连通格局有其天然合理性,这是因为在人类生产活动尚停留在较低水平的条件下,河流与湖泊洲滩湿地维系着自然水力联系,形成了动态平衡的水文—地貌系统,湖泊湿地与河流保持自然水力联系,不仅保证了河湖湿地需要的充足水量,而且周期变化的水文过程也成为构建丰富多样的栖息地的主要驱动力。考虑到经过几十年的开发改造,加之气候条件的变化,河湖水系的水文、地貌状况已经发生了重大变化,完全恢复到大规模河湖改造和水资源开发前的20世纪50年代的连接状况几乎是不可能的。只能以历史上较为自然状况下的河湖水系连通状况作为参照系统,再根据现状经济社会发展的需求,充分考虑河湖水系连通要素层包括水文(湖泊年蓄水量,水文过程)、地貌(连通格局、连接通道布置)和生物(洄游性鱼类、鸟类和湿地植物群落),确定改善连通性目标。

河湖水系连通的连接方式有两种:一种是恢复历史连接通道,另一种是根据水文、地貌变化条件开辟新通道。对于已建控制闸坝的湖泊可改进调度方式,实施生态调度,增加枯水季入湖水量,满足湖泊湿地生态需水。经过论证也可拆除部分控制闸坝,实现河湖自然连接。针对各连通格局初步方案,进行水文学和水力学计算、河势稳定性分析、河流泥沙动力学计算以及成本效益分析,通过方案优选,达到生态服务功能最大化方案。方案选择还需要把握我国河湖区域特点,东部地区以巩固优化水系格局和连通状况以及合理恢复历史连通为重点,针对东部地区经济发达、河网密布、循环不畅、水环境压力大等特点,加快连通工程建设,维系河网水流畅通,率先构建现代水网络体系。中部地区以恢复、维系、增强河湖水系连通性为重点,针对中部地区水系复杂、河湖萎缩、蓄滞洪水能力降低等问题,积极实施清淤疏浚、打通阻隔、新建必要的人工通道,提高水旱灾害防御能力和水资源调配能力。西部地区以修复保护生态环境和保障能源基地、重要城市用水为重点,针对西部地区缺水严重、生态脆弱、人水矛盾尖锐等问题,在科学论证、充分比选的基础上,合理兴建必要的调水工程,缓解水资源短缺和生态恶化的状况。东北地区以保障老工业基地、城市群和粮食生产用水为重点,针对东北地区水资源分布不均、水体污染、湿地萎缩等问题,开源节流并举,在有条件的地方加快河湖水系连通工程建设,恢复湖泊湿地,提高城乡供水保障能力。

(五)河湖水系连通性恢复措施

河湖水系连通性恢复措施包括工程措施和非工程措施两类。

1. 工程措施

工程措施包括:①连接通道的开挖和疏浚。②拆除控制闸坝,退渔还湖,退田还湖,恢复湖泊湿地河滩。③拆除岸线内非法建筑物、道路改线。④清除河道行洪障碍;扩大堤防间距,扩展滩区。⑤建设洄游性鱼类过鱼设施,加强栖息地建设。⑥点源污染与面源污染控制。⑦生物工程措施,包括通过人工适度干预,恢复湖泊天然水生植被,提高湖泊水生植物覆盖率,恢复滩区植被。⑧采用生态型护岸结构。⑨恢复河流蜿蜒性。

2. 非工程措施

非工程措施包括:①改进已建闸坝的调度运行方式,制定运行标准,保障枯水季湖泊、湿地的生态需水。②依据湖泊生态承载能力,划定环湖岸带生态保护区和缓冲区范围,明确生态功能定位。③实施流域水资源综合管理,对河流、湖泊、湿地、河漫滩实施一体化管理,建立跨行业、跨部门协商合作机制,推动社会公众参与。④建设生态监测网,开展河湖水系连通性和河流健康评价。

二、水生生物生境保护

水生生物生境保护包括河湖生态需水保障、洄游通道保护、鱼类天然生境保留和适宜生境人工再造、“鱼类三场”保护与修复、分层取水等措施。

(一)河湖生态需水保障

河湖生态需水保障措施主要包括生态用水配置与生态基流保障、生态补水、、闸坝生态调度、湖泊生态水位保障等措施实施。

1. 生态用水配置与生态基流保障

生态用水配置量是指在河湖水资源配置方案中,为了保证河流生态服务功能,用以维持或恢复河流生态系统基本结构与功能所需水资源的时间和空间配置总量。随着水利工程的建设,河道内水量及水量过程受到人为控制,河流生态系统中的水文、水动力过程相对自然状态也发生了变化。为了保证河流生态系统生态功能的正常运转,保证水文水动力过程的变化不超过水生生物的耐受范围,水生生物仍然能够正常完成生活史,要通过保证生态基流泄放和配置合适的生态水量满足生态需水。

2. 生态补水

生态补水是通过采取工程措施或非工程措施,向因最小生态需水量无法满足而受损的河湖生态系统调水,以满足特定重要生态保护目标需水的水量调配措施。生态补水可在一定程度上遏制生态系统结构的破坏和功能的丧失,逐渐恢复生态系统原有的、能自我调节的基本功能。生态补水一般考虑3个要素:一是补水量,这是最关键的因素;二是补水时机,一般是指受水区生态系统需水的时机,有时也指水源区来水的时机;三是补水的水文过程。

3. 闸坝生态调度

闸坝生态调度特指考虑河段上下游生态目标和水环境保护要求的调度运用。综合考虑确定闸坝下游维持河道基本功能的需水量,包括维持河流冲沙输沙能力的水量、防止河流断流和河道萎缩的水量、维持河流水生生物繁衍生存的必要水量。除了河流廊道以外,还要综合考虑与河流连接的湖泊、湿地的基本功能需水量,考虑维持河口生态以及防止咸潮入侵所需的水量。闸坝的生态调度改变现行水库调度中水文过程,模拟自然水文情势的水库泄流方式,为河流重要生物繁殖、产卵和生长创造适宜的水文学和水力学条件。根据河段可调控供水节点(水库、闸、坝)的运行方式以及各类生态敏感区域在敏感期对水量、流速、水位等的要求,采用多目标水库(群)、闸、坝联合优化调度的方式实施。

4. 湖泊生态水位保障

湖泊最低生态水位是维持湖泊生态系统不发生严重退化的最低水位。在天然情况下,湖泊水位发生着年际和年内的变化,对生态系统产生着扰动。这种扰动往往是非常剧烈的。然而,在长期的生态演变中,湖泊生态系统已经适应了这样的扰动。天然情况下的低水位对生态系统的干扰在生态系统的弹性范围内。因此,将湖泊多年最低水位作为最低生态水位。由于此水位是湖泊生态系统已经适应的最低水位,其相应的水域面积和水深是湖泊生态系统已经适应的最小空间,因此,湖泊水位若低于此水位,湖泊生态系统可能严重退化。此最低生态水位的设立，可以防止在人为活动影响下由于湖泊水位过低造成的天然生态系统严重退化的问题，同时允许湖泊水位一定程度的降低，以满足社会经济用水。最低生态水位是在短时间内维持的水位，不能将湖泊水位长时间保持在最低生态水位。

湖泊生态水位可以采用天然水位资料法、湖泊形态分析法、生物最小生存空间法以及综合指标法等合理确定。

（二）洄游通道保护

洄游通道保护主要指对具有溯河或降河洄游性鱼类等水生物的主要洄游通道实施保护措施。洄游通道保护主要采用过鱼设施措施进行保护，过鱼设施分为上行过鱼设施和下行过鱼设施。上行过鱼设施（或鱼道）的一般原理是：通过开通一条水路（严格意义上的鱼道）或将鱼诱捕在一个水箱里然后运送到上游去（升鱼机或卡车运输），使集中在下游某一位点的洄游性鱼类进入上游。上行过鱼设施主要有鱼道、升鱼机和鱼闸等。鱼道是最早采用、兴建最多的一类过鱼设施，已有 300 多年的历史。鱼道的优点在于不需要人工操作，可以持续过鱼，运行费用低。但缺点是设计难度高，造价高，且鱼类在鱼道中上溯需要耗费很大的能量。下行过鱼设施是指幼鱼通过溢洪道随水流下行，往往受到很大伤害，因此需要设置相应的拦网或导流栅把它们安全输送向下游。

有许多方法可以帮助鱼类进入鱼道入口，尽管它们的效率参差不齐。人们可以采用隔板的方式阻止鱼类进入叶轮机的进水口，或采用行为栅栏利用感应刺激产生行为反应的方式来引诱或排斥鱼类。这两种方式都与下游水道的旁路水渠有关。要设计出一个有效的鱼道设施来帮助鱼类的下游洄游，必须考虑过鱼种类的游动能力和行为活动，以及鱼道入口处的自然条件和水压条件。上行鱼道分为栅栏、行为障碍、带有表面棒状支架或深层入口的表面旁路（鱼道入口）等。

（三）鱼类天然生境保留和适宜生境人工再造

1. 鱼类天然生境保留

鱼类天然生境保留指为保护特有、濒危、本土及重要渔业资源，需要特殊保护和保留未开发河段的情况。鱼类生境状况指在规划或工程影响区域内，鱼类物种生存繁衍的栖息地状况。对鱼类天然生境的保留或保护直接关系着区域鱼类物种的数量与质量。

1）在对特有、濒危、本土及重要渔业资源进行广泛调查的基础上，根据保护要求提出保护和保留未开发河段，作为水资源综合利用规划限制条件，在规划方案中予以保留，禁止开发。

2）在对特有、濒危、本土及重要渔业资源进行广泛调查和充分研究的基础上，申报设立鱼类自然保护区，并按照批准公布的面积、范围和功能区划，勘界和立标，标明区界按自然保护区法规进行保护。对涉及自然保护区的建设和水资源开发项目，应进行严格的环境影响评价，并采取各种预防和保护措施，防止项目对保护区造成不良影响。同时落实生态补偿措施,加强保护区建设和管理,促进珍稀、濒危水生物种、特有鱼类和水域生态环境的保护。

2. 鱼类适宜生境人工再造

“人工”构建的鱼类适宜生境可分为两种情况:一种是”无意”构建的人工适宜生境,是指水利水电规划或项目实施后,因水文条件改变而新产生的适宜生境;另一种是“有意”构建的人工适宜生境,是指依照保护对象的适宜生境要求有意识地进行的人工再造。本节主要针对有意的人工生境再造。有意的人工生境再造又可以分为河道内和河道外两种方式。所谓“河道内”方式主要是指依据鱼类保护的要求,在河道内采取优化规划方案、工程构建或优化调度等方式来再造适宜生境。所谓“河道外”方式主要是指建立人工鱼类增殖站。本节主要针对的是“河道内”人工生境的再造。无论是“河道内”人工生境再造还是“河道外”人工生境再造,都需要依赖生态水文学(生态水文学可定义为将保护生物的适宜生境条件转化为可量化的水文学参数的方法)。

(1)构建河道水文模型

实现河道内鱼类适宜生境人工再造的第一步是构建规划或工程影响河段的三维河道水文模型。具体方法是通过实测大断面和水面线数据搜集流量、流量—水位资料等,借助计算机还原得到所测河道的三维模型。实测线测量间隔越小,所得到的河道模型越精确。

(2)现状调查

在构建了河道三维模型后,第二步是对鱼类特别是保护鱼类进行详细的现状调查。不同鱼类对适宜生境的要求不同,具体表现在不同的鱼类繁殖觅食和活动的场所(或时间)存在着差异。在适宜生境保护和人工再造时,首先需要明确是针对哪种鱼类的。就我国目前自然保护的力度而言,现阶段还只能重点考虑各级保护鱼类和重要的经济鱼类。在确定了保护对象后,应进一步详细调查其种群数量分布、繁殖、迁徙、食物构成等。在鱼类分布的调查中应重点关注“三场”的自然环境,如水质、水温、水深、流速、水面宽度、底质等,并尽可能通过实测进行量化。

(3)影响预测

在完成了上述工作后,就可以根据鱼类适宜生境调查中所得的实测数据,将保护目标的适宜生境定位在河道模型之中。依据规划和工程拟定的建设、运行方案,并结合鱼类适宜生境保护的要求,设定不同的模型初始条件,预测在不同的规划、建设方案和保护力度下,相应鱼类适宜生境的数量、位置等的变化情况,为天然生境保护和人工再造适宜生境提供量化依据。

(4)人工再造适宜生境

根据现状调查结果,结合保护鱼类的生理生态学特征,通过生态水文学计算,就可以得到保护对象适宜生境的量化数值。根据特定的保护要求，通过优化规划方案、调整设计参数和(或)运行方式等手段，做到在同一流域保存部分天然生境或在人工条件下设计适宜生境，以达到保护鱼类的目的。

(5)跟踪监测及时优化调整

人工再造鱼类生境措施的有效性极大地依赖于监测的证明，更依赖于根据监测结果进行的不断优化。因此，对任何鱼类适宜生境的人工再造措施都必须进行跟踪监测并根据监测结果及时优化调整。

(四)鱼类“三场”保护与修复

鱼类“三场”保护与修复，主要指对鱼类集中产卵场、越冬场和索饵场的保护，特殊河段还需要提出鱼类资源避险场的保护与修复。鱼类“三场”保护涉及流速、水深、水面宽、过水断面面积、湿周、水温等水力参数及急流、缓流、深潭、浅滩等水力形态等参数。保护与修复通过优化配置水资源和采取必要的工程措施，对水利水电工程建设、河道(航道)整治、采砂以及污染排放等产生的影响进行修复。

1. 维护鱼类“三场”水力特征

鱼类产卵场是指鱼虾、贝类交配、产卵孵化及育幼的水域。它主要分布在沿岸、浅水区或潮间带，而且由于产卵场与陆地相连受陆地活动的影响大，易造成较大程度的破坏。

(1)产卵场

产卵场大致有4种类型：①裂腹鱼类及鲇形目等鱼类的产卵场比较分散，产卵场上同时产卵的群体小，对应的水力学特征是较急流和较缓流的区段；②鲈鲤、墨头鱼等产卵场为流水乱石滩上，其底质多为砾石，对应的水力学特征是较急流的区段；③短身间吸鳅等吸附固着性底栖鱼类的产卵场、索饵场和越冬场均为急流砾石滩河段，对应的水力学特征是急流的区段；④短尾高原鳅等没有很强的游动能力，也没有特别的吸附器官，其产卵场、索饵场和越冬场均在缓流乃至静水的区域，对应的水力学特征是缓流的区段。

(2)索饵场

索饵场的基本水力特征是缓流或静水环境，水深0~0.5m；其间有砾石、礁石，沙质岸边。

(3)越冬场

越冬场的基本水力特征是水体宽大而深，一般水深3~4m，最大水深8~20m，多为河沱、河槽、湾沱、回水、微流水或流水处，底质多为乱石或礁石，越冬场的两端或一侧大多有1~3m深的流水浅滩和江岸。在河湖水资源开发利用时要维护好鱼类“三场”水力特征。

2. 减水河段和污染水域鱼类“三场”保护

减水河段上游筑坝形成水库，造成水流的不连续性，使减水河段内流速、水深、水温等水流边界条件发生重大变化，造成河流纵横向多样性降低，影响鱼类生境的多样性。减水河段鱼类需求的水力生境参数确定流量减少使减水河道内水深、流速、水面宽、湿周及水面面积缩小，对鱼类的生存环境造成威胁。因此，对上述水力生境参数值存在一个低限要求，该阈值是保证减水河段鱼类生存的最低限值；流量减少使减水河道水温发生变化，该变化要满足减水河段鱼类的产卵要求；同时，流量减少使减水河道水流形态发生改变，原为急流段的区域被打断，变为急缓相间，当流量继续减小，全是缓流段，多样性消失，适宜急流水环境的鱼类生存遭到威胁，浅滩及深潭也可能随着流量的减小而消失，所以应使河段的最小流量满足上述水力参数低限值，保证水力形态多样性依然存在。控制陆源污染排放，主要控制其有毒物质、营养盐、热量、酸性物质的排放，保证产卵场、越冬场和索饵场水环境满足或优于渔业用水水质要求。

3. 建立鱼类“三场”保护区保护

重要鱼类集中产卵场、越冬场和索饵场建立保护区保护，保护区要采取措施保障产卵场、越冬场和索饵场不会被破坏，管理上严格按保护区要求进行管理。

4. 依法、科学、有序地采砂，保护鱼类“三场”

为了保护鱼类“三场”，对已划定为鱼类自然保护区和近年发现保护鱼类活动较多的区域禁止进行采砂活动；对涉及鱼类产卵活动较多的江段和大型鱼类产卵场、越冬场和索饵场，采砂时应充分论证水生生态影响，合理确定采砂范围和开采量，并严格规定禁采期；对重要洄游性鱼类的洄游通道，根据洄游性鱼类的洄游习性确定能否开采，对采砂范围、开采量以及采砂期应作出规定。

5. 涉及鱼类“三场”建设项目依法进行环评审查

涉及鱼类“三场”建设项目环评要更多地考虑对渔业资源的影响，项目建设和运行要尽可能地减少对产卵场、越冬场和索饵场的破坏，保持渔业的可持续发展。需要特别注意的是，在做渔业资源损失评价时应克服单纯就资源本身经济价值作分析比较的观点，而应从环境、社会发展等角度综合评价其损失。

第五节　重要涉水生态区保护

重要涉水生态区保护，包括涉水重要景观、自然保护区，是保护珍稀特有水生生物特种、水生生物多样性、自然生态条件、涉水景观不受水资源开发利用破坏，保护水生态系统与生境的完整，保护水生态系统的结构和功能，实现水资源利用、保护和水生态系统的良性循环不可或缺的重要保护措施。

一、涉水景观保护

（一）涉水景观分类

涉水景观是指自然或人工形成的，因其独特性、多样性而具有景观价值并以水为主体的景观体系。它主要包括水库型、瀑布、泉水型、自然河湖型、城市河湖型等类型。它主要分为风景名胜区、水利风景区、世界遗产和其他4个范畴。风景资源由自然风景资源和人文风景资源组成，自然风景资源主要表现为水文景观、地文景观、天象景观、生物景观及其他景观，人文风景资源主要表现为工程景观和文化景观。其中水文景观资源主要包括风景河道、漂流河段、湖泊（水库）、瀑布、泉、冰川及其他水文景象；地文景观主要包括具有美感的地形、地貌如山、地、滩、岛屿等，和典型的地质构造如地层剖面、生物化石、岩溶、洞穴等；天象景观主要包括雪景、雨景、雾凇、朝晖、晚霞、云海、佛光、蜃景、极光等；生物景观主要包括各种自然或人工种植的林、草、花、木，野生或人工养殖的动物及其他可观赏性生物；工程景观主要指水利工程，包括水电站、水库、水闸、灌区、泵站等；文化景观主要指历史遗迹、纪念物和科学、文化教育馆（园）等。

（二）涉水景观敏感保护目标的判别

涉水景观的保护重点主要从涉水景观的核心景观价值、景观的稀有性、景观的多样性、景观的美学价值、景观的资源性，其自然景观和人文景观是否能够反映重要自然变化过程和重大历史文化发展过程、是否基本处于自然状态或者保持历史原貌、是否具有区域代表性等方面识别保护重点。涉水景观敏感保护目标从以下6个方面判定。

1. 具有生态学意义的保护目标

例如：具有代表性的涉水生态系统、珍稀濒危野生动植物、重要涉水生境等。其中，湿地、海涂、红树林、珊瑚礁等生物多样性较高的生态系统，都是具有重要生态学保护意义的对象。

2. 具有美学意义的保护目标

例如：具有特色的涉水自然景观、风景名胜区和游览区及风景林、风景石等。

3. 具有科学文化意义的保护目标

例如：具有科学文化价值的地质构造涉水景观中著名溶洞、冰川和温泉等自然遗迹，贝壳堤等罕见自然事物。

4. 具有经济价值的保护目标

例如：涉水景观中水源涵养区、水产资源和养殖场以及其他具有经济学意义的自然资源。

5. 具有社会安全意义的保护目标

例如：涉水景观中重要水生态功能区、河湖堤岸和江滩等。

6. 人类建立的各种具有生态环境保护意义的对象

例如:涉水景观中涉及珍稀濒危生物保护繁殖基地、种子基地、生态示范区等。

(三)涉水景观保护范围与内容确定

涉水景观的构成离不开其所处的水域,如湖库型水景观,水位高低、水质好坏都对景观价值有直接的影响;瀑布、泉水型景观的供水来源是保障其景观存在的基础;河流景观的径流走向,水系构成都是其景观价值的重要构成。涉水景观保护的对象主要就是涉水景观价值的构成因素,涉水景观保护范围都应当包括与景观有直接联系的河流、湖泊、水库相关的水域。

涉水景观内水体是否洁净、清澈、无杂物、能见度好,水质是否达到风景区水质目标,是涉水景观保护的主要内容之一。要对景观保护范围内河流、湖泊、水库的水质现状、河流、湖泊、水库上分布的排污口情况、工业污染源及生活污水排放、污染物排放量等进行全面调查评价,在此基础上制定景观保护范围水质保护方案。

涉水景观内水体水位高低、流量大小和水量大小等直接关系到景观的独特性、多样性和价值。保护范围内河流、湖泊、水库的水文情势维护是涉水景观保护的主要内容之一;在全面调查保护范围内河流、湖泊、水库的水文情势的基础上制定景观水量保障措施。

涉水景观内生态环境是否遭到破坏直接关系到自然生态资源是否保持完整、原来的形态与结构是否发生了变化和是否具有较强的观赏性。保护范围内河流、湖泊、水库的生态环境保护是涉水景观保护的主要内容之一;结合涉水景观内生态环境现状,制定涉水景观内生态环境保护与修复方案。

二、涉水自然保护区保护

(一)自然保护区及分类

1. 自然保护区

自然保护区,是指对有代表性的自然生态系统、珍稀濒危野生动植物物种的天然集中分布区、有特殊意义的自然遗迹等保护对象所在的陆地、陆地水体或者海域,依法划出一定面积予以特殊保护和管理的区域。根据自然条件、社会经济状况、自然资源分布特点等因素,全国共划分9个自然区域,即东北山地平原区、蒙新高原荒漠区、华北平原黄土高原区、青藏高原寒漠区、西南高山峡谷区、中南西部山地丘陵区、华东丘陵平原区、华南低山丘陵区、中国管辖海域区等。

自然保护区分为国家级自然保护区和地方级自然保护区。在国内外有典型意义、在科学上有重大国际影响或者有特殊科学研究价值的自然保护区,列为国家级自然保护区。除列为国家级自然保护区之外的,其他具有典型意义或者重要科学研究价值的自然保护区,列为地方级自然保护区。自然保护区具有下列条件之一:

1)典型的自然地理区域、有代表性的自然生态系统区域以及已经遭受破坏但经保护能够恢复的同类自然生态系统区域。

2)珍稀、濒危野生动植物物种的天然集中分布区域。

3)具有特殊保护价值的海域、海岸、岛屿、湿地、内陆水域、森林、草原和荒漠。

4)具有重大科学文化价值的地质构造、著名溶洞、化石分布区、冰川、火山、温泉等自然遗迹。

5)经国务院或者省(自治区、直辖市)人民政府批准,需要予以特殊保护的其他自然区域。

2. 自然保护区分类

根据自然保护区的主要保护对象,将自然保护区分为3个类别9个类型(见表6–4)。

表6–4　自然保护区类型划分表

类别	类型
自然生态系统类	森林生态系统类型
	草原与草甸生态系统类型
	荒漠生态系统类型
	内陆湿地和水域生态系统类型
	海洋和海岸生态系统类型
野生生物类	野生动物类型
	野生植物类型
自然遗迹类	地质遗迹类型
	古生物遗迹类型

(1)自然生态系统类自然保护区

自然生态系统类自然保护区,是指以具有一定代表性、典型性和完整性的生物群落和非生物环境共同组成的生态系统作为主要保护对象的一类自然保护区。它主要分为以下5个类型。

1)森林生态系统类型自然保护区,是指以森林植被及其生境所形成的自然生态系统作为主要保护对象的自然保护区。

2)草原与草甸生态系统类型自然保护区,是指以草原植被及其生境所形成的自然生态系统作为主要保护对象的自然保护区。

3)荒漠生态系统类型自然保护区,是指以荒漠生物和非生物环境共同形成的自然生态系统作为主要保护对象的自然保护区。

4)内陆湿地和水域生态系统类型自然保护区,是指以水生和陆栖生物及其生境共同形成的湿地和水域生态系统作为主要保护对象的自然保护区。

5)海洋和海岸生态系统类型自然保护区,是指以海洋、海岸生物与其生境共同形成的海洋和海岸生态系统作为主要保护对象的自然保护区。

(2)野生生物类自然保护区

野生生物类自然保护区,是指以野生生物物种,尤其是珍稀濒危物种种群及其自然生境为主要保护对象的一类自然保护区。它主要分为以下2个类型。

1)野生动物类型自然保护区,是指以野生动物物种,特别是珍稀濒危动物和重要经济动物种群及其自然生境作为主要保护对象的自然保护区。

2)野生植物类型自然保护区,是指以野生植物物种,特别是珍稀濒危植物和重要经济植物种群及其自然生境作为主要保护对象的自然保护区。

(3)自然遗迹类自然保护区

自然遗迹类自然保护区,是指以特殊意义的地质遗迹和古生物遗迹等作为主要保护对象的一类自然保护区。它主要分为以下2个类型。

1)地质遗迹类型自然保护区,是指以特殊地质构造、地质剖面、奇特地质景观、珍稀矿物、奇泉、瀑布、地质灾害遗迹等作为主要保护对象的自然保护区。

2)古生物遗迹类型自然保护区,是指以古人类、古生物化石产地和活动遗迹作为主要保护对象的自然保护区。

上述保护区中与水资源关系密切的自然保护区称为涉水自然保护区。

(二)自然保护区分区及保护规定

自然保护区可以分为核心区、缓冲区和实验区。自然保护区内保存完好的天然状态的生态系统以及珍稀、濒危动植物的集中分布地,应当划为核心区,禁止任何单位和个人进入;除依照《中华人民共和国自然保护区条例》第二十七条的规定经批准外,不允许进入从事科学研究活动。核心区外围可以划定一定面积的缓冲区,只准进入从事科学研究观测活动。缓冲区外围划为实验区,可以进入从事科学试验、教学实习、参观考察、旅游以及驯化繁殖珍稀濒危野生动植物等活动。原批准建立自然保护区的人民政府认为必要时,可以在自然保护区的外围划定一定面积的外围保护地带。自然保护区的内部未分区的,按有关核心区和缓冲区的规定从严管理。

禁止在自然保护区内进行砍伐、放牧、狩猎、捕捞、采药、开垦、烧荒、开矿、采石等活动。

禁止任何人进入自然保护区的核心区。因科学研究的需要,必须进入核心区从事科学研究观测、调查活动的,应当事先向自然保护区管理机构提交申请和活动计划,并经省级以上人民政府有关自然保护区行政主管部门批准。其中,进入国家级自然保护区核心区的,必须经国务院有关自然保护区行政主管部门批准。自然保护区核心区内原有居民确有必要迁出的，由自然保护区所在地的地方人民政府予以妥善安置。

禁止在自然保护区的缓冲区开展旅游和生产经营活动。因教学科研的目的，需要进入自然保护区的缓冲区从事非破坏性的科学研究、教学实习和标本采集活动的，应当事先向自然保护区管理机构提交申请和活动计划，经自然保护区管理机构批准。从事前款活动的单位和个人，应当将其活动成果的副本提交自然保护区管理机构。

在国家级自然保护区的实验区开展参观、旅游活动的，由自然保护区管理机构提出方案，经省、自治区、直辖市人民政府有关自然保护区行政主管部门审核后，报国务院有关自然保护区行政主管部门批准；在地方级自然保护区的实验区开展参观、旅游活动的，由自然保护区管理机构提出方案，经省（自治区、直辖市）人民政府有关自然保护区行政主管部门批准。在自然保护区组织参观、旅游活动的，必须按照批准的方案进行，并加强管理；进入自然保护区参观、旅游的单位和个人，应当服从自然保护区管理机构的管理。严禁开设与自然保护区保护方向不一致的参观、旅游项目。

在自然保护区的核心区和缓冲区内，不得建设任何生产设施。在自然保护区的实验区内，不得建设污染环境、破坏资源或者景观的生产设施；建设其他项目，其污染物排放不得超过国家和地方规定的污染物排放标准。在自然保护区的实验区内已经建成的设施，其污染物排放超过国家和地方规定的排放标准的，应当限期治理；造成损害的，必须采取补救措施。在自然保护区的外围保护地带建设的项目，不得损害自然保护区内的环境质量；已造成损害的，应当限期治理。

（三）自然保护区保护管理

1. 新建涉水自然保护区

对于未建立自然保护区的区域，如存在有重要水生生物栖息地和物种保护区域、保护水景观和海区、水质和生物资源的管理和保护区域、涉水的自然遗迹和国家公园、未受到人类活动影响的科研保护区、有代表性的自然生态系统、珍稀濒危野生动植物物种的天然集中分布区、有特殊意义的自然遗迹等保护对象所在的陆地水体，按照《自然保护区类型与级别划分原则》（GB/T 14529—93）指标体系进行评估并分析其是否具有成立自然保护区的意义和条件，提出新建自然保护区的方案报相应专业管理部门和各级人民政府批准。

2. 涉水自然保护区调整

为了更有效地开发利用资源、保护典型生态系统和珍稀动植物资源，从资源开发利用和保护的角度对不合理的自然保护区划分的位置、保护对象、保护范围等提出调整，调整时严格控制缩小国家级自然保护区范围和核心区、缓冲区范围。对国家级自然保护区面积偏小，不能满足保护需要的，应鼓励扩大其必要的保护范围。国家级自然保护区范围调整和功能区调整应确保重点保护对象得到有效保护，不破坏生态系统和生态过程的完整性及生物多样性，不得改变保护区性质和主要保护对象。涉水自然保护区调整条件、原则及程序如下：

(1)调整的条件

1)保护区建立后，若生态系统、生物物种、环境条件变化很大，原保护对象严重衰退，但出现新的保护对象，这时保护区需要改变保护对象。

2)保护区建立后，通过保护管理实践发现保护区的现有面积太大或太小，不利于保护对象及其环境的有效保护管理，不利于协调经济社会发展与保护关系，则应对保护区面积大小进行调整。

3)为了集中资金加强建设和发展重点自然保护区，如果需减少自然保护区数量，则应按照保优劣汰原则予以精简。

4)保护区建立后，对照自然保护区选划标准和管理质量评价等级指标要求，根据专家评价结果对保护区进行升级或降级。

5)保护区建立后，由于自然灾害或其他重大损害事件，导致主要保护对象受到严重破坏而难以恢复，保护区已完全失去了存在价值，应予以撤销。

(2)调整的原则

1)自然保护区保护对象的改变，必须按照自然保护区选划标准的类型分类要求，重新调整保护区名称，使保护区的名称和保护对象相一致。

2)自然保护区面积的调整，必须依据保护区管理机构提供的专题总结材料与面积调整可行性论证报告，对保护区调整的必要性与可行性进行论证。

3)各级政府或自然保护区的行政主管部门要减少本系统的自然保护区数量，必须依据自然保护区选划标准和管理质量评价标准，对每个保护区的保护价值和管理状况实行综合评价程序，绩优保存，绩差降级或淘汰。

4)自然保护区的升级或降级调整，要依据自然保护区的分级管理规定与管理质量评价标准要求进行升级或降级的综合评价。

5)已失去原来保护价值的自然保护区，必须撤销。

(3)调整的程序

确因保护和管理工作及国家重大工程建设需要，必须对国家级自然保护区范围进行调整的，由国家级自然保护区所在地的省(自治区、直辖市)人民政府或国务院有关自然保护区行政主管部门向国务院提出申请。由国务院有关自然保护区行政主管部门提出申请的，应事先征求国家级自然保护区所在地的省(自治区、直辖市)人民政府意见，再报国务院批准。因国家重大工程建设需要而调整国家级自然保护区范围或功能区的，还需要提供所涉人员的生产、生活情况及安置去向报告，生态保护与补偿措施方案及相关协议。

3. 已建涉水自然保护区保护

严格按照自然保护区管理法规实施管理并完善相应配套管理规章，健全自然保护区管理机构,完善自然保护区管理设施,强化宣传教育,加强涉水自然保护区水生态系统和水生野生动植物物种资源调查,采取必要的工程措施、管理措施、生态修复措施,保护典型生态系统和珍稀动植物资源,维护自然保护区良好的生态环境。

三、江河源头区和天然水源涵养区保护

(一)江河源头区保护

江河源头区主导功能是保持和提高源头径流能力和水源涵养能力, 辅助功能主要是保护生物多样性和保持水土。

1. 主要任务

严格保护自然、良好的冰川雪原、湿地生态系统和珍稀野生动植物栖息地与集中分布区,自然恢复退化中的草、灌、林植被或生态系统,科学治理水土流失和沙化土地。

2. 主要措施

建立严格保护区域或自然保护区,设立禁挖区、禁采区、禁伐区、禁牧区、禁垦区;开展围栏封育和退耕退牧还草还林还水,适当开展生态移民;严格控制载畜量,改进粗放耕作方式;按照自然生态规律,适度开展植树种草和水土流失治理等人工生态建设工程;开展生态产业示范,培育替代产业和新的经济增长点等。

(二)天然水源涵养区

天然水源涵养区主导功能是保持和提高水源涵养、径流补给和调节能力,辅助功能可根据生态功能保护区类型而定。对于天然水源涵养区,辅助功能主要是保护生物多样性;对于人工水源涵养区,辅助功能主要是保持水土,维护水的自然净化能力。

1. 主要任务

对于天然水源涵养区,主要任务类似于江河源头区,人工水源涵养区的主要任务是:①严格保护现有的库滨带,维护良好的湿地生态系统;②恢复库区草、灌、林植被或生态系统,治理水土流失;③减轻水污染负荷,改善水交换条件,恢复水生态系统的自然净化能力。

2. 主要措施

对于天然水源涵养区,类似江河源头区。对于人工水源涵养区,主要措施是:①建立严格保护区域或自然保护区,设立禁挖区、禁采区、禁伐区、禁垦区、禁牧区;②开展湿地生态系统修复工程、农业面源污染控制工程和城镇生活、工业污染治理工程;③开展退耕还草还林、植被恢复和水土流失治理等人工生态建设工程,适当开展生态移民;④调整农林牧渔产业结构与生产布局,组织生态产业示范和推广,发展绿色食品、有机食品等名优特产品。

第六节 山水林田湖系统治理的措施体系

中共中央、国务院印发的《生态文明体制改革总体方案》要求推进山水林田湖生态修复工程。山水林田湖生态修复是从整体性、系统性角度贯彻绿色发展理念,破解生态环境系统治理难题的有力举措。山水林田湖是包括森林、草原、湿地、河流、湖泊、滩涂、荒漠等各要素,是一个多要素、复合生态系统,各自然要素之间通过物质运动及能量转移,形成互为依存、互相作用的复杂关系,使之有机地构成一个生命共同体。

山水林田湖作为一个生命共同体,客观上要求由一个行政主体负责领土范围内所有国土空间用途管理职责,对山水林田湖进行统一保护、统一修复,正是河长制推行的初衷。推进山水林田湖系统治理,是现阶段我国生态环境保护领域的重要内容,也是河长制推行的应有之义。

一、山水林田湖系统治理理论基础

(一)复合生态系统理论

山水林田湖,是一个区域的复合的生态系统和一个生命共同体。"人的命脉在田,田的命脉在水,水的命脉在山,山的命脉在土,土的命脉在树。"山水林田湖对某一要素的破坏常常引起其他要素的连锁式不良反应。区域生态系统的整体性、系统性及其内在规律要求统筹考虑自然生态系统的各要素、山上山下、地上地下、陆地海洋以及流域上下游,进行整体保护、系统修复、综合治理,增强生态系统循环能力,维护生态平衡和区域生态安全。

(二)生态系统服务及其权衡协同理论

生态系统服务是人类从生态系统中所获得的各种惠益,是联系生态系统过程与社会福祉的重要纽带,对于生态系统管理具有较好的应用前景。生态系统服务之间存在着此消彼长的权衡或彼此增益的协同关系。权衡关系是指一种生态系统服务增加造成另一种生态系统服务减少的情形,也称为冲突关系或竞争关系;协同关系是指两种生态系统服务同时增加或同时减少的情形。科学家在不同区域开展生态系统服务权衡研究,发现生态系统服务权衡关系是十分复杂的。因此,生态保护修复需要在明晰生态系统服务之间的权衡系统关系的基础上,确定生态系统保护修复的目标和工程。

(三)人与自然共生共赢理论

人类社会和自然环境构成了一个复杂的社会—经济—自然复合生态系统。为了保障区域生态安全，需要把人和人类活动看作生态系统的一个有机组分，综合考虑区域生态环境问题的生态、经济和社会机制，提出切实的解决对策，实现人与自然的和谐共生。生态保护与修复工程需要兼顾生态、经济、社会效益，要按照人口资源环境相均衡、经济社会生态效益相统一的原则，控制开发强度，调整空间结构，保护好绿水青山，给自然留下更多修复空间，给农业留下更多良田，给子孙后代留下天蓝、地绿、水净的美好家园。

二、山水林田湖系统治理统筹的重点内容

山水林田湖系统治理要充分集成整合资金政策，对山上山下、地上地下、陆地海洋以及流域上下游进行整体保护、系统修复、综合治理，真正改变治山、治水、护田各自为政的工作格局。山水林田湖生态保护修复一般应统筹包括以下重点内容。

（一）实施矿山环境治理恢复

我国部分地区历史遗留的矿山环境问题没有得到有效治理，造成地质环境破坏和对大气、水体、土壤的污染，特别是在部分重要的生态功能区仍存在矿山开采活动，对生态系统造成较大威胁。要积极推进矿山环境治理恢复，突出重要生态区以及居民生活区废弃矿山治理的重点，抓紧修复交通沿线敏感矿山山体，对植被破坏严重、岩坑裸露的矿山加大复绿力度。

（二）推进土地整治与污染修复

围绕优化格局、提升功能，在重要生态区域内开展沟坡丘壑综合整治，平整破损土地，实施土地沙化和盐碱化治理、耕地坡改梯、历史遗留工矿废弃地复垦利用等工程。对于污染土地，要综合运用源头控制、隔离缓冲、土壤改良等措施，防控土壤污染风险。

（三）开展生物多样性保护

要加快对珍稀濒危动植物栖息地区域的生态保护和修复，并对已经破坏的跨区域生态廊道进行恢复，确保连通性和完整性，构建生物多样性保护网络，带动生态空间整体修复，促进生态系统功能提升。

（四）推动流域水环境保护治理

要选择重要的江河源头区及天然水源涵养区开展生态保护和修复，以重点流域为单元开展系统整治，采取工程措施与生物措施相结合、人工治理与自然修复相结合的方式进行流域水环境综合治理，推进生态功能重要的江河湖泊水体休养生息。

（五）全方位系统综合治理修复

在生态系统类型比较丰富的地区，将湿地、草场、林地等统筹纳入重大工程，对集中连片、破碎化严重、功能退化的生态系统进行修复和综合整治，通过土地整治、植被恢复、河湖水系连通、岸线环境整治、野生动物栖息地恢复等手段，逐步恢复生态系统功能。

三、生态清洁型小流域建设

(一)生态清洁型小流域概念

生态清洁型小流域建设是在新的形势下,面对水资源水环境问题,结合水土流失的特点,以小流域为单元,按照山水林田湖系统治理思想,结合流域地形地貌特点、土地利用方式和水土流失特性等,将小流域划分为“生态修复、生态治理、生态保护”三道防线,以“三道防线”为主线,紧紧围绕水少、水脏两大主题,坚持山水田林路统一规划,工程措施、生物措施、农业技术措施有机结合,治理与开发结合,拦蓄灌排节综合治理的新理念,达到控制侵蚀、净化水质、美化环境的目的。

(二)小流域治理目标及原则

从流域出发,贯彻小流域山水林田河系统综合治理原则,重点解决流域内存在的洪涝灾害、地质灾害、水土流失、人居环境恶化等问题。

1. 治理目标

安全是小流域综合治理的第一要务,就是要保障人居安全和财产安全;生态是小流域综合治理的主要特征,水土流失得到治理,生态环境向良性方向发展;发展是小流域综合治理的基本要求,就是区域社会经济得到发展,人民群众生活水平大幅提高;和谐是小流域综合治理的根本目标,就是小流域内要达到人水和谐、人与自然和谐。

2. 治理原则

小流域综合治理遵循以下原则:以人为本,人与自然和谐相处;工程措施与非工程措施相结合;控制洪水与给洪水出路相结合;灾害治理与生态环境、人居环境改善相结合;人工治理和自然修复相结合。

(三)小流域治理主要措施

生态清洁型小流域须明确部门职责:洪水灾害防治和水土流失治理由水利部门负责,地质灾害防治由国土部门负责,生态公益林建设由林业部门负责,公路交通建设由交通部门负责,学校的整合重建由教育部门负责,供电、通信设施的恢复和管理由供电和通信部门负责,农村经济结构的调整及经济发展规划由农业和民政部门负责。

1. 防洪工程

扩大河道行洪能力,以清淤疏浚为主,以护坡护岸和堤防修建为辅。乡镇人口集中居住区防洪标准为20年一遇;集中连片基本农田面积超过33.3hm^{2}的,其防洪标准为10年一遇;其他设施和零星居民点以防冲保护为主,不设防洪标准。河道清淤疏浚后能满足设计过流能力的,不修堤防。过流能力不能满足要求时,在乡镇所在地人口居住密集区考虑修建堤防;两岸为零散农田时,适当护坡护岸,维持原生态。

倡导“保持河流的天然属性、维持河流的天然状态”,不影响河道行洪排涝的河滩地以及两岸植被将尽量保留。避免随意裁弯取直、缩小河道断面，严禁河道渠化，减少河岸硬化。常水位以上宜采用框格草皮、生态袋等生态型护坡形式。尽量选择生态堤型，在条件允许的情况下优先选择建土堤；有条件的堤防鼓励设置亲水平台。

2. 水土流失防治工程

实行分区防治。根据项目区地形地势、水土流失类型与强度、人类活动情况，以及主要防治对策等，将小流域划分为生态保护区、治理开发区和重点整治区。地形坡度大于25°或国家和各级地方政府划定的各类保护区及现状天然林分布区列为生态保护区；地形坡度小于25°至坡脚地带，除天然林分布区外，适宜农林业开发利用但存在自然和人为水土流失的区域列为治理开发区；沟道下游和河道两侧至山脚的平缓地带，是小流域农业生产以及人居的主要区域，应列为重点整治区，并加强防洪安全设计、人居环境整治和监督管理工作。治理目标要求土壤侵蚀强度降低到轻度以下，林、草面积达到宜林宜草面积的80%以上，水土流失治理程度达到90%，基本遏制生态环境恶化趋势。微度、轻度侵蚀区域进行封育治理；中度侵蚀区域，以生物措施为主，以工程措施为辅；强烈、极强烈和剧烈侵蚀区域，以工程措施为主，以生物措施为辅。

3. 人居环境整治

人居环境整治包括房前屋后的绿化美化、简易污水处理设施建设及固体垃圾的收集与处理等。

生态型清洁小流域水土保持综合治理措施，采取“防治并重，治管结合，因地制宜，工程措施、林草措施、耕作措施相结合”的方法，统一规划，综合治理，因害设防，合理布局。

四、推进山水林田湖系统治理措施

（一）从区域整体保护、系统修复角度部署生态保护与修复工程体系

山水林田湖是一个生命共同体，要有机整合生态各要素，进行整体保护、系统修复、综合治理，维护区域生态安全。首先，生态保护修复需要将“条”的模式转变到符合“生命共同体”要求的“块”的治理模式。按照生态系统本身的自然属性，把区域、流域作为保护和修复的有机整体，把各种生态问题及其关联和因果关系都体现出来，打破行政界限，实现整体设计、分项治理。其次，按照山水林田湖生态各要素分别明确各个治理方向的工程重点和技术难点，从产生问题的原因着手，治本治源设计工程，从源头进行保护修复。同时要体现系统性治理、整合各要素的思想，编制山水林田湖系统治理规划，全面布置生态保护与修复工程体系及整体解决方案。

（二）从区域主导生态功能和保护重点加快实施重大生态修复工程

全面梳理区域生态系统存在的主要问题、面临的突出矛盾与主要的生态功能定位，明确区域生态保护成效与生态功能定位间存在的差距，对生态系统格局、质量、问题开展调

查与评估;依据区域突出生态环境问题与主要生态功能定位,确定生态保护与修复工程部署区域。采用地理信息系统分析技术,结合重点区域识别、流域分布特点,针对矿山环境治理恢复、生物多样性保护等重点内容,提出分区、分类的生态保护修复工程布局;按照"聚焦核心区域、聚焦核心问题,理清核心问题,进一步增强区域主要生态功能"的原则策划实施重大生态修复工程,形成生态保护修复关键技术。

(三)从创新山水林田湖生态保护修复技术模式开展工程试点示范

山水林田湖将各类生态要素都纳入进来,创新体制机制,打破"各自为政"的工作模式。在原有技术和治理模式上需要改进和创新,要强化对先进生态保护修复技术的探索和应用。在总结以往的生态修复工作基础上取得了一定的成效,并发挥着重要作用,但是有些新问题和难点问题需要技术上的创新,加大力度组织开展科技攻关和工程试点示范。

(四)从资金筹措和管理方式两个方面建立长效体制机制

生态保护与修复是一项长期而复杂的系统工程，需要国家和地方各级政府不断加强管理,建立长效机制,保障工程实施。一方面,鼓励探索全社会资金筹措机制。要借鉴现有的成熟融资模式,如 BOT、BLT、PPP 等,并不断创新支持方式和利益分配机制,以吸引更多的社会资本参与到工程建设当中;同时,要统筹整合原有的财政资金来源渠道,如矿山整治、退耕还林、水污染防治等,立足现有资金渠道,加大财政资金统筹力度,形成资金合力。此外,建立健全监管制度,强化监督检查,确保资金使用效益。另一方面,强化管理体制机制创新。在组织管理上,重点打破部门分割现状,加强部门联动,形成管理合力,建立山水林田湖生态保护修复相关管理部门的协调机制和统一监管机制，落实生态保护与修复责任主体。还要重视自然资源开发与环境治理机制的构建,重点是建立"源头预防、过程控制、损害赔偿和责任追究"一体化机制以及自然资源开发的全生命周期管控机制。

第七章　河湖行政执法监管

河长制实施需要建立健全法规制度，加大河湖管理保护监管力度，建立健全部门联合执法机制，完善行政执法与刑事司法衔接机制。建立河湖日常监管巡查制度，实行河湖动态监管。落实河湖管理保护执法监管责任主体、人员、设备和经费。严厉打击涉河湖违法行为，坚决清理整治非法排污、设障、捕捞、养殖、采砂、采矿、围垦、侵占水域岸线等活动。联合执法、行政许可和动态监管是河长制强化行政执法监管的核心任务，也是河长制建立长效机制的根本任务。

第一节　河湖联合执法机制建设

一、河湖行政执法现状

行政执法是指建立在立法、执法、司法三权分立基础上的国家行政机关和法律委托的组织及其公职人员依照法定职权和程序行使行政管理权，贯彻实施国家立法机关所制定的法律的活动。行政执法主要分为政府的执法、政府工作部门的执法、法律授权的社会组织的执法、行政委托的社会组织的执法。行政执法具有实施法律、实现政府管理职能、保障权利等三项功能。河湖行政执法是指水利、环境保护、住房和城乡建设、农业、交通、国土、发改、卫生和计划生育、林业管理等部门根据相关法律法规的授权和国家赋予各自的职责依照法定职权和程序行使河湖行政管理权。

按照现行法律法规和各自职责，河湖行政执法主要是水利部门对河湖综合规划和专项规划实施、取水许可和水资源费征收、节约用水、入河排污口监管、水域及其岸线的管理与保护、水域限制排污总量等监督管理；环境保护部门对区域或流域水污染防治规划和饮用水水源地环境保护规划实施、河湖主要水污染物排放总量控制和排污许可证制度实施、建设项目水环境影响评价审批、涉水保护区水污染防治等监督管理；住房和城乡建设部门对城市河湖供水、节水、排水、污水处理(部分纳入水务一体化管理)监督管理；农业部门对河湖渔业资源、河湖水域生态环境保护、河湖水生野生动植物保护等监督管理；交通运输部门对船舶及相关水上设施水污染防治与污染事故处理、港口码头水域岸线管理、河湖航道、港口与码头管理等监督管理；国土资源部门对河湖管理范围确定、水域岸线管理、河湖采砂等监督管理；发展和改革委员会对河湖水能资源开发利用规划实施、水利水电项目审核与审批等监督管理；卫生和计划生育委员会对河湖饮用水水源卫生管理监督管理；林业管理部门主要是对河湖湿地及野生动植物资源监督管理。

从上述分工和执法管理可以看出，河湖执法管理中河湖水域岸线管理涉及水利、交通、国土、林业管理和农业等部门；水污染防治涉及环境保护、水利、交通、住房和城乡建设等部门。由此可见，上述在河湖行政执法领域存在部门权责交叉、多头执法等问题，各涉河湖水域管理机构虽然在相应领域内承担着与水有关的行业分类管理职能，但水的典型跨界特征、行动主体的多元性又要求河湖进行统一管理，根据不同层级政府的事权和职能，按照减少层次、整合河湖执法队伍、提高执法效率的原则，合理配置河湖执法力量，同时科学划分河湖执法权限，合理配置河湖行政执法力量，建立权责统一、权威高效的联合执法体制。

二、河湖联合执法机制概念

联合执法可简单界定为“多元行动主体超越组织边界的制度化的合作行为”。这种合作发生在不同的政策领域和行政区域，体现在决策、执行、服务供给等不同的层次。行动主体之所以要合作，直接原因是所面临的任务或要解决的问题超越了单个主体的能力。河湖联合执法就是这种新型现代治理的最佳“试验场”，围绕水环境和水资源这个多元利益相关者的共同的“区域公共产品”，单个的行动者主导甚至垄断行动方案和行动过程已无法满足河湖管理的要求。

河湖联合执法机制，是对应于联合执法的一种政府或管理机关的行政管理模式，它具有权威性和内在规律性。联合执法可以分为联合和执法两部分来理解。联合，是指若干个相关联的事物结合起来，那么河湖联合执法就是相关联的行政执法主体(河湖相关水利部门、环保、住建、农业、交通、国土、发改、卫生和计划生育、林业等部门)之间根据某一变化的需要而进行的联合行动(河湖综合治理与保护)。遇有重大涉及河湖违法案件特别是发生在边界水域或跨部门的案件遇到不恰当的介入或干预时,联合执法机制主动支撑,加强督察督办,并充分协调整合相关部门行政执法力量,开展联合执法。联合执法机制的良好运行,既为地方各级河湖执法队伍提供了强有力的上位支撑和横向支持,又提高了效率,提升了执法效果。

三、联合执法机制的作用

(一)扩大河湖行政执法覆盖面

联合执法机制,跨不同的政策领域和行政区域。河湖联合执法机制不仅覆盖不同的行政区域,还覆盖不同的政策和不同部门。如在规划实施监督上覆盖了河湖水资源综合规划,流域综合规划及专项规划,区域、流域水污染防治规划,饮用水水源地环境保护规划,水域岸线利用与保护规划,河湖水能资源开发利用规划,水生态保护与修复规划实施等领域;在岸线开发利用与保护监督方面覆盖了水利、交通、国土、林业和农业等不同的部门。联合执法形成了良性互动和相互支持协作的局面,加强了对水域"接合部"和跨部门协作的保障,化解了边界水域和多头管理的隐忧,增强了"抗干扰"和"多头管理协调"的能力,使河湖行政执法在地域和范围上真正做到全覆盖。

(二)强化河湖执法队伍的协调沟通

我国管理体制实行政府统一领导,部门按赋予的职责负责,部门实行主要负责人负总责,各分管成员按分工各司其职。政策制定权被分散到了各个"政策领地",即所谓的副职"分管"体制,形成了以"职务权威"为依托的权威等级制。以职务权威为依托的协同结构载体是各级各部门大量的副职岗位及副职间的分口管理,跨部门事项如果发生在同一个"职能口",共同权威基本上能较快实现部门间的协调配合;如果发生在不同的"职能口",不同职能口主管领导需要以特定形式进行协调,而联合执法机制充分发挥河湖管理中的科层式政府协同机制(主要包括上级机关的协同、地区及部门间的横向协同),与当地政府部门及人民群众沟通便利、执法网络健全且覆盖面广,通过召开联席会议、组织河湖管理联合执法巡查、开展联合办案等活动,区域内所有执法队伍之间联系更加紧密、交流更加频繁、信息更加通畅,实现了"部门联合"与"区域配合"优势互补、资源共享。

(三)化解各种执法干预

各利益集团和不同的责任主体不恰当介入或干预是当前河湖行政执法面临的一大难题。省级一个执法部门执法时,因面对地方不同部门,很难得到地方相关部门的支持配合,往往难以达到效果。而地方执法部门执法时,因受制于不同部门不恰当的介入和干预,常常也无法落实。联合执法机制建成后,当地方执法队伍在查处重点疑难案件遇到不恰当的介入或干预时,联合执法队伍充分发挥地位超脱的优势,采取督察督办、会办、联办及行政协调等方式，从更高层次上给予支持帮助，使地方执法队伍有支撑和依靠，提高查处重点疑难案件效能。

四、河长制与联合执法运行机制

在河长治河模式中，河长作为当地的党政主要负责人，能对河湖管理中相关职能部门的资源进行整合，并有效缓解政府各个职能部门之间的利益之争，实现集中管理，使河湖水资源保护、水污染防治、水环境治理、水生态修复、水域岸线管理得到有效实施。这种制度设计可以将各级政府的执行权力最大程度地整合，通过对各级政府力量的协调分配，强有力地对河湖管理涉及的各个层面进行管理，有效降低分散管理布局可能产生的管理成本和难度，能够有力协调和整合涉及河湖管理的多个部门资源，并按照河湖资源自然生态规律(流动不可分割性)实行统一协调管理，增强管理效率。

在横向协同层面上，河长制搭建起左右互动的“桥梁”。以前，河流水污染的治理和管理，沿岸企业、居民以及管理部门都无法确定谁来管和听谁管的问题，河长制确立以后，河长对本河流的治理和管理最具有发言权，其下达的任务指标对整个河湖都有作用。这就避免了以前多部门管理无人沟通、多地方政府共同管理无人协调的问题。河长制的确立，有利于解决类似的问题，专人专职。河长既担任管理者，同时也是责任人，是政府间横向协同的有效方式。涉水管理中的关键部门，如水利、环境保护、交通、农业、国土、住建、发展和改革等核心部门以及监察监督等部门在河湖管理的过程中都有了相应的分工和任务。

在纵向协同层面上，河长制分派给了河长艰巨的任务，需要有相应的组织机构来实施。为此，河长制建立有明确的组织机构，设立了省级、地级市、县级市和乡镇四级管理的模式，并组成了四级领导小组和领导小组办公室组成。其机制本身所体现出的就是一个纵向的、上下联动的机制。上至省级单位、下至乡镇领导，河湖管理信息可以迅速有效地在各部门之间传递。一旦出现应急情况，河长可以迅速做出反应，并向上级领导汇报，从而在第一时间处理河湖问题。这种对人力、物力的整合，让河长制变成了真正统一部署、共同实施的系统协同。

在河长治河模式中，相关部门共同协作，勇于创新，在机构组建、制度建设、模式创新等方面进行了积极的探索，建立了统一协调、相互协作、快速高效的联合执法新机制，河长制与配套建立的联合执法机制同步运行，通力配合，开创联合执法新局面。

第二节　河湖管理行政许可与审批

河湖管理行政许可，是指河湖管理相关的行政机关根据公民、法人或者其他组织（行政相对方）的申请，依据河湖管理相关的法律法规的规定进行审查，通过颁发许可证、执照或发送批复文件等形式，赋予或确认行政相对方从事河湖水事活动的法律资格或法律权利的一种具体行政行为。行政审批是按审批主体所作的界定，由行政机关做出的审批行为。行政许可的主体是行政机关，对象是公民、法人或者其他组织，内容是准予河湖相关的申请人从事特定的水事活动。

一、河湖管理行政许可与审批的现状

目前，涉及河湖管理行政许可与审批的部门主要有水利、环保、住建、农业、交通、国土、发改、卫生和计划生育及林业等部门，各部门依据法律、法规的规定对河湖管理有关事项设立行政许可，并在其法定职权范围内，依照法律、法规、规章的规定，以自己的名义实施行政许可。河湖管理行政许可与审批以水利部门、环境保护部门、交通运输部门等为主，其他有关部门按各自职责和相关的法律、法规设定的行政许可实施。目前河湖管理行政许可与审批主要有：

水利部门根据《中华人民共和国水法》（2002 年 8 月 29 日国家主席令第 74 号修订，2016 年 7 月 2 日国家主席令第 48 号修改公布）、《取水许可和水资源费征收管理条例》（2006 年 1 月 24 日国务院令第 460 号公布）、《取水许可管理办法》（2008 年 4 月 9 日水利部令第 34 号公布，2015 年 12 月 16 日水利部令第 47 号修改公布）、《建设项目水资源论证管理办法》（2002 年 3 月 24 日水利部、国家发展计划委员会令第 15 号公布，2015 年 12 月 16 日水利部令第 47 号修改公布）、《水功能区监督管理办法》（水利部水资源〔2017〕101 号）、《建设项目水资源论证报告书审查工作管理规定（试行）》（水利部水资源〔2003〕311 号）、《水权交易管理暂行办法》（水利部水政法〔2016〕156 号）、《水利部办公厅关于做好取水许可和建设项目水资源论证报告书审批整合工作的通知》（办资源〔2016〕221 号）的相关规定，依法对河湖取水许可事项（由建设项目水资源论证报告书、取水许可等两项审批事项合并组成）实施行政许可。

水利部门根据《中华人民共和国水法》（2002 年 8 月 29 日国家主席令第 74 号修订，2016 年 7 月 2 日国家主席令第 48 号修改公布）、《中华人民共和国防洪法》（1997 年 8 月 29 日国家主席令第 88 号公布，2016 年 7 月 2 日国家主席令第 48 号修改公布）、《中华人民共和国河道管理条例》（1988 年 6 月 3 日国务院令第 3 号公布，2017 年 3 月 1 日国务院令第676号修改公布)、《中华人民共和国水文条例》(2007年4月25日国务院令第496号公布,2016年2月6日国务院令第666号修改公布)、《水库大坝安全管理条例》(1991年3月22日国务院令第78号公布,2011年1月8日国务院令第588号修改公布)、《水工程建设规划同意书制度管理办法》(2007年11月29日水利部令第31号公布,2015年12月16日水利部令第47号修改公布)、《水文监测环境和设施保护办法》(2011年2月18日水利部令第43号公布,2015年12月16日水利部令第47号修改公布)、《水利部关于加强洪水影响评价管理工作的通知》(水汛〔2013〕404号)、《河道管理范围内建设项目管理的有关规定》(水利部、国家计委水政〔1992〕7号)的相关规定,依法对洪水影响评价审批事项(由水工程建设规划同意书审核、不同行政区域边界水工程批准、非防洪建设项目洪水影响评价报告审批、河道管理范围内建设项目工程建设方案审批、坝顶兼作公路审批、国家基本水文测站上下游建设影响水文监测工程的审批等6项审批事项合并组成)实施行政许可。

水利部门根据《中华人民共和国水法》(2002年8月29日国家主席令第74号修订,2016年7月2日国家主席令第48号修改公布)、《中华人民共和国水污染防治法》(2017年6月27日修订公布)、《河道管理条例》(1988年6月3日国务院令第3号公布,2017年3月1日国务院令第676号修改公布)、《入河排污口监督管理办法》(2004年11月30日水利部令第22号公布,2015年12月16日水利部令第47号修改公布)、《水功能区监督管理办法》(水利部水资源〔2017〕101号)、《关于进一步加强入河排污口监督管理工作的通知》(水利部水资源〔2017〕138号)的相关规定,依法对江河、湖泊新建、改建或者扩大排污口等事项审核实施行政许可。

水利部门根据《长江河道采砂管理条例》(2001年10月25日国务院令第320号公布)、《长江河道采砂管理条例实施办法》(2003年6月2日水利部令第19号公布,2010年3月12日水利部令第39号、2010年12月28日水利部令第42号、2016年8月1日水利部令第48号修改公布)的相关规定,依法对长江河道采砂事项实施行政许可。

环境保护部门依据《中华人民共和国环境影响评价法》(2016年7月2日修订公布)、《中华人民共和国水污染防治法》(2017年6月27日修订公布)、《控制污染物排放许可制实施方案》(2016年11月10日国办发〔2016〕81号公布)的规定,依法对涉河湖环境影响评价审批、排污许可审批等事项实施行政许可;农业、交通、国土、发改、卫生和计划生育及林业管理等部门结合各自职责,依法对河湖渔业资源与环境、河湖水生野生动植物保护、船舶及相关水上设施水污染防治、港口码头水域岸线管理、河湖航道、水域岸线管理、河湖水能资源开发、河湖饮用水水源卫生管理、河湖湿地保护等相应的事项实施行政许可。

二、河湖管理行政许可与审批存在的问题

(一)河湖水域岸线利用管理行政许可管理权不明确

河湖水域岸线保护规划缺位。《中华人民共和国水法》《中华人民共和国防洪法》和《中华人民共和国河道管理条例》均未提及河湖水域岸线保护规划的内容。在实际管理和保护工作中,由于河湖水域岸线保护规划的缺位,在河湖水域岸线占用的事前预防方面,河湖管理部门无章可循。如在城市改造、开发区建设需要成片占用水域时,建设单位往往能拿出高标准、高层次的开发规划,但水利部门常常因缺乏水域保护规划、水域保护控制性指标等依据而处于被动局面;河湖水域岸线的有偿使用制度尚未健全。规定河湖水域岸线有偿使用制度,可通过规定水域岸线占用人的补偿义务及补偿标准,对其行为产生调整、指导和引领的作用。明确河湖水域岸线有偿使用制度,有利于利用市场机制和价格杠杆促进河湖水域岸线资源的合理配置,有利于控制河湖水域岸线占用规模。河湖水域岸线利用管理涉水利、交通、国土、林业和农业等部门,管理权不明确,分工不具体,致使河湖水域岸线利用管理行政许可难以实施。

(二)涉河湖项目行政许可审批制度存在缺陷

目前,相关政策法规仅规定了涉河湖项目必须由水行政主管部门审批、涉河湖项目审批权限的划分、涉河湖项目审批需要提交的材料及相关程序等,这些规定对于控制水域占用的作用有限。一是涉河湖审批权限划分存在缺陷。现行涉河湖项目审批权限都是按河段等级划分的,没有考虑占用水域的面积因素。随着工业化和城市化的发展,政府主导的建设项目成为水域占用的主体,而作为政府职能部门的水行政主管部门在审查项目时,无法有效发挥其审批控制功能。二是缺乏河湖水域保持率等控制指标。健康的河湖必须保持一定的水域面积,然而,现行审批制度规定了水域占用审批需要提交的材料及地方水行政主管部门审批时需要考虑的内容,却并没有从河湖健康的角度为河湖水域面积设定一定的控制标准,从而导致随着涉河湖项目的不断增加,河湖水域面积将会不断被蚕食。三是缺乏具体项目水域占用的控制标准。

涉河湖项目包括:一是占用一定的江河、湖泊等水域的点状建设项目,如桥梁、码头、渡口。二是填埋河道、内湖的块型建设项目,如开发区建设、土地整理。三是点状建设项目与块状建设项目相结合的项目,如线长面广的公路、铁路等线形建设项目。此类涉河项目,目前缺乏有效控制具体项目水域占用面积的标准。四是现行法规只规定了涉河项目要履行的审批手续,准予批准和不予批准的条件还不够明确。

(三)河湖管理联合审批机制亟待建立与完善

针对个别项目涉及一部门多项和多部门多项审批问题,虽然曾在实践中开展了一部门多项合并审批探索。但从整体看,目前尚未真正构建单个项目多项行政许可事项的联合

审批机制，单个项目涉及多项审批在办理过程中流程复杂、手续烦琐等问题尚未完全解决，涉及多个部门审批的许可关系尚未完全理顺，互为前置的问题未能根本解决，同一项目不同类别的行政审批顺序和前置许可条件尚未明确。

（四）河湖管理重许可轻监管现象仍然存在

由于部分河湖管理职责不到位、手段缺失及不够规范等问题，河湖管理中存在重许可轻监管的现象，各级各部门行政许可实施机关的工作重点更多地集中在行政许可的设定、实施上，对许可后的监督管理重视不够，部分行政许可后续监管的权责划分不够明确，分部门行政执法责权不明，使已经许可的项目普遍存在重许可轻监管、重审批轻执法的问题，许可与监管、审批与执法衔接不够。

（五）河湖行政许可审批配套制度有待进一步健全

河湖行政许可审批配套制度仍有待完善，如行政许可的监督检查制度、责任追究制度、考核评议制度、后评估制度等都亟待建立，这些制度将直接关系到行政许可工作流程规范高效与否、行政许可事项落实情况。

三、完善河湖管理行政许可制度，推进河长制实施

（一）结合河长制全面推进实施，建立河湖管理行政许可联合审批机制

实施河湖管理行政许可是法律法规赋予的职责。《中华人民共和国行政许可法》第二十三条规定："法律、法规授权的具有管理公共事务职能的组织，在法定授权范围内，以自己的名义实施行政许可。"针对涉及河湖管理的多项多部门审批的单个许可事项，建立联合审批机制，制定联合审批的运行方案、工作制度及各类规范格式文本等，明确联合审批的办理条件，规范联合审批的工作流程，划分各审批部门权限职责，并将联合审批的要素、流程等向社会公示，使联合审批作为一项行政许可制度固定下来。同时，进一步加强各承办部门之间的沟通协调，特别是对于涉及审批事项较多、较复杂的建设项目，全力做好联合审批的运行管理。

（二）河湖管理行政许可与推进河长制实施相结合，促进河湖可持续发展

开展河湖管理等各项水事活动，对促进经济社会发展有着积极作用，但同时也会对河湖治理、开发与保护产生一定影响。随着经济社会的不断发展，这种涉水的水事活动日益频繁，涉水工程建设力度不断加大，亟须加以指导和约束。现实中粗放开发水资源、无序建设涉水工程的现象屡见不鲜，不仅对河湖的开发利用与保护带来影响，而且对人类的生存环境造成威胁。河湖管理行政许可是有关机关根据公民、法人或者其他组织的申请，经依法审查准予其从事特定水事活动的行为，在对国家社会经济事务进行宏观控制和灵活调整方面具有不可替代的作用。因此，结合河长制实施开展河湖行政许可审批管理，可充分发挥其对相关社会经济事务的宏观调控作用，从而建立起合理、有序开发利用和保护水资

源、规范水事活动的良好秩序，维护河湖健康。

（三）实施河湖行政许可是促进河长制实施的重要手段

《中华人民共和国行政许可法》规定的可以设立行政许可的事项均涉及公共安全、有限资源、环境保护等重要领域。河长对河湖水资源保护、水污染防治、水生态修复等全面履责，直接关系到公共安全、水环境与水资源保护。实践证明，实施河湖行政许可在保护水资源水环境及维护水生态安全、促进河湖水资源可持续利用、实现人水和谐方面发挥了重要的事前把关作用，是加强河湖行政管理、保障河湖健康的重要手段。

（四）建立完善河湖水域岸线利用管理制度，落实行政许可管理责任

各级河长是河湖水域保护的责任主体。各级水行政主管部门要会同有关部门按照属地管理原则，承担起水域管理保护的具体职责，落实行政许可管理责任。一是编制河湖水域保护规划。河湖水域保护规划是河湖水域开发、利用和保护的基本依据。以河道普查为契机，全面调查水域的面积、所在位置、现有的主要功能等，摸清家底。在此基础上，按照防洪排涝、水资源供需、水环境容量、生态功能等需要，编制水域保护规划，确定不同区块的基本水面率、总体布局、功能、保护范围、保护等级和保护措施等。二是建立水域岸线开发利用管理制度。明确岸线管理范围、管理主体、功能区管理制度、规划管理制度、利用审批及监督管理制度、占用补偿制度在相关法律法规、规章或政策文件的制定、修改中，参照相关资源有偿使用的规定，通过适当方式确立河湖水域岸线的有偿使用制度，细化补偿方式、标准等。

（五）完善涉河项目行政许可审批制度

通过河长制的实施，完善涉河项目行政许可审批制度。一是在审批权限划分中充分考虑占用水域面积、水域重要性和建设项目类型等因素。二是按照“占用最小化”原则，制定相关水域占用的控制标准，减少不必要的水域占用。一方面制定河湖水域保持率等宏观控制指标，另一方面确立具体项目水域占用面积的控制标准或相关计算方法。三是严格项目审批，限制建设项目占用水域。将建设项目按照公共基础设施和非基础设施进行分类管理。对公共基础设施建设，加强科学论证；对于工商业、房地产开发等非基础设施性项目，实行严格限制审批。

（六）强化入河排污口行政许可监督管理

按照《中华人民共和国水法》《中华人民共和国环境保护法》和《中华人民共和国水污染防治法》的有关规定，水行政主管部门作为水资源统一监督管理部门，负责对水资源的保护实施监督管理，同时协同环境保护行政主管部门对水污染防治实施监督管理。在各级河长的协调统筹下，依法对入河排污口实施监督管理。各级水行政主管部门要按照《中华人民共和国行政许可法》和《中华人民共和国水法》的要求不断完善入河排污口设置审批工作制度，依法行政，从严控制污染物进入河湖的关口，确保河湖水域水质达标。

（七）完善河湖管理多方合作的协调机制，建立河湖行政许可公众参与制度

根据《关于全面推行河长制的意见》的要求，建立河长联席会议制度、信息共享制度、工作督察制度，协调解决河湖管理保护的重点难点问题，定期通报河湖管理保护情况，对河长制实施情况和河长履职情况进行督察。各级河长制办公室要加强组织协调，督促相关部门单位按照职责分工，落实责任，密切配合，协调联动，建立河湖管理多方合作制和河湖行政许可公众参与制度，共同推进河湖管理保护工作。

（八）加强河湖行政许可后续监管

改变重审批轻监管的管理方式，逐步建立健全河湖行政许可后续监管机制。进一步明确各项河湖行政许可事项的监管措施、责任主体，加强相关部门、单位之间的沟通协调，形成监管合力。对于已经许可的项目，强化日常监督检查和指导。对河湖行政许可实施中的违章违法行为，切实加大水行政执法力度，确保水法规有效实施，维护良好水事秩序，保护社会公共利益和人民群众的合法权益。

第三节　完善河湖执法监管的对策建议

一、现行河湖执法监管体制与法规依据

（一）河湖执法监管体制

现行的河湖管理监管体制可以概括为行政分级管理、部门分工管理与流域管理相结合的河湖管理体制，主要涉河湖管理部门职能为：水利部门对河湖水资源实施统一管理和监督；环境保护部门对河湖水污染防治和生态保护实施管理和监督；住房和城乡建设部门对城市河湖供水、节水、排水、污水处理（实行水务一体化管理的城市纳入水务部门）实施管理和监督；农业部门对河湖渔业资源与环境、河湖水生野生动植物保护等实施管理和监督；交通运输部门对船舶及相关水上设施水污染防治、河湖航道等实施管理和监督；国土资源部门对河湖管理范围确定等实施管理和监督；发展和改革委员会对河湖水能资源开发利用等实施管理和监督；卫生和计划生育委员会对河湖饮用水水源卫生实施管理和监督；林业管理部门主要是对河湖湿地及野生动植物资源实施管理和监督。各部门分层级从国家部、委、局至相应地方省级部门、市级部门、县级部门等按职责实行分级管理。国务院水行政主管部门设立的流域机构在所辖范围内行使国务院水行政主管部门所授予的水资源管理和监督职责。河湖管理体制组织结构见表 7-1。

表 7-1　　河湖管理体制组织结构表

国务院部门	分级(涉水事务)	管理职责
水利部(含所属流域机构)	地方各级水利(水务)管理部门	水资源统一管理和监督等
发展和改革委员会	地方各级发改部门	水能资源开发利用等
住房和城乡建设部	地方各级住建管理部门	城市供水、节水、排水、污水处理等
环境保护部	地方各级环保管理部门	水污染防治和生态保护等
农业部	地方各级农业(水产、渔业)管理部门	渔业资源与环境、水生野生动植物保护等
交通运输部	地方各级交通(航务、航道)管理部门	船舶及相关水上设施水污染防治、河湖航道等
林业管理部	地方各级林业管理部门	河湖湿地及野生动植物资源管理等
国土资源部	地方各级国土管理部门	河湖管理范围确定等
卫生和计划生育委员会	地方各级卫生和计划生育委员会	河湖饮用水水源卫生管理等

(二)主要法律法规依据

我国河湖管理法律法规体系已初步建成。现行国家层面涉及河湖管理的法律主要有 5 部,国务院行政法规主要有 14 部,国务院政策性文件 7 份,国务院、部、委、局颁布的规章与规范性文件 27 份,国家层面出台的河长制文件 4 份。上述法律法规颁布实施为河湖管理提供了有力的法律保障,对促进河湖资源合理开发利用与保护发挥了重要作用。

1. 法律

1)《中华人民共和国水法》(2016 年 7 月修订)。

2)《中华人民共和国防洪法》(2016 年 7 月 2 日第三次修订)。

3)《中华人民共和国环境保护法》(2014 年 4 月修订)。

4)《中华人民共和国水污染防治法》(2017 年 6 月第二次修正)。

5)《中华人民共和国渔业法》(2013 年 12 月 28 日修订)。

2. 国务院颁布的行政法规

1)《中华人民共和国河道管理条例》(2017 年 3 月 1 日修改)。

2)《中华人民共和国防汛条例》(2005 年 7 月 15 日修订)。

3)《中华人民共和国水污染防治法实施细则》(2000 年 3 月 20 日实施)。

4)《中华人民共和国航道管理条例》(2008 年 12 月 27 日修订)。

5)《中华人民共和国自然保护区条例》(2011 年 1 月 8 日修订)。

6)《中华人民共和国水文条例》(2017 年 3 月 1 日第三次修订)。

7)《农田水利条例》(2016 年 7 月 1 日起施行)。

8)《取水许可和水资源费征收管理条例》(2006 年 2 月 21 日颁布)。

9)《水库大坝安全管理条例》(2011 年 1 月 8 日修订)。

10)《畜禽规模养殖污染防治条例》(2014 年 1 月 1 日起施行)。

11)《城镇排水与污水处理条例》(2014 年 1 月 1 日起施行)。

12)《长江河道采砂管理条例》(2001 年 10 月 25 日公布)。

13)《淮河流域水污染防治暂行条例》(2011 年 1 月 8 日修正版公布)。

14)《太湖流域管理条例》(2011 年 11 月 1 日施行)。

3. 国务院政策性文件

1)《水污染防治行动计划》(2015 年 4 月 2 日发布) 。

2)《国务院关于实行最严格水资源管理制度的意见》(国发〔2012〕3 号)。

3)《国务院关于全国重要江河湖泊水功能区划(2011—2030 年)的批复》(国函〔2011〕167 号文)。

4)《中国水生生物资源养护行动纲要》(国发〔2006〕9 号 2006 年 2 月 14 日)。

5)《关于划定并严守生态保护红线的若干意见》(中共中央办公厅 国务院办公厅 2017 年 2 月 7 日)。

6)《生态环境损害赔偿制度改革试点方案》(中共中央办公厅 国务院办公厅 2015 年)

7)《国务院关于全国水土保持规划(2015—2030 年)的批复》(国函〔2015〕160 号)。

4. 国务院、部、委、局颁布的规章与规范性文件

1)《城市节约用水管理规定》(建设部 1989 年 1 月 1 日)。

2)《取水许可管理办法》(水利部 2015 年 12 月 16 日修改)。

3)《三峡水库调度和库区水资源与河道管理办法》(水利部 2008 年 11 月 3 日)。

4)《水量分配暂行办法》(水利部 2008 年 2 月 1 日起施行)。

5)《入河排污口监督管理办法》(水利部 2015 年 12 月 16 日修改)。

6)《长江河道采砂管理条例实施办法》(水利部 2016 年 8 月 1 日修改)。

7)《建设项目水资源论证管理办法》(水利部 2015 年 12 月 16 日修改)。

8)《珠江河口管理办法》(水利部 1999 年 9 月 24 日施行)。

9)《黄河河口管理办法》(水利部 2005 年 1 月 1 日施行)。

10)《饮用水水源保护区污染防治管理规定》(国家环境保护局、卫生部、建设部、水利部、地矿部 2010 年 12 月 22 日修改)。

11)《河道管理范围内建设项目管理的有关规定》(水利部、国家计委水政〔1992〕7 号)。

12)《水功能区监督管理办法》(水利部水资源〔2017〕101 号)。

13)《重要江河湖泊水功能区限制排污总量意见》。

14)《水利部关于进一步加强水资源保护工作的通知》(水利部水资源〔2001〕50 号)。

15)《水利部关于进一步加强入河排污口监督管理工作的通知》(水利部水资源〔2017〕

138号)。

16)《关于进一步加强饮用水水源保护和管理的意见》(水利部水资源〔2016〕462号)。

17)《水生动植物自然保护区管理办法》(农业部1997年10月17日发布)。

18)《水产种质资源保护区管理暂行办法》(农业部自2011年3月1日起施行)。

19)《关于加强河湖管理工作的指导意见》(水利部2014年3月21日)。

20)《湿地保护管理规定》(国家林业局2013年5月14日)。

21)《国家湿地公园管理办法(试行)》(林湿发〔2010〕1号)。

22)《建设项目水资源论证报告书审查工作管理规定 (试行)》(水利部水资源〔2003〕311号)。

23)《水权交易管理暂行办法》(水利部水资源〔2003〕233号)。

24)《水工程建设规划同意书制度管理办法》(2015年12月16日修改公布)。

25)《水文监测环境和设施保护办法》(2011年2月18日公布)。

26)《水利部关于加强洪水影响评价管理工作的通知》(水汛〔2013〕404号)。

27)《自然资源统一确权登记办法(试行)(国土资源部等8部、办、局国土资发〔2016〕192号)。

5. 河长制文件

1)《关于全面推行河长制的意见》(中共中央办公厅 国务院办公厅厅字〔2016〕42号 2016年12月11日)。

2)《贯彻落实〈关于全面推行河长制的意见〉实施方案》(水利部 环境保护部2016年12月13日)。

3)《关于建立河长制工作进展情况信息报送制度的通知》(水利部办公厅 环境保护部办公厅2017年1月9日)。

4)全面推行河长制工作督导检查制度(水利部2017年2月8日)。

二、河湖执法监管存在的问题

(一)法律法规方面

1. 河湖管理法律与配套法规不衔接

河湖管理法律与配套法规主要有两类:一类是法律明确授权要求制定的法规或规章;另一类是法律虽没有明确授权,为保证法律的贯彻实施需要制定的法规或规章。

第一类配套法规,如《中华人民共和国水污染防治法》(2017年6月27日修订)第二章授权国务院环境保护部门制定水环境质量(或水污染物排放)标准和重点流域水污染防治规划,第十六条授权国务院制定重点水污染物实施总量控制的具体办法和实施步骤,第二十条授权国务院制定重点水污染物排放总量控制指标, 第二十三条授权国务院环境保护行政主管部门制定重点排污单位安装水污染物排放自动监测设备并联网管理的办法，第二十五条授权国务院环境保护部门制定水环境监测规范;《中华人民共和国水法》(2016年7月2日修订)第三十九条授权国务院制定河道采砂许可制度实施办法，第四十八条授权国务院制定实施取水许可制度和征收管理水资源费的具体办法，第五十五条授权价格部门会同有关部门制定水费征收办法，等等。

第二类配套法规，如《中华人民共和国水污染防治法》第六条制定水环境保护目标责任制和考核评价制度实施办法，第八条制定水环境生态补偿管理办法，第二十一条制定关于排污申报登记的规定，第二十二条制定设置排污口的规定;《中华人民共和国水法》第八条制定节水办法、第三十二条制定水功能区划办法，第四十五条制定水量分配方案，等等。

在前述的法律中，第一类配套法规《中华人民共和国水法》(2016年7月2日修订)第三十九条授权国务院制定的配套法规河道采砂许可制度实施办法至今没有完成，部分地区出现采砂管理职责不清，责任不落实。第二类配套法规如水环境生态补偿管理办法、设置排污口管理规定等均未能完成。没有法律依据，水环境生态补偿、设置排污口管理规定等难以实施。配套法规《控制污染物排放许可实施方案》直到2016年11月10日才由国务院办公厅以国办发〔2016〕81号文发布，由于没有法律依据，水污染物排放许可从20世纪80年代就开始有试点，一直未能有效实施，中间的空白期长达近40年。

2. 流域与区域间的管理体制法律界定不清晰

根据《中华人民共和国水污染防治法》第九条，环境保护部门对水污染防治实施统一监督管理工作。根据《中华人民共和国水法》第十二条，国家对水资源实行流域管理与行政区域管理相结合的管理体制。水行政主管部门负责水资源的统一管理和监督工作。国务院水行政主管部门在国家确定的重要江河、湖泊设立的流域管理机构，在所管辖的范围内行使法律、行政法规规定的和国务院水行政主管部门授予的水资源管理和监督职责。《中华人民共和国水法》第十四条规定，开发、利用、节约、保护水资源和防治水害，应当按照流域、区域统一制定规划。按照上述规定，在区域层次实行的是各部门按事权归口管理。大多数事权边界清晰的事项，各部门各司其职，履行法律规定的职责。但对于事权相互交叉和重叠的事项，由于缺乏清晰的合作与协调机制，管理就会出现问题。有利的事情，部门会争权;不利的事情，部门互相推诿。在水环境和水资源保护管理的各项事务中，水利部门负责水资源保护与管理，环境保护部门负责水污染防治，事权是清晰的。但是，水资源保护与水污染防治在很多情况下是很难分开的，造成水利与环境保护部门的重复管理或者冲突，如污水管理、排水管理等。

在流域层次上，水利部派出机构的部门属性很难协调流域各利益相关方，特别是不同条、块之间的矛盾。按照《中华人民共和国水法》和《中华人民共和国水污染防治法》的规定，区域与流域是并行的关系，上游与下游之间没有相互的权利与义务关系。水环境与水资源保护出现的问题往往是流域性的，如果流域跨越了行政区域边界，就只有寻求共同的上一级机构来协调解决。但是，上下级之间只有业务指导关系，也没有很明晰的分权与约束机制。结果，跨区域的流域水环境、水资源问题难以协调解决。

在现行法律中，流域水资源开发、利用、保护的管理体制尚未理顺，跨界水污染防治中的主体责任没有明确。

3. 河湖面源污染防治法规不明确

面源污染在许多河湖已经成为水体污染负荷的主要来源，但现行的立法还是以点源控制为主。2017 年 6 月 27 日修订的《中华人民共和国水污染防治法》第三条将城镇生活污染、农业面源污染的防治作为重点内容之一，并专门用两节的内容来规范城镇污水集中处理和农村与农业面源污染的防治工作(第四章第三节、第四节，共 8 个条款)，但由于资金和技术等多种因素的制约，城镇污水集中处理率依然不高，农业面源污染控制依然没有可操作性的办法与措施。《中华人民共和国水法》则完全没有提及，《中华人民共和国森林法》《中华人民共和国水土保持法》《中华人民共和国清洁生产促进法》规定仅对面源污染防治方面有协同作用，但由于缺乏强有力的约束与激励机制，依靠传统的强制措施显然不能满足面源污染防治的需要。

4. 河湖水域岸线管理法规制度不完整

1988 年出台了《中华人民共和国河道管理条例》，2017 年 3 月 1 日对第十一条第一款和第二十九条进行了修改。在修订过程中完善了诸如河道管理制度、河道管理范围内建设项目与活动的审批、水域占用的规定等条款，在水域占用规定中修订草案规定了 3 项措施：占用河道水域、岸线资源的应交纳占用费(第十四条)；占用水面与断面的，由建设单位采取补救措施；建设项目对原有水工程设施造成影响的，建设单位应当予以补偿(第二十二条、第四十四条)。该法规中仅仅提出了相应的补偿制度及惩罚措施，另外涉及明确岸线管理范围、管理主体及相应的监督管理制度未作具体规定。

5. 河湖管理相关法规制度缺失

河湖管理相关法规制度提及河湖水能开发权、用水权、排污权、碳排放权以及联合执法等，还要求建立相应的机制，但上述事项涉及面广，需要协调的内容多，要单独立法才能有效落实。如水权、排污权等是环境形势严峻的大背景下出现的新型权利，但其具体内容和范围至今还未有明确规定，进行初始分配及防止“政府失灵”、进行交易并建立市场机制都难以实施，至今未出台相应的法规措施。河湖联合执法试行多年，到目前为止，国家也未出台一部具有指导性的统一的联合执法法规。

(二)管理体制与机制方面

1. 河湖管理体制与管理职责有待进一步明确

根据我国现行水法规的相关规定，现行的河湖管理监管体制可以概括为行政分级管理、部门分工管理与流域管理相结合的河湖管理体制，河湖流域管理通过水利部授权的形式，明确了河湖管理的审批权限，但对起决定性作用的日常监督管理职责却未做出明确具体的规定，导致河湖开发利用活动的监督管理职责不明，相互推诿现象时有发生。河湖管理涉及水利、环保、住建、农业、交通、国土、发改、卫生和计划生育、林业等多个部门，各部门按各自分工管理，部门之间在河湖管理上存在职能交叉，分工不明确，导致履职不到位或多头管理。因此，需要进一步细化管理体制，明确管理职责，建立联合执法机制，保证河湖长治久安。

2. 河湖动态监控预警管理系统有待完善

河湖管理与保护要求河湖生态系统维持和恢复到理想程度，理想程度目前无法科学判断，国际上通行做法就是“适应性管理”，其实质就是灵活性和适应性，在实践和监控过程中及时了解河湖生态系统变化，并及时采取有效措施改进河湖生态系统的健康状况。河湖动态监测与监控尤为重要，建立完善、科学、合理的河湖动态监测预警管理系统成为河湖管理与保护一项重要的长期任务。河湖监测与监控的指标还不完善，监测技术手段有待提高，数据处理系统及相应配套措施不够全面，需制定相应的操作规程，对河湖管理与保护各个要素进行动态监控，为河湖管理与保护与合理利用水资源提供依据。

3. 跨行政区水污染纠纷、水事纠纷的协调机制效力不够

《中华人民共和国水法》第五十六条规定：“不同行政区域之间发生水事纠纷的，应当协商处理；协商不成的，由上一级人民政府裁决，有关各方必须遵照执行。”根据该条规定，协商不行的跨行政区域水事纠纷，可以由上一级人民政府裁决，这样解决比较及时有力，能有效解决水事纠纷久拖不决的问题。而 2017 年 6 月 27 日修订的《中华人民共和国水污染防治法》第三十一条却规定：“跨行政区域的水污染纠纷，由有关地方人民政府协商解决，或者由其共同的上级人民政府协调解决。”根据该条规定，协商不行的跨行政区域水污染纠纷，上一级人民政府仍然只能对其采取协调方式，协商或协调的共同特点都建立在纠纷双方自愿的基础上，很可能导致跨行政区域水污染纠纷“协商、协调无期”，水污染纠纷久拖不决的情况出现。目前我国存在大量、长期没有解决的跨行政区域水污染纠纷。其实，跨行政区域的水事纠纷和水污染纠纷的处理方式可以统一、协调起来。

4. 水事民事纠纷和水污染民事纠纷行政调解机制效力不够

《中华人民共和国水污染防治法》《中华人民共和国水法》有关水事民事纠纷和水污染民事纠纷行政调解的规定与我国其他有关调解民事纠纷的规定不协调。《中华人民共和国水法》和《中华人民共和国水污染防治法》有关行政调解处理水事民事纠纷和水污染民事纠纷的规定，无法保障行政调解的有效性。因为《中华人民共和国水法》第五十七条和《中华人民共和国水污染防治法》第九十七条仅规定水事纠纷和“因水污染引起的损害赔偿责任和赔偿金额的纠纷”，可以由有关行政主管部门调解，“调解不成的，当事人可以向人民

法院提起诉讼”，而没有明确行政调解的法律效力。据全国人大有关部门和国家环境保护部门的有关解释，这种调解结果(即通过行政调解达成的调解协议)没有法律效力，当事人可以不执行调解协议。当一方当事人不执行调解协议时，另一方当事人不能申请人民法院确认该调解协议的法律效力，不能申请人民法院执行该调解协议，而且当事人可以在没有推翻原行政调解协议的情况下就原纠纷向人民法院提起诉讼。

5. 违法水事行为惩治与监管力度需进一步加大

尽管我国现行水法规对违法水事行为的法律责任均做出了相关规定，但由于《中华人民共和国刑法》中没有对重大水事违法行为设立相应的罪名，难以依据《中华人民共和国刑法》对违法者实施刑事制裁，只能依据有关水法规给予罚款、没收非法所得、限期改正等行政处罚，致使一些严重水事违法行为违法风险小、成本低、获利高，达不到有效的震慑作用，迫切需要通过完善法规，加大对违法水事行为的惩治力度。

三、完善相关法律法规和管理体制的对策建议

(一)加快制定河湖管理相关法律的配套法规，充分发挥法律效用

根据《中华人民共和国水法》《中华人民共和国水污染防治法》《中华人民共和国渔业法》《中华人民共和国防洪法》等法律的相关规定，对涉及河湖水资源保护、河湖岸线利用与保护、水污染防治、水环境综合整治及水生态修复等方面的法律明确规定需要配套的法规。法律虽没有明确授权，为保证法律的贯彻实施，需要制定加快制定配套法规，提高法律施行的效果，真正做到有法可依，充分发挥法律的效用。

(二)完善河湖管理法规制度，为河湖管理提供法律依据

1. 建立并完善河湖水域岸线管理相关法规制度

按照河湖管理河湖水域岸线管理要求统筹考虑岸线资源条件、开发利用现状、岸线资源保护需求，从法规完善的角度，立法完善河湖水域、岸线有偿使用制度，水域岸线开发利用分区管理制度，防洪评价制度，治导线管理制度，涉河建设项目审批制度及河湖管理范围界定。

2. 完善并细化河湖面源污染防治法律法规

修改《中华人民共和国清洁生产促进法》或者出台循环经济方面的立法，明确具体的激励措施，鼓励农业的清洁生产；加强《中华人民共和国水土保持法》《中华人民共和国森林法》等相关法律在防治面源污染方面的功能，增加相应的法律规范；加强城市污水的集中处理，提高处理率，将城市污水集中处理率像节能减排任务一样，纳入政府及其负责人的业绩，立法保护控制城市面源污染，保护城市水资源。

3. 完善法律制度，为水权与排污权交易提供法律保障

目前，要实施水权与排污权交易存在着一系列亟待解决的法律问题。除了来自行政部

门的行政障碍和来自企业界的企业障碍外，还必须在不断变化的司法和立法要求下增加一系列法律条件,从法律上确认水权与排污权交易。我国现行法规没有规定水权与“富余”的排污权可以交易,因此,必须修改《中华人民共和国水法》《中华人民共和国水污染防治法》,根据权利义务对等的原则,设定水权与排污权,同时规定水权与“富余”排污权可遵循一定的合法程序进行交易,即确认水权与“富余”排污权的交易。还要从法律上保障有权出卖水权与富余排污权的卖方和有需要购买水权与排污权的买方，从法律上规定水权与排污权交易的市场规则和管理机构。

4. 建立健全河湖联合执法法规制度

为了有效解决“多龙治水”的问题而推行的河长制,需要建立联合执法机制。联合执法机制的建立需要有一部普适性的联合执法法规作为依据，它的出台不仅能够指导河长们的工作,还能使“联合执法”的概念常态化,使更多的人民群众知法懂法,使权力机关在运行中透明化,更好地接受公众监督,使河长制的运行更加顺畅。

(三)强化河湖管理责任追究与公众参与法规制度

目前,涉及河湖管理的立法以行政管制为主,法规修改的方向也是寻找新的行政管制手段,或者是强化已有的行政管制手段。结果是法律越来越多、法律越来越长,河湖环境质量状况和环境守法状况似乎并没有更有效的改善。河湖管理立法与法规修订时,在完善行政赋权的同时，立法应更多地向政府行政问责调整。不仅要对执法部门加强执法行政监察,也要对政府责任的落实进行审核。在完善行政执法程序建设的同时,向健全社会监督机制的方向调整,通过信息公开等方式为公众参与创造条件,充分发挥公众参与的作用。

(四)完善河湖监督管理体制,实现河湖联合执法和水资源综合管理

按照流域进行综合管理是国际水环境与水资源保护管理的通行做法。河湖水环境与水资源保护应该按照流域进行统一管理,水质与水量也要实现一体化管理。一是加强规划的协调统一和规划的权威性。在权威规划的指导下,河湖相关各部门要形成合力,即使水质与水量分属不同的部门负责管理,也不影响一体化管理。二是建立部门联席会议或联合执法机制,解决因法律无法清晰授权而产生的部门之间的职责交叉与重叠的问题。三是整合现有流域管理机构,成立统一的流域管理委员会,该委员会应该由国务院相关部门(特别是水环境和水资源保护行政主管部门)和流域内相关地方政府组成,建立流域水环境和水资源保护委员会机制,由流域范围内所有利益相关方的代表共同参与,统一监督和综合协调处理有关的河湖流域水环境与水资源保护问题。

(五)推行水权与排污权相结合的水资源管理模式,提高水资源的使用和配置效率

水权交易制度是政府和市场相结合的水资源管理制度，即政府为水权交易提供一个清晰、明确的法律框架和法律环境,而把提高水资源的使用效率和配置效率留给市场来解决。水权交易制度的有效运行取决于3个重要环节,即清晰的水权界定、合适的水权交易价格和有序的水权交易管理。从目前国际上实行的情况来看,确实起到了节水和优化配置水资源的作用,代表了未来水资源管理的方向。水权交易的主要内容是水资源产权,水资源产权的核心内容是以水资源国家所有权为基础,通过水资源有偿使用,实现水资源所有权、使用权和经营权的分离。产权交易理论的应用,可使对水资源的配置工作纳入到市场调节的范围之内,提高水资源的利用效率,实现水资源的优化配置。

排污权交易是在满足环境要求的条件下,建立合法的污染物排放权即排污权(这种权利通常以排污许可证的形式表现),并允许这种权利像商品一样被买入和卖出,以此来进行污染物的排放控制。排污权交易首先由政府部门确定出一定区域的环境质量目标,并据此评估该地区的纳污能力,然后推算出污染物的最大允许排放量,并将最大允许排放量分割成若干规定的排放量,即若干排污权。政府可以选择不同的方式分配这些权利,如公开竞价拍卖、定价出售或无偿分配等,并通过建立排污权交易市场使这种权利能合法地买卖。在排污权市场上,排污者从其利益出发,自主决定其污染程度,从而买入或卖出排污权。排污权交易是环境资源商品化的体现,交易活动的结果就是将全社会的环境资源重新配置。排污权交易是排污许可制度的市场化形式,是环境总量控制的一种措施,采用市场机制控制排放总量来实现环境标准质量。

我国水权与排污权相结合的水资源统一管理模式,既有《中华人民共和国水法》和《中华人民共和国水污染防治法》等法律法规作基础,又有我国的社会主义市场机制作保障,完全可以建立较为完善的水权与排污权相结合的统一管理机制。目前,应对区域经济发展和水资源的矛盾需要开展水权与排污权相结合的管理模式,实施最严格的水资源管理制度也需要开展水权与排污权相结合的管理模式。结合水资源管理的实际和水环境现状,开展水权与排污权相结合的水资源统一管理需要在水资源保护与管理方面建立3种机制:一是建立以节水为先导的水资源开发利用机制,二是建立水功能区管理与入河污染物减排相结合的排污权管理机制,三是建立以水权制约排污权管控机制,提高水资源开发利用效率,同时也起到有效改善水环境、保护水资源、以有限的水资源可持续利用支撑流域经济社会可持续发展的作用。

(六)立法行政处理水事纠纷和水污染纠纷的有效性

法律的一项重要功能是定争止纷,实施水法和水污染防治法的一项重要作用是有效处理和化解水事纠纷和水污染纠纷,而行政处理(调解)则是处理水事纠纷和水污染纠纷的一种重要方式。建议通过修改《中华人民共和国水污染防治法》和《中华人民共和国水法》,“依法确认人民调解协议的法律效力”。这两部法律明确规定,政府及其有关行政主管部门经过行政调解由纠纷当事人达成的行政调解协议具有法律效力,当事人应当按照约定履行自己的义务,不得擅自变更或者解除调解协议,非经法院判决调解协议无效不得否认调解协议的法律效力;有关人民法院对在环境保护行政主管部门主持下达成的行政调解协议，一方当事人反悔而起诉到人民法院的民事案件，应当及时受理，并按照该司法解释的有关规定准确认定调解协议的性质和效力。凡调解协议的内容是双方当事人自愿达成的，不违反国家法律、行政法规的强制性规定，不损害国家、集体、第三人及社会公共利益，不具有无效、可撤销或者变更法定事由的，应当确认调解协议的法律效力，并以此作为确定当事人权利义务的依据，通过法院的裁判维护调解协议的法律效力。

（七）建设河湖管理信息系统和动态监控系统，提高河湖管理水平

1. 全面推进河湖管理信息化建设

河湖管理信息化建设应纳入流域（区域）水信息化建设中，提高河湖管理水平，节约和降低管理成本。利用先进的计算机网络、信息化和数字化等技术手段，在各部门数据库、网络平台和自动化监测系统等建设的基础上，建立基于GIS的河湖管理信息系统。利用该系统实现河湖管理信息的采集、存储、分析、更新、查询、管理、输出、可视化，提高河湖管理水平，为河湖规划、管理、决策等提供服务平台。建设内容包括河湖实时监控信息子系统、基于GIS的河湖信息管理子系统、河湖水资源配置、水环境、水生态、河湖水域岸线利用管控及河湖监测预警与预报管理信息子系统等。

2. 建立河湖动态监控预警管理系统

主要对河湖水资源、水环境及水生态状况，河湖水域岸线变化、利用状况，涉及河湖建设、河湖水环境治理、水生态修复、水污染防治等项目实施情况，河湖执法监督情况进行动态监控。及时掌控河湖动态变化情况，预测变化趋势，对风险进行预警，便于河长及时研判，采取有效措施持续维护河湖健康生命。

（八）全面实施河长制，建立最有效的河湖管理体系

根据河湖管理的相关法律、法规，结合河湖的不同等级、不同功能和不同的受益范围，按照河长制实施方案的要求尽快建立和完善河湖分级管理、分级保护的责任制度和完善的工作机制；在对河湖管理现行的法规、规章进行梳理和深入开展调查研究的基础上，围绕今后一段时期河湖管理工作的重点，提出完善河湖管理政策法规框架体系，制定和修订有关政策法规，将已经不适应形势的要求予以废止，需修订尽快组织修订，需尽快推进立法；按照充分发挥河湖功能、保障河湖水资源的可持续利用，以水资源和水环境承载力为约束的原则编制完善并审批河湖综合治理规划、河湖岸线和水域资源开发保护规划、河湖水污染防治规划、河湖水生态修复规划，以规划为总领，统筹河湖开发、利用与保护，促进河湖建设规范化、现代化；加强对河湖管理与保护的监督检查，加大执法力度，加大对非法圈圩、挤占河湖水面湿地、违规设置入河湖排污口、违法占用河湖岸线资源、擅自在河湖采砂取土等破坏河湖资源行为的查处力度，建立最严格的河湖管理制度。

第八章 “河长治”的保障措施

全面推行河长制是落实绿色发展观、持续深入推进生态文明建设的重要举措,是解决我国水资源保护和治理难题、维护河湖健康生命的有效途径,是完善水资源管理和治理体系、保障国家水安全的重大制度创新,是习近平总书记治国理政新理念、新思想、新战略的具体体现。通过近 10 年的实践、探索和提高,河长制从局部走向全国,逐渐成为具有中国特色的流域水环境治理新路径。河长制的核心在于落实了属地责任,使河湖治理从“部门制”迈向“首长制”,实现了厘清权责的关键一步, 河长制更像是一种倒逼机制, 关键在领导和组织,为的是牵头抓总、统筹协调,最大程度整合各级党委政府的执行力,弥补早先多头管理的不足,真正形成全社会治水的良好氛围。推行河长制的最终目的是要提高河湖治理效率,达到一种善治,实现河长治。如何在未来实践中使河长“制”付诸于河长“治”,实现“水岸常绿,江河常清”的河长“治”的目标,关键在于保障河长“制”能否强有力地实施,长效管理机制是否发挥作用。因此,必须从组织领导、工作机制、考核问责和监督体系等方面,全面落实河长制保障措施,为实现河长治保驾护航。

第一节　组织领导

一、组织形式与机构设置

（一）组织形式与河长职责

河长制的组织领导形式是以各级党政主要负责人担任河长，负责组织领导、监管相应河湖的管理和保护工作。这种由地方行政首长担任河长的管理方式，破解了我国水污染治理中常年存在的“多龙治水”、责任不明的尴尬局面，使得一些多年来影响群众生产生活的流域得到充分整治，水体污染减轻，河湖水质提升，河湖生态恢复，实现了河清水美、城乡人居环境显著改善的新局面。

2016年12月11日，中共中央办公厅、国务院办公厅印发了《关于全面推行河长制的意见》，要求各地区各部门结合当地实际状况认真贯彻落实，2018年年底前全国全面建立河长制，标志着探索近10年的河长制从原来的地方应急之策上升到国家文件层面。同时，《关于全面推行河长制的意见》首次明文强调了河长制的组织形式，即全面建立省、市、县、乡四级河长体系。各省（自治区、直辖市）设立总河长，由党委或政府主要负责同志担任；各省（自治区、直辖市）行政区域内主要河湖设立河长，由省级负责同志担任；各河湖所在市、县、乡均分级分段设立河长，由同级负责同志担任。

关于河长的主要工作职责，《关于全面推行河长制的意见》中进行了概括。根据《关于全面推行河长制的意见》内容，各级河长的工作任务主要有3点：①组织领导工作。负责组织领导相应河湖的管理和保护工作，包括水资源保护、水域岸线管理、水污染防治、水环境治理等，牵头组织对侵占河道、围垦湖泊、超标排污、非法采砂、破坏航道、破坏生态等突出问题依法进行清理整治，协调解决重大问题；②协调推进工作。对跨行政区域的河湖明晰管理责任，协调上下游、左右岸实行联防联控；③考核监督工作。对相关部门和下一级河长履职情况进行督导，对目标任务完成情况进行考核，强化激励问责。

河长制的组织形式在贯彻落实的过程中得到了不断的发展和丰富。推行河长制，其精髓是地方首长的领导，但重点依然在基层一线。所以，一些省市在四级河长体系中，因地制宜地增加了村级河长，实行省、市、县、乡和村五级河长体系，如江苏、浙江、贵州和黑龙江等省。其中，浙江省为规范基层河长的巡查工作，有效落实基层河长履职责任，确保五级河长制体系的效用，于2016年出台《基层河长巡查工作细则》。《基层河长巡查工作细则》中首次明确了“基层河长”以及“巡查”的概念。其中，基层河长，是指镇（乡、街道）级河长和村（社区）级河长，是责任河道巡查工作的第一责任人。巡查，是指基层河长通过对责任河道巡回检查，及时发现问题，并予以解决或提交有关责任部门处理或向当地治水办（河长办）、上级河长报告，要求协调解决。此外，除了五级河长体系外，浙江还增设了民间河长、企业河长、渠长、河段长等多种类河长，力求河长责任落实得更加精细，治水工作从细微处全面抓起。

除了五级河长制体系外，有的省市采取党政同责、齐抓共管的“双河长制”。如贵州省，在省、市、县、乡设立“双总河长”，由各级党委和人民政府“一把手”共同担任。四川省在省级层面的涪江、嘉陵江、渠江、雅砻江、青衣江、长江（金沙江）、安宁河、沱江、岷江、大渡河等十大河流实行“双河长制”，每条河流皆设立两位河长，均由副省级领导担任。西藏自治区阿里地区、县、乡（镇）统一实行“党政主要领导双总河长制”，阿里地区地委书记、行署专员均为地区总河长，各县县委书记、政府县长均为所在县的总河长，各乡（镇）党委书记和政府乡（镇）长均为所在乡（镇）总河长。

随着各省市河长制方案的制定与实施，明确以党政领导负责制为核心的多级多种类责任体系，不仅能丰富河长的内涵，强化河长体系建设，更加细分和明确各级河长职责，还能高效协调各方资源力量，形成一级抓一级、层层抓落实的工作格局，实现区域内河长全覆盖。这既是河长制富有特色的组织领导形式，也是有效治河的重要保障措施。

（二）机构设置

由于河长是由地方行政领导兼任，因此，各省并无固定对应的行政机构和人员编制设置。2016 年，《关于全面推行河长制的意见》首次明确强调：县级及以上河长设置相应的河长制办公室，即省、市、县三级均应设置河长制办公室，具体组成由各地根据实际确定。纵观江苏、浙江、安徽、福建、江西、海南、贵州、辽宁等省河长制实施方案，省级河长制办公室的设置主要完成以下 6 个方面的工作：①承担省河长制管理办公室日常工作，落实河长确定的事项；②负责河长制临时专项工作的人员抽调，统筹协调相关部门职责分工；③负责建立河长制相关工作制度，管理实施方案；④参与审查河道综合开发利用规划；⑤参与河道维护技术规范制定工作；⑥完成国家、上级单位指导与交办的河长制相关工作任务。在机构人员组成上，各省主要从水务、环保、建委、规划、国土、农业、财政、城管、园林等部门选配或抽调人员组成各级河长制办公室，或委任不同部门作为主要责任联系单位，负责安排落实对应级别的河长制办公室日常工作。

二、组织领导体系中的问题与难点

虽然河长制的组织领导形式给河长制的实施提供了有力保障，但由于其组织形式强调的是人治而非法治，在执行的过程中仍然存在一些问题与不足。从各地的实践经验和实际问题来看，落实河长制，保障河长治，现行组织领导过程的不足与难点值得探讨和解决。

（一）缺乏深层次的河长权责机制

从各地实际执行过程看，地方政府更多关注的是直接迅速建立起各级河长的组织架构，挂牌公示，而对各级河长权责的运行机制依然还缺乏深层次的考核。虽然各地相继出台了各级党委政府及其部门的目标清单、问题清单、环保责任清单、任务清单等，但有的清单任务相对宏观，无法精细量化，导致责任部门无法接单，部门间推诿扯皮时有发生，职责多头、真空、模糊等现象依然存在。今后工作中依然面临河长制职责非法定、权责不对等、协同机制失灵等困境。

（二）河长治河的科学性与连续性

治河的主要负责人为河长，使得在落实河长制的过程中，河湖治理方法、成本和效果等对河长的决策过于依赖；河长对河湖管理的认知程度、对河湖的了解及重视程度，决定着河湖综合生态保护与治理的推进效果。如何保证河长在治河过程中各项决策的科学合理，关系重大。此外，纵观国内外河流管理案例，河流的保护与治理是长期的工作，其周期多长于干部的任职周期。河长制中的河长会在长期的河流污染治理期间不断更迭，有的党政领导人任职期满后，其倡导和主张的污染治理职责难以全面落实，后任党政领导人另辟治河新途径，导致前期治理之策连贯性丧失，从而影响相应河湖治理的进度与效果。因此，保障前、后任河长之间在河流治理实施过程中保持工作的连贯性十分重要。

三、加强组织领导保障的措施

（一）依法建立健全各级河长的任务与责任落实机制

地方政府应坚持以问题为导向，根据河湖具体情况科学编制“一河（湖）一策”治理规划方案，明确现存问题与解决途径，依法建立健全各级河长的任务与责任落实机制。首先，地方政府可按照构建责任明确、协调有序、监管严格、保护有力的河湖管理保护机制的要求，根据实施河长制的单条河流和区域河流的自然生态和社会功能，明确各级河长、相关管理部门的责任目标和相关要求，使其职责与治理目标任务相匹配，切实保证河长工作中的各项任务项目化、目标化和时限化。其次，地方政府应厘清区域内河湖保护与治理工作中责任者、参与者、受益者、监督者的权利和义务，明确相关人员承担的责任内容，如领导责任、直接责任、间接责任和其他责任，以及河长与相关部门之间、正副职之间、不同河长层级之间的责任关系等，避免因职责不清、权限不明而出现追究责任时互相推诿的情况。

（二）加强组织领导，强化部门联动

各地要加强组织领导，明确责任分工，抓好工作落实。首先，地方水利、环保部门要加强沟通，密切配合，共同推进河湖管理保护工作。要充分发挥水利、环保、发改、财政、国土、住建、交通、农业、卫生、林业等部门优势，协调联动，各司其职，加强对河长制实施的业务指导和技术指导。其次，各地政府要加强部门联合执法，加大对涉河湖违法行为打击力度。

此外,各地河湖管理保护工作要与流域规划相协调,强化规划约束。要把握河流整体性与水体流向,忌多头管理。要注重河流的整体属性,遵循河流的生态系统性及其自然规律。对跨行政区域的河湖要明晰管理责任,统筹上下游、左右岸,加强系统治理,实行联防联控。

(三)开展河长定期培训,提高河长治水思路

各地应当制订河长培训计划,邀请水环境保护与污染治理专业人员进行授课培训和专题讲座,增强各级河长与相关人员的履职能力和水平,更好地服务于河长制工作。原则上,为了保证治河思路的科学性与规范性,各地新任河长均应及时接受岗前培训,深入了解所管区域河段的基本情况,牢固掌握河段的突出问题;各级河长在一定时期内需多次轮训,强化河长治河的责任心与履职能力。

(四)建立河长制工作群众参与机制

社会公众既是排污者,又是环境污染治理的参与者、监督者和潜在的受益者。在治理河流污染的过程中,如果缺乏公众的参与、听不到公众和社会真实的想法与诉求,将是河长制贯彻实施过程的一个重大缺陷。因为它只涉及了对行政权力系统内部的动员,缺乏对社会公众的宣传与动员。而河流保护与污染治理往往是一项庞大的系统工程,不可能仅仅靠权力系统效能的提高得以全面解决,应当宣传动员每一个社会成员,调动他们参与的积极性和责任感,让他们主动参与到河流保护与污染治理中来,建立并完善河长制工作群众参与机制。因此,各地方政府可采用“河长公示牌”“河长接待日”“河长微信公众号”等方式主动展示河长工作、宣传河湖管护成效、受理群众投诉和举报,借助“企业河长”“民间河长”“河长监督员”“河道志愿者”“巾帼护水岗”等社会资源进一步强化河湖管护合力,营造全社会关心河湖健康、支持河长工作、监督河湖保护的良好氛围和参与机制。

(五)搭建交流平台,加强跟踪研究

各地要及时总结河长制工作开展情况,在省、市、县、镇、村各级层面定期开展交流研讨活动,形成可复制、可推广的经验做法。例如,建立流域河长制工作交流平台或系统,开设专栏动态交流各地的好做法、好经验,每季度召开一次联席经验交流会或现场会,促进各地河长和管理人员的相互交流、互相促进。同时,各地要注重河长制落实情况的跟踪调研,深入基层一线,掌握第一手资料,不断分析和研究治河(湖)过程中新情况、新问题,不断提炼成效显著的好做法、好经验、好举措和好政策,持续丰富完善河长制体制。例如,太湖流域管理局采取领导分片联系、部门持续跟踪的方式,及时了解各地河长制实施情况,总结提炼不同地区不同河湖落实河长制的典型经验、特色做法,帮助各地协调解决重点难点问题,推动各地不断提升河长制工作水平。

第二节 工作机制

一、背景

河长制的实施与成效表明，原有正常的流域水资源管理和水环境治理制度措施无法有效解决我国当前复杂的水资源问题，只能另辟蹊径，建立能立竿见影、有效解决水问题的管理新制度。

全面建立河长制，关键之一就是完善的工作机制。河长制主要突出地方党委政府的主体责任，强化部门之间的协调和配合。一套完善的工作机制是搭建一个有效的治河工作平台，精准施政的有力保障。

根据《关于全面推行河长制的意见》指导精神，各地区在全面推行河长制的过程中，应建立健全完善的工作机制，其内容涵盖工作制度和行动方案两大方面。其中，在工作制度方面，要求建立河长会议制度、信息共享制度、工作督察制度，协调解决河湖管理保护的重点难点问题，定期通报河湖管理保护情况，对河长制实施情况和河长履职情况进行督察；在行动方案方面，要求各级河长制办公室加强组织协调，督促相关部门单位按照职责分工，落实责任，密切配合，协调联动，共同推进河湖管理保护工作。

二、建立河长制工作机制的基本原则

实施河长制的出发点和最终目标是水生态环境质量的改善。因此，建立健全河长制工作机制，应遵循以下 5 点基本原则。

（一）党政主导，部门联动

坚持党政负责人主导格局，构建部门联动机制。主动加强与环保等相关部门沟通协调，形成上下协调、左右配合、齐抓共管的河湖管理保护新局面。

（二）保护优先，科学利用

牢固树立尊重自然、顺应自然、保护自然的理念，推进河湖生态修复和保护，处理好河湖管理保护与开发利用的关系，强化规划约束，依靠科学手段制定工作方案，促进河湖休养生息、维护河湖生态功能。

（三）依法依规，综合治理

明确流域防治范围及责任单位、管理责任和禁止行为，以及相关法律责任，使流域水污染防治迈向依法依规综合治理的新阶段。

（四）远近结合，长效管理

标本兼治，远近结合，在抓好当前突出问题的同时，要积极探索，努力建立流域管理的长效机制。

（五）问题导向，精准发力

要坚持问题导向，专攻重点难点，针对不同河段的特点，结合区域内存在的环境问题和薄弱环节精准发力；要坚持齐抓共管，强化统筹协调，妥善处理好上游与下游、干流与支流之间的环保责任关系。

三、建立完善河长制工作机制

（一）建立协调沟通的联席机制

各级河长办公室要建立完善的信息交流、沟通、协调机制。对上级河长，要定期汇报河湖管理、水环境治理目标、任务、进度等情况，积极落实上级政府对水资源保护各项调控政策，执行水污染防治统一组织开展的各项专项行动；对下级河长，要定期督察水环境治理目标、任务落实情况和河长履职情况，做好行政区域与行政区域之间、河段与河段之间的无缝对接，及时消除同级河长间的“真空地带”“三不管地区”；本级河长办公室要根据辖区的水环境污染状况，研究、制定河湖整治方案，落实治理任务，组织开展水污染防治联合执法行动，切实改善区域水环境质量。

（二）完善生态资金的横向补偿机制

国家提出全面推行河长制，就是把生态自然资源利用过程中产生的社会成本，用行政手段实现内部化。通过行政权力分割和考核问责，解决上下游、左右岸的水环境治理成本外部性问题。因此，在强化河长责任考核的同时，还需完善生态资金补偿机制。生态资金补偿机制主要包括两个方面：一是纵向补偿，即对那些为了保护生态环境而丧失许多发展机会、付出机会成本的地区，提供自上而下的财政纵向生态补偿资金，确保区域环境基础设施建设。二是横向补偿，即根据“谁污染，谁治理”“谁受益谁补偿，谁污染谁付费”的原则，对上游水质劣于下游水质的地区，通过排污权交易或提取一定比例排污费，纳入生态建设保护资金，补偿下游地区改善水环境质量。

（三）完善涉水法律法规

水资源保护、水污染治理和水环境治理是一场持久战，河长制不能仅立足于应急之需。但要促使其成为一项长效制度保障，实现河畅水清，必须依靠法治。现行涉水法律法规未对河长制的实施提出明确规范要求。虽然国家层面相关法律法规短期内再次修订困难，但是地方立法可以先行。首先，要把实践中行之有效的做法上升到法律法规的层面，比如，健全河湖管理特别是流域管理法规制度，完善行政执法与刑事司法衔接机制，建立部门联合执法机制，落实河湖管理保护执法监管的责任主体、人员、设备和经费。其次，要按照依法治水的有关要求，将规范河长制的相关内容纳入涉河、涉水法律法规和相关规章，并在不同法律法规中保持高度一致。最后，要依法强化河湖管理保护监管，强化河湖日常监管巡查制度，严厉打击涉河湖违法行为，切实维护良好的河湖管理秩序。

（四）资金使用的管理机制

黑臭河湖整治、污水处理设施建设、流域水生态修复等水环境治理工程需要投入大量资金。因此，在资金分配使用上，要建立严格的管理制度，确保资金安全。要建立水环境治理的专项资金账户，建立资金报批制度、资金规范运作制度、资金使用监管制度。同时，财政部门应及时将专项资金使用、考核、验收等情况，在政府网站和公示栏予以公示，便于公众监督。

（五）河长工作方式创新机制

在推行“一河（湖）一策”“一河（湖）一档”等常规工作方式的同时，积极推广流域片区先行探索形成的 “作战图”“时间表”“河长巡查制”“河长工作日志”“河长工作手册”“河长工作联系单”等有效做法，不断创新、完善河长制工作方式方法。

（六）建立河湖保护信息化管理机制

运用卫星遥感、无人机航拍等先进技术手段，加强河湖水域变化、侵占河湖水域等情况跟踪，对重点堤防、水利枢纽、重要河湖节点等进行视频实时监控，率先实现流域内重要河湖水域岸线监控全覆盖；大力推广互联网+、物联网、云计算、大数据等理念、新技术，因地制宜地建设一批河湖管理信息系统；强化河湖管理保护相关信息系统和数据资源整合，探索构建互联互通、信息共享、运转高效的管理平台，全面提升河湖管理保护信息化水平，建立河湖保护信息化管理机制。

第三节 考核问责

一、河长考核问责制

在推动河长制工作落实的过程中，必须严格考核监督，督促各地建立健全考核问责制度，加强对本行政区域河长考核，并将实行河长制情况纳入年度最严格水资源管理制度考核内容。各地区在国家《关于全面推行河长制的意见》指导下，纷纷出台了相应的考核问责与激励机制政策。例如，《四川省贯彻落实〈关于全面推行河长制的意见〉实施方案》规定，对成绩突出的河长及责任单位进行表扬奖励，对失职失责的要严肃问责。将河长制工作纳入最严格水资源管理制度、水污染防治行动计划实施情况等专项考核，纳入各地党委、政府目标绩效考核，考核结果作为党政领导班子及有关成员综合考核评价的重要依据，作为领导干部自然资源资产离任审计和生态环境损害责任追究的重要内容。《关于贯彻落实〈广东省全面推行河长制工作方案〉实施意见》提出，由上级河长对下一级河长、地方党委政府对同级河长制组成部门履职情况进行考核问责，各地要加强对全面推行河长制工作的监督考核，制定考核办法，根据河长制实施的不同阶段进行考核。要建立激励制度，对成绩突出的地区、河长及责任单位进行奖励。《江西省河长制工作考核问责办法》规定，考评结果纳入市县科学发展综合考核评价体系和生态补偿机制，抄送省级责任单位及综治办等有关部门。河长制工作责任追究纳入《江西省党政领导干部生态环境损害责任追究实施细则（试行）》执行，对违规越线的责任人员及时追责，实行最严格的考核问责。不同级别行政区域河长制考核办法对比见表 8-1。

表 8-1 不同级别行政区域河长制考核办法对比

区域	考核主体	考核主要内容	考核等级	考核奖处
江苏省	省（市、县）水利、财政部门会同同级相关直属管理处、相关部门成立河道管理考核组	1. 组织管理； 2. 经费管理； 3. 空间管理； 4. 资源管理； 5. 河道监测； 6. 工程管理	优秀、良好、合格、不合格	对考核获得不合格等次的市、县（市、区），将予以通报，并限期整改；对连续两年考核不合格的市、县（市、区），将暂停该地区下一年度河道维修补助经费
江西省	多部门联合（省河长办、省审计厅、省水利厅、省环保厅、省住建厅等）	1. 思路升级，启动流域生态综合治理； 2. 制度升级，完善相关工作体制机制； 3. 能力升级，加强河湖长效保护管理； 4. 行动升级，推进突出问题专项整治； 5. 宣教升级，营造群防群治浓厚氛围	优秀、合格、不合格	取得优秀等次的市、县（市、区）可分别获得 2~4 名优秀河长推荐权。同时，考核结果纳入市县科学发展综合考核评价体系、生态补偿机制，考核结果抄送组织、人事、综治办等有关部门
开化县	县河长办	1. 基本要求； 2. 管理要求； 3. 水环境绩效	优秀、良好、合格、不合格	对年度任务完成较好、考核靠前的，予以表彰奖励；对年度任务完成较差、考核排名靠后的实行约谈，并在全县通报考核结果
达州市通川区	镇长办公室牵头组织各职能部门组成考核检查组	1. 河长制工作制度机制； 2. 河长制工作督考； 3. 河长制基础工作	优秀、良好、合格、不合格	考核结果为优秀的河长予以通报表彰；连续两次考核结果为不合格的河长，参照《达州市河道整治工作责任追究暂行办法》问责

对比总结各省已出台的河长制实施方案或考核问责办法发现，多数方案仅涉及考核问责的结果，目前依然尚未形成一套完整的考核问责体系。完整的考核体系应主要包括：①考核问责主体和对象，即谁考核、考核谁；②考核问责的具体内容和指标；③考核结果的运用。因此，细化、深化当前河长考核问责制，依然是全面推行河长制过程中的重要工作之一。

二、强化考核问责面临的主要问题与对策

(一)当前河长问责制的问题

在目前河长问责制的实践中,问责的主体一般都是责任主体的下级(多为环保部门)或责任主体的上级。在行政层级面前,下级要为上级公正评核,其中有很多的利益纠葛,无法真正按照“一票否决制”实行问责。而上级对下级的问责,在上级需要承担连带责任的情况时,也难以保证问责结果的公正性。

以近年来多省市考核结果分析发现,这种问责制的实践至今也是报喜不报忧状况居多,真正的“一票否决”几乎未见。例如:广州市水环境整治联席会议办公室发布的2016年全市河长制年度考核结果显示,纳入考核的区一共有11个,其中越秀区、荔湾区、海珠区考核档次为“优秀”,黄埔区、白云区、天河区、花都区、南沙区、番禺区、从化区、增城区考核档次为“合格”。东莞市2015年石马河、茅洲河以及水乡特色发展经济区河长制的考核结果显示,纳入考核的镇(街)一共有18个,没有出现不合格的。江西省2016年市县河长制工作考核结果对考核位列前3名设区市、位列前10名的县(市、区)、位列后3名设区市和位列后10名的县(市、区)都进行了通报,但未有不合格市、县、区名单。

此外,河长问责制中的水质标准以及考核标准也是由行政权力系统内部设定,基本属于行政体制内部“自考”,甚至难以排除在相关断面水质检测数据、河道恢复程度和考核成绩等方面的修饰和作假现象。

因此,以上各种迹象均表明,目前河长问责制是一种基本上有利于河长的制度设置,它在形式上是一种法律制度与法治,但在实质上更多地表现为权力制度以及权治特征。

(二)强化考核问责的途径

1. 差异化绩效评价考核

一种法律或制度,在执行过程中,如果监督缺位、考核乏力,那么它就会失去支撑,最终必然流于形式。就全面推行河长制而言,强化监督考核,严格责任追究,对确保任务落到实处、工作取得实效,起着重要的保障作用。因此,要根据不同河湖存在的主要问题,实行差异化绩效评价考核。将领导干部自然资源资产离任审计结果及整改情况作为考核的重要参考,考核结果作为地方党政领导干部综合考核评价的重要依据。实行生态环境损害责任终身追究制,对造成生态环境损害的,严格按照有关规定追究责任。

2. 多方考核

河湖水库的水质检测等关键环节应有公众和第三方机构参与,以确保其公信度。同时,还应通过民意调查、公众给河长打分以及公开考核结果等途径,接受公众的评判,不及格者须受到党纪处分。公开公正的多方考核体系,方可让河长考核结果真实。

3. 实行财政补助资金与考核结果挂钩

实行财政补助资金与考核结果挂钩和考核结果定期及时通报制度。加大考核结果运用力度，将考核纳入各地区科学发展观综合考核，考核结果作为地方党政领导干部综合考核评价的重要依据。这样，有利于长期平衡环境治理与经济增长间的协调度，有效加强水环境的治理，让水环境得到持续改善。

第四节 监督体系

一、建立河长制监督体系及意义

纵观国内外河湖管护及水环境的治理，均非一朝一夕可以解决的问题。河长制已在我国许多省市地区推行，并取得了不错的效果，但在实施的过程中也暴露出了一些需要注意的问题，如伴随行政首长调动，可能出现责任转移、“终身追责”难以落实，政府部门和公众对治河效果认同不一等问题。解决这些问题，确保河长责任落实到位，河湖管理保护取得成效，需要通过建立全面的监督体系来保障。

《关于全面推行河长制的意见》对各地在贯彻落实河长制工作过程中如何加强社会监督给予了指导。这主要包括 3 点：①信息透明化。建立河湖管理保护信息发布平台，通过主要媒体向社会公告河长名单，在河湖岸边显著位置竖立河长公示牌，标明河长职责、河湖概况、管护目标、监督电话等内容，接受社会监督。②鼓励公众参与。聘请社会监督员对河湖管理保护效果进行监督和评价。③加大宣传和舆论引导。进一步做好宣传和舆论引导，提高全社会对河湖保护工作的责任意识和参与意识。这些监督管理措施为加强河湖管护提供了方向，但仍需要进一步细化与提升，才能使得河长制长久地发挥实效，造福百姓。

河长制以新的形式明确政府负责人的职责权限，重新明确甚至配置了行政权力，但行政权力的运行不仅需要内部的监督和制约，也需要外部的考核和督察。因此，河长制的监督体系，不仅要涵盖政府系统内的考核监督，还应包括社会监督，只有二者共同实施，才能成为河长制有效且长效实施的重要保障。

(一)行政监督

行政监督，就是指国家行政机关以及其他行政主体对有义务执行和遵守有关行政法规、行政指示、命令和决定的组织和个人实施的查看、了解和掌握其履行义务的具体行政行为。作为以行政问责制为基础的河长制，行政监督是保障河长制长期实施的重要手段。健全行政监督体系能够促进管理部门的严格执法和提高执法效率。但目前关于河长制行政监督的具体措施和体系却依然缺乏。

广东省提议设计的人大常委会行政监督体系给河长制行政监督体系的顶层设计提供了重要参考。首先,人大常委会监督可以为政府实施河长制提供外部动力和考核压力,在我国现行宪法规定的人大与政府关系框架下为河长制的落实提供有力保障。特别是人大常委会对河长制的考核完善了河长制的责任机制,是避免河长制流于形式的重要举措。其次,人大常委会监督可以为河长制的实施预留必要的空间,减轻政府面对社会公众环境诉求的直接压力,避免政府工作从注重经济发展的极端走向只顾环境保护的极端。在推动政府加强环境保护的同时,也不能将政府目标单一化,在社会舆论普遍对环境状况不满的背景下尤其需要将民意纳入人大机制进行表达和疏解，以人大及其常委会的监督形式表现出来。再次,对河长制实施的监督为人大常委会监督的落实提供了一个立足点,对于贯彻执行人大常委会监督法具有示范意义。

(二)社会监督

河长制跨部门协同可以较好地解决协同机制中责任机制的“权威缺漏”问题,但是以权威为依托的等级制纵向协同仍会面临“责任困境”等的挑战,这就意味着河长制的实施还需要来自外部的监督,才能真正落实责任,实现水环境治理的目标。

公众参与是环境保护的重要原则,也是符合环境管理特点的富有成效的制度,法律制度也从不同方面逐步扩大了公众参与环境保护的渠道，但在总体上仍存在环境保护的公众参与不足、参与效果不好的困难。河长制的核心是由政府主要负责人担任河长,以保证流域污染治理和水生态保护有充分的权威依托,这看似是与公众参与完全不同的思路,但如果离开了广泛的社会公众参与,其实施过程和实施效果都可能遭到质疑。因此,可以借助基层自发组织、居民的广泛参与取得公众支持,从而保障河长制的顺利实施,并建立健全完善的社会监督体系,利用公众监督来改进政府工作,提升河长制的实施效果。

二、畅通河长制监督渠道的举措

(一)建立健全监督检查考核制度

各地要自上而下建立完备的河长制工作监督、检查和考核制度，出台相关规定及办法,明确监督和考核主体、方式、程序、内容和标准等,层层建立监督、检查和考核体系,落实责任,其中涉及跨省河湖、省际边界河湖的考核应采用科学的监测数据。对跨省河湖、省际边界河湖河长制工作监督检查,并将检查中发现的问题及时通报有关部门和相关河长。

(二)加强河湖监督管理

各地要严格河湖管理保护的监督管理,开展河湖健康评估。强化涉河建设项目事中事后监管,加强日常监督检查,重点加强对项目建设过程和主要环节的控制,保证许可的具体要求落到实处。严格入河湖排污口监督管理,从严审批新建、改建、扩建入河排污口,对已设置的排污口进行核查登记,建立入河湖排污口名录及监督管理档案,优化入河湖排污口布局,实施入河湖排污口整治,对排污口整治方案落实情况进行检查督促。

(三)强化河湖监督性监测

在全面开展水功能区水质监测的基础上，原则上对实行河长制的河湖全面开展水质监督性监测,推进河湖健康评估。流域片规模以上入河排污口要实现全覆盖监测,其他入河排污口开展监督性监测,及时将监测结果通报有关部门。做好各级行政区域边界河湖监督性监测。例如:太湖局流域管理重点开展省际边界水体和主要入太湖河道控制断面的水质监测,监测结果及时通报有关部门和相关河长。逐步推进重点湖库、重要江河河口及存在较大生态风险的大型河流湖库等水域水生态监测。力争对流域片列入全国重要饮用水水源地名录的 39 个水源地开展 109 项水质全指标监测。

(四)拓展公众参与渠道,营造全社会共同关心和保护河湖的良好氛围

推行河长制治水，是切实改善生态环境、有效提升人民群众生活品质的重大民生工程,与人民群众生活密切相关;河长治河,要主动接受民众监督,治河是否有成效,要看成果能否得到公众认同。社会公众不但要成为河长制的受益者，而且要成为参与者和监督者。如果社会公众对各级河长们的工作情况、河道水质改善情况不清楚,不能介入监督,河长制的意义必然大打折扣。各地要通过建立河湖管理保护信息发布平台、公告河长名单、设立河长公示牌、聘请社会监督员等方式,让公众对河湖管理保护效果进行监督。同时,通过加强政策宣传解读、加大新闻宣传和舆论引导力度,增强社会公众对河湖保护工作的责任意识和参与意识,形成全社会关爱河湖、珍惜河湖、保护河湖的良好风尚。

第五节 “河长制—河长治”案例分析

近年来,一些地区积极探索河长制,由党政领导担任河长,依法依规落实地方主体责任,协调整合各方力量,有力促进了水资源保护、水域岸线管理、水污染防治、水环境治理等工作,水环境、水生态质量得到显著提升,人民群众满意度不断增加,初步形成了河长治的可喜局面。

据资料显示,截至 2017 年 3 月,全国 31 个省(自治区、直辖市)和新疆生产建设兵团均开展了省级工作方案编制工作。其中,上海、湖北、陕西、辽宁、湖南、安徽、河北、福建、江苏、重庆、浙江等 11 个省(直辖市)工作方案已由省级党委办公厅、政府办公厅印发实施;北京、天津、江苏、浙江、福建、江西、安徽、海南等 8 个省(直辖市)专门出台文件,在全辖区范围内推行河长制。其余省(自治区、直辖市)在不同程度上实(试)行了河长制,有的在部分市县,有的在部分流域水系。下面选取有特色和明显效果的河长制试行范例加以介绍。

一、江苏省——河长制领头羊，全面推行升级版河长制

江苏省在全国最早探索建立河长制。2007年，太湖蓝藻事件发生以后，无锡市探索实行了以水质达标为主要目标的河长制。2008年，在总结无锡市河长制经验的基础上，江苏省将河长制扩大到省内太湖流域，太湖15条主要入湖河流实行了由省级领导和市级领导共同担任河长的"双河长制"。2012年，江苏省政府办公厅下发《全省河道管理河长制工作意见》，在全省范围内推行以保障河道防洪安全、供水安全、生态安全为目标的河长制，通过强化规划引领、综合治理、控源截污、巡查考核等举措，加大河湖管理保护力度。经过努力，目前全省骨干河道的河长基本落实到位，由各级党政主要负责人担任的河长已遍布江苏省727条骨干河道1212个河段。其中由各级行政首长担任河长的占70%，河长制办公室基本建立。设立了河长制管理引导奖补资金，每年投入6000万元，带动市县河道管理保护经费投入超过10亿元，全省47.9%的河段实行社会化管护。实行河长制，有效整合了部门力量，促进了河湖水系治理，全省重点水功能区水质达标率提高到77%，城市地表水集中式饮用水水源地水质达标率达到99%，广大群众的生产生活环境持续改善。

目前，江苏省2017年新制定的《关于在全省全面推行河长制的实施意见》已经正式印发实施，推行升级版的河长制，全面提升河湖水域的保护、治理和管护水平。该意见围绕打造升级版的河长制，对江苏省现有河长制进行规范完善，实行党政主导、高位推动、部门联动，明确组织形式和具体措施，注重操作性、可行性。升级后的河长制主要特色可归纳为以下几点：①建立省、市、县、乡、村五级河长体系，10万多条村级以上河流将确定河长。②覆盖范围升级。河长制管理体系由原来的骨干河道升级为全省各类河道、湖泊和水库，覆盖了全省村级以上河道10万多条、乡级以上河道2万多条、流域面积50km^{2}以上河道1495条、省级骨干河道727条、列入《江苏省湖泊保护名录》的湖泊137个、在册水库901座。③工作任务升级。起源于太湖地区的河长制以水质达标为主要目标，2012年起实施的河道管理河长制以保障防洪安全、供水安全、生态安全为重点，此次河长制围绕保护水资源、防治水污染、治理水环境、修复水生态等重点，突出系统治理、水岸同治、长效管理及功能提升，统筹河湖功能管理、资源保护和生态环境治理。④工作机制升级。建立部门联动机制。各相关部门在河长统一领导下，各司其职、各负其责，加强协作配合，形成工作合力。健全稳定投入机制。各级财政部门加大公共财政对河湖管理保护的投入力度，并鼓励和吸引社会资本广泛参与，建立健全多主体、多渠道、多形式、长效稳定的河长制管理投入机制。完善考核评估机制。加强河湖空间、取排水、水质、水生态、污染源等监督性监测，修订河长制考核办法和考核标准，建立由各级总河长牵头、河长办组织、相关部门参加、第三方监测评估的绩效考核体系，针对不同河湖存在的主要问题，实行差异化绩效评价考核。构建奖惩挂钩机制。将考核结果运用到奖惩机制上，实行财政补助资金与考核结果挂钩，

并作为地方党政领导干部综合考核评价的重要依据。实行生态环境损害责任终身追究制，对造成生态环境损害的，严格按照有关规定追究相关人员责任。引入市场运作机制。探索分级负责、分类管理的河湖管理保护模式，充分激发市场活力，加快培育环境治理、监测、维修养护、河道保洁、河道整治等市场主体，推进河湖管理保护专业化、集约化、社会化、市场化。

二、贵州省——全面推行河长制

贵州省六盘水境内的三岔河，属乌江流域南源一级支流，流经六盘水等地后，注入黔中水利枢纽工程。这条滋养黔中大地的“母亲河”，却因生活、工业、农业废水的乱排乱放，水质受到严重污染，一度成为“墨水河”。2009 年，贵州在黔中水利枢纽工程源头三岔河试行河长制，涉及毕节、六盘水、安顺 9 个县(区)。六盘水成立了以市长为组长、各县区人民政府一把手参与其中的三岔河流域环境保护河长制工作领导小组。由河长亲自部署，督促开展三岔河流域各项环境保护工作。通过实施包含工业水污染治理、重金属污染防治、农村环境综合整治等 119 个项目，累计投入资金 30 多亿元，三岔河由浊变清，重现了“杨柳依依拂河畔，醉看三岔若江南”的风景。从监测结果来看，流域水质得到明显改善，监测断面水质综合达标率 2010 年为 55.3%，2011 年为 76.8%，2012 年为 90.9%，2013 年为 95.0%，2014 年为 96.0%。实施河长制 5 年来，综合达标率提升了 40.7%。三岔河流域水质得到明显改善，为整体推进流域环境保护发挥了很好的作用。

三岔河河长制的成功模式很快复制到其他流域。2014 年 8 月，贵州省政府下发了《省政府办公厅关于在乌江等重点流域实施环境保护河长制的通知》，决定在乌江(含乌江上游三岔河、红枫湖和乌江干流)、沅水(含清水江、㵲阳河、松桃河)、都柳江、牛栏江—横江(含草海)、南盘江、北盘江、红水河、赤水河等八大水系实施环境保护河长制。

2017 年 3 月，《贵州省全面推行河长制总体工作方案》正式印发实施。与之前实施的河长制方案相比，新印发的方案中河长制实施范围由部分流域升级为全境流域，特色明显，主要归纳为：①在全省范围内全面推行省、市、县、乡、村五级河长制，构建省、市、县、乡和村五级河长体系，实现河道、湖泊、水库等各类水域河长制全覆盖。省、市、县、乡设立“双总河长”，由各级党委和人民政府“一把手”担任。此外，省委书记、省长除了担任省级总河长外，还同时兼任贵州省最大河流乌江干流及其流域内 6 座大型水库的省级河长；省级设副总河长，由分管水利和环境保护工作的副省长共同担任，两位副总河长还分别兼任一条重要河流的省级河长；省委、省人大、省政府、省政协的省级领导人当河长，各担任一条重点河流、湖泊或水库的省级河长。每位省级河长还明确一家省级责任单位对应协助开展工作。②在乌江、赤水河等八大水系干流及主要一、二级支流、县级以上 168 个集中式饮用水水源地以及重点湖库另聘请水利专家、环保专家、环保组织负责人或招募 1 名志愿者义务担任民间河湖监督员。③提出严格考核问责。以水质水量监测、水域岸线管理、河湖生态环境保护、水体安全及效益发挥等为主要考核指标，建立江河湖库管理保护河长制绩效考核评价体系，将全面推行河长制工作纳入贵州省对各市(州)和县域经济综合测评考核及最严格水资源管理制度考核和水污染防治行动计划实施情况考核，考核结果作为地方党政领导干部综合考核评价的重要依据。实行生态环境损害责任终身追究制，对因失职、渎职导致河湖环境遭到严重破坏和发生重大安全事故的，依法依规追究责任单位和责任人的责任。

三、浙江省——河长制信息化的领头羊

自 2013 年推行河长制以来，浙江省绍兴、杭州、宁波等设区市，以及部分县(市、区)先后建立河长制信息化平台。通过互联网、手机移动端等载体，各地将河道巡查、公众投诉、河长管理等功能实现数字化。但由于开发主体不同，软件模块设置各异，各地的河长制管理系统受限于行政区划，自成一体。在河道水质数据、治水项目进展等方面不能实时共享，虽然拥有大量的有效数据，但在流域联动治水上发挥的效果有限。为了有效推进河长制高效实施，消除信息孤岛，确保业务流程统一、数据完整，浙江省组织建立了完善的浙江省河长制管理信息系统，并于 2017 年 7 月上线运行，系统支持省、市、县(市、区)三级管理。系统主要包括“五水”共治(治污水、防洪水、排涝水、保供水、抓节水)专题、作战指挥、综合展现、业务受理、数据管理、专题管理、目标管理、考核管理、综合查询、统计分析、系统管理等功能，面向领导、工作人员、公众等三类用户分别提供电脑、PAD、手机等三种终端访问。河长制管理信息系统将成为河长巡河、公众监督、流域长效管理的利器。

四、福建省——完善河长制，落实最严治水

福建省是国内较早推行河长制的省份之一。早在 2009 年，福建省大田县就率先探索河长制，让河长“包河治水”。党的十八大召开后，为了呼应生态文明建设的新要求，县里进一步成立了以县长为组长的河长制管理工作领导小组，下设河长办，将河长制延伸至全县所有大小河流，由县长任全县“总河长”，由分管水利和环保工作的副县长分别担任均溪河、文江河“流域总河长”；各乡(镇)也全部成立了河长办，由各乡(镇)长担任所在乡(镇)“辖区总河长”，由各乡(镇)挂村领导担任所挂包村河段长，全县 168 条干支流共设立了 168 名河长、河段长，按照属地管理原则，实行分段管理、分段监控、分段考核、分段问责，实现了河长全覆盖。经过 168 名河长多年来的共同努力，曾经困扰着大田县大大小小 194 条河流的乱占乱建、乱排乱倒、乱采砂、乱截流等问题逐渐得到好转，全县河流彻底变了模样。

2014 年初，福建省提出了在全省全面实施河长制的构想，随后陆续出台了《福建省人

民政府关于进一步加强重要流域保护管理切实保障水安全的若干意见》《福建省河长制实施方案》等一系列重要政策文件，要求在全省全面推行河长治河模式，省、市、县、乡四级设置由政府领导担任河长、河段长，并确定其为河流保护管理的第一责任人。从此，福建的水资源管理从过去的“九龙治水”迈向“包河治水”新阶段，使行政资源的调配更为顺畅，也使治水的保障力度空前提升。

2015 年，福建省出台了《福建省水污染防治行动计划工作方案》，成为全国第一个推出省级水污染防治行动计划的省份。短短两个月后，福建再次推出了更细化的水污染防治行动计划。当年，闽江、九龙江、敖江流域年度计划重点项目共完成或基本完成 146 项，完成投资额约 17.4 亿元。

2016 年，福建省又率先实施最严格的河长考核制度，将各地市流域突出问题的解决纳入环保目标责任书进行考核，推进党政同责，督企更督政，同时出台了《福建省地表水水质考核办法(试行)》，从 2016 年 2 月下旬起，福建省环保厅组织 9 个督察组，会同属地环保部门对各小流域进行督察，了解监测小流域水质状况，严肃查处影响水质的各类环境问题。

福建省全面推行河长制以来，全省 12 条主要河流水质保持为优，Ⅰ~Ⅲ类水占 95% 以上，比全国平均水平高出 26 个百分点，其中Ⅰ、Ⅱ类优质水占 47.6%。

福建省河长制治河成功的经验主要得益于以下 3 个方面：①做好顶层设计，实现上下联动。福建省从流域全系统、全方位的角度分析水资源、水环境、水生态存在的主要问题，综合考虑城市农村、点源面源、岸上水下、上游下游等因素，制定了《福建省“河长制”实施方案》，带动出台了《福建省河道管理条例》《福建省重点流域生态补偿办法》等 10 余份配套文件。从水资源保护管理制度建设、流域生态保护修复、水环境治理等 3 个方面提出了 19 项具体工作任务，细化了各级各部门的职责分工，明确了河长、河段长的工作职责，形成了系统思维、综合治理、齐抓共管的局面。②强化监督，确保治水责任落到实处。2014 年起，福建省实施最严格的水质考核制度。对年度水质类别未达考核目标的断面，有关主管部门可暂停办理相关行政区域内增加相应水污染物的建设项目的审批、核准以及环境影响评价手续。对水质未达到相应功能区要求且持续恶化的，将追究相应责任。③着眼长效管理，落实最严治水。2017 年，福建省在落实《关于全面推行河长制的意见》的基础上，进一步完善组织架构，明确河长职责。同时，为了形成常态化监管体系，强化河长责任的落实，福建省将搭建河长监管平台，推行河长制网格化管理，开展日巡查、月督察、季抽查和第三方监察；设立河长微信群，不定期晒出河道现状图片、情况说明等，督促每位河长履职尽责；设置科学评价指标体系，引入第三方评价机制，倒逼河长、河段长履职尽责。加强考核结果应用，对考核不合格、整改不力的河长，实行行政问责；对造成生态环境损害的，按照有关规定追责。

五、江西——河长制全境实行，行政规格全国最高

2015 年 11 月，江西省委、省政府印发了《江西省实施“河长制”工作方案》，在全省境内河湖实施河长制。江西实施的河长制具有鲜明的特点：河长制由省、市、县党委和政府主要领导分别担任行政区域“总河长”“副总河长”，省、市、县党政四套班子领导担任河流河长，在已实施河长制的省份中规格最高，有 23 个单位为河长制省级责任单位。在此基础上，江西省出台的《江西省实施“河长制”工作方案》明确了与当前河湖保护管理突出问题密切关联、有针对性的 9 项任务。例如：在提升水质方面，明确了加强水污染综合防治，完善河流跨界断面监测网络，建立水质恶化倒查机制。在防止侵占水域岸线方面，提出了开展划界确权，科学制定岸线利用规划，严格涉河建设项目管理。在规范采砂秩序方面，提出适时推进五河尾闾、鄱阳湖及赣江中下游河道砂石禁采，这也是采砂管理思路上的一个突破。

目前，江西省已在全境构建出区域与流域相结合的河长制体系。“五河一湖一江”由 7 位省领导担任省级河长，其他河流则按流域由 88 名市河长、822 名县河长和万余名乡、村河长层层包干。在全面推进河长制过程中，江西省还从以下 3 个方面建设与实施：①注重依靠制度建设有序推进河长制。一方面是与河长制推进相关的工作机制，主要包括联席会议制度、问题督办制度、信息通报制度、考核评价制度、责任追究制度；另一方面是与加强河湖保护管理有关的长效机制，如建立河湖健康评价体系、水域占用补偿制度、自然资源资产离任审计制度，探索市县综合执法试点等。②倒逼流域产业转型升级。江西省通过实施河长制提高环保标准，加强环保监管，改变了地方经济发展思路，倒逼江河沿岸产业转型升级。例如：地处长江与鄱阳湖交汇处的湖口县，环保任务艰巨。为了推进河长制的落地实施，湖口县对环保不达标的企业、项目坚决不引进；正在建设的不支持继续发展；对老企业也用更严格的环保标准，倒逼他们引进新工艺、新装备、新技术。今后县里将重点发展电子信息、生物制药、绿色食品等新兴产业。2015 年，湖口县共清理违规建设项目 97 个，责令停止试生产或停止建设的企业 4 家，关停取缔 3 家。总投资 26 亿元的 12 个环境污染性项目落户遭到一票否决。③制度保障跟上。江西省在全国率先实行全境流域生态补偿机制，覆盖全部 100 个县（市、区），2016 年筹集补偿资金 20.91 亿元，对水质改善好、节约用水多的地区加大补偿力度；对发生重大环境污染事故或生态破坏事件的地区，扣除当年 3 成到一半补偿金。各地建立生态文明考核评价体系，逐步提高生态考核权重。

六、云南省——河湖库渠全覆盖，设置总督察督导

大理白族自治州 2009 年率先启动洱海入湖河道河长制工作，在洱海流域的 16 个乡镇、2 个办事处、167 个村委会和 33 个社区试点推行河长制，实现了入湖河道全覆盖。2015

年1月，习近平总书记到云南考察工作，其间亲临大理白族自治州，在充分肯定洱海保护治理取得成绩的同时，指出不能盲目乐观，作出“立此存照，过几年再来，希望水更干净清澈”的重要指示，给洱海保护治理工作立下“军令状”。为了认真贯彻落实习近平总书记的重要指示精神和新年讲话精神，大理白族自治州切实加强组织领导，建立健全工作机制，强化责任落实，突出洱海保护重点，启动实施洱海保护“七大行动”，积极探索流域综合管理制度，进一步深化和拓展洱海流域河长制管理体系，实现河道管理主体全包含、河道管理制度全覆盖、河道管理责任全落实的治水新格局，为大理白族自治州于2017年6月前全州全面推行河长制奠定了基础和提供了有益经验。

1. 洱海流域建立三级河长制

大理白族自治州通过多年的探索和实践，已经在洱海流域建立起了纵向以入湖河道沟渠为主线，横向以周边村庄、农田、湿地、库塘为对象，以流域乡镇、村委会行政辖区为单元格的责任划分体系。建立和完善了州级领导分块包干，县市领导为“河长”，流域乡镇党政主要领导为“段长”，村委会(社区)总支书记(主任)为“片长”的三级河长制管理责任体系，逐步实现了洱海流域入湖河道保护的精准化管理。

2. 建立健全网格化管理工作机制

大理白族自治州按照统筹管理、统筹建设、“一龙治水”的要求，于2013年设立了洱海流域保护治理领导小组及办公室，成立了洱海流域保护局，并在大理市设洱海管理局，洱源县设流域保护局，专门负责洱海流域及周边环境的保护与治理。研究出台了《洱海流域网格化管理责任制实施办法(试行)》，制定了洱海流域保护网格化管理责任实施细则和考核办法，细化分解任务和管理目标，将洱海流域保护治理责任分解到具体责任单位和责任人，保证洱海流域内入湖河道、库塘、沟渠、村庄、道路环境综合治理责任制全覆盖，不留盲区，不留死角。将洱海流域河长制工作推向一个新的高度。

3. 洱海流域河长制管理措施有力，成效显著

大理白族自治州通过在洱海上游建立生态湿地保护区、鼓励建立有机肥企业、实施村落垃圾集中收集和污水集中处理、网格化管理等措施，强化统筹协调、河长责任制度落实，大力推动洱海入湖河道网格化管理，对洱海入湖河道生态修复、水质改善起到了明显的促进作用，基本实现洱海水质总体稳定保持Ⅲ类，确保5个月、力争8个月达到Ⅱ类水质标准的目标。洱海流域河长制的有效探索和推行，绘就了大理白族自治州治水管水新篇章，为洱海治理创新了模式，在全省乃至全国都起到了示范作用。

云南省河湖众多，水系发达，拥有长江、珠江、红河、澜沧江、怒江、伊洛瓦底江六大水系，以及滇池、洱海、抚仙湖等九大高原湖泊。据统计，云南流域面积在50km^2以上的河流有2095条，长年水面面积在1km^2以上的湖泊有30个。全省建有水库6230座，渠首设计流量在5m^3/s以上的渠道有267条。江河湖泊是云南省的优势和财富，也让云南省承受着

河湖保护的巨大压力。河道断流、湖泊萎缩、水污染、水质下降等一系列水生态环境问题仍然存在,有的问题还比较突出,与把云南省建设成为我国生态文明建设排头兵的发展要求极不适应。云南省委、省政府高度重视,把全面推行河长制作为加快推进全国生态文明建设排头兵的重要抓手,高位推动和落实。印发了《云南省全面推行河长制的实施意见》,全面落实中央精神,突出党政同责,结合实际,确定了云南省河长制的基本原则和目标。其中,建立五级河长制、河湖库渠全覆盖以及三级督察体系,成为云南省河长制工作的突出特点。

七、广东省——差别化实施,打造"互联网+"的河长制

从 2008 年开始,为铁腕整治汾江河,佛山市制定并推出"涌长责任制",次年 4 月,正式在汾江河流域 16 条河流实施,成为广东省河长制的雏形——分管副市长担任汾江河河长,禅城、南海两区副区长担任段长,7 个镇街行政负责人担任涌长,一旦发现有违规排污、倾倒垃圾、占用河道等破坏河涌的现象,将追究河长、段长和涌长责任。"十二五"规划实施以来,佛山市五区治理河涌共计长达 4200 多 km,修复和打造水系岸线景观带累计约 600km, 河涌水质和水环境质量得到明显的提升。广东省一直高度重视河湖管护机制创新,因地制宜施策,近年来结合深入实施《南粤水更清行动计划》和山区中小河流治理等工作,在省内分类探索试行"构建珠三角绿色生态水网""打造粤东西北平安生态水系"两种治河模式,取得阶段性成效,为全面推行河长制积累了宝贵经验。

广州市越秀区东濠涌历经 6 年治水, 在河长制的助推下, 水质达到稳定Ⅳ类以上标准,水质优化带动了生态的恢复,鸟群、鱼群品种增多,红尾水鸲的出现吸引了大量摄影发烧友围观拍摄,河涌中也有了虾的踪迹,成为城市河涌治理的典型。实施河长制后,水安全、水生态、水环境发生显著变化。由河源东源县环境监测站出具的东江水综合整治水质报告显示,东源县 14 条考核河流水质出现了明显好转,其中,曾田河水质从 2014 年的劣Ⅴ类上升至 2016 年的Ⅱ类。不仅河源,近年来,韶关、梅州、清远、云浮等地也探索试行了以中小河流治理与长效管护、水资源管理、水域岸线管理保护为主的河长制,加快完善防洪减灾体系建设,有效提升水安全保障能力,有力促进山区水生态改善,充分发挥河流的综合效益。河长制在山区五市的地方实践中,还涌现了不少创新做法。例如:清远市连州市对乡镇河道管理实行"三色预警"制,由镇河道管理监督考核小组按月对每条河道的治理情况发布绿、黄、红等"三色预警"公示,形成镇指导、村落实、村民随时监督的河流管护机制。河源市在试行河长制的同时,结合村级水管员政策和水利部下达的中小河流管护经费(每公里每年 1 万元),落实管护人员和管护经费。

广东省根据本省的特点,提出建立省、市、县、镇、村五级河长体系,将河长体系延伸至村(居)一级,力求解决河湖管护"最后一公里"问题,并实施珠三角和粤东西北地区实行差

别化的发展政策和各有侧重的绩效考核,加快建成珠三角国家绿色发展示范区,促进粤东西北地区绿色崛起。一是针对两个地区的不同特点,提出以水环境治理为主的“构建绿色生态水网”和以水灾害防治为主的“打造平安生态水系”两种推进模式,即珠三角地区9市注重生态优先,实行以水污染防治、水环境治理为主的河长制,加快推动重点流域和城市黑臭水体污染整治,改善水生态环境,同时结合全国水生态文明城市试点、海绵城市试点建设,打造水生态文明城市群,构建绿色生态水网;粤东西北地区12市注重保障水安全,实行以中小河流系统治理与长效管护、水资源管理、水域岸线管理保护为主的河长制,加快完善防洪减灾体系建设,提升水安全保障能力,同时结合美丽城镇和新农村建设,打造平安生态水系。二是实施“互联网+河长制”行动计划,运用云计算、大数据、物联网等先进技术,开发建设面向全省五级河长制的信息管理平台,利用卫星通信、遥感、遥测、无人飞机、视频监控等技术手段,对河湖实施全方位的监控管理。同时,应用微信、APP等新媒体和移动互联技术,及时向社会发布相关信息,引导公众参与监督管理。目前,广州市、清远市清新区和梅州市蕉岭县等多地已在河长制公示牌增设二维码,通过河道管理二维码、微信公众号等“互联网+”手段,让公众参与治水管河,成为民间河长。三是建立河长制考核体系和激励问责机制,实行差异化绩效评价考核,将河长制落实情况纳入广东省最严格水资源管理制度、水污染防治行动计划实施情况等考核内容,结合领导干部自然资源资产离任审计和整改情况进行考核评价,考核结果作为地方党政领导干部综合考核评价的重要依据,实行生态环境损害责任终身追究制。

附录 中国河湖数据统计表

附表 1

中国河湖数据统计总表

水系（河段）	河流（条）		湖泊（个）		水库（座）			
	流域面积 1000km² 及以上	流域面积 100~1000km²	水面面积 10km² 及以上	水面面积 1~10km²	大型	中型	小(1)型	小(2)型
黑龙江水系	224	1855	87	433	45	180	769	1291
辽河水系	61	481	0	57	20	88	258	301
海河水系	82	472	3	2	29	117	309	835
黄河水系	179	1226	20	89	37	195	706	1519
淮河水系	82	1017	33	61	40	189	1021	5114
长江水系	482	4176	136	596	198	1201	7005	35897
独流入海水系	404	2341	23	32	136	627	2734	12057
珠江水系	129	932	10	1	65	352	1627	6132
海岛水系	16	114	0	1	20	76	291	724
内陆河湖水系	365	1248	396	310	24	133	319	123
合计	2024	13862	708	1582	614	3158	15039	63993

注：本表数据来源于《中国河湖大典·综合卷》，下同。

附表 2

黑龙江水系河湖数据统计表

水系（河段）	河流（条）		湖泊（个）		水库（座）			
	流域面积 1000km² 及以上	流域面积 100~1000km²	水面面积 10km² 及以上	水面面积 1~10km²	大型	中型	小(1)型	小(2)型
合计	224	1855	87	433	45	180	769	1291
海拉尔河段	22	178	9	64	0	2	4	5
额尔古纳河段	17	149	0	6	0	0	0	0
黑龙江干流河段	36	270	0	8	3	6	15	9

续表

水系（河段）		河流（条）		湖泊（个）		水库（座）			
		流域面积1000km²及以上	流域面积100~1000km²	水面面积10km²及以上	水面面积1~10km²	大型	中型	小(1)型	小(2)型
松花江水系	小计	136	1172	73	348	39	159	679	1219
	嫩江河段	60	543	59	253	14	49	167	110
	第二松花江水系	23	185	2	16	13	43	215	659
	松花江干流河段	53	444	12	79	12	67	297	450
乌苏里江水系		13	86	5	7	3	13	71	58

附表 3　　辽河水系河湖数据统计表

水系（河段）	河流（条）		湖泊（个）		水库（座）			
	流域面积1000km²及以上	流域面积100~1000km²	水面面积10km²及以上	水面面积1~10km²	大型	中型	小(1)型	小(2)型
合计	61	481	0	57	20	88	258	301
干流·老哈河区间	8	63	0	0	2	4	19	12
西拉木伦河	12	97	0	41	3	9	26	12
干流·西辽河区间	16	97	0	15	3	18	26	12
东辽河	2	29	0	0	2	14	23	63
辽河下游区间	23	195	0	1	10	43	164	202

附表 4　　海河水系河湖数据统计表

水系（河段）	河流（条）		湖泊（个）		水库（座）			
	流域面积1000km²及以上	流域面积100~1000km²	水面面积10km²及以上	水面面积1~10km²	大型	中型	小(1)型	小(2)型
合计	82	472	3	2	29	117	309	835
海河干流	1	0	0	0	0	2	2	0
蓟运河水系	4	16	0	0	3	7	17	52
潮白河水系	7	48	1	0	3	7	11	42
北运河水系	2	17	0	2	0	4	4	10
永定河水系	13	100	0	0	3	24	68	106
大清河水系	15	57	1	0	8	10	36	93
子牙河水系	21	81	0	0	5	26	92	292

续表

水系（河段）	河流（条）		湖泊（个）		水库（座）			
	流域面积1000km²及以上	流域面积100~1000km²	水面面积10km²及以上	水面面积1~10km²	大型	中型	小(1)型	小(2)型
漳卫南运河水系	10	93	0	0	6	34	78	240
黑龙江运东地区诸河水系	9	60	1	0	1	3	1	0

附表 5　　黄河水系河湖数据统计表

水系（河段）		河流（条）		湖泊（个）		水库（座）			
		流域面积1000km²及以上	流域面积100~1000km²	水面面积10km²及以上	水面面积1~10km²	大型	中型	小(1)型	小(2)型
合计		179	1226	20	89	37	195	706	1519
河源—下河沿河段	小计	60	324	14	55	8	16	60	113
	河源—多曲河口	5	24	3	9	0	0	0	0
	多曲河口—热曲河口	4	21	7	28	0	0	0	0
	热曲河口—白河口	14	67	3	9	0	0	0	0
	白河口—黑河口	4	7	0	2	0	0	0	0
	黑河口—切木曲河口	3	28	0	1	0	0	0	0
	切木曲河口—曲什安河口	3	23	0	0	0	0	0	0
	曲什安河口—大夏河口	9	62	0	3	5	5	16	25
	大夏河口—洮河口	9	13	1	0	0	1	5	9
	洮河口—湟水河口	4	62	0	3	3	4	25	63
	湟水河口—祖厉河口	5	17	0	0	0	6	14	16
下河口—托克托河段	小计	25	158	3	32	5	38	95	118
	祖厉河口—清水河口	6	48	0	2	2	13	52	108
	清水河口—苦水河口	3	11	0	0	1	1	2	2
	苦水河口—都思兔河口	1	11	2	20	0	3	22	3
	都思兔河口—乌梁素海退水渠渠口	6	25	1	5	1	8	11	
	乌梁素海退水渠渠口—大黑河口	9	62	0	5	1	13	8	1
	大黑河口—红河口	0	1	0	0	0			4

续表

水系（河段）		河流（条）		湖泊（个）		水库（座）			
		流域面积1000km²及以上	流域面积100~1000km²	水面面积10km²及以上	水面面积1~10km²	大型	中型	小(1)型	小(2)型
托克托—渭河口河段	小计	43	355	2	1	8	59	154	144
	红河口—窟野河口	11	86	0	0	1	12	26	12
	窟野河口—无定河口	12	103	0	0	3	26	28	25
	无定河口—延河口	4	40	0	0	1	3	5	4
	延河口—汾河口	13	117	0	1	3	13	78	82
	汾河口—涑水河口	3	9	2	0	0	5	17	18
	涑水河口—渭河口	0	0	0	0	0	0	0	3
渭河水系		35	236	0	1	5	44	186	352
渭河—黄河口河段	小计	16	153	1	0	11	38	211	792
	渭河口—洛河口河段	5	72	0	0	6	14	62	186
	洛河口—沁河口河段	3	41	0	0	1	6	41	116
	沁河口—大汾河口河段	8	33	1	0	2	13	80	414
	大汾河口—黄河口河段	0	7	0	0	2	5	28	76

附表 6　　淮河水系河湖数据统计表

水系（河段）	河流（条）		湖泊（个）		水库（座）			
	流域面积1000km²及以上	流域面积100~1000km²	水面面积10km²及以上	水面面积1~10km²	大型	中型	小(1)型	小(2)型
合计	82	1017	33	61	40	189	1021	5114
河源—洪汝河口河段	5	37	0	1	5	24	143	584
洪河水系	4	30	0	0	4	6	33	100
洪河河口—沙颍河口河段	9	58	2	2	6	10	106	1111
颍河水系	10	115	1	2	5	24	127	248
沙颍河口—涡河口河段	8	48	5	9	0	14	59	403
涡河水系	5	50	0	4	0	0	1	7
涡河口—洪泽湖三河闸河段	12	114	11	15	0	33	142	694
淮河入江水道河段	1	57	5	3	1	12	65	211
里下河水网区	0	170	6	25	0	1	1	0
沂沭泗河水系	28	338	3	0	19	65	344	1756

附表 7

长江水系河流数据统计表

水系（河段）		河流（条）		湖泊（个）		水库（座）			
		流域面积 1000km^2 及以上	流域面积 100~1000km^2	水面面积 10km^2 及以上	水面面积 1~10km^2	大型	中型	小(1)型	小(2)型
合计		482	4176	136	596	198	1201	7005	35897
沱沱河河段		5	22	5	17	0	0	0	0
通天河河段		35	184	8	52	0	0	0	0
金沙江·巴塘河口—雅砻江口河段		33	220	3	2	0	13	56	211
雅砻江水系		26	294	2	2	2	2	15	96
金沙江·雅砻江口—岷江口河段		20	217	2	3	4	45	251	701
岷江水系	小计	40	327	0	7	4	21	132	540
	岷江干流·河源—大渡河口	8	75	0	2	2	10	60	271
	大渡河水系	29	224	0	5	2	3	10	38
	岷江干流·大渡河口—岷江口	3	28	0	0	0	8	62	231
岷江口—嘉陵江口河段		26	190	0	0	2	45	520	2228
嘉陵江水系	小计	42	322	0	0	9	74	544	3501
	嘉陵江干流·江源—白龙江口	8	40	0	0	0	3	5	12
	白龙江水系	8	63	0	0	2	0	4	3
	嘉陵江干流·白龙江口—合川	3	51	0	0	2	16	130	992
	渠江水系	12	79	0	0	1	20	156	970
	涪江水系	11	82	0	0	4	32	222	1431
	嘉陵江干流·合江—嘉陵江口	0	7	0	0	0	3	27	93
嘉陵江口—乌江口河段		3	25	0	0	2	12	102	525
乌江水系		26	222	0	1	16	51	253	1011
乌江口—宜昌河段		13	102	0	0	6	18	121	744
宜昌—洞庭湖口河段		11	55	5	51	7	27	138	461
洞庭湖水系	小计	66	643	18	91	43	335	2058	9789
	澧水水系	6	43	1	1	7	25	130	433
	沅江水系	23	238	0	0	14	94	598	2130
	资水水系	7	69	0	0	3	37	320	1439

续表

水系（河段）		河流（条）		湖泊（个）		水库（座）			
		流域面积1000km²及以上	流域面积100~1000km²	水面面积10km²及以上	水面面积1~10km²	大型	中型	小(1)型	小(2)型
湘江水系		27	244	0	1	17	153	833	4621
湖区水系		3	49	17	89	2	26	177	1166
洞庭湖口—汉江口河段		4	29	17	75	5	29	113	725
汉江水系	小计	45	357	7	47	28	128	466	2302
	汉江干流·江源—唐白河口	29	249	0	1	14	48	196	1277
	唐白河水系	9	50	0	0	5	45	108	450
	汉江干流·唐白河口—汉江口	7	58	7	46	9	35	162	575
汉江口—鄱阳湖口河段		12	102	24	74	25	77	426	2296
鄱阳湖水系	小计	43	393	10	6	27	233	1349	8038
	湖区水系	3	22	9	2	3	24	136	1131
	修水水系	4	33	0	0	3	14	117	435
	赣江水系	23	212	1	4	14	119	602	3280
	抚河水系	6	42	0	0	2	20	155	891
	信江水系	4	43	0	0	3	38	207	1252
	饶河水系	3	41	0	0	2	18	132	1049
鄱阳湖口—长江口河段		24	177	23	44	10	73	432	2535
太湖水系		8	295	12	124	8	18	29	194

附表 8　　独流入海水系河湖数据统计表

水系（河段）	河流（条）		湖泊（个）		水库（座）			
	流域面积1000km²及以上	流域面积100~1000km²	水面面积10km²及以上	水面面积1~10km²	大型	中型	小(1)型	小(2)型
合计	404	2341	23	32	136	627	2734	12057
入日本海水系	10	86	0	2	0	11	26	29
入黄海水系	12	130	0	0	14	27	88	140
入渤海水系	11	124	0	0	10	18	79	234
滦河水系	14	104	0	0	4	13	46	369
冀东、鲁北沿海诸河水系	7	112	0	2	2	26	63	

续表

水系（河段）	河流（条）		湖泊（个）		水库（座）			
	流域面积1000km²及以上	流域面积100~1000km²	水面面积10km²及以上	水面面积1~10km²	大型	中型	小(1)型	小(2)型
山东半岛独流入海水系	22	163	1	5	17	103	457	2644
钱塘江水系	12	133	0	8	15	57	354	2051
浙江沿海水系	12	67	6	0	13	54	187	635
闽江水系	16	176	0	0	9	81	236	832
福建沿海水系	15	127	0	0	11	80	246	977
韩江水系	10	66	0	0	6	17	119	532
粤桂沿海诸河水系	22	154	0	1	20	80	515	1619
元江水系	21	152	0	0	6	21	154	1552
澜沧江水系	42	285	1	9	4	22	84	283
怒江水系	38	83	3	0	1	8	28	84
伊洛瓦底江水系	6	36	0	0	0	5	43	63
雅鲁藏布江—布拉马普特拉河水系	97	236	7	1	2	3	5	13
恒河水系	12	13	2	0	0	0	0	0
印度河水系	14	13	2	0	0	0	0	0
额尔齐斯河水系	11	81	1	4	2	1	4	0

附表 9　　珠江水系河湖数据统计表

水系（河段）		河流（条）		湖泊（个）		水库（座）			
		流域面积1000km²及以上	流域面积100~1000km²	水面面积10km²及以上	水面面积1~10km²	大型	中型	小(1)型	小(2)型
合计		129	932	10	1	65	352	1627	6132
西江水系	小计	99	713	9	0	44	211	1155	4592
西江水系	西江干流·南盘江	23	158	8	0	6	56	247	2172
西江水系	西江干流·红河水	35	227	0	0	13	43	316	537
西江水系	西江干流·黔江	23	165	0	0	16	58	323	766
西江水系	西江干流·浔江	7	51	0	0	2	11	60	354
西江水系	西江中下游	11	112	1	0	7	43	209	763
北江水系		14	120	0	0	10	44	161	528

续表

水系（河段）	河流（条）		湖泊（个）		水库（座）			
	流域面积1000km²及以上	流域面积100~1000km²	水面面积10km²及以上	水面面积1~10km²	大型	中型	小(1)型	小(2)型
东江水系	10	61	1	1	3	38	114	561
珠江三角洲	6	38	0	0	8	59	197	451

附表 10　　海岛水系河湖数据统计表

水系（河段）	河流（条）		湖泊（个）		水库（座）			
	流域面积1000km²及以上	流域面积100~1000km²	水面面积10km²及以上	水面面积1~10km²	大型	中型	小(1)型	小(2)型
合计	16	114	0	1	20	76	291	724
台湾水系	9	38	0	1	9	14	15	17
海南岛诸河水系	7	76	0	0	11	62	276	707

附表 11　　内陆河湖水系数据统计表

水系（河段）	河流（条）		湖泊（个）		水库（座）			
	流域面积1000km²及以上	流域面积100~1000km²	水面面积10km²及以上	水面面积1~10km²	大型	中型	小(1)型	小(2)型
合计	365	1248	396	310	24	133	319	123
鄂尔多斯内流区	1	1	5	12	0	0	0	0
西藏内陆河湖	3	8	19	0	0	0	0	0
羌塘高原内流区	103	120	266	5	0	0	0	0
塔里木内流区	87	516	15	59	12	38	57	5
艾比湖水区	7	45	2	1	1	8	26	4
准噶尔盆地河湖	10	86	4	6	3	38	89	53
乌伦古湖水系	4	11	3	11	1	4	12	3
吐哈—巴伊盆地河湖	4	56	10	6	0	8	18	33
柴达木盆地河流	34	78	35	27	1	3	5	0
青海湖水系	8	34	4	17	0	0	0	4
河西走廊—阿拉善内流区	18	36	16	31	4	18	64	8
内蒙古高原内流区	69	90	17	133	1	9	6	0
中哈跨界内陆河	17	167	0	2	1	7	42	13

参考文献

[1] 熊文.水资源保护和水生态保护关键技术[M].武汉：长江出版社，2010.

[2] 谷思涵.对环境保护行政许可制度的思考[J].商，2015(37)：233-233.

[3] 财政部，国土资源部，环境保护部.关于推进山水林田湖生态保护修复工作的通知[J].水工业市场，2016(10)：27.

[4] 刘伯娟，邓秋良，邹朝望.河湖水系连通工程必要性研究[J].人民长江，2014(16)：5-6.

[5] 冯顺新，姜莉萍，冯时.河湖水系连通影响评价指标体系研究Ⅱ——"引江济太"调水影响评价[J].中国水利水电科学研究院学报，2015，13(1)：20-27.

[6] 陈维春，张丹丹.论环境行政许可制度[J].华北电力大学学报(社会科学版)，2014，41(3)：1-4.

[7] 徐以祥.论环境行政许可制度的改革[J].生态经济，2009(11)：168-171.

[8] 朱延松.论环境行政执法存在的问题及对策[J].黑龙江科技信息，2016(11)：292.

[9] 翟帅乐，徐高俊.论我国行政许可制度[J].山西青年，2017(5).

[10] 刘平，吴小伟，王永东.全面落实河长制需要解决的重要基础性技术工作[J].中国水利，2017(6)：29-30.

[11] 张旸.水行政许可制度浅谈[J].水利发展研究，2008，8(10)：10-12.

[12] 赵玉红，丛纯纯，赵敏.我国城市河湖水生态环境评价体系构建与实证分析[J].南水北调与水利科技，2013，11(6)：58-61.

[13] 李旭东.我国行政执法存在的问题和对策研究[J].商，2015(30)：219.

[14] 黄诗峰.遥感技术在水利上的应用[J].高科技与产业化，2013，9(11)：62-66.

[15] 胡早萍，陈立立.长江委实施水行政许可工作的实践与思考[J].人民长江，2014(4)：5-8.

[16] 郭建宏.中山市河湖管护实施河长制的思考与建议[J].人民长江，2017，48(14)：5-8.

[17] 高而坤.实行最严格的水资源管理制度，保障水资源可持续利用[Z].水利部水资源司，2016.

[18] 胡四一.中国水资源可持续利用的科技支撑[Z].水利部，2011.

[19] 鞠茂森.河长制及其实践[Z].河海大学河长制研究与培训中心，2017.

[20] 水利部水资源管理中心.水生态保护与修复关键技术及应用[M].北京：中国水利水电出版社，2015.

[21] 周怀东，彭文启.水污染与水环境修复[M].北京：化学工业出版社，2005.

[22] 蒋屏,董福平.河道生态治理工程——人与自然和谐相处的实践[M].北京:中国水利水电出版社,2003.

[23] А.И.Ярох,郭瑞松.水资源保护管理的概念、原则与措施[J].农业环境与发展,1991(1):1–4.

[24] 刘志善,李建民.加强水利执法力度为水利建设保驾护航[J].陕西水利,1996(5):41.

[25] 王宝林.关于水监管理现代化的探讨[J].水运管理,1997(4):19–22.

[26] 杨盘生.试论水监管理体制与职能[J].水运管理,1997(7):21–25.

[27] 涧淇.建设有贵州特色的水监管理体系[J].珠江水运,1997(11):31–32.

[28] 罗迅.论水监管理现代化[J].水运管理,1999(5):32–35.

[29] 王传胜.长江中下游岸线资源的保护与利用[J].资源科学,1999(6):66–69.

[30] 黄家柱.长江岸线江苏段资源及其合理开发利用[J].中国人口·资源与环境,2001(3):84–86.

[31] 张声才.珠江水资源保护措施的探讨[J].人民珠江,2001(6):54–55.

[32] 汪达,汪明娜.从新《水法》论水资源保护三项重要管理制度[J].人民长江,2003(7):12–14.

[33] 丁晓阳.水资源保护行政管理的冲突解决制度[J].中国环境管理,2003(4):18–20.

[34] 倪明.21 世纪初期北京市城市河湖水环境治理的探讨[J].北京水利,2003(5):4–5.

[35] 林振山,齐相贞.长江岸线资源开发的若干环境问题和对策[J].长江流域资源与环境,2005(1):24–27.

[36] 魏萍,刘李刚.浅析玛纳斯河流域水资源管理存在的问题与保护措施[J].新疆水利,2005(2):19–21.

[37] 陆志波,王娟.浅析基于科学发展观的太仓市水资源保护措施[J].四川环境,2005(3):104–107.

[38] 车伍,黄宇,李俊奇,等.北京城区河湖水系治理中的问题与建议[J].环境污染与防治,2005(8):593–596.

[39] 孙国华.浅谈水行政处罚案件在法律适用等方面应注意的问题[J].新疆水利,2005(5):24–26.

[40] 彭勃,张建军,黄锦辉,等.渭河水资源保护措施研究[J].人民黄河,2006(6):69–70.

[41] 侯世文,亓修增,李振苓,等.水污染与东平湖水资源可持续利用探讨[J].人民黄河,2006(7):32–33.

[42] 段学军,陈雯,朱红云,等.长江岸线资源利用功能区划方法研究——以南通市域长江岸线为例[J].长江流域资源与环境,2006(5):621–626.

[43] 钟建红,黄廷林,解岳,等.城市河湖水质改善与保障技术研究[J].西安建筑科技大学学报(自然科学版),2006(6):771–776.

[44] 姜其贵.北京市区河湖水系现状分析与发展对策研究[J].北京规划建设,2007(3):96–99.

[45] 王珏,刘宏业,徐骏.长江干流浦口段岸线利用与功能区划研究[J].水利与建筑工程学报,2008(1):72–75.

[46] 高辉巧,张晓雷,熊秋晓.基于生态重构的城市河湖水系治理研究[J].人民黄河,2008(5):8–9,32.

[47] 刘帅,刘伟忠.天津市水资源保护措施研究[J].海河水利,2008(4):7–9.

[48] 伍新木,高鑫.城市水环境治理运作机制构建与创新——基于对“武汉水专项”案例的分析[J].长江流域资源与环境,2008(5):771–774.

[49] 江小青,罗晓峰,李俊玲,等.三峡库区岸线利用与管理初步研究[J].人民长江,2011(S2):194–196,213.

[50] 傅慧源.长江干流水域纳污能力及限制排污总量研究[J].人民长江,2008(23):40–42.

[51] 刘武艺,邵东国,王乾,等.城市河湖生态水循环模型与应用[J].武汉大学学报(工学版),2008(6):25–28,32.

[52] 荣冰凌,孙宇飞,邓红兵,等.流域水环境管理保护线与控制线及其规划方法[J].生态学报,2009(2):924–930.

[53] 裴源生,刘建刚,赵勇,等.水资源用水总量控制与定额管理协调保障技术研究[J].水利水电技术,2009(3):8–11,15.

[54] 胡志丁,骆华松,侯钰.我国水电开发研究进展及展望[J].资源开发与市场,2009(4):321–324,362.

[55] 李云生.从流域水污染防治看“河长制”[J].环境保护,2009(9):24–25.

[56] 刘晓星,陈乐.“河长制”:破解中国水污染治理困局[J].环境保护,2009(9):14–16.

[57] 陈方,盛东,高怡,等.太湖流域用水总量控制体系研究[J].水资源保护,2009(3):37–40.

[58] 李群智,杜琳,张金红,等.山东省聊城市城区河湖水系存在的问题及对策[J].水利发展研究,2009(6):61–63.

[59] 何艳梅.跨国水资源保护的法律措施——兼及中国的实践[J].长江流域资源与环境,2009(10):931–936.

[60] 张玉田.大清河系河道管理范围内建设项目管理中遇到的问题及处理[J].河北水利,2009(11):23.

[61] 夏守先,李国.安徽省会经济圈水资源质量评价及水资源保护措施初探[J].治淮,2009(12):11–13.

[62] 赵彬.太湖流域基层水行政执法监督工作与水污染监督检查工作结合开展的思考[J].水利发展研究,2010(1):34–35,76.

[63] 徐红霞.关于实行最严格的水资源保护管理制度的思考[J].湖南医科大学学报(社会科学版),2010(1):190–191.

[64] 赵瑞娟，于洪民.河道岸线功能区的划分与应用[J].东北水利水电，2010(3)：1-2，8，71.

[65] 邓淑珍. 强化制度建设和监督管理确保最严格水资源管理制度稳步推进——访水利部副部长胡四一[J].中国水利，2010(6)：13-14.

[66] 李建章. 重视气候变化影响做好最严格水资源管理制度体系设计——访中国工程院院士、南京水利科学研究院院长张建云[J].中国水利，2010(6)：17-18.

[67] 潘明强，赵宁，刘景涛.黄河流域河道岸线功能区划分方法探讨[J].人民黄河，2010(4)：25-26，29.

[68] 张嘉涛.江苏“河长制”的实践与启示[J].中国水利，2010(12)：13-15，21.

[69] 杨增文，董清林，杨婷.关于实行用水总量控制的探讨[J].水利发展研究，2010(8)：105-108.

[70] 蒋旭光，周潮洪.天津市水资源管理与保护的对策措施[J].水利水电技术，2010(10)：6-9.

[71] 李朝智.重大决策的创新源于领导决策思维的突破——昆明市治污理念发展与“河长制”的启示[J].领导科学，2010(34)：41-43.

[72] 洪一平.全面提升监管能力实现长江水资源保护的新跨越[J].人民长江，2011(2)：8-11.

[73] 王浩.实行最严格水资源管理制度关键技术支撑探析[J].中国水利，2011(6)：28-29，32.

[74] 尹文亮，王晓琴.浅析河流岸线资源的利用与保护中功能区的划分[J].科技信息，2011(13)：283，287.

[75] 吴娟.完善水资源供给与水资源保护措施[J].知识经济，2011(11)：78.

[76] 阚兴起，沈爱生，樊建超.关于保护黎河水环境建立健全联合执法机制的探讨[J].水利技术监督，2011(3)：34-36，63.

[77] 赵希岭.子牙河系涉河项目管理有关问题的探析[J].河北水利，2011(6)：24，26.

[78] 孟伟，张远，张楠，等.流域水生态功能分区与质量目标管理技术研究的若干问题[J].环境科学学报，2011(7)：1345-1351.

[79] 韩瑞光.海河流域推行最严格水资源管理制度的探讨[J].水利发展研究，2011(7)：8-11.

[80] 王浩.实行最严格的水资源管理制度关键技术支撑探析[J].河南水利与南水北调，2011(15)：46.

[81] 王国永.流域管理立法的主要内容与体系构成[J].安徽农业科学，2011(25)：15663-15664，15667.

[82] 范仓海. 中国转型期水环境治理中的政府责任研究 [J]. 中国人口·资源与环境，2011(9)：1-7.

[83] 王书明，蔡萌萌.基于新制度经济学视角的“河长制”评析[J].中国人口·资源与环境，2011(9)：8-13.

[84] 孙素艳，李原园，杨丽英.我国水资源面临形势及可持续利用对策研究[J].人民长江，

2011(18):11–14.

[85] 连煜,郝伏勤,黄锦辉,等.黄河流域水资源保护措施研究[J].人民黄河,2011(11):52–54.

[86] 汪党献,王建生,王晶.水资源合理开发与用水总量控制[J].中国水利,2011(23):59–63.

[87] 徐敏,王东,赵越.我国水污染防治发展历程回顾[J].环境保护,2012(1):63–67.

[88] 王洪霞,柳璐,单卫国.我国河湖管理存在的问题及解决途径[J].安徽农业科学,2012(3):1684–1686.

[89] 李庆航,钱凯霞,肖昌虎,等.长江流域用水趋势及用水总量控制指标研究[J].人民长江,2012(2):12–15.

[90] 陶洁,左其亭,薛会露,等.最严格水资源管理制度"三条红线"控制指标及确定方法[J].节水灌溉,2012(4):64–67.

[91] 落实最严格水资源管理制度的重要举措——水利部副部长胡四一解读《全国重要江河湖泊水功能区划》[J].中国水利,2012(7):31–33.

[92] 汪党献,郦建强,刘金华.用水总量控制指标制定与制度建设[J].中国水利,2012(7):12–14.

[93] 王建华,李海红.用水效率控制红线管理的定位认知及制度内容解析[J].中国水利,2012(7):15–18.

[94] 崔国韬,左其亭.河湖水系连通与最严格水资源管理的关系[J].南水北调与水利科技,2012(2):129–132.

[95] 陈雷.全面落实最严格水资源管理制度保障经济社会平稳较快发展[J].中国水利,2012(10):1–6.

[96] 张碧钦.城市蓝线规划与河道岸线管理保护的若干思考[J].水利科技,2012(1):65–68.

[97] 陈明媚.珠江流域水污染治理的问题与对策[J].人民珠江,2012(3):54–56.

[98] 刘超,吴加明.纠缠于理想与现实之间的"河长制":制度逻辑与现实困局[J].云南大学学报(法学版),2012(4):39–44.

[99] 徐殿洋,武慧明,董万华."流域"与"区域"无缝对接实现执法网络全面覆盖[J].水利发展研究,2012(9):38–40.

[100] 成水平,吴娟,尹大强,等.城市河湖水系污染控制与水环境治理技术研究与示范[J].建设科技,2012(24):72–74.

[101] 河南省水利厅水政水资源处.落实最严格水资源管理制度优化配置全面节约有效保护水资源[J].治淮,2012(10):33–35.

[102] 杨得瑞,姜楠,马超.关于水资源综合管理与最严格水资源管理制度的思考[J].中国水利,2012(20):13–16.

[103] 杨政，于兴志.强化水行政管理监督职能[J].中国水运，2012(12)：155-156.

[104] 张焕林，陈红卫，张振.完善最严格水资源管理制度体系的措施探讨[J].人民长江，2012(24)：5-8.

[105] 陈明忠.强化顶层设计细化落实措施全面落实最严格水资源管理制度[J].中国水利，2012(24)：5-7.

[106] 谷树忠，胡咏君，周洪.生态文明建设的科学内涵与基本路径[J].资源科学，2013(1)：2-13.

[107] 左其亭，李可任.最严格水资源管理制度理论体系探讨[J/OL].南水北调与水利科技，2013(1)：34-38，65.

[108] 左其亭，马军霞，陶洁.现代水资源管理新思想及和谐论理念[J/OL].资源科学，2011(12)：2214-2220.

[109] 曾祥，董玲燕，骆建宇.长江流域干支流用水总量控制指标研究[J/OL].长江科学院院报，2011(12)：19-22.

[110] 陈剑.生态文明建设应突出制度安排[J].理论参考，2013(2)：59-60.

[111] 张瑞美，陈献，张献锋，等.我国河湖水域岸线管理现状及现行法规分析——河湖水域岸线管理的法律制度建设研究之一[J].水利发展研究，2013(2)：28-31.

[112] 张俊兰.严格水资源管理制度是实现水资源高效利用和有效保护的重要举措[J].内蒙古水利，2013(1)：68-69.

[113] 王晓妮.广西河湖水域岸线管理现状分析及建议[J].广西水利水电，2013(1)：84-85.

[114] 王建华，贾绍凤.《实行最严格水资源管理制度的意见》解读[J].河南水利与南水北调，2013(6)：38-39，43.

[115] 陈雷.保护好生命之源、生产之要、生态之基——落实最严格水资源管理制度[J].河南水利与南水北调，2013(6)：29-30.

[116] 汪贻飞，王晓娟，王建平.规制河湖水域占用的政策法规现状、问题及对策[J].水利发展研究，2013(4)：15-18，38.

[117] 张瑞美，陈献，张献锋.河湖水域岸线管理的法规制度需求与主要实现途径分析——河湖水域岸线管理的法律制度建设研究之二[J].水利发展研究，2013(4)：26-29.

[118] 刘丽红.浅议生态文明建设的制度确立[J].企业经济，2013(4)：155-158.

[119] 白玉新.辽宁省河道采砂规范化管理对策[J].水利发展研究，2013(5)：68-70.

[120] 孟戈，邱元锋，沈珍.工业用水效率控制红线考核指标体系构建[J].水利科技与经济，2013(5)：47-50.

[121] 牛楠.北宋都水监管理中的责任追究——以黄河水患治理为视角[J].安阳师范学院学报，2013(3)：55-57.

[122] 任东.区域用水总量控制指标划定相关问题探讨[J].水利规划与设计，2013(6)：23-

25.

[123] 丁丽柏.澜沧江—湄公河跨界联合执法的机制化探析[J].政法论坛,2013(4):91-100.

[124] 成水平,冯玉琴,吴娟,等.城市河流水环境综合治理技术集成与示范[J].给水排水,2013(8):16-19.

[125] 徐新华.加强河湖岸线管理保障防洪工程安全[J].治淮,2013(8):49-51.

[126] 刘淋淋,曹升乐,于翠松,等.用水总量控制指标的确定方法研究[J/OL].南水北调与水利科技,2013(5):159-163.

[127 庞爱芬.浅析水资源保护管理措施[J].民营科技,2013(9):108.

[128] 王正良,王学明.宁夏艾依河河湖水系连通建设管理与保护经验探析[J].宁夏农林科技,2013(9):96-98.

[129] 张建军,彭勃,郝伏勤,等.黄河流域水资源保护措施[J/OL].人民黄河,2013(10):104-106,119.

[130] 张志强,左其亭,马军霞.最严格水资源管理制度的和谐论解读[J/OL].南水北调与水利科技,2013(6):133-137.

[131] 朱卫彬."河长制"在水环境治理中的效用探析[J].江苏水利,2013(10):7-8.

[132 赵宏龙.浅谈怀洪新河水域岸线的利用管理[J].治淮,2013(10):26-27.

[133] 朱银银.渭干河流域水功能区纳污能力分析及保护措施[J].水科学与工程技术,2013(5):4-5.

[134] 刘晓玲,段亮,宋永会,等.辽河保护区河道清障技术研究[J].环境工程技术学报,2013(6):486-492.

[135] 董哲仁,王宏涛,赵进勇,等.恢复河湖水系连通性生态调查与规划方法[J].水利水电技术,2013(11):8-13,19.

[136] 邓建明,周萍.以制度创新推进最严格水资源管理[J].水利发展研究,2013(12):58-62.

[137] 张兴恩.加强河湖管理的对策探究[J].江苏水利,2014(1):28-29.

[138] 雷亚红,杨洋,陈卫国.黄河豫西段水行政执法现状及对策[J].黄河水利职业技术学院学报,2014(1):102-104.

[139] 李波.重点工业行业用水效率指南(摘选)[J].设备管理与维修,2014(2):76-78.

[140] 王伟荣,张玲玲.最严格水资源管理制度背景下的水资源配置分析[J].水电能源科学,2014(2):38-41.

[141] 代刘静.阜阳市河湖管理存在问题及对策[J].江淮水利科技,2014(1):4-5,15.

[142] 李浩鑫,邵东国,何思聪,等.基于循环修正的灌溉用水效率综合评价方法[J].农业工程学报,2014(5):65-72.

[143] 创新河湖管理机制维护河湖健康生命——水利部建设与管理司司长孙继昌解读《关于加强河湖管理工作的指导意见》[J].中国水利,2014(6):7-8.

[144] 秦文秋.河湖管理需要强有力的组织保障[J].中国水利,2014(6):24.

[145] 叶建春.依法行政规范管理[J].中国水利,2014(6):10.

[146] 任宪韶.强化河湖管理与保护建设海河流域水生态文明[J].海河水利,2014(2):1-3,73.

[147] 张远东,王策.地下水取用水总量与水位双重控制刍议[J].中国水利,2014(9):7-9.

[148] 王显生.生态河湖管理策略与探究[J].水利发展研究,2014(6):52-53,63.

[149] 苏照福,李育华,王曼之.用“河长制”破解河库长效管理难点的探索[J].江苏水利,2014(6):39-40.

[150] 孙维云,穆来旺.对黑河下游河湖水域岸线管理的认识和思考[J].内蒙古水利,2014(3):129-130.

[151] 程晓冰,石玉波,练湘津.以点带面推进落实最严格水资源管理制度[J].中国水利,2014(15):4-6.

[152] 曹思齐,吴成国,金菊良,等.最严格水资源管理制度下的区域工业用水效率预测[J].水电能源科学,2014(8):56-60,13.

[153] 孙炼,李春晖.世界主要国家水资源管理体制及对我国的启示[J].国土资源情报,2014(9):14-22.

[154] 潘田明.浙江省全面推行“河长制”和“五水共治”[J].水利发展研究,2014(10):35,46.

[155] 韩冬,方红卫,严秉忠,等.2013 年中国水电发展现状[J].水力发电学报,2014(5):1-5.

[156] 张婷婷,曹国凭.水功能区水域纳污能力及分阶段限制排污总量控制[J].河北联合大学学报(自然科学版),2014(4):115-121.

[157] 何晴,陆一奇,钱学诚.杭州市实施“河长制”的探索[J].中国水运(下半月),2014(11):98-99.

[158] 窦明,王艳艳,李胚.最严格水资源管理制度下的水权理论框架探析[J/OL].中国人口·资源与环境,2014(12):132-137.

[159] 王小军,高娟,童学卫,等.关于强化用水总量控制管理的思考[J].中国人口·资源与环境,2014(S3):221-225.

[160] 齐克,詹同涛,梅梅,等.用水总量控制指标分解细化技术要点分析[J].治淮,2014(12):23-24.

[161] 张丽,陈可飞,贺新春,等.最严格水资源管理制度下建设项目水资源论证若干问题探讨[J].人民珠江,2014(6):41-44.

[162] 姜沛,李广阔,東方坤.珠江流域河湖管理工作探索[J].人民珠江,2014(6):164-165.

[163] 尚钊仪,车越,张勇,等.实施最严格水资源管理考核制度的实践与思考[J].净水技术,2014(6):1-7.

[164] 王永忠.关于建立最严格河湖管理制度的探讨[J/OL].人民长江,2014(23):11-13.

[165] 张玲玲,王宗志,李晓惠,等.总量控制约束下区域用水结构调控策略及动态模拟[J].长江流域资源与环境,2015(1):90–96.

[166] 钱誉."河长制"法律问题探讨[J].法制博览,2015(2):277,276.

[167] 陈金木,林进文.关于完善河湖权属管理制度的思考[J].水利发展研究,2015(2):16–19,26.

[168] 徐敏,马乐宽,赵越,等.水环境质量目标管理以控制单元为基础?[J].环境经济,2015(8):18–19.

[169] 窦明,张彦,赵辉,等.我国地下水管理与保护制度体系的构建[J/OL].人民黄河,2015(3):49–53,57.

[170] 方子杰,柯胜绍.对新常态下坚持"系统治理"破解复杂水问题的思考[J].中国水利,2015(6):8–10,27.

[171] 陈砚秋,徐震震.郯城县提升水行政执法效能的经验与做法[J].山东水利,2015(4):24–25.

[172] 任敏."河长制":一个中国政府流域治理跨部门协同的样本研究[J].北京行政学院学报,2015(3):25–31.

[173] 严锋,姜红梅,郭红丽.实行用水总量控制制度的情况分析与对策探讨[J].江苏水利,2015(5):32–34.

[174] 曹晓彬.浅谈水资源保护及水资源可持续利用[J].农业与技术,2015(10):240.

[175] 景生虎.落实用水总量控制指标的手段[J].北京农业,2015(17):178.

[176] 王勇.水环境治理"河长制"的悖论及其化解[J].西部法学评论,2015(3):1–9.

[177] 刘鸿志,单保庆,张文强,等.一个水污染严重省的成功治水战略探析——浙江省"五水共治"的成效与今后推进建议[J].环境保护科学,2015(3):47–52.

[178] 金怀锋.明确、分解和落实用水效率控制指标[J].北京农业,2015(18):120.

[179] 夏晓树.贵州省重要江河湖泊水功能区水域纳污能力及限制排污总量分析[J].陕西水利,2015(S1):112–113.

[180] 黄爱宝."河长制":制度形态与创新趋向[J].学海,2015(4):141–147.

[181] 陈明忠,张续军.最严格水资源管理制度相关政策体系研究[J].水利水电科技进展,2015(5):130–135.

[182] 白冰,何婷英."河长制"的法律困境及建构研究——以水流域管理机制为视角[J].法制博览,2015(27):60–61.

[183] 王波. 以水量分配与总量控制为基础的区域水权制度建设探讨 [J]. 中国水利,2015(18):10–11,30.

[184] 王烨冰,李国志.农民参与水环境治理的国际经验和模式构建——以中国浙江省丽水市为例[J].世界农业,2015(10):55–59.

[185] 李成艾,孟祥霞.水环境治理模式创新向长效机制演化的路径研究——基于“河长制”的思考[J].城市环境与城市生态,2015(6):34-38.

[186] 宇振荣.“山水林田湖”统一管护生和谐[N].中国国土资源报,2015-12-25(003).

[187] 王晓红,张艳春,张萍.海绵城市建设中河湖水系的保护与生态修复措施[J].水资源保护,2016(1):72-74,85.

[188] 庞悦伟. 关于可持续发展的水资源保护措施的探讨 [J]. 黑龙江科技信息,2016(8):250.

[189] 刘翰生.福建省大田县实施“河长制”工作实践与启示[J].亚热带水土保持,2016(1):25-28.

[190] 梁世斌. 实行最严格水资源管理制度需要和建立的责任制 [J/OL]. 科技资讯,2015(32):102-103.

[191] 刘军, 程涵. 南京市 “河长制” 管理及存在问题探析 [J]. 安徽农学通报,2016(7):86,111.

[192] 孟婷婷,陈厦,王玉辉.巢湖流域水环境治理回顾及治理对策研究[J].环境科学与管理,2016(4):152-155.

[193] 刘高峰,龚艳冰,佟金萍.新常态下最严格水资源管理制度的历史沿革与现实需求[J].科技管理研究,2016(10):261-266.

[194] 艾小榆,梁海涛.中小河流“河长制”长效管理模式探讨[J].广东水利水电,2016(5):20-23.

[195] 于桓飞,宋立松,程海洋.基于河长制的河道保护管理系统设计与实施[J/OL].排灌机械工程学报,2016(7):608-614.

[196] 王希兰.实行最严格水资源管理加强用水总量控制——重庆市渝北区实行最严格水资源管理措施浅见[J].科学咨询(科技·管理),2016(7):34.

[197] 高而坤.设定水资源消耗上限严格实行用水总量控制[J].中国水利,2016(13):1-2.

[198] 刘钦超.黄河流域水资源管理措施研究[J].山东工业技术,2016(14):200.

[199] 重点流域水污染防治专项规划 2015 考核结果发布[J].环境经济,2016(Z6):10-11.

[200] 宋士迎.推行“河长制”实施全流域河流生态治理[J].河北水利,2016(7):32-33.

[201] 董建良,袁晓峰.江西河湖保护管理实施“河长制”的探讨[J].中国水利,2016(14):20-22.

[202] 李亮亮,鲁旭东.健全安全保障体系保护地下水资源[J].农业与技术,2016(14):235.

[203] 刘婷婷.最严格水资源管理制度亟须解决的问题及对策[J].管理观察,2016(23):57-58,61.

[204] 刘晶,胡文婷.海绵城市,从源头控制走向综合管理既要做好雨水花园等分散的“小海绵体”,也要建构山水林田湖等“大海绵体”[J].环境经济,2016(Z7):74-77.

[205] 周吉,李锡华,徐洁文,等.基于 Spring 框架的无锡“河长制”信息管理平台的设计与

实现[J].软件工程,2016(9):41-43.

[206] 刘振中.促进长江经济带生态保护与建设[J].宏观经济管理,2016(9):30-33,38.

[207] 郑文芝.实施“河长制”要在长效机制上下功夫[J].环境保护与循环经济,2016(9):1.

[208] 黄贤金,杨达源.山水林田湖生命共同体与自然资源用途管制路径创新[J].上海国土资源,2016(3):1-4.

[209] 刘聚涛,万怡国,许小华,等.江西省河长制实施现状及其建议[J].中国水利,2016(18):51-53.

[210] 王贵作,王一文,孟祥龙,等.加强河湖信息化建设提升河湖管理水平[J].水利发展研究,2016(10):14-17.

[211] 郑理.如何推进山水林田湖生态保护修复?[J].中国生态文明,2016(5):85.

[212] 刘威尔, 宇振荣. 山水林田湖生命共同体生态保护和修复 [J]. 国土资源情报,2016(10):37-39,15.

[213] 姜斌.对河长制管理制度问题的思考[J].中国水利,2016(21):6-7.

[214] 王俊敏.水环境治理的国际比较及启示[J].世界经济与政治论坛,2016(6):161-170.

[215] 刘芳雄,何婷英,周玉珠.治理现代化语境下“河长制”法治化问题探析[J].浙江学刊,2016(6):120-123.

[216] 纪平.贯彻新发展理念全面推行河长制[J].中国水利,2016(23):2.

[217] 陈雷.落实绿色发展理念全面推行河长制河湖管理模式[J].中国水利,2016(23):1-3.

[218] 熊建平.全面落实河长制推进治水常态长效[J].中国水利,2016(23):13.

[219] 向力力.推进河长制实现“河长治”[J].中国水利,2016(23):16.

[220] 段学军,邹辉.长江岸线的空间功能、开发问题及管理对策[J].地理科学,2016(12):822-1833.

[221] 水利部部署推进“河长制”[J].山西水土保持科技,2016(4):3.

[222] 关于全面推行河长制的意见[J].河北水利,2016(12):4,7.

[223] 改善水生态环境质量全面推行河长制[J].油气田环境保护,2016(6):14.

[224] 水利部:将实行生态环境损害责任终身追究制[J].给水排水,2017(1):168.

[225] “河长制”有何新理念[J].河北水利,2017(1):34.

[226] 朱玫.全面推行“河长制”要破解三道难题[J].河北水利,2017(1):36.

[227] 鹿心社.全面实施河长制争当生态文明建设的先行者[J].中国水利,2017(2):10-11.

[228] 贾绍凤.河长制要真正实现“首长负责制”[J].中国水利,2017(2):11-12.

[229] 何正一.温州龙湾区河长制工作实践与思考[J].中国水利,2017(2):15-16.

[230] 朱玫.论河长制的发展实践与推进[J/OL].环境保护,2017(Z1):58-61.

[231] 杨晴,王晓红,张建永,等.水生态空间管控规划的探索[J].中国水利,2017(3):6-9.

[232] 邬晓霞,张双悦.“绿色发展”理念的形成及未来走势[J].经济问题,2017(2):30-34.

[233] 李文晶,鄢煜川,陈凤平,等.基于android的河长制河湖管护系统的设计与实现[J].江西水利科技,2017(1):54-58.

[234] 仇立红.水资源利用与保护措施[J].中外企业家,2017(5):254-255.

[235] 李嘉琳.河长制:一种破解中国水治理困局的制度评析[J].广东水利水电,2017(2):11-13,29.

[236] 赵金河.生态堤防与湖北长江经济带绿色发展[J].中国水利,2017(4):12-14,20.

[237] 刘志峰.山东省全面实行河长制的工作构想[J].中国水利,2017(4):37-39.

[238] 陈雷. 坚持生态优先绿色发展以河长制促进河长治——写在2017年世界水日和中国水周之际[J].水利发展研究,2017(3):1-2.

[239] 落实绿色发展理念全面推行"河长制"[J].治淮,2017(3):1.

[240] 何家伟.简析昆明市滇池流域水环境治理及入湖河道实行"河长制"的启示[J].资源节约与环保,2017(3):81-82.

[241] 严登华,王浩,张建云,等.生态海绵智慧流域建设——从状态改变到能力提升[J].水科学进展,2017(2):302-310.

[242] 刘平,吴小伟,王永东.全面落实河长制需要解决的重要基础性技术工作[J].中国水利,2017(6):29-30.

[243] 赵春明,赵栋.绍兴市河长制管理工作的探索与实践[J].中国水利,2017(6):31-32.

[244] 黄东升,彭贤则,冯璐.湖北省水生态问题与水资源可持续利用研究[J].行政事业资产与财务,2011(4):171-172.

[245] 张惠远,郝海广,舒昶,等.科学实施生态系统保护修复切实维护生命共同体[J/OL].环境保护,2017(6):31-34.

[246] 邓淑珍,郑爽,马颖卓,等.无锡河长制"升级版"扬帆起航[J].中国水利,2017(7):6-11.

[247] 张劲松,葛平安,刘晓涛,等.对话:河长制该怎么干[J].中国水利,2017(7):4-12.

[248] 康福贵.携手河长共绘海河下游地区治水新篇章[J].海河水利,2017(2):11-13.

[249] 秦华蓉,杜小林."河长制"在水环境治理中的效用探析[J].南方农机,2017(8):186.

[250] 李鹏.浅析河长制对水行政执法的意义[J].中国水利,2017(8):5-6.

[251] 吴志飞,彭欢,徐璐,等.多措并举持续发力助推太湖流域片率先全面建成河长制体系[J].水利发展研究,2017(5):5-8.

[252] 魏山忠.准确定位主动作为加快推进长江流域片全面推行河长制[J].水利发展研究,2017(5):1-4.

[253] 王东,赵越,姚瑞华.论河长制与流域水污染防治规划的互动关系[J/OL].环境保护,2017(9):17-19.

[254] 刘长兴.广东省河长制的实践经验与法制思考[J/OL].环境保护,2017(9):34-37.

[255] 张厚美.河长制需要建立什么样的协同机制?[J].环境教育,2017(5):33-34.

[256] 熊春茂，张笑天，李先耀，等.湖北打造湖长制升级版的实践与思考[J].中国水利，2017(10)：6–8，14.

[257] 左其亭，韩春华，韩春辉，等.河长制理论基础及支撑体系研究[J/OL].人民黄河，2017(6)：1–6，15.

[258] 王显生.浅谈河湖管理范围内涉河建设项目审批改革[J].治淮，2017(6)：42–43.

[259] 袁德军."河长制"在水环境治理中的效用研究[J].石化技术，2017(6)：191.

[260] 杨晴，张梦然，赵伟，等.水生态空间功能与管控分类[J].中国水利，2017(12)：3–7，21.

[261] 孔凡斌，许正松，陈胜东，等.河长制在流域生态治理中的实践探索与经验总结[J/OL].鄱阳湖学刊，2017(3)：37–45，126.

[262] 李计初.抓制度建设建立水资源管理与保护保障体系——访水利部水资源司司长高而坤[J].中国水利，2004(24)：25–27.

[263] 八部委出台措施落实湿地保护修复制度方案[J].湿地科学与管理，2017，02：14.

[264] 庞博，徐宗学.河湖水系连通战略研究：关键技术[J].长江流域资源与环境，2015(S1)：146–152.

[265] 樊晓华，罗丽亚，岳增辉.水系连通理念在河道治理工程中的初步探析[J].科技风，2016(12)177–178.

[266] 刘佳明，刘娜.西部河湖连通对水资源的保障及生态修复[J].科技创新与应用，2016(21)：241.

[267] 王恒，何晶晶.城区水系连通规划关键问题探讨[J].治淮，2016(8)：46–47.

[268] 李原园，黄火键，李宗礼，等.河湖水系连通实践经验与发展趋势[J].南水北调与水利科技，2014(4)：81–85.

[269] 蒋雪莲，王国兵，卢真建.广东省中小河流治理重点县综合整治及水系连通浅析[J].广东水利水电，2014(4)：29–33.

[270] 国办印发《湿地保护修复制度方案》[J].给水排水，2017(2)：134.

[271] 我国首次开启生态保护红线战略[J].磷肥与复肥，2017(2)：51.

[272] 李晶，王凤鹭，周浩.流域生态补偿研究进展[J].现代农业科技，2017(3)：159，161.

[273] 何姣云，龙振华，别兆云.兴山县水土流失治理现状与对策研究[J].绿色科技，2017(4)：47–49.

[274] 张化楠，葛颜祥，接玉梅.主体功能区的流域生态补偿机制研究[J].现代经济探讨，2017(4)：83–87.

[275] 沈阳.水土流失治理与区域经济发展[J].农业与技术，2017(6)：27.

[276] 何常清.生态保护红线的划定与管控思考[J].江苏城市规划，2017(3)：40–41，47.

[277] 王燕，高吉喜，邹长新，等.生态保护红线划定及其生态资产变化研究[J].中国环境科学，2017(6)：2369–2376.

[278] 刘冬梅，李尧，邓地娟，等.蒲江县生态保护红线划分研究[J].四川环境，2017(3)：34-44.

[279] 夏军，高扬，左其亭，等.河湖水系连通特征及其利弊[J].地理科学进展，2012(1)：26-31.

[280] 时金松.江河湖库水系连通理论与实践[J].中国集体经济，2014(29)：72-75.

[281] 穆文彬，于福亮，李传哲，等.河流生态基流概念与评价方法的差异性及其影响[J].中国农村水利水电，2015(1)：90-94.

[282] 李永，卢红伟，李克锋，等.考虑齐口裂腹鱼产卵需求的山区河流生态基流过程确定[J].长江流域资源与环境，2015(5)：809-815.

[283] 李向阳，郭胜娟.内河航道整治工程鱼类栖息地保护探析[J].环境影响评价，2015(3)：26-28，56.

[284] 刘静玲，杨志峰，肖芳，等.河流生态基流量整合计算模型[J].环境科学学报，2005(4)：436-441.

[285] 雷冬花.平原地区河湖水网连通初探——以湖南省澧县平原地区为例[J].湖南水利水电，2013(5)：56-58.

[286] 武会先，吕洪予.确定河流生态需水量的方法[J].人民黄河，2006(6)：12-13.

[287] 粟晓玲，康绍忠.生态需水的概念及其计算方法[J].水科学进展，2003(6)：740-744.

[288] 朱晨斓，屈勇，张明礼."河长制"：地方政府水污染治理的制度创新[J].卷宗，2014(6).

[289] 袁立明. "排污许可证"推动社会监督 环保部副部长赵英民解读《控制污染物排放许可制实施方案》[J].地球，2016(12)：40-43.

[290] 赵萌萌，田应湖.陕南汉江流域段的生态补偿与水资源保护措施[J].人间，2016(221)：26.

[291] 曾磊.深化"河长制"管理构建"人与水"和谐——无锡市锡山区河长制管理工作的实践与探索[J].中国科技纵横，2013(20)：280-280.

[292] 王军梅.水资源保护措施的探讨[J].中国科技博览，2011(27)：201-201.

[293] 中国改革开放新时期年鉴[M].北京：中国民主法制出版社，2012.

[294]《河道管理条例》修订草案上报国务院水事矛盾纠纷排查化解工作深入开展[J].水利发展研究，2013，13(5)：2.

[295] 严江涌，黎南关.武汉市大东湖水网连通治理工程浅析[J].人民长江，2010，41(11)：82-84.

[296] 黄爱宝."河长制"：制度形态与创新趋向[J].学海，2015(4)：141-147.

[297] 胡四一副部长解读《实行最严格水资源管理制度考核办法》[J].新疆水利，2013(1)：29-31.

[298] 吴覃雄.浅谈建筑工程施工技术及其现场施工管理的要点[J].建材与装饰，2016(36)：

10–11.

[299] 瞿伟. 有关建筑工程施工技术及其现场施工管理分析 [J]. 智能城市，2016(7)：137–138.

[300] 于伟.房屋建筑工程施工技术和现场施工管理剖析[J].江西建材，2016(7)：109.

[301] 韦尚喜.建筑工程施工技术及其现场施工管理措施研究[J].建材与装饰，2016(14)：172–173.

[302] 聂强.建筑工程施工技术及其现场施工管理剖析[J/OL].科技资讯，2015(31)：130–131.

[303] 唐雷.建筑工程施工技术及其现场施工管理研究[J].福建质量管理，2016(1)：25–26.

[304] 孙亮.浅析建筑工程技术及施工现场管理[J].江西建材，2015(15)：262–263.

[305] 李雪丽，王战伟.现阶段建筑工程施工技术及其现场施工管理分析[J].江西建材，2015(13)：87，89.

[306] 姚洪峰.建筑工程施工技术及其现场施工管理探讨[J/OL].科技资讯，2015(11)：74.

[307] 黄伟华.建筑工程施工技术和现场施工管理[J].企业技术开发，2015(11)：160–161.

[308] 韩爱东，韩亚玲.建筑工程施工技术及其现场施工管理探讨[J].门窗，2015(1)：57–58.

[309] 符帆.论施工企业如何优化建筑工程的现场施工管理[J].中小企业管理与科技，2014(9)：28–29.

[310] 汤银华.建筑工程技术现场施工管理方案[J].江西建材，2014(10)：269.

[311] 文龙，张兴成.试论房屋建筑现场施工技术和施工管理[J].中华民居，2013(7)：60–61.

[312] 孙士龙.谈建筑工程建设中的现场施工管理[J].山西建筑，2013(3)：241–242.

[313] 蔡美芳，李开明，杜建伟，等.我国水污染源点源环境管理政策与制度研究[J].环境科学与技术，2012(S1)：415–418.

[314] 流域水环境研究所全力以赴参加长江入河排污口核查和监督性监测[J].长江科学院院报，2017(7)：154.

[315] 张厚美.河长制需要建立什么样的协同机制[J].环境教育，2017(5)：33–34.

[316] 王东，赵越，姚瑞华.论河长制与流域水污染防治规划的互动关系[J/OL].环境保护，2017(9)：17–19.

[317] 刘长兴.广东省河长制的实践经验与法制思考[J/OL].环境保护，2017(9)：34–37.

[318] 黄宁湘.探究水污染防治过程中存在的问题及治理措施[J].城市建设理论研究(电子版)，2017(7)：221–222.

[319] 刘鸿志，刘贤春，周仕凭，等.关于深化河长制制度的思考[J/OL].环境保护，2016(24)：43–46.

[320] 任敏."河长制"：一个中国政府流域治理跨部门协同的样本研究[J].北京行政学院学报，2015(3)：25–31.

[321] 钱誉."河长制"法律问题探讨[J].法制博览,2015(2):277,276.

[322] 王永忠.关于建立最严格河湖管理制度的探讨[J/OL].人民长江,2014(23):11-13.

[323] 吴宏平,张晓悦,陈晓东.取水许可审批管理机制存在的问题及改进建议[J].水电能源科学,2012(10):110-112,215.

[324] 蔡美芳,李开明,陆俊卿,等.流域水污染源环境风险分类分级管理研究[J].环境污染与防治,2012(9):78-81.

[325] 姜琦,席海燕,焦立新,等.我国湖泊管理的思考[J].环境工程技术学报,2012(1):44-50.

[326] 吴宏平,张晓悦.取水许可审批管理体系信息化建设探讨[J].浙江水利水电专科学校学报,2010(4):24-26.

[327] 王海宁,薛惠锋.中国水污染防治工作的问题与对策[J].环境科学与管理,2009(2):24-27.

[328] 程晓冰.加强入河排污口监督管理切实履行保护水资源职责[J].中国水利,2006(3):47-49.

[329] 潘福明. 排污权交易制度与现行环境管理制度关系研究 [J]. 资源节约与环保,2017(7):103-104.

[330] 潘福明.基于总量控制的排污权交易机制改革思路研究[J].低碳世界,2017(21):3-4.

[331] 王燕,高吉喜,邹长新,等.生态保护红线划定及其生态资产变化研究[J].中国环境科学,2017(6):2369-2376.

[332] 邱光胜,王波,黄俊.新形势下做好长江入河排污口管理的思考[J].人民长江,2017(11):11-15.

[333] 唐克旺.河长制不是简单的责任状[J].水资源保护,2017(3):8.

[334] 杨晴,赵伟,张建永,等.水生态空间管控指标体系构建[J].中国水利,2017(9):1-5.

[335] 彭贤则,周子晨.蓄洪工程建设投资困境的博弈分析——以洪湖蓄洪工程为例[J].特区经济,2017(4):92-94.

[336]《长江岸线保护和开发利用总体规划》解读[EB/OL].[2017-05-23]. http://www.docin.com/p-1932020843.html.

[337] 宋旭,孙士宇,张伟,等."水污染防治行动计划"实施背景下我国水环境管理优化对策研究[J].环境保护科学,2017(2):51-57.

[338] 张惠远,郝海广,舒昶,等.科学实施生态系统保护修复切实维护生命共同体[J/OL].环境保护,2017(6):31-34.

[339] 王贵作,高志远.基于 3S 技术的河湖管理动态监控系统的设计与实现[J].水利发展研究,2017(3):22-26.

[340] 吴萍萍.美国排污权交易制度对巢湖水污染治理的启示[J/OL].安徽广播电视大学学

报,2017(1):14–18.

[341] 王浩,徐新华,付仰木,等.淮河流域河道(湖泊)岸线利用现状及管理对策[J].中国水利,2010(2):32–34.

[342] 潘文斌,黎道丰,唐涛,等.湖泊岸线分形特征及其生态学意义[J].生态学报,2003(12):2728–2735.

[343] 陈强.怎样深化水污染防治工作与管理[J].绿色环保建材,2017(1):147.

[344] 柴西龙,邹世英,李元实,等.环境影响评价与排污许可制度衔接研究[J].环境影响评价,2016(6):25–27,35.

[345] 李原园,郦建强,李宗礼,等.河湖水系连通研究的若干问题与挑战[J].资源科学,2011(3):386–391.

[346] 彭贤则,袁君丽.洪湖分蓄洪区建设环境影响分析[J].价值工程,2016(28):186–188.

[347] 龚诗涵,肖洋,郑华,等.中国生态系统水源涵养空间特征及其影响因素[J/OL].生态学报,2017(7):2455–2462.

[348] 高道军.淮河安徽流域跨界水污染治理机制研究[J].萍乡学院学报,2016(3):56–60.

[349] 宏哲,武海俊.排污许可管理的探讨[J].中国环境管理干部学院学报,2016(1):25–27.

[350] 吴舜泽,徐敏,马乐宽,等.重点流域"十三五"规划落实"水十条"的思路与重点[J].环境保护,2015(18):14–17.

[351] 彭贤则,余谦.国内外流域生态补偿经验与启示[J].特区经济,2015(8):88–89.

[352] 彭贤则,周子晨.分蓄洪区生态补偿机制研究:以洪湖分蓄洪区为例[J].中国矿业,2015(S1):206–209.

[353] 刘蕾,臧淑英,邵田田,等.基于遥感与GIS的中国湖泊形态分析[J/OL].国土资源遥感,2015(3):92–98.

[354] 张玉斌.我国的水污染现状与水环境管理策略——访中国工程院院士、中国环境科学研究院院长孟伟[J].环境保护与循环经济,2014(7):9–12.

[355] 徐旭胜.大中型水库管理范围土地确权划界[J].浙江水利水电学院学报,2014(2):34–36.

[356] 吴舜泽,徐敏,马乐宽,等.新形势下如何深化水污染防治工作与管理转型[J].环境保护,2014(11):35–38.

[357] 李宗礼,李原园,王中根,等.河湖水系连通研究:概念框架[J].自然资源学报,2011(3):513–522.

[358] 彭贤则,余谦,袁彩.武汉东湖湿地生态旅游资源定量评价研究[J].现代经济信息,2013(22):497–498.

[359] 张凌,翟剑峰,朱智敏.内河航道岸线利用规划和管理思路[J].中国水运,2013(4):26–27.

[360] 余旻晓.水库岸线管理存在的问题与对策[J].安徽水利水电职业技术学院学报,2013(1):33-34,56.

[361] 阿洪江,多来提.农村饮水安全工作的良性运行策略[J].科技创新导报,2012(31):126.

[362] 程欢,彭晓春,钟义,等.我国环境统计与总量控制概述[J].安徽农业科学,2012(12):7315-7318.

[363] 王传胜.长江中下游干流岸线资源评价[D].南京:中国科学院研究生院(南京地理与湖泊研究所),2000.

[364] 鞠秋立.我国水资源管理理论与实践研究[D].长春:吉林大学,2004.

[365] 蒋德玉.论我国海上执法管理体制的完善[D].上海:上海交通大学,2007.

[366] 韩芸.城市河道人工水面水质污染及控制研究[D].西安:西安建筑科技大学,2009.

[367] 经颐.水行政处罚裁量基准问题研究[D].苏州:苏州大学,2010.

[368] 贺婷.杭州湾水污染防治的制度创新研究[D].南昌:江西理工大学,2014.

[369] 刘淋淋.基于最严格的水资源管理的“三条红线”控制指标体系研究[D].济南:山东大学,2014.

[370] 张昊.最严格水资源管理制度“三条红线”政府监管及运作机制研究[D].泰安:山东农业大学,2014.

[371] 任兴华.基于水资源管理“三条红线”的水资源配置模式研究[D].太原:太原理工大学,2015.

[372] 靳润芳.最严格水资源管理绩效评估及保障措施体系研究[D].郑州:郑州大学,2015.

[373] 卞欢.国家治理现代化视野下的“河长制”探析[D].南京:南京工业大学,2016.

[374] 冼卓雁.海口市河湖水系连通及水资源配置研究[D].广州:华南理工大学,2016.

[375] 王柳艳.太湖流域腹部地区水系结构、河湖连通及功能分析[D].南京:南京大学,2013.

[376] 黄剑威.河流岸线资源管理及其对流域综合管理(IRBM)的作用[D].广州:华南理工大学,2010.

[377] 陈鑫.江苏省产业生态经济系统的动力学建模与仿真研究[D].南京:东南大学,2015.

[378] 王浩.西部大开发战略下的西北水资源开发、利用与保护[C].中国水利学会.中国水利学会2003学术年会特邀报告.中国水利学会,2003:14.

[379] 张春玲.我国现行湖泊管理制度分析[C].中国水利学会.中国水利学会2013学术年会论文集——S2湖泊治理开发与保护.北京:中国水利学会,2013:5.

[380] 张慧疆.严格水资源管理强化水资源保护[N].巴音郭楞日报(汉),2011-05-05(A03).

[381] 本报评论员.“河长制”是生态文明建设的大事[N].无锡日报,2008-11-17(001).

[382] 杨淳.实行最严格的水资源管理制度 节约保护长江水资源[N].人民长江报,2009-03-21(A01).

[383] 谢群. 落实最严格的水资源管理制度 切实提高用水效率和效益 [N]. 中国水利报，2009-04-09(001).

[384] 景秋.治水模式河长制 根生无锡要走向全国[N].无锡日报,2009-07-03(A01).

[385] 孙永平.全面加强流域水资源管理与保护[N].中国水利报,2009-12-18(001).

[386] 邓淑珍.加强江河湖泊管理与保护是实施最严格水资源管理制度的重要抓手[N].中国水利报,2010-03-11(001).

[387] 胡四一解读《国务院关于实行最严格水资源管理制度的意见》[N]. 中国水利报，2012-04-12(004).

[388] 嵇长青.保护节约水生态文明"刚性约束"[N].扬州日报,2013-09-27(A02).

[389] 本报政务报道组.创新河湖管理机制 维护河湖健康生命[N].中国水利报,2014-03-22(003).

[390] 窦明.适应最严格水资源管理需求的水权制度框架[N].黄河报,2014-07-17(003).

[391] 武芳.坚持建设管护"两手抓、两手发力" 确保圆满完成工程建设任务全面提升河湖水系管理水平[N].许昌日报,2015-11-11(001).

[392] 李颖. 落实流域水生态环境功能分区 实现山水林田湖共同体管理 [N]. 科技日报，2016-03-09(011).

[393] 谢殿才.落实最严格的水资源管理制度 全面推进水资源配置、节约与保护[N].鹤岗日报,2016-03-22(002).

[394] 武芳.严格考核奖惩 确保生态效果[N].许昌日报,2016-03-25(003).

[395] 柴新.山水林田湖生态保护修复将不再各自为战[N].中国财经报,2016-10-11(003).

[396] 邱志荣.鲧禹治水:开我国河长制先河[N].中国水利报,2016-11-03(005).

[397] 陈雷.落实绿色发展理念全面推行河长制河湖管理模式[N].人民日报,2016-12-12(015).

[398] 陈锋.落实绿色发展理念全面推行河长制[N].新华日报,2017-03-22(005).

[399] 李薛霏.山水林田湖的和谐共鸣[N].贵州日报,2017-05-04(014).

[400] 高小娟.完善河长制 深化流域治理[N].中国环境报,2017-05-18(003).

[401] 吴仕平.全面推行河长制 努力推动绿色发展[N].芜湖日报,2017-05-23(001).

[402] 陈国孟."河长制"推动"河常治"[N].湄洲日报,2017-07-04(B03).

[403] 唐圆圆,董泽.河长制推 5 年,有河道仍漂垃圾[N].齐鲁晚报,2017-5-10(04).

[404] 李及肃.东丰县推行"河长制"确保"河长治"[N].辽源日报,2017.-6-27(01).

[405] 陈俊鹏.河长制,PPP 系列报告二:技术与商业模式双轮驱动水环境治理[N].光大证券,2017-4-12.

[406] 黄河流域水资源保护局. 落实最严格水资源管理制度 加强黄河水资源与水生态保护[N].黄河报,2010-01-30(002).

[407] 北京市延庆区进一步全面推进河长制工作方案[N].延庆报,2017-08-21.

[408] 环境保护部.《控制污染物排放许可制实施方案》30 问[EB/OL].http://www.zhb.gov.cn/xxgk/zcfgjd/201701/t20170105_394014.html.

[409] 林必恒.构建科学的河长制考核机制[EB/OL].http://www.360doc.com/content/17/0712/20/23115944_670886355.html.

[410] 瑶薇.《关于全面推行河长制的意见》全文[EB/OL].http://www.mwr.gov.cn/ztpd/2016ztbd/qmtxhzzhhghkxj/zyjs/201612/t20161212_774116.html.

[411] 中华人民共和国水利部.《关于全面推行河长制的意见》背景材料[EB/OL].http://www.china.com.cn/zhibo/zhuanti/ch-xinwen/2016-12/12/content_39896955.htm.

[412] 柳德新. 以河长制促河长治——我省如何维护河湖健康生命[EB/OL].http://www.zznews.gov.cn/news/2017/0613/258836.shtml.

[413] Pincock S.River chief resigns[J].Nature,2010,468(7325):744.

[414] Marques J C,Nielsen S N,Pardal M A,et al.Impact of eutrophication and river management within a framework of ecosystem theories[J].Ecological Modelling,2003,166(1-2):147-168.

[415] Karmakar S,Mujumdar P P.Grey fuzzy optimization model for water quality management of a river system[J].Advances in Water Resources,2006,29(7):1088-1105.

[416] Heinz I,Pulido-Velazquez M,Lund J R,et al.Hydro-economic Modeling in River Basin Management:Implications and Applications for the European Water Framework Directive[J].Water Resources Management,2007,21(7):1103-1125.

[417] Pincock S.River chief resigns[J].Nature,2010,468(7325):744.

[418] Odysseus G M.Development of ecological indicators-a methodological framework using compromise programming[J].Ecological Indicators,2002(2):169-176.

[419] Said A,Sehike G,Stevens D K,et a1.Exploring an innovative watershed management approach:From feasibility to sustainability[J].Energy,2006,31:2373-2386.

[420] Mitsch W J,Jorgensen S E.Ecological Engineering and Ecosystem Restoration [M].John Wiley & Sons,Inc.,Hoboken,New Jersey,2004.

[421] King J M and Brown C A.Environmental Flows:Case Studies.Water Resources and Environment,Technical Note C2,Davis R and Hirji R[M].Washington,D C:The World Bank,2003.

[422] Karr J R,Chu E W.Sustaining living rivers [J].Hydrobiologia,2000,422/423:1-14.

图书在版编目(CIP)数据

河长制　河长治／熊文等编著.一武汉：长江出版社，2017.9

ISBN 978-7-5492-5341-8

Ⅰ.①河… Ⅱ.①熊… Ⅲ.①河道整治一中国 Ⅳ.①TV882

中国版本图书馆 CIP 数据核字(2017)第 217283 号

河长制　河长治　　熊文等 编著

出版策划：别道玉　赵冕

责任编辑：李海振　郭利娜　张琼

装帧设计：刘斯佳

出版发行：长江出版社

地　　址：武汉市解放大道 1863 号　　邮　　编：430010

网　　址：http://www.cjpress.com.cn

电　　话：(027)82926557(总编室)

(027)82926806(市场营销部)

经　　销：各地新华书店

印　　刷：湖北恒泰印务有限公司

规　　格：787mm×1092mm　1/16　24.75 印张　510 千字

版　　次：2017 年 9 月第 1 版　2017 年 9 月第 1 次印刷

ISBN 978-7-5492-5341-8

定　　价：78.00 元